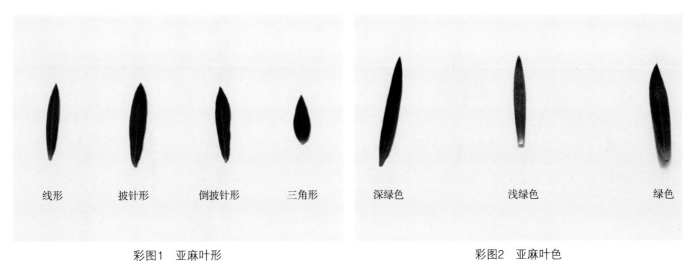

线形	披针形	倒披针形	三角形

彩图1 亚麻叶形

深绿色	浅绿色	绿色

彩图2 亚麻叶色

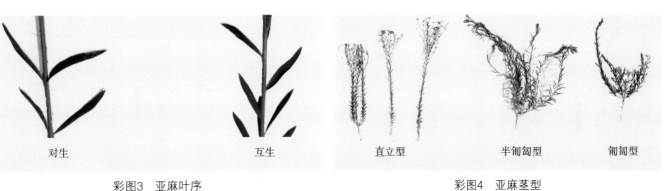

对生	互生

彩图3 亚麻叶序

直立型	半匍匐型	匍匐型

彩图4 亚麻茎型

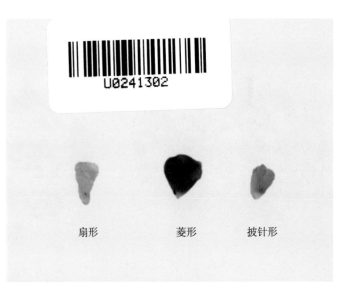
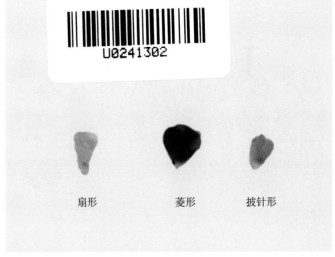

轮形	五角星形	碟形	漏斗形	圆锥形

彩图5 亚麻花冠形状

扇形	菱形	披针形

彩图6 亚麻花瓣形状

紫色	蓝色	浅蓝色	粉色	白色

红色	黄色

彩图7 亚麻花瓣颜色

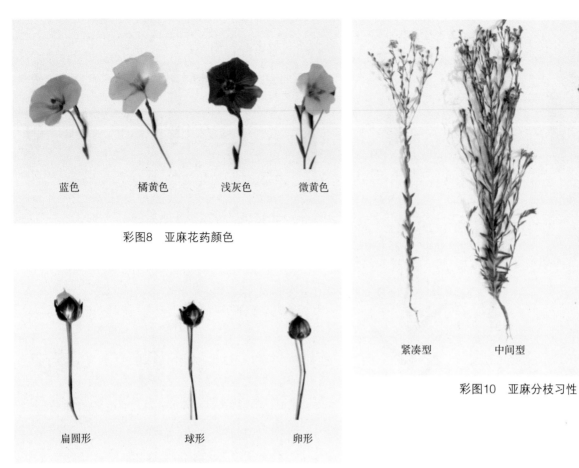

蓝色　　　橘黄色　　　浅灰色　　　微黄色

彩图8　亚麻花药颜色

扁圆形　　　球形　　　卵形

彩图9　亚麻果实形状

紧凑型　　　中间型　　　松散型

彩图10　亚麻分枝习性

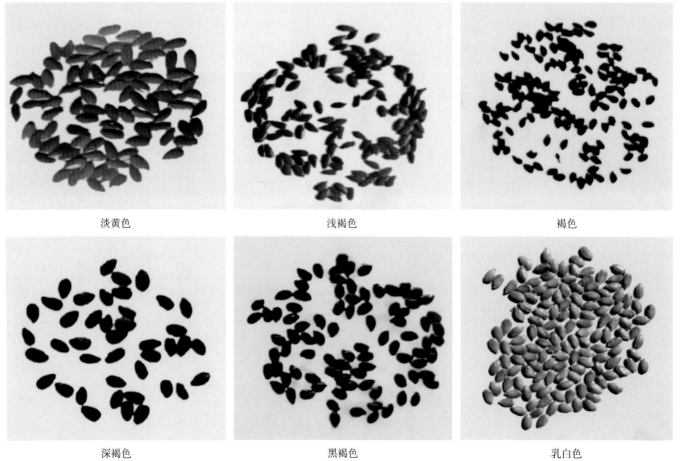

淡黄色　　　　　浅褐色　　　　　褐色

深褐色　　　　　黑褐色　　　　　乳白色

彩图11　亚麻种皮颜色

亚麻种质资源
创新与利用

伊六喜　赵小庆　高凤云　贾霄云 ◎ 主编

中国农业出版社
北京

《亚麻种质资源创新与利用》编委会

主　编	伊六喜	赵小庆	高凤云	贾霄云
副主编	周　宇	袁红梅	薄素玲	萨如拉
参　编	路战远	乔海明	斯钦巴特尔	吴广文
	于海峰	张　正	贾海滨	史树德	赵淑文
	张永虎	曹　彦	张存霞	牟英男	程玉臣
	张向前	任永峰	王建国	苏少锋	何瑞超
	邬　阳	刘金善	张晓明	王　东
	哈尼帕·哈再斯	守合热提·牙地卡尔
	李志伟	马　捷	刘　莹	李　强	陈晓敏
	金晓蕾	张丽丽	蒋东帅	魏淑丽	谢　锐
	胡海波	杨婷婷	杨晓溪	石慧敏	苑志强

前　言
FOREWORD

优异亚麻种质资源是亚麻生产利用、品种创新和生物技术研究的物质基础。人们所掌握的种质资源越丰富，育种的预见性越强，越容易培育出高产、优质、多抗、适于机械化生产的亚麻新品种。本书对亚麻种质资源创新、繁育技术、加工利用、病虫害防治、栽培措施、分子标记筛选、功能基因挖掘等方面进行介绍，并对近年选育的亚麻种质进行详细说明，为广大亚麻爱好者提供方便。近年来，随着分子生物学的发展，亚麻表型组学迅速发展，已有大量亚麻种质的多年多点表型检测，其基因组被测序，亚麻的生物学背景被揭示得越来越清晰，大量的优质高产亚麻种质资源被培育出来。

为了更全面地总结我国亚麻种质资源的发展进展，我们组织编写了《亚麻种质资源创新与利用》一书。本书共分13章，主要介绍了亚麻种质资源起源与传播、亚麻种质资源特征和特性、亚麻种质资源收集与发掘、亚麻种质创新、亚麻种质资源性状描述、亚麻种质综合利用、亚麻种质主要病虫草害防控技术、亚麻种质主要性状相关基因挖掘等内容。本书内容丰富，理论联系实际，希望能给从事亚麻科研、教学、技术推广的科技工作者和农业院校师生一定指导和借鉴，也能为今后制定亚麻可持续产业发展规划提供一定的参考信息和技术支持。

编　者

2024年3月1日

目 录
CONTENTS

前言

第一章 亚麻种质资源起源与传播 ··· 1

第一节 亚麻种质资源的起源 ·· 1

一、世界亚麻多源说 ··· 1

二、中国亚麻起源观点 ··· 2

第二节 亚麻种质资源历史演变 ·· 2

第三节 亚麻种质资源分布概况 ·· 3

一、世界亚麻种质资源分布情况 ·· 3

二、中国亚麻种质资源分布情况 ·· 3

第四节 亚麻及其野生近缘植物 ·· 5

一、栽培亚麻的类型 ··· 5

二、熟期类型 ··· 5

三、野生近缘类型 ··· 6

第二章 亚麻种质资源特征和特性 ··· 10

第一节 亚麻种质植物学特征 ·· 10

一、亚麻形态特征 ··· 10

二、亚麻的各器官特征 ·· 11

第二节 亚麻种质生物学特征 ·· 12

一、春化阶段 ··· 13

二、光照阶段 ··· 13

第三节 亚麻的生长发育特征 ·· 13

一、种子萌发期 ·· 13

二、出苗期 ··· 13

三、枞形期 ··· 14

四、现蕾期 ··· 14

五、开花期 ··· 14

六、成熟期 ··· 15

第四节 亚麻生长习性 ·· 15

一、温度 ··· 15

二、光照 ··· 15

三、水分 ··· 16

四、土壤 ……………………………………………………………………… 16
五、营养 ……………………………………………………………………… 16

第三章 亚麻种质资源收集与发掘 ……………………………………… 17

第一节 亚麻种质收集与保存 ………………………………………………… 17
第二节 亚麻优异种质资源的发掘 ………………………………………… 18
　一、亚麻核不育种质 ……………………………………………………… 18
　二、亚麻温（光）敏型雄性不育种质 …………………………………… 19
　三、抗枯萎病种质 ………………………………………………………… 19
　四、抗旱种质 ……………………………………………………………… 19
　五、优质种质 ……………………………………………………………… 19
　六、野生种质 ……………………………………………………………… 20

第四章 亚麻种质创新 ………………………………………………………… 21

第一节 亚麻种质创新目标 …………………………………………………… 21
　一、高产 …………………………………………………………………… 21
　二、抗病 …………………………………………………………………… 21
　三、抗逆 …………………………………………………………………… 22
　四、优质 …………………………………………………………………… 22
第二节 亚麻种质创新技术 …………………………………………………… 22
　一、引种鉴定法 …………………………………………………………… 23
　二、系统选育法 …………………………………………………………… 23
　三、集团选择法 …………………………………………………………… 23
　四、杂交育种 ……………………………………………………………… 24
　五、诱变育种 ……………………………………………………………… 25
　六、显性核不育亚麻利用技术 …………………………………………… 26
　七、单倍体育种 …………………………………………………………… 27
　八、转基因技术 …………………………………………………………… 28
第三节 亚麻种质遗传转化技术 ……………………………………………… 29
　一、培养基配制 …………………………………………………………… 29
　二、组织培养 ……………………………………………………………… 30
　三、载体构建与基因枪转化 ……………………………………………… 31
第四节 亚麻种质良种繁育 …………………………………………………… 32
　一、亚麻良种防杂保纯 …………………………………………………… 32
　二、亚麻良种的提纯复壮 ………………………………………………… 32
　三、亚麻种子质量检验标准及方法 ……………………………………… 33
　四、亚麻良种快速繁殖 …………………………………………………… 33
　五、亚麻品种审定 ………………………………………………………… 33
第五节 国内亚麻种质创新机构 ……………………………………………… 34
　一、甘肃亚麻种质创新机构 ……………………………………………… 34
　二、内蒙古亚麻种质创新机构 …………………………………………… 37

三、宁夏亚麻种质创新机构 ·· 38

四、河北亚麻种质创新机构 ·· 38

五、新疆亚麻种质创新机构 ·· 39

六、山西亚麻种质创新机构 ·· 39

七、黑龙江亚麻种质创新机构 ··· 39

第六节　亚麻种质选育及推广 ·· 40

一、内蒙古选育的亚麻种质 ·· 40

二、甘肃选育的亚麻种质 ·· 43

三、宁夏选育的亚麻种质 ·· 50

四、河北选育的亚麻种质 ·· 54

五、黑龙江选育的亚麻种质 ·· 55

六、中国农业科学院麻类研究所选育的亚麻种质 ··································· 63

七、山西选育的亚麻种质 ·· 65

八、部分种业公司选育的亚麻种质 ·· 67

九、主推品种的主要特性分类 ·· 69

第五章　亚麻种质资源性状描述 ··· 71

第一节　对亚麻种质生育特征的描述 ·· 71

一、生育期 ··· 71

二、生育类型 ·· 73

第二节　亚麻种质植物学特性的观测与描述 ··· 73

一、田间设计 ·· 73

二、栽培环境条件控制 ·· 73

三、样本及数据采集 ·· 73

四、亚麻植物学特征的鉴定与描述 ·· 74

第三节　亚麻种质产量和品质相关性状的测定与描述 ·································· 75

一、产量相关农艺性状的描述 ·· 75

二、品质相关性状的描述 ·· 77

三、抗逆性的描述 ··· 81

第六章　亚麻种质综合利用 ··· 83

第一节　亚麻油及其加工技术 ··· 83

一、亚麻油营养成分及用途 ·· 83

二、亚麻油加工技术 ·· 84

第二节　α-亚麻酸的功能及提取技术 ·· 86

一、α-亚麻酸的生理功能 ··· 86

二、α-亚麻酸的保健功能 ··· 87

三、α-亚麻酸的提取分离技术 ·· 87

第三节　亚麻木酚素及其提取技术 ··· 88

一、亚麻木酚素的生理活性及用途 ·· 89

二、亚麻木酚素提取技术 ·· 89

三、亚麻木酚素的分离纯化技术 ……………………………………… 90

　第四节　亚麻籽胶用途及其提取技术 ……………………………………… 90

　　一、亚麻胶营养成分及用途 ………………………………………… 91

　　二、亚麻胶提取技术和应用 ………………………………………… 91

　　三、亚麻胶的分离纯化技术 ………………………………………… 92

　第五节　其他亚麻产品及其加工 ………………………………………… 92

　　一、普通食品 ……………………………………………………… 92

　　二、医药产品 ……………………………………………………… 93

　　三、化妆品 ………………………………………………………… 93

　　四、动物饲料 ……………………………………………………… 93

　　五、亚麻饼粕 ……………………………………………………… 94

　　六、亚麻秆 ………………………………………………………… 94

第七章　亚麻种质主要病害及其综合防控技术 …………………………… 95

　第一节　亚麻枯萎病的发生及综合防控技术 …………………………… 95

　　一、亚麻枯萎病病原菌及其发病机制 ……………………………… 96

　　二、枯萎病症状及分级标准 ………………………………………… 96

　　三、亚麻种质资源抗枯萎病鉴定 …………………………………… 97

　　四、亚麻枯萎病病原菌尖孢镰刀菌的致病机制 …………………… 97

　　五、枯萎病对亚麻生理生化指标的影响 …………………………… 99

　　六、防治策略 ……………………………………………………… 99

　　七、亚麻枯萎病生物防治菌剂 …………………………………… 100

　第二节　亚麻白粉病的发生及综合防控技术 ………………………… 100

　　一、亚麻白粉病发生规律 ………………………………………… 101

　　二、亚麻白粉病的分级鉴定标准及抗性评价方法 ……………… 101

　　三、亚麻白粉病的防治策略 ……………………………………… 102

　第三节　亚麻派斯莫病的发生及综合防控技术 ……………………… 102

　　一、亚麻派斯莫病症状 …………………………………………… 103

　　二、亚麻派斯莫病病原菌 ………………………………………… 103

　　三、亚麻派斯莫病发生机制 ……………………………………… 103

　　四、亚麻派斯莫病综合防治技术措施 …………………………… 103

　第四节　亚麻立枯病的发生及综合防控技术 ………………………… 104

　　一、亚麻立枯病病原菌与症状 …………………………………… 104

　　二、亚麻立枯病害的发生及流行规律 …………………………… 105

　　三、防治方法 ……………………………………………………… 105

　第五节　亚麻锈病的发生及综合防控技术 …………………………… 106

　　一、病原菌与症状 ………………………………………………… 106

　　二、发生及流行规律 ……………………………………………… 106

　　三、防治方法 ……………………………………………………… 107

第八章　亚麻种质主要虫害及综合防控技术 …………………………… 108

　第一节　亚麻苜蓿盲蝽的特征及综合防控技术 ……………………… 109

一、形态特征 ·· 109

二、田间消长规律和生活史研究 ··· 109

三、防治方法 ·· 110

第二节　亚麻象甲的特征及综合防控技术 ····································· 111

一、形态特征 ·· 111

二、生活习性与危害 ··· 111

三、防治方法 ·· 113

第三节　亚麻蚜虫的特征及综合防控技术 ····································· 113

一、形态特征 ·· 113

二、生活习性与危害 ··· 113

三、防治方法 ·· 114

第四节　亚麻其他主要害虫的特征及综合防控技术 ······················ 115

一、蓟马 ··· 115

二、黏虫 ··· 115

三、漏油虫 ·· 116

四、苜蓿夜蛾 ··· 116

五、灰条夜蛾 ··· 117

六、草地螟 ·· 117

七、小地老虎 ··· 118

八、黑绒金龟子 ·· 119

九、金针虫 ·· 119

第九章　亚麻种质主要草害及综合防控技术 ····························· 121

第一节　亚麻田杂草种类和群落特征 ·· 121

一、甘肃亚麻田杂草种类、优势种及主要群落类型 ····················· 122

二、宁夏亚麻田杂草种类、优势种及主要群落类型 ····················· 122

三、内蒙古亚麻田杂草种类、优势种及主要群落类型 ·················· 123

四、河北亚麻田杂草种类、优势种及主要群落类型 ····················· 123

五、山西亚麻田杂草种类、优势种及主要群落类型 ····················· 124

六、新疆亚麻田杂草种类、优势种及主要群落类型 ····················· 124

第二节　亚麻田杂草发生危害规律及除草剂筛选 ·························· 125

一、不同生态类型区亚麻田杂草发生消长规律 ··························· 125

二、地膜覆盖条件下亚麻田杂草发生危害规律 ··························· 126

三、播种期、播种密度对亚麻田杂草发生以及亚麻产量的影响 ······ 126

四、使用化肥或有机肥条件下亚麻田杂草发生危害规律 ··············· 127

五、不同耕作方式下亚麻田杂草发生危害规律 ··························· 127

六、不同作物茬口、轮作条件下亚麻田杂草发生危害规律 ············ 127

七、杂草伴生时间对亚麻产量的影响 ·· 128

八、亚麻田除草剂筛选研究 ·· 129

第三节　亚麻田杂草综合防控技术 ··· 130

一、农业防除 ··· 130

二、物理防除 ……………………………………………………………………… 131

三、化学防除 ……………………………………………………………………… 131

四、除草剂残留对亚麻的影响 …………………………………………………… 134

五、除草剂施药器械研究 ………………………………………………………… 136

第十章　亚麻种质栽培技术 ……………………………………………………… 138

第一节　亚麻栽培技术研究概况 ………………………………………………… 138

一、合理轮作模式研究 …………………………………………………………… 138

二、亚麻需肥规律研究 …………………………………………………………… 139

三、亚麻需水规律研究 …………………………………………………………… 143

四、前景与展望 …………………………………………………………………… 144

第二节　亚麻栽培技术 …………………………………………………………… 145

一、选地与耕作 …………………………………………………………………… 145

二、播种 …………………………………………………………………………… 146

三、田间管理 ……………………………………………………………………… 147

第十一章　亚麻种质资源表型评价研究概况 …………………………………… 149

第一节　亚麻种质多样性评价 …………………………………………………… 150

一、401 份亚麻种质的表型评价 ………………………………………………… 150

二、230 份亚麻种质的多样性分析 ……………………………………………… 154

第二节　亚麻种质资源表型多年多点评价 ……………………………………… 157

一、材料与方法 …………………………………………………………………… 158

二、结果与分析 …………………………………………………………………… 159

三、讨论 …………………………………………………………………………… 165

四、结论 …………………………………………………………………………… 166

第三节　油用亚麻种质主要品质和农艺性状的变异分析 ……………………… 166

一、材料与方法 …………………………………………………………………… 167

二、结果与分析 …………………………………………………………………… 167

三、讨论 …………………………………………………………………………… 172

第四节　亚麻种子产量与主要农艺性状的多重分析 …………………………… 173

一、材料与方法 …………………………………………………………………… 173

二、结果与分析 …………………………………………………………………… 174

三、讨论与结论 …………………………………………………………………… 176

第五节　亚麻杂交群体的表现型评价 …………………………………………… 177

一、材料与方法 …………………………………………………………………… 177

二、结果与分析 …………………………………………………………………… 178

三、讨论 …………………………………………………………………………… 183

第十二章　亚麻种质资源基因型评价研究概况 ………………………………… 185

第一节　基于 SRAP 标记的亚麻种质评价 …………………………………… 187

一、633 份亚麻种质的多样性评价 ……………………………………………… 187

二、401 份亚麻种质的多样性评价 ·· 188

三、161 份亚麻种质多样性评价 ·· 194

第二节　基于 SSR 标记的亚麻种质评价 ··· 203

一、材料与方法 ·· 203

二、结果与分析 ·· 205

第三节　基于 SNP 标记的亚麻种质多样性分析 ······································· 210

一、材料与方法 ·· 210

二、结果与分析 ·· 212

三、讨论 ·· 218

第十三章　亚麻种质主要性状的关联分析 ··· 220

第一节　亚麻种质性状的 SSR 关联分析 ··· 221

一、产量相关性状的关联分析 ·· 221

二、品质相关性状的关联分析 ·· 224

三、木酚素含量的关联分析 ·· 227

第二节　亚麻种质产量性状的 SNP 关联分析 ··· 230

一、材料与方法 ·· 230

二、结果与分析 ·· 231

三、讨论 ·· 239

第三节　亚麻品质相关性状的全基因组关联分析 ······································· 240

一、材料与方法 ·· 240

二、结果与分析 ·· 240

三、讨论 ·· 247

第四节　亚麻花和叶片相关性状的关联分析 ··· 248

一、材料与方法 ·· 248

二、结果与分析 ·· 249

三、讨论 ·· 252

主要参考文献 ··· 254

第一章

亚麻种质资源起源与传播

亚麻 *Linum usitatissimum* 为亚麻科 Linaceae、亚麻属 *Linum* 一年生或多年生（野生）草本植物，属长日照、自花授粉植物。按用途可分为油用亚麻（俗称胡麻）、纤维亚麻和油纤兼用亚麻。

亚麻是一种古老的经济作物，其籽含多种营养成分和活性物质，如 α-亚麻酸、亚麻胶、木酚素、膳食纤维、阿魏酸、香豆酸等。亚麻籽含油率约为 40%，其中 α-亚麻酸含量占总脂肪含量的 50% 左右，α-亚麻酸为 ω-3 多不饱和脂肪酸，是人体必需脂肪酸。亚麻籽中含有 2%～10% 的亚麻胶，主要存在于亚麻籽表皮中，占亚麻籽皮总质量的 20% 以上，是一种天然的亲水性胶体，是其他油料作物所不具备的。亚麻籽中含有丰富的木酚素，其结构与人体雌激素结构十分相似，是对人体非常有益的生物活性物质，被称为植物雌激素。亚麻木酚素在人体内可以转化成性激素类似物，具有抑制人体乳腺癌细胞生长、减轻妇女绝经期症状、预防结肠癌、抑制前列腺癌等活性功能，在保健食品、医药、化妆品中具有广阔的应用前景。亚麻籽中约含有 28% 的膳食纤维，其中 33% 为可溶性纤维。在脱脂亚麻籽粉中，阿魏酸含量为 340～373 mg/kg、邻香豆酸含量为 55.4～60.8 mg/kg。亚麻是一种高蛋白油料作物，亚麻籽蛋白质是具有高支链氨基酸（BCAA：缬氨酸、亮氨酸、异亮氨酸）、低芳香族氨基酸（AAA）和高 Fischer 比（WAA/AAA）的蛋白质。

第一节　亚麻种质资源的起源

一、世界亚麻多源说

持多源说观点的学者认为，一种生物的原产地不会只有一个地方，在环境条件大致相似或接近的不同地区，应当可以产生相似或接近的某种生物；而在同一地区，由于环境条件的具体差异，某种生物也会演化、变异，形成不同类型。亚麻也是如此，应有多个起源地。多数学者持这种观点，其代表人物德·康多尔得出的结论为"作者深信，此数种亚麻……系在异地个别栽培，并非互相传输仿效"。

学界对亚麻具体起源的说法不一，有的主张亚麻原产于地中海沿岸，也有认为原产于中亚、近东等地。瓦维洛夫认为，亚麻原产于亚洲的中、南部和地中海一带；培黎说，可能原产于亚洲；《德国经济植物志》则明确指出，原产于亚洲；对亚麻原产地研究较早和较多的德·康多尔认为，埃及亚麻是从亚洲引去的。此外，有的学者认为，亚麻原产于亚洲热带；有的学者认为，亚麻原产于中亚；有的学者认为，亚麻原产于亚洲西部及欧洲东南部。以上各种说法都与亚洲有着千丝万缕的联系，也就是说，世界范围内的亚麻，必有原产于亚洲的。

在德国的古代遗址中，考古工作者发现了由磨制得很粗的亚麻籽、小麦和谷物混合制成的面饼，这说明，此时，亚麻籽已用作粮食。据进一步考证，公元前 4 世纪，在外高加索和塔吉克地区，人们开始利用亚麻种子榨油，吃用亚麻油制作的食品，穿用亚麻纤维制作的衣服。公元 15—16 世纪，世界各大洲已开始较广泛种植亚麻，亚麻成为重要的经济作物之一。

二、中国亚麻起源观点

王达和吴崇仪两位专家对"亚麻来自胡地"持反对意见，主要有三个理由。第一，他们认为一种物品是否出自"胡地"，与有无冠以"胡"字并无必然联系。例如，明文载入史册来自胡地的汗血马、蒲陶（葡萄）、目宿（苜蓿），都未冠以胡字；相反，《水浒》上所说的"胡梯"、《晋书·庾亮传》《齐书·刘瓛传》等史料上所说的"胡床"、《本草纲目》上说的"胡豆"，虽冠有"胡"字，但与"胡"地所产却风马牛不相及。"案胡字古亦云大，如诗言胡考是也……中国及胡地皆有麻，中国之麻称胡麻者，自举其实之肥大者言之……而说者以为张骞所得，故名胡麻，非是。"吴其濬在论证胡豆非来自胡地时亦指出："古音义胡者多训大，后世辄以种出胡地，附会其说，皆无稽也。"第二，张骞自西域带回的作物，在史籍上早有记载，如《前汉书·西域传》说："大宛国……汉使采蒲陶、目宿种归"。可是，得胡麻一事，不仅《前汉书》没有记载，《史记》也未提及，在后汉、三国、两晋诸文献中，也无踪迹可寻。到6世纪才有贾思勰说："汉书张骞外国得胡麻"，据其描写的情况看，似指芝麻。直至距张骞千余年后的沈括，始形成张骞自大宛带来胡麻种之论（大概也是指芝麻）。盛传胡麻外来说，更是较晚的事，这就甚为蹊跷。《尔雅谷名考》曾经指出："胡麻或出自周末，得从张骞之说，固不必尽信。"第三，敏凯维奇的《油料作物》指出："根据古代东方历史文献的研究，确定在印度和中国把亚麻当作纤维作物进一步作油料作物引用到栽培中，要比棉花早"，这个时期当比张骞出使西域早得多。

第二节　亚麻种质资源历史演变

一般认为，栽培亚麻和野生窄叶亚麻 *L. angustifolium* 亲缘关系最近，其野生祖先遍布地中海沿岸、伊朗、高加索和西欧，亚麻属的其他种类则分布于温带地中海草原带和北半球。亚麻是最早被驯化的作物之一，也被公认为现代文明的奠基作物之一。被驯化后的亚麻，其籽粒大小明显增加，产油量更高或者茎秆更长，并且其蒴果容易开裂而将种子撒开。

在中国西北、华北地区，至今还有不同类型的多年生和一年生匍匐、半匍匐多茎型的亚麻野生种，因此诸多学者认为中国也是亚麻起源地之一，即中国亚麻栽培种系由中国野生种变化而来，而不是由张骞从西域传入的。敏凯维奇在《油料作物》一书中指出："根据古代东方历史文献的研究，确定在印度和中国把亚麻当作纤维作物进一步作油料作物引用到栽培中，要比棉花早，即约在五千年以前。"

中国对亚麻的利用历史悠久，最初主要作为油用和药用，宋代的《图经本草》《证类本草》上有关于亚麻的记载。亚麻最初在青海、陕西一带种植，如青海的土族人民就有用亚麻制作盘绣的传统，后来逐渐发展到宁夏、甘肃、云南及华北等地区。中国纤维亚麻商业化种植始于1906年，当时，清政府的奉天农事试验场从日本北海道引进贝尔诺等4个俄罗斯栽培亚麻品种。1913年，吉林公主岭农事试验场又引进了贝尔诺和美国1号。之后，又陆续引进了一些品种，先后在辽宁熊岳、辽阳、吉林公主岭、长春、延边、吉林、农安，黑龙江哈尔滨、海林、海伦等地试种。至1936年，在黑龙江的松嫩平原和三江平原、吉林中部平原和东部部分山区形成一定的生产规模，种植面积达到5 000 hm²。此后，纤维亚麻在黑龙江迅速发展，成为黑龙江重要的经济作物。20世纪后期，逐步发展到新疆、内蒙古、云南、湖南等地的规模化种植。20世纪80年代，纤维亚麻被引入新疆时，1985年试种2 hm²，原茎产量达到5 070、6 240 kg/hm²；1986年种植1 600 hm²，并在伊宁、新源两地建立亚麻原料加工厂。20世纪90年代，纤维亚麻被引入云南，1993年引试种成功后得到快速发展，有

20 多个县种植，在云南生态适应性较好，产量已接近或超过西欧水平。20 世纪 60 年代初，内蒙古便开始研究和试种纤维亚麻，但由于当时加工机械落后、销路不畅等，未能生产推广；1986 年，再次进行研究和试种；1988 年，推广黑亚 3 号 166.67 hm²；到 1994 年，在 5 个盟（市）的 7 个旗（县）发展到 6 000 hm²。20 世纪 30 年代，湖南的沅江、长宁、浏阳等地有纤维亚麻种植，此后中断；1995年，中国农业科学院麻类研究所再次从黑龙江引进纤维亚麻，在湖南进行冬季作物试种，取得成功；1998 年，在祁阳建厂，开始大面积种植；2000 年，在常德、岳阳相继建厂，进行了大面积种植。

第三节　亚麻种质资源分布概况

亚麻在地中海地区、欧亚大陆的温带地区多有栽培。中国各地皆有栽培，如黑龙江、吉林、内蒙古、山西、甘肃、陕西、山东、湖北、湖南、广东、广西、四川、贵州、云南等地，但以北方和西南地区较为普遍，有时逸为野生。

一、世界亚麻种质资源分布情况

全世界的亚麻产地主要分布在 47 个国家，年均总产量在 200 万 t 左右。其中，加拿大、中国、美国、印度和欧洲共同体是主要的亚麻生产国家和组织。纤维亚麻主要分布在中国、俄罗斯、埃及和欧洲西北海岸沿线国家。加拿大的亚麻种植面积和产量全球第一，年均种植面积比较稳定，每年平均在 56.5 万 hm² 左右。近年来，除俄罗斯外，欧洲地区纤维亚麻种植面积达 12 万 hm²，法国、比利时和荷兰是纤维亚麻种植面积较大的欧洲国家，总面积约 10 万 hm²。其中，法国亚麻纤维产量占欧洲总产量的 80%，比利时亚麻纤维产量占总产量的 12%，荷兰亚麻纤维产量占总产量的 5%。其他3% 的亚麻纤维产量主要分布于拉脱维亚、立陶宛、捷克、波兰 4 个国家。欧洲亚麻纤维产量占世界亚麻纤维总产量的 65%。

二、中国亚麻种质资源分布情况

在中国，油用和油纤兼用亚麻产地主要集中在甘肃、内蒙古、山西、河北、宁夏、新疆等省（自治区），青海、陕西两省次之，在西藏、云南、贵州、广西、山东等省（自治区）也有零星种植；纤维亚麻产地主要分布在黑龙江、吉林、新疆等省（自治区）。在不同的自然条件和耕作条件下，通过长期种植和自然选择，形成了许多地方品种，加上从国外引进的一些品种，以及国内育成的一批新品种，构成了我国现有亚麻种质资源。按照地域，可分为东北、西北、华北、华中、西南 5 个区域；按照生态区域，可分为以下 9 个栽培区。

（一）黄土高原区

该区是中国油用亚麻及油纤兼用亚麻最主要产区，包括山西北部、内蒙古西南部、宁夏南部、陕西北部和甘肃中东部。分布在 35°05′—39°57′N，海拔 1 000～2 000 m，气候垂直地带性明显，生育期热量适中，水分状况前干后湿，日照中等，土壤瘠薄，亚麻生长前期比较干旱。

该区种质生态型为黄土高原生态型，其基本特性是春性，春化阶段与光照阶段中等，对温度和光照敏感；耐瘠薄，抗旱性强；株型松散，果少粒小，含油率较低；茎秆细弱，易倒伏；抗病性强。

（二）阴山北部高原区

该区是以内蒙古高原为主的华北北部高寒地带，主要包括河北坝上、内蒙古阴山以北 3 盟 1 市的

12个农业旗（县），分布在41°N以上。该区气温较低，干旱，海拔1 500 m左右；亚麻生育期热量不足，水分状况较差，日照充足，土壤肥力较高。

该区种质生态型主要属于阴山北部草原生态型，其基本特性是春性，生育期较短，春化阶段与光照阶段较长，对温度和光照敏感；耐寒，抗旱性强；植株较矮，果少粒稍大，不开裂，含油率较高。

（三）黄河中游及河西走廊灌区

该区以生产油用亚麻为主，少量种植纤维亚麻，主要包括内蒙古河套灌区和土默川平原、宁夏引黄灌区、甘肃河西走廊。该区海拔1 000～1 700 m，热量比较充足，水分依靠灌溉，病害发生较少，土壤盐渍化较重，后期常有干热风、蚜虫危害。

该区种质生态型为北方灌溉生态型，其基本特性是生育期长，春化阶段与光照阶段较长，对温度和光照敏感；抗旱能力中等，苗期病害严重；生长势及分茎特性均强，果偏多粒稍大，原茎产量高，种子含油率高；较喜水耐肥。

（四）北疆内陆灌区

该区以种植油用亚麻及纤维亚麻为主，在天山与阿尔泰山之间的准噶尔盆地和伊犁河上游，主要分布在绿洲边缘地带。生育期热量充足，温度较高，山麓地带有雪水灌溉，苗期温度较低，大气干旱。

该区种质生态型为北疆盆地春性生态型，其基本特性是多属春性，生育期较长，春化阶段与光照阶段均较长，对温度和光照敏感；抗旱性中等，苗期易感病；植株较高，分茎性强，粒小，含油率高。

（五）南疆内陆灌区

该区包括天山与昆仑山之间的塔里木盆地，以生产油用亚麻为主，少量种植纤维亚麻。生育期热量充足，冬季较温暖，春季升温快，夏季气温高，水分主要靠灌溉保证，大气特别干旱。

该区种质生态型为南疆盆地半冬性生态型，其基本特性是大部分为半冬性，生育期较长，对温度和光照条件要求严格；植株生长繁茂，分茎性强，苗期半匍匐状，种子产量中等，原茎产量高。

（六）甘青高原区

该区包括青海东部及甘肃西部高寒地区，属于青藏高原的一部分，以种植油用亚麻为主。该区海拔2 000 m左右，土壤肥力较高，气候寒湿，气温较低，无霜期较短。

该区种质的基本特性是生育期热量不足，后期易遭霜害；春性，生育期短，对温度和光照条件要求不严格；千粒重小，含油率低。

（七）东北平原区

该区为中国纤维亚麻的主要产区，包括黑龙江松嫩平原、三江平原和吉林中部的低山丘陵及东部的长白山高海拔地区，分布在37°—47°N。生长期热量适宜，雨量充沛，但各月分配不均，苗期干旱，后期雨多潮湿，土壤肥力较高，易倒伏，局部地区易感锈病。

该区种质生态型为东北纤维亚麻生态型，其基本特性是春性，对温度和光照敏感；植株基本不分茎，茎秆高而细弱，原茎和纤维产量最高，纤维品质优良，果小而少，籽粒极小。

（八）云贵高原区

该区是中国纤维亚麻新种植区，主要在云南。该区冬季气温较高，雨水较少，灌溉较好，既能保障水分供应，又不会导致亚麻因雨水过多而倒伏。该区种质主要为秋种越冬作物，主要与水稻轮作，产量高。

（九）长江中游平原区

该区是中国 20 世纪末至 21 世纪新发展的纤维亚麻种植区，主要包括湖南、湖北两省的环洞庭湖地区。主要利用冬闲田秋冬种植，雨水较多，易倒伏。

第四节　亚麻及其野生近缘植物

亚麻亚种 *Linum usitatissimum* subsp. *Eurasiaticum* 在生态方面存在显著的多样性，包括匍匐和半匍匐的半冬性亚麻，特别是早熟矮小的高原亚麻及中熟、晚熟的草原亚麻类型。在外高加索的亚热带地区和小亚细亚的沿海地带种植的匍匐亚麻，是栽培亚麻的原始类型。同时，这里还存在半冬性稍有匍匐习性的类型，在某种程度上，属于向草原亚麻夏季类型的过渡阶段。从匍匐亚麻一直到纤维亚麻可以形成一个完整的进化系统，即亚麻的进化分为 3 个阶段：匍匐亚麻—半匍匐亚麻—高大纤维亚麻。

亚麻科有 22 个属，亚麻属是其中之一。亚麻属共有 200 多个种，主要分布于温带和亚热带山地，地中海区域分布较为集中。

一、栽培亚麻的类型

栽培亚麻是花柱同长的一个集合种，为一年生或多年生草本植物，具有极大的多样性。按蒴果是否开裂，可分为两组：蒴果开裂亚麻组、蒴果封闭亚麻组。蒴果开裂亚麻组的蒴果成熟时绽裂，多年生或一年生；蒴果封闭亚麻组的蒴果成熟时封闭，夏型一年生或冬型一年生。栽培亚麻按用途可分为：油用亚麻（胡麻）、纤维亚麻、油纤兼用亚麻。

（一）油用亚麻

株高 30～60 cm，生育期 70～120 d，分茎较多，分枝发达，单株蒴果数 10～30 个，最多可达 100 多个。种子千粒重 5～15 g，含油率 40%～48%。花蓝色或白色。种皮褐色、浅褐色、乳白色等。

（二）纤维亚麻

一年生，喜冷凉，适宜的生长温度为 20～25 ℃，密植时只有一根茎。纤维含量为 20%～35%。花为蓝色、白色、浅粉色、玫瑰色，生产上应用的品种大部分花为蓝色。种皮为褐色、浅褐色、乳白色等，生产上应用的品种大部分种皮为褐色。

（三）油纤兼用亚麻

株高 50～70 cm，有时有分茎，花序比纤维亚麻发达，单株蒴果数较多。主要特征介于油用亚麻和纤维亚麻之间，栽培目的是种子和纤维兼顾。

二、熟期类型

亚麻种质的生育类型可分为早熟类型、中熟类型、中晚熟类型、晚熟类型。我国目前栽培的亚麻多为中晚熟类型和晚熟类型，以下不同类型的生育期是在黑龙江的生态条件下鉴定出来的。①早熟类型：温光反应弱，生育期 60～65 d；②中熟类型：温光反应中等，生育期 66～70 d；③中晚熟类型：温光反应较强，生育期 71～75 d；④晚熟类型：温光反应强，生育期 75 d 以上；亚麻生育期长短易受环境影响，晚熟种质遇到高温干旱，生育期可缩短到 70 d；遇低温多雨，可延长到 80 d。同一类型的种质在南方种植，生育期可成倍延长。

三、野生近缘类型

20 世纪 80 年代以来，陆续有采集到野生亚麻的研究报道，例如吉林长白山、黑龙江林甸、河北坝上采集到的窄叶亚麻 L. angustifolium，河北张北、新疆、青海采集到的宿根亚麻 L. perenne，陕西七里川采集到的野亚麻 L. stelleroides 等。我国现有亚麻属植物 13 种，除栽培亚麻 L. usitatissimum 外，其余 12 个为野生种或变种，其中，4 个为近年引进的野生种，主要分布于西北、东北、华北和西南等地（表 1-1、表 1-2）。

表 1-1 中国亚麻品种

名称	科	属	栽培种	野生近缘种	备注
亚麻	亚麻 Linaceae	亚麻 *Linum*	栽培亚麻 *L. usitatissimum*	1. 长萼亚麻 *L. corymbulosum* 2. 野亚麻 *L. stelleroides* 3. 异萼亚麻 *L. heterosepalum* 4. 宿根亚麻 *L. perenne* 5. 黑水亚麻 *L. amurense* 6. 垂果亚麻 *L. nutans* 7. 短柱亚麻 *L. pallescens* 8. 阿尔泰亚麻 *L. altaicum* 9. 窄叶亚麻 *L. angustifolium* 10. 大花亚麻（红花亚麻）*L. grandiflorum* 11. 冬亚麻 *L. bienne* 12. 黄亚麻 *L. flavum*	1. 宿根亚麻 *L. perenne* 在我国青海曾被栽培利用 2. 前 8 个为我国有分布的野生种，后 4 个为国外引进的野生种

表 1-2 我国现有亚麻分种检索表

A. 萼片边缘具腺毛：
　B. 花黄色；萼片长约为蒴果的 2 倍 ·························· 长萼亚麻 *L. corymbulosum*
　BB. 花淡紫色、蓝紫色、紫红色或近白色；萼片明显短于蒴果：
　　C. 一年生或两年生草本植物；花瓣长为萼片的 2 倍 ·················· 野亚麻 *L. stelleroides*
　　CC. 多年生草本植物；花瓣长为萼片的 3～4 倍 ·················· 异萼亚麻 *L. heterosepalum*
AA. 萼片边缘无腺毛：
　B. 一年生或两年生草本植物；果实假隔膜边缘具缘毛 ·················· 栽培亚麻 *L. usitatissimum*
　BB. 多年生草本植物；果实假隔膜不具缘毛：
　　C. 花柱异长 ·································· 宿根亚麻 *L. perenne*
　　CC. 花柱与雄蕊近等长：
　　　D. 叶 1 脉；花梗纤细，外展或下垂：
　　　　E. 茎上部叶片较密集，叶片边缘平展，有不育枝 ·················· 黑水亚麻 *L. amurense*
　　　　EE. 茎上部叶片较疏散，叶缘内卷，基部叶鳞片状，无不育枝 ·················· 垂果亚麻 *L. nutans*
　　　DD. 叶 3（1）～5 脉；花梗较粗壮，直立或斜上生：
　　　　E. 叶线状披针形，1～3 脉；萼片长 3～4 mm ·················· 短柱亚麻 *L. pallescens*
　　　　EE. 叶条形或狭披针形，3～5 脉；萼片长 5～7 mm ·················· 阿尔泰亚麻 *L. altaicum*

（一）长萼亚麻 *Linum corymbulosum*

一年生草本植物，高 10～30 cm。根属直根系，灰白色，纤细。茎单一，直立，光滑或披星散茸毛，中部以上假二叉状分枝，或茎多数而基部仰卧。叶互生或散生，无柄；叶片狭披针形，长 10～15 mm，宽 1 mm，先端渐尖成芒状或钝，两面几无毛，边缘具微齿，1 脉。花单生于叶腋或与叶对生，有时散生于茎上，常在茎上部集为聚伞状；花多数；苞片与叶同型；花梗与叶片近等长或稍短，直立；萼片披针形，长 4～6 mm，宽 1～1.5 mm，长于蒴果近 2 倍，具 1 条凸起的中脉，下部边缘具腺毛；花瓣黄色，倒长卵形，长 6～8 mm，宽约 2 mm，先端钝圆，基部渐狭成爪；雌、雄蕊同长。蒴果卵圆形，黄褐色，长 2～3 mm，宽约 1.5 mm。种子卵状椭圆形，长约 1 mm，亮黄褐色，光滑。花期 5—6 月，果期 6—7 月。分布于新疆西部和西南部。生于沙质或沙砾质河滩、平原荒漠或低山草原。中亚各国均有分布。

（二）野亚麻 *Linum stelleroides*

一年生或二年生草本植物，高 20～90 cm。茎直立，圆柱形，基部木质化，有凋落的叶痕点，不分枝或自中部以上多分枝，无毛。叶互生，线形、线状披针形或狭倒披针形，长 10～40 mm，宽 1～4 mm，先端钝、锐尖或渐尖，基部渐狭，无柄，全缘，两面无毛，基脉 3 出。单花或多花组成聚伞状花序；花梗长 3～15 mm，花直径约 10 mm；萼片 5 枚，绿色，长卵圆形或阔卵形，长 3～4 mm，顶部锐尖，基部有不明显的 3 脉，边缘稍微膜质并有易脱落的黑色头状带柄的腺点，宿存；花瓣 5 枚，倒卵形，长达 9 mm，先端啮蚀状，基部渐狭，淡红色、淡紫色或蓝紫色；雄蕊 5 枚，与花柱等长，基部合生，通常有退化雄蕊 5 枚；子房 5 室，有 5 棱；花柱 5 枚，中下部结合或分离，柱头头状，干后黑褐色。蒴果球形或扁球形，直径 3～5 mm，有纵沟 5 条，室间开裂。种子长圆形，长 2～2.5 mm。花期 6—9 月，果期 8—10 月。分布于江苏、广东、湖北、河北、山东、吉林、辽宁、黑龙江、山西、陕西、甘肃、贵州、四川、青海、内蒙古。生于海拔 630～2750 m 的山坡、路旁和荒山地。俄罗斯西伯利亚和日本、朝鲜也有分布。茎皮纤维可作人造棉、麻布和造纸原料。

（三）异萼亚麻 *Linum heterosepalum*

多年生草本，高 20～50 cm。根木质化，粗壮，下部多分支。茎多数，直立，无毛，基部被淡黄色或近白色鳞片。叶多数，无柄，散生或螺旋状排列；叶片条状披针形或狭披针形，长 15～30 mm，宽 2～5 mm，无毛，先端钝或急尖，基部圆形，3～5 脉，近顶部叶缘聚红褐色腺毛。花序顶生，聚伞状，具 4～8 花；花直立，花梗粗壮，长与萼片近相等。萼片长 5～8 mm，宽 2～4 mm，外萼片革质，披针形或卵状披针形，先端急尖，边缘具腺毛，内萼片宽卵形或圆卵形，边缘具腺毛或仅一侧具腺毛；花瓣淡蓝色或紫红色，倒长卵形，长为萼片的 3～4 倍，上部具明显冠檐，基部渐狭成宽的爪，爪部呈筒形；雌、雄蕊异长。蒴果球形或卵球形，黄棕色，长 8～12 mm，果瓣具长尖。种子扁状椭圆形，淡黄棕色，长约 5 mm，宽约 1.5 mm。花期 6—7 月，果期 7—8 月。分布于中国天山西部（伊犁）。生于山地草原或旱生灌丛。中亚天山和哈萨克斯坦均有分布。

（四）宿根亚麻 *Linum perenne*

多年生草本植物，高 20～90 cm。根属直根系，粗壮，根茎木质化。茎多数，直立或仰卧，中部以上多分枝，基部木质化，具密集狭条形叶的不育枝。叶互生，叶片狭条形或条状披针形，长 8～25 mm，宽 3～5 mm，全缘内卷，先端尖锐，基部变狭，1～3 脉。花多数，组成聚伞花序，直径约 20 mm；花梗细长，长 1～2.5 mm，直立或稍向一侧弯曲；萼片 5 枚，卵形，长 3.5～5 mm，外面 3 片先端急尖，里面 2 片先端钝，全缘，5～7 脉，稍凸起；花瓣 5 枚，蓝色、蓝紫色、淡蓝色，倒卵形，长 1～1.8 cm，先端圆形，基部楔形；雄蕊 5 枚，长于或短于雌蕊，或与雌蕊近等长，花丝中部以下稍宽，基部合生；雌、雄蕊互生；子房 5 室；花柱 5 枚，分离，柱头头状。蒴果近球形，直径 3.5～7 mm，草黄色，开裂。种子椭圆形，褐色，长约 4 mm，宽约 2 mm。花期 6—7 月，果期 8—9 月。千粒重 2.6～3.0 g，含油率 36.8％，纤维含量 18％～22％。该种质有一定的栽培价值。在青海驯化栽培时，原茎产量可达 4 200 kg/hm²。分布于西北、西南地区及河北、山西、陕西、甘肃、内蒙古等地。生于干旱草原、沙砾质干河滩和干旱的山地阳坡灌丛或草地，可生长于海拔达 4 100 m 的地方。俄罗斯西伯利亚至欧洲和西亚均有广泛分布。

（五）黑水亚麻 *Linum amurense*

多年生草本植物，高 25～60 cm。根属直根系，根茎木质化。茎多数，丛生，直立，中部以上多分枝，基部木质化，具密集线形叶的不育枝。叶互生或散生，叶片狭条形或条状披针形，长 15～20 mm，宽 2 mm，先端尖锐，边缘稍卷或平展，1 脉。花多数，排成稀疏聚伞花序；花梗纤细；萼片 5 枚，卵形或椭圆形，长 4～5 mm，先端急尖，基部有明显凸起的 5 脉，侧脉仅至中部或上部；花瓣蓝紫色，倒卵形，长 12～15 mm，宽 4～5 mm，先端圆形，基部楔形，脉纹明显；雄蕊 5 枚，花丝近基部扩展，基部耳形；子房卵形；花柱基部连合，上部分离。蒴果近球形，直径约 7 mm，草黄色，果梗向下弯垂。花期 6—7 月，果期 8 月。分布于东北地区及内蒙古、陕西、甘肃、青海、宁夏等地。生于草原、山地山坡、干河床沙砾地等。俄罗斯远东和蒙古均有分布。

（六）垂果亚麻 *Linum nutans*

多年生草本植物，高 20～40 cm。根属直根系，粗壮，根茎木质化。茎多数，丛生，直立，中部以上叉状分枝，基部木质化，具鳞片状叶；不育枝通常不发育。叶互生或散生，叶片狭条形或条状披针形，长 10～25 mm，宽 1～3 mm，边缘稍卷，无毛。聚伞花序，直径约 20 mm；花梗纤细，长 1～2 mm，直立或稍向一侧弯曲；萼片 5 枚，卵形，长 3～5 mm，宽 2～3 mm，基部 5 脉，边缘膜质，先端急尖；花瓣 5 枚，蓝色、蓝紫色，倒卵形，长 1 cm，先端圆形，基部楔形；雄蕊 5 枚，与雌蕊近等长或短于雌蕊，花丝中部以下稍宽，基部合生成环；雌蕊 5 枚，锥状，与雄蕊互生；子房 5 室，卵形，长约 2 mm；花柱 5 枚，分离。蒴果近球形，直径 6～7 mm，草黄色，开裂。种子长圆形，褐色，长约 4 mm，宽约 2 mm。花期 6—7 月，果期 7—8 月。分布于东北地区、西部草原区及内蒙古、陕西、甘肃、宁夏等地。生于沙质草原、干山坡。俄罗斯西伯利亚和贝加尔地区均有分布。

（七）短柱亚麻 *Linum pallescens*

多年生草本植物，高 10--30 cm。根属直根系，粗壮，根茎木质化。茎多数，丛生，直立或基部仰卧，不分枝或上部分枝，基部木质化，具卵形鳞片状叶；不育枝通常发育，具狭的密集的叶。茎生叶，散生，叶片线状披针形，长 7～15 mm，宽 0.5～1.5 mm，先端尖锐，基部变狭，叶缘内卷，1 脉或 3 脉。单花腋生或组成聚伞花序，直径约 7 mm；花梗细长，长 1～2.5 mm，直立或稍向一侧弯曲；萼片 5 枚，卵形，长 3.5 mm，宽 2 mm，先端钝，具短尖头，外面 3 片具 1～3 脉或间为 5 脉，侧脉纤细而短，果期中脉明显隆起；花瓣倒卵形，白色或淡蓝色，长为萼片的 2 倍，先端圆形、微凹，基部楔形；雄蕊和雌蕊近等长，长约 4 mm，宽约 2 mm。花期、果期 6—9 月。分布于内蒙古、宁夏、陕西、甘肃、青海、新疆和西藏。生于低山干山坡、荒地和河谷沙砾地。俄罗斯西伯利亚和中亚各国均有分布。

（八）阿尔泰亚麻 *Linum altaicum*

多年生草本植物，高 30～60 cm。根粗壮，根茎木质化。茎多数，丛生，直立，光滑，不分枝或上部分枝，基部木质化，具卵形鳞片状叶；不育枝通常发育，具狭的密集的叶。茎生叶，散生，叶片条形或狭披针形，长 20～25 mm，宽 2～2.5 mm，先端尖锐，基部变狭，叶缘内卷，1～5 脉。单花腋生或组成聚伞花序，直径约 20 mm；花梗细长，长 1～2.5 mm，直立或稍向一侧弯曲；萼片 5 枚，卵形，长 5 mm，宽 2 mm，先端钝，具短尖头，外面 3 片具 1～3 脉或间为 5 脉，侧脉纤细而短，果期中脉明显隆起；花瓣倒卵形，白色或淡蓝色，长为萼片的 2 倍，先端圆形，微凹，基部楔形；雄蕊和雌蕊近等长，长约 4 mm，宽约 2 mm。花期、果期 6—9 月。分布于新疆北部。生于山地草甸、草甸草原或疏灌丛。中亚各国均有分布。

第二章

亚麻种质资源特征和特性

亚麻（栽培亚麻）为一年生或多年生草本植物，茎直立，上部细软，有蜡质；叶互生，披针状，长 20～40 mm，宽 3 mm，表面有白霜；花瓣 5 枚，花直径为 15～25 mm，蓝色或白色；果实为蒴果，种子扁卵圆形；喜凉爽湿润气候。亚麻作为长日照作物，生育期一般 70～120 d，从播种至成熟所需≥10 ℃有效积温为 1 400～2 200 ℃。一般出苗至枞形期（15～30 d）生长比较缓慢，一昼夜植株高度仅增长 0.1～0.5 cm；枞形期以后进入快速生长期，尤以现蕾至开花期茎的生长最快，一昼夜平均株高增长 3.0 cm 以上。当主茎上的第一朵花开放时，一般分枝以下工艺长度部分不再增长。这时，株高仅由于上部继续形成花序而有所增长，但速度已日渐减缓。株高生长曲线呈 S 形。枞形期株高仅为成熟期株高的 1.0%左右，现蕾期则为 40.15%～61.18%，开花期达到 80.52%～89.48%。

第一节　亚麻种质植物学特征

一、亚麻形态特征

亚麻按其栽培目的、植株高度、分枝习性及蒴果数可分为油用亚麻、纤维亚麻、油纤兼用亚麻 3 种类型。

（一）油用亚麻特征

油用亚麻植株较矮（株高 30～60 cm），茎基部生有多数分枝，蒴果较大并且数量较多（有时多达 100 个）。生育期一般 70～120 d。籽粒大，含油率高，种子产量高。由于麻茎低矮，纤维产量低且长度较短，纤维品质较差。主根细长，入土 1.0～1.2 m，侧根一般分布于地表土层深度 20～30 cm 处。茎圆柱形。叶狭长而小，全缘，无叶柄和托叶，互生，多呈螺旋状排列，叶脉 1～5 条。伞形总状花序，每朵花有 5 枚花萼和花瓣，有喇叭形、碟形，花色有紫、蓝、白、红和黄，雄蕊 5 枚，花药蓝色或黄色，雌蕊 1 枚，花柱 5 个，子房 5 室。果实为蒴果，球型，顶端稍尖，蒴果直径 5～12 mm，每果 5 室，少数 6 室，又被半隔膜分为 2 个小室，每小室含 1 粒种子，每个蒴果含 10～12 粒种子。种子呈扁平卵形，前端形如鸟嘴弯曲，种皮有褐色、黄色，表面有光泽。栽培主要目的是获取种子。主要分布于美国、加拿大、日本、巴基斯坦、中国、伊朗等国家。在中国主要分布于内蒙古、山西、甘肃、河北、宁夏、新疆、陕西、青海、天津等油用亚麻主产区。

（二）纤维亚麻特征

纤维亚麻有长而光滑的茎秆，植株高 80～120 cm（有时高达 150 cm）。在植株顶端有少数分枝，花序很短，蒴果较少。在密播条件下分枝很少，每株仅有 3～5 个蒴果，茎秆纤维含量为 20%～35%，千粒重为 3.5～6.5 g。叶长 36～40 mm，宽 2～4.4 mm。开放的花直径为 15～24 mm，花瓣通常为浅蓝色，也有白色或粉红色的。纤维亚麻具有发育纤弱的根系，主根入土较深，绝大多数侧根分布在耕作层。纤维亚麻的茎重占植株总重量的 70%～75%，种子占 10%～15%，果壳和其他残物占 10%～12%，出麻率可达 16%～20%，因此栽培纤维亚麻主要是为了获取纤维。纤维亚麻茎秆较长，纤维产量高，品质好，但种子产量低。在我国主要分布于黑龙江、辽宁、吉林、河北、内蒙古、宁夏、甘肃、新疆、云南等地，黑龙江栽培面积较大。

（三）油纤兼用亚麻特征

油纤兼用亚麻株高中等，一般 50～70 cm，单茎或有 1～2 个分茎，种子含油率为 39%～48%，茎秆纤维含量为 12%～17%，蒴果数比纤维亚麻多。栽培目的主要是收获籽粒作为油用，也能兼收一些纤维。由于既能收籽粒又能收麻纤维，油纤兼用亚麻具有较高的经济价值，在我国内蒙古、山西、甘肃、河北、宁夏、新疆、陕西、天津等亚麻主产区的推广面积较大。

以上 3 种类型的亚麻都属于亚麻科亚麻属的同一个物种，是人们在长期生产过程中根据其用途驯化栽培，形成了具有不同植物学特征的亚麻栽培类型。

二、亚麻的各器官特征

亚麻全植株由根、茎、叶、花、蒴果和种子 6 个部分构成。不同类型亚麻的株高、工艺长度、分枝数、蒴果数、花颜色、种皮颜色、千粒重等明显不同。

（一）根

亚麻的根属于直根系，由主根和侧根组成。主根细长，入土深度可达 100～150 cm，主根上生出许多侧根，侧根短、多且纤细，每条侧根可以生出 4～5 条支根，大部分根系分布在土层深度为 20～30 cm 的耕作层中。根系的入土深度和分布情况与土壤条件有密切关系。在深耕且肥沃的土壤条件下，由于活土层深，养分分布比较均匀，扩大了根系的吸收范围，因此，根系的分布范围较大，生长得较健壮。气候条件和种植密度等对根系的发育也有一定影响。油用亚麻的根系比纤维亚麻的根系发达，主根入土较深，能够充分利用土壤深层的水分和养分，所以油用亚麻的耐旱、耐瘠薄能力比纤维亚麻强。

亚麻的根系发育较弱，与地上部比较，根系所占比例较小，只占植株地上部重量的 9%～15%。因此，种植亚麻时，土壤深耕、增施肥料、耢地保墒，对提高亚麻产量有重要作用。

（二）茎

亚麻的主茎纤细、柔韧、直立，呈圆柱形，浅绿色，成熟时呈黄色，表面光滑并带有蜡质，具有抗旱作用。一般茎高 35～70 cm，茎粗 1～4 mm。亚麻主茎上的分枝有上部分枝和下部分枝 2 种。下部分枝又叫分茎。纤维亚麻一般下部不分茎，仅上部有 3～5 个分枝，这有利于提高纤维产量及品质。油用亚麻一般既有分枝又有分茎，这对调节密度和增加籽粒产量有重要作用。亚麻茎的长度可分为总长度与工艺长度，茎的总长度就是指株高，即茎基部的子叶痕至植株顶端的长度；茎的工艺长度是指主茎的子叶痕到花序第一分枝之间的高度（也称为枝下长度），是生产纤维的主要部分。工艺长度是反映亚麻纤维产量的重要指标。选育兼用型亚麻品种时，除要求亚麻籽粒的产量高外，还要求亚麻茎有一定的工艺长度。工艺长度长、粗细又适宜的亚麻茎出麻率高，麻纤维质量亦较好。

茎的粗细与种植密度关系很大。茎的粗细对抗倒伏性以及亚麻纤维的产量和质量有一定的影响，为了提高种子产量并获得较高的出麻率，除应选择油纤兼用的优良品种外，栽培时还要实行合理密植，才能兼顾籽粒产量和纤维产量。若种植密度过低，不仅籽粒产量受到影响，而且亚麻茎粗大，分枝部位低，木质部发达，韧皮部较薄，纤维细胞数目减少，导致麻纤维产量和质量降低。

（三）叶

亚麻叶全缘，无柄和托叶，互生，浅绿色至绿色，细小而长。叶面具有蜡质，有抗旱作用。种子萌发后出土形成的 1 对子叶，呈椭圆形。在茎的不同部位所着生的叶片形状和大小均有不同。下部的叶片较小，呈匙状；中部的叶片较大，呈纺锤形；上部的叶片细长，呈披针形。叶片稠密地分布于茎上，呈螺旋状排列。一株亚麻茎上着生 90～120 片叶，叶片一般宽 0.2～0.5 cm，长 2～3 cm。叶片成熟后，由下而上变黄脱落。

（四）花

亚麻花为伞形总状花序，着生于主茎及分枝的顶端。花瓣形状多样，有漏斗形、圆盘形、星形、管状等，多数花瓣脉纹有颜色，花冠直径 1～2 cm。花瓣颜色有浅蓝色、蓝色、深蓝色、紫色、红紫色、粉红色、白色等，一般的栽培亚麻品种以蓝花或白花为多。花瓣在早晨张开，中午关闭。雄蕊生长于花瓣基部，基部有 5 个瓶子形状的蜜腺，蜜腺有孔，可分泌蜜液，蜜腺与花瓣交替排列，呈环状。通常，雄蕊的颜色与花瓣的颜色相同，但在纤维亚麻中，拥有白色花瓣的植株对应的花粉和花药的颜色却是蓝色的。花粉也可能呈黄色，而花药壁的颜色可能为白色，也可能为黄色。雌蕊柱头比雄蕊低，亚麻花药向内生长，中午花关闭，花丝弯曲，花粉散落在柱头上，有利于自花授粉。雄蕊 5 枚，雌蕊柱头 5 裂，子房 5 室，每室有胚珠 2 个，胚珠受精后发育成种子。

（五）果实

亚麻的果实为蒴果，呈圆球形，上部稍尖，形如桃状，所以也称作亚麻桃。成熟时，蒴果呈黄褐色，一般直径 0.5～1.0 cm，每果内有 5 室。各室又由半隔膜分为 2 个小室，发育完全的亚麻蒴果每小室内应有 1 粒种子。一般 1 个蒴果内有种子 8～10 粒。亚麻的蒴果有裂果和不裂果 2 种类型，一般情况下，栽培品种不易裂果，但如果收获过迟或遇多雨的天气，易开裂并且落粒。每株亚麻的蒴果数随品种类型及栽培条件不同而发生变化。油用亚麻结果多，纤维亚麻结果少，油纤兼用亚麻介于二者之间。同一品种，在水肥条件好的土地上种植，结果数较多；在干旱瘠薄的土地上种植，结果数就少得多，相差很大。

（六）种子

亚麻种子呈扁平状卵圆形或长椭圆形，顶端尖，底部圆弧形。种子颜色有褐色、深褐色、白色、黄色、橄榄色等。种子长 3.3～5.0 mm，宽 2.0～2.7 mm，厚 1 mm 左右。亚麻千粒重受遗传影响，为 4～13 g。同一植株种子，以主茎顶端的种子为最大。种皮下面的胚乳层，是胚生长时的养料。种子的中心是胚，由 2 片子叶、胚芽、胚根组成。亚麻种子表面平滑而有光泽，流散性很好，表皮层内含有果胶质，吸水性强，储藏时应防止受潮，以免黏结成团，降低品质，影响发芽，这也是亚麻种子不宜用药液消毒的主要原因。亚麻种子没有明显的休眠期，种子收获后，如条件适宜，就能发芽。

第二节　亚麻种质生物学特征

亚麻的发育同其他作物一样，都需要通过春化阶段和光照阶段，才能开花结实，完成整个生育过程。阶段发育是指植物体内（茎生长点）发生质的变化的转折时期，缺乏这个过程，植物体的各个器官、性状和花果的形成就会中断。阶段发育的通过，必须具有一定的光照、温度、水分、无机养分等外界条件。

一、春化阶段

亚麻种子在萌动发芽时进入春化阶段。亚麻通过春化阶段所要求的温度为 2～12 ℃，几乎所有的亚麻品种都能在这个温度范围内通过春化。但在 10 ℃ 以上的温度条件下，春化作用进行得很缓慢。春化作用可在黑暗的条件下进行，播种后幼苗出土前已经通过春化阶段。

二、光照阶段

亚麻通过春化阶段以后开始进入光照阶段。亚麻植株通过光照阶段是自上而下顺序进行的，所以亚麻的花序是自上而下形成的，花序上的花芽也是自上而下顺序进行分化的。亚麻为长日照作物，通过光照阶段的快慢与光照时间、温度、土壤湿度等关系密切。

资料显示，亚麻植株在 8 h 的短光照处理下，分枝增多，枝叶繁茂，但始终不能现蕾开花；8 h 以上（10、12、16、24 h）的光照处理下，随光照时间的增加，依次提早进入现蕾期，光照时间越长通过光照阶段越快；在 8 h 短光照处理下，不能通过光照阶段。因此，光照时间是决定亚麻通过光照阶段时间长短的主要因素。

亚麻通过光照阶段的时间长短还与温度有关。所有的亚麻品种都能在昼夜平均温度 8～27 ℃ 时顺利通过光照阶段，适宜温度为 17～22 ℃。一般认为，在适宜温度范围内，温度越高，通过光照阶段越快；反之，温度越低，通过光照阶段越慢。

亚麻通过光照阶段的快慢还与土壤湿度有关。土壤干旱时，一般植株提前现蕾开花，迅速通过光照阶段；反之，当土壤水分充足时，现蕾开花不提前，缓慢通过光照阶段。资料显示，亚麻通过光照阶段一般需要 26～36 d，光照阶段结束于枞形期。

第三节 亚麻的生长发育特征

亚麻的发育时期，大致可分为种子萌发期、出苗期、枞形期、现蕾期、开花期与成熟期 6 个阶段。

一、种子萌发期

种子吸水后，子叶和胚根开始膨胀，胚根突破种皮，胚芽伸长，种子完全萌发。在室温 20 ℃、水分充足的条件下，亚麻种子在前 2 h 内，吸水速度最快，吸水量最多，占种子重量的 40%～92%；2 h 以后，吸水速度缓慢，当吸水量达到种子自身重量的 107%～152% 时，种子开始萌发。

亚麻种子发芽最低温度为 1～3 ℃，最适温度为 20～25 ℃。亚麻种子在低温下也能发芽，这有利于趁墒早播抓全苗。种子在低温条件下发芽，还可以减少种子内部脂肪消耗。据研究显示，亚麻在 5 ℃ 发芽时，种子内能保存 60% 的脂肪；在 18 ℃ 发芽时，只保存 40% 的脂肪。

二、出苗期

胚芽伸长，子叶露出土面，幼苗露出地面即为出苗期。出苗后，子叶在阳光的作用下，增大变绿，进行光合作用，开始进入独立营养阶段。

出苗快慢与土壤温度、湿度有密切关系。在土壤温度适宜的条件下，温度越高，发芽出苗越快；反之，温度越低，发芽出苗越慢。发芽出苗最适宜的土壤含水量为 10% 左右，最低 7%，最高 13%。

亚麻出苗后具有较强的耐寒抗冻特性。据观察，在幼苗 1 对真叶期，气温短时降至 -4~-2 ℃，一般不受冻害；短时降到 -7~-6 ℃ 受轻冻，受冻率 5%~30%；短时降到 -11 ℃，受冻率高达 90% 左右。抗寒性强弱，依品种和发育阶段的不同而有显著差异。

三、枞形期

亚麻出苗后 1 个月左右，苗高 6~9 cm，植株长出 3 对以上真叶，此时茎生长缓慢，但叶片生长较快，聚生在植株顶部，似小枞树，称为枞形期。此阶段中，根系的生长较地上部分快，在土壤墒情较好的情况下，幼苗高 4~5 cm 时，根系长度可达 25~29 cm。亚麻苗期先长根、后长茎的特性，有利于抗春旱、抗风沙，有利于后期植株的快速生长。因此，使用先进的耕作技术，使土壤疏松通气、墒情良好，有利于亚麻幼苗根系发育，提高抗旱能力。

四、现蕾期

亚麻从出苗至现蕾，历时 40~50 d。进入现蕾期，茎秆顶端膨大形成花蕾，同时长出很多分枝，构成植株花序。在这个阶段中，植株开始快速生长，据测定，植株的生长速度可以达到株高每天增加 1.3~3.3 cm。现蕾前后至开花期，是亚麻生长最旺盛阶段，平均每天增长 2.7 cm 左右。盛花期后，茎秆基本停止生长，但分枝能力强的品种在条件适宜时还能继续增长。

五、开花期

亚麻从现蕾至开花历时较短，一般为 3~10 d，但花期较长，一般从始花期至终花期需 10~27 d。

亚麻花的开放时间为 3~4 h，开花的顺序是由上而下、由里向外开放。一般于 3：00—4：00 花苞显著增大，5：00 左右花苞开始开放，花冠逐步展开，8：00—9：00 花冠全部展开，花丝随着花苞逐渐开放而伸长，最后花药高出柱头并包围柱头。花药于 5：00 左右开始破裂（呼和浩特地区），至 7：00 左右花丝下垂，花药接触柱头，散粉。此时，柱头已基本成熟，分泌大量的黏性物质，接受花粉进行自花授粉，中午 12：00 左右花朵开始凋谢。

亚麻开花受气候影响显著，在光照强度 9.2 万~11.2 万 lx、气温 19～26 ℃、相对湿度 60%~80% 条件下，亚麻花开放较早（8：00 左右），凋谢也早（12：00 左右）；阴天花朵开放较迟，雨天花朵晚开或半开放。如果阴雨天多，花粉容易受潮破裂，往往授粉不良，子房发育不好，蒴果结实粒数减少。因此，在亚麻开花期，晴朗天气有利于亚麻结实，有利于提高产量和品质。

亚麻是自花授粉作物，天然异花授粉率低，一般为 1% 左右。亚麻花色鲜艳，容易吸引昆虫（特别是蜜蜂），促进异花授粉；田间花粉也可以借助风力传播，造成异花授粉。例如，在播种蓝花与白花的品种收获后第二年，在同样地块继续种白花品种，其中往往出现蓝花。因此在选育品种和良种繁育工作中，应采取隔离繁殖措施，避免生物学混杂，保持种性。

亚麻授粉后，落在雌蕊柱头上的花粉粒在 20~30 min 后开始萌发，形成花粉管，经 2.5~3.0 h，花粉管到达花柱底部，进入子房，并同胚囊内的卵细胞融合。研究表明，亚麻授粉后一般在 24 h 内完成受精作用。这个过程受气温影响明显，低气温延迟开花和受精作用。子房受精后逐渐膨大，发育成蒴果。

六、成熟期

亚麻授粉后 30～40 d 为成熟期。蒴果的发育过程可分为青熟期、黄熟期、完熟期 3 个阶段。青熟期为开花后 20～25 d，这时茎和蒴果呈绿色，下部叶片开始枯萎脱落，种子未完全成熟，种子能被压出绿色小片或汁液。这个阶段的种子，品质差，不能播种发芽。黄熟期时，茎的最上部呈绿色，大部分蒴果呈黄色，小部分蒴果呈淡黄色，小部分种子呈绿色，大部分种子呈淡黄色，其中少数种子变成褐色，种子坚硬有光泽。完熟期时，大部分茎、叶呈褐色，叶片枯萎脱落，蒴果呈暗褐色，有裂痕，种子饱满，摇动蒴果，种子沙沙作响。蒴果和种子发育的最适温度为 17～22 ℃，气温超过 25 ℃，容易引起植株"暴死"，造成蒴果发育不良，降低产量。干旱会影响种子饱满度和千粒重；雨水过多，容易使植株贪青倒伏，已成熟的种子也容易吸水变质。

第四节　亚麻生长习性

亚麻喜凉爽湿润气候，耐寒，怕高温。种子发芽最低温度 1～3 ℃，最适宜温度 20～25 ℃；营养生长适宜温度 11～18 ℃。前作以玉米、小麦或大豆为好。以土层深厚、疏松肥沃、排水良好的微酸性或中性土壤为宜，在含盐量 0.2% 以下的碱性土壤中亦能种植。亚麻的生长发育与环境条件有密切的关系，如温度、光照、水分、土壤、营养等。

一、温度

亚麻全生育期为 80～110 d，要求积温 1 400～2 200 ℃。在生育期间，要求温度缓慢上升。

从播种到出苗需要的有效积温为 148～194 ℃。亚麻种子发芽最低温度为 1～3 ℃，最适宜温度为 20～25 ℃，在土壤水分条件适宜的情况下，出苗快慢决定于温度的高低。温度高，发芽出苗快；反之，发芽出苗慢。据研究，在平均气温 7.3 ℃ 时，出苗需 24 d；平均气温 7.9 ℃ 时，出苗需 14 d；平均气温 12.9 ℃ 时，出苗只需 10 d。由于种子具有在较低温度条件下发芽的特点，这样有利于趁墒早播和保苗，同时还可以减少种子内部脂肪的消耗。据观察，亚麻种子在较低的温度条件下，能缓慢通过光照阶段，营养生长良好，可增加有效分枝数 1.5%，增加蒴果数 3.1%，增加粒数 7.3%，增加容重 6.2%，因此，早播对亚麻产量提高有一定的效果。

亚麻出苗以后具有较强的耐寒性。在幼苗 1 对真叶时，当气温短时间下降到 -4～-2 ℃，一般不受冻害；当短时间气温下降到 -7～-6 ℃ 时，受冻率达 5%～30%。但是，当亚麻子叶出土后未展开时，如出现 -4～-2 ℃ 的低温，可使幼苗死亡。从出苗至开花期间，日平均气温 16～18 ℃ 最适宜。开花后，麻茎的生长几乎停止，进入蒴果发育与种子形成期，要求最适宜的温度为 18～22 ℃。如果气温升到 25 ℃ 以上，会造成蒴果发育不良，降低产量。

二、光照

亚麻是长日照作物，全生育期要求光照时间 1 300～1 500 h。光照时间的长短直接影响种子的产量和品质。研究证明，亚麻在 8 h 的短光照处理下，分枝增多，枝叶繁茂，但始终不能现蕾开花；在光照时间大于 8 h（10、12、16、24 h）的处理下，亚麻随光照时间的增加，依次提早进入了现蕾期。在生育期间，光照时间越多，亚麻生长期越短；反之光照时间越少，亚麻生长期越长。

亚麻从开花到成熟，对光照最为敏感。在同样条件下，光照充足，花、果、籽粒显著增多；阴雨天多，开花结实不良，蒴果减少，还会产生倒伏，降低产量。

三、水分

油用亚麻比纤维亚麻耐旱，需水量更少，生成干物质需水量300～350 g/g。纤维亚麻生长期间，生成干物质需水量400～430 g/g。因此，在干旱地区种植亚麻，一般都能获得一定的产量。亚麻种子发芽时所需要的吸水量较其他作物少，常为种子本身重量的105％～150.3％。种子发芽时最适宜的土壤含水量（0～10 cm）为10％以上，最低8％～9％，最高不超过15％。如土壤含水量超过20％，种子易霉烂变质。

亚麻苗期生长缓慢，根系发育快，对水分需求较少。一般出苗至枞形期间，耗水量约占全生育期耗水量的8.4％。如果水分过多，不仅根系发育不良，而且植株易得立枯病。现蕾至开花期间，地上部（营养体）的生长很快，同时，生殖生长（开花结实）也比较旺盛，对水分需求最多，占全生育期耗水量的60％左右，这一时期应保持土壤持水量在80％左右为好。开花末期至成熟期间，蒴果和种子迅速发育，亚麻对水分的要求逐渐减少，耗水量占全生育期的30％左右，以土壤持水量在40％～60％最为适宜。这一时期须有晴朗而又温暖的干燥天气。若阴雨天多，容易使亚麻贪青倒伏，甚至延迟成熟，降低产量，影响种子品质。

四、土壤

亚麻对土壤要求不太严格，在黏土、沙土上都可以种植，但以有机质含量高、土层深厚的沙壤土最为适宜。亚麻对土壤pH的适应范围，以微酸至微碱性土壤比较合适。土壤含盐量不超过0.2％，不影响亚麻生长。

五、营养

亚麻是需肥较多的作物，全生育期都需要从土壤中吸收营养。亚麻吸收的养分以氮、磷、钾为主，对部分微量元素也比较敏感。氮是亚麻生长发育过程中需要量较多的一种营养元素，特别是在快速生长期，所需氮量占整个生育期需氮量的50％左右，从出苗至开花末期，对氮的吸收量占90％以上。因此，如果施足氮肥，不仅植株茂盛，而且根系发育良好，种子产量也高。磷肥对亚麻幼苗生长、发育、花蕾形成、种子发育及油分、碘价积累都有良好的作用。钾肥能使茎秆发育良好，亚麻在生长发育过程中，对钾肥的需要量一般以现蕾至开花期为最多。

第三章

亚麻种质资源收集与发掘

亚麻种质资源包括亚麻品种、品系、遗传材料和野生近缘植物的变种材料，是进行遗传育种和种质创新的重要资源。开展亚麻种质资源的收集、保存、研究，对提高亚麻育种和现代种业的可持续发展具有重要意义。从 19 世纪 30 年代开始，印度、埃塞俄比亚、意大利、法国等国家进行了亚麻种质资源研究。

第一节　亚麻种质收集与保存

亚麻种质资源的分布由生物学特性、起源和栽培利用的历史等因素所决定，在世界上有很强的地域性，其分布区域以北半球为主，而且多数集中在 40°—65°N，属于温带和寒温带，以欧、亚两大洲为主，其中欧洲又占绝对优势。目前，俄罗斯、中国、加拿大、美国、法国、波兰、捷克等国家都掌握了大量的亚麻种质资源，其中，俄罗斯、加拿大、中国拥有世界上较多的亚麻种质资源。

俄罗斯瓦维洛夫全俄植物栽培研究所收集保存了世界各地亚麻种质资源近 6 000 份，基因型丰富。法国亚麻之乡合作集团拥有亚麻资源 5 000 余份，捷克拥有 2 500 份，荷兰瓦赫宁根大学有 947 份亚麻种质资源，其中 490 份为纤维资源，440 份为油用资源。

加拿大植物基因资源中心（简称 PGRC）收集保存的亚麻资源中包括来自 69 个国家的 2 813 个栽培亚麻种。为了有助于亚麻种质资源的管理和利用，从 1999 年到 2001 年，运用 RAPD（随机扩增多态性 DNA）技术对 PGRC 收集的亚麻资源进行特征描述。特征描述结果显示，每一个属用 16 种能够提供信息的 *UBC* RAPD 引物进行分析，在大约 1 800 个凝胶图像中能产生 108 个 RAPD 标记位点。所得 DNA 指纹图谱已被安装到 GRIN‐CA 软件里，植物育种者、研究者和公众能够通过因特网得到有关这些 DNA 指纹图谱的信息。目前，研究者们对 DNA 指纹图谱已进行了多方面的分析，评价 RAPD 技术在基因变异检测中的有效性，研究亚麻变异的程度、模式及起源，确定相关属之间的遗传关系，确认收集时是重复了还是短缺了，评价设立一个亚麻收藏中心的取样策略。这些分析研究产生了许多有意义的结果，并被发表在一些学术刊物上。研究者们对从这些分析研究中获得的主要研究成果进行了重新探讨，并且讨论了它们对于种质特征描述、管理和应用的意义。

亚麻在中国栽培历史悠久，种质资源丰富。中国亚麻种质资源的收集、整理工作始于 20 世纪 60 年代。1978 年，中国农业科学院组织编写了《中国亚麻品种资源目录》，首次完整收录了 570 份亚麻品种资源，包括 408 份国内育成品种，162 份国外引进品种，对其农艺性状及遗传多样性进行了初步研究。1995 年，中国农业科学院组织编写了《中国主要麻类作物品种资源目录》续编，编入由内蒙古自治区农业科学院、黑龙江省农业科学院及河北张家口市农业科学院收集的 2 113 份亚麻资源材料，其中中国农业科研院（所）的品种 526 份，印度、匈牙利、加拿大等国家引进品种 1 587 份；2000 年，又收集续编了 240 份亚麻种质资源，其中中国 170 份，国外引进 70 份。"十五"末期，有 3 048份亚麻种质资源被保存于国家作物种质资源长期库及麻类种质资源中期库，除去重复的部分，实际被存入国家种质资源库的亚麻资源为2 943份，并初步建立了这些资源的数据库。其中，1 822份亚麻种质资源来自国外，其余来自内蒙古、山西、宁夏、河北、黑龙江、新疆6个省（自治区）。到2020年为止，我国亚麻种质资源的拥有量已大大增加，据不完全统计，各省级库或科研单位合计保存亚麻资源材料近10 000份，有高产、高油、高亚麻酸、高木酚素、抗病、抗旱、抗倒伏、中早熟、白色种皮、黄种皮、雄性不育系等不同性状的优异资源，可作为亲本或者遗传材料运用到育种中。

近年来，为丰富我国的亚麻种质资源，各科研院（所）通过多种渠道加强亚麻种质资源的引进工作。多年来，中国农业科学院牵头与地方各院所合作，广泛收集、评价新的亚麻种质资源。2010—2018年，从波兰、俄罗斯、捷克、立陶宛等国引进了464份新的亚麻种质材料，其中包括大量抗旱、抗病、高纤维、早熟、光钝感、多胚等不同优异性状的种质资源，目前已对这些资源进行了田间鉴定评估，筛选出了一些具有早熟、高纤维、耐渍、抗倒伏、抗病等优异性状的亚麻种质资源。甘肃省农业科学院近年来从国外引进了800多份油用亚麻资源；黑龙江省农业科学院从法国、俄罗斯等国引进了大量亚麻种质材料。这些资源材料为育种工作的顺利开展奠定了基础。

截至2022年，内蒙古收集、保存亚麻种质资源材料3 012份，从"八五"开始承担国家科技攻关计划"亚麻种质资源繁种鉴定和优异资源评价利用"课题，入编种质资源材料409份。"九五"期间，收集亚麻种质资源6份，其中甘肃3份，山西、河北、宁夏各1份。"十五"期间，收集亚麻种质资源7份，其中甘肃3份，新疆、山西、河北、宁夏各1份。"十一五"期间，收集、引进国内外亚麻种质资源42份，其中加拿大13份，蒙古4份，甘肃15份，宁夏、河北、山西各3份，新疆1份。"十二五"期间，收集、引进国内外亚麻资源70份，其中美国、加拿大等国43份，国内27份，其中甘肃15份，新疆、河北、山西、宁夏各3份。"十三五"期间，收集、引进国内外亚麻种质资源429份，其中野生资源4份；国内7个省（自治区）267份，其中河北52份、山西17份、甘肃69份、新疆47份、宁夏13份、黑龙江22份、内蒙古47份；国外20个国家或地区158份，其中加拿大21份、美国26份、匈牙利21份、荷兰21份、法国12份、巴基斯坦12份、俄罗斯11份、阿根廷8份、伊朗6份、埃及4份、波兰3份、印度2份、罗马尼亚2份、土耳其2份、摩洛哥2份、乌拉圭1份、奥地利1份、阿富汗1份、新西兰1份、非洲1份。

第二节　亚麻优异种质资源的发掘

亚麻在我国种植历史悠久，形成了一些特殊遗传类型和特有基因，为亚麻种质资源的创新提供了保障。我国亚麻种质资源创新工作始于20世纪50年代，随着社会和科技的不断进步，多途径种质创新和深入研究不仅提高了我国亚麻资源的利用效率，而且促进了我国亚麻产业的稳定发展。

一、亚麻核不育种质

核不育亚麻由内蒙古自治区农业科学院于1975年首次发现，具有花粉败育彻底、育性稳定、不育株性状标记明显等特点。陈鸿山认为，该不育亚麻材料为显性核不育，由单基因控制，后代育性分离比为1∶1，但后来发现有些杂交后代或自由授粉材料后代不育株与可育株的比不是1∶1，而是不育株占比为30％、45％。张辉等发现，在测交、回交、姊妹交后代中，可育株与不育株有1∶1和5∶3、3∶1的分离表现，认为核不育亚麻是一个复杂的群体，有可能存在新的不育类型。张建平发现了相同的后代育性分离模式，认为该不育性可能由2对非等位基因控制，并且为双显性基因，该基因的功能及遗传有待深入研究。

二、亚麻温（光）敏型雄性不育种质

甘肃省农业科学院党占海等利用抗生素对油用亚麻陇亚 8 号、9410、9033 的种子进行浸泡处理，诱导获得了雄性不育突变体。通过对其特征特性和不育性表现的研究，发现该不育材料的雄性不育特征明显，温度对不育性有重要影响，一定温度范围内，高温使育性提高，结果率和结实率上升，低温使育性下降，结果率和结实率下降。同时，还发现不同材料对温度的敏感程度不同。通过对杂交后代育性分离的分析，发现几个材料的不育性均受隐性核基因控制，属温（光）敏型雄性不育。经过多年试验研究，创制出 10 余份油用亚麻温敏型雄性不育种质材料，育成了陇亚杂 1 号、陇亚杂 2 号、陇亚杂 3 号 3 个杂交种，使我国油用亚麻杂种优势利用居世界领先水平。

三、抗枯萎病种质

在我国目前生产中大面积推广的抗枯萎病亚麻品种的抗源比较单一，主要来自红木、美国亚麻、德国 1 号等少数几个国外引进的抗病品种。20 世纪 80 年代以来，国内学者对抗枯萎病种质进行了鉴定评价，筛选出了一批抗病种质并应用于育种中，先后育成了内亚系列、陇亚系列、定亚系列、天亚系列、晋亚系列等抗病品种。薄天岳等对 508 份亚麻品种资源的抗性评价表明，在 45 份高抗枯萎病资源中，国外引进品种 17 份、国内地方品种 2 份、国内育成品种 26 份，说明我国地方品种的抗源十分匮乏，育成品种由于引入了国外抗源，抗病性得以提高，但抗枯萎病种质资源的发掘与创新依然亟待加强。

四、抗旱种质

2009 年以来，甘肃省农业科学院在甘肃敦煌对 800 余份国内外亚麻种质资源进行了成株期田间抗旱性鉴定评价，筛选出以定亚 17 号为代表的 60 多份一级抗旱种质，已提供给甘肃、宁夏、新疆、山西、内蒙古、河北、黑龙江等省（自治区）的亚麻育种单位利用。同时，对部分资源的芽期、苗期也进行了抗旱性评价，制订了甘肃省地方标准《胡麻抗旱性鉴定评价技术规范》，对亚麻抗旱种质的发掘与创新具有指导意义。

五、优质种质

路颖等对"八五""九五"期间收集入库的 464 份亚麻种质材料进行鉴定评价，筛选出 261 份早熟、长势优良材料，314 份原茎产量高材料，268 份纤维产量高材料，60 份抗倒伏、抗病性强材料。鉴定筛选出的优异种质 Ariane、fany，于 2002 年被科技部、农业部评为一、二级优异农作物种质资源，直接生产利用，成为 20 世纪 70、80 年代黑龙江亚麻主产区搭配品种，不但解决了低洼易涝地无当家品种的难题，而且推动了亚麻收获机械化的进程。

很早以前，人们就将亚麻作为油料作物。因此，亚麻作为重要的经济作物被人们广泛种植。由于亚麻油具有抗衰老、美容、健脑的功效，其食用价值引起了人们极大的关注，优质资源鉴定及品质改良成为育种工作者追求的目标之一。赵利等先后对 292 份国内外亚麻资源进行品质分析，结果显示，粗脂肪含量大于 42％的为康乐白亚麻、广河白亚麻、轮选 3 号、张亚 2 号、CASILDA、伊亚 4 号、庄浪小红、内亚 6 号、CDCBethune、JWS 和 Macbeth；亚麻酸含量大于 55％的为敦煌白亚麻、酒泉白亚麻、武威白亚麻、尧甸白亚麻、皋兰白亚麻、临夏白亚麻、张掖白亚麻、山丹白亚麻、清水老亚麻、秦安好地亚麻、西礼白亚麻。

六、野生种质

我国野生亚麻种质资源丰富，但其与栽培种之间存在着较强的种间杂交不亲和性，多数学者仅限于特征特性、繁殖保存、分类等方面的研究，在育种中的应用一直是技术难题。河北张家口市农业科学院以坝亚 6 号和坝亚 7 号为母本，以多年生宿根型野生种为父本，通过重复授粉＋生长调节剂处理等方法，获得杂交种子，经花粉粒镜检、DNA 检测，证实了杂交种的真实性。创制的 1067 参加了全国区域试验、1075 参加了省级区域试验，此外有 1110、1062 等 20 份稳定评系参加鉴定、评比试验。

第四章

亚麻种质创新

种质是亲代传递给子代的遗传物质。种质资源是携带各类种质的材料，又称遗传资源或基因资源，它蕴藏在作物各类品种、品系、类型、野生种和近缘植物中。种质资源是植物新品种选育、农作物改良工程的基础，是改良农作物的基因来源。种质创新目标能否实现，首先取决于育种者所掌握的种质资源数量及质量。所以，遗传多样性丰富的亲本就成了培育优良品种的工程材料，是作物育种工作的基因宝库。从种质创新的角度来看，作物育种实际上是对作物种质资源中的基因进行选择与组合的过程。作物种质资源是进行农作物品种改良选育所必需的，尤其对于亚麻这样的小经济作物来说，种质资源的数量和质量将是亚麻种质创新能否突破、亚麻生产能否飞跃的关键所在。植物种质资源的开发鉴定和评价研究，对于提供多样化育种亲本、扩大品种遗传基础、合理利用种质资源等方面来说，都是非常重要的。我国的亚麻资源类型丰富，特别是拥有国内外首次发现的核不育亚麻种质资源。该资源材料具有花粉败育彻底、育性稳定、不育性状标记明显等特点，并获得了温（光）敏型雄性不育亚麻种质材料，应用前景广阔。同时，我国已开展了对野生亚麻资源种子的研究工作。

第一节　亚麻种质创新目标

亚麻的育种目标随着时代的发展而变化，不同的栽培技术水平和社会经济发展状况以及不同的市场需求，对育种目标的要求不同。从 20 世纪 60 年代初到 80 年代初的育种目标是丰产、抗旱、高油新品种选育；进入 20 世纪 80 年代，由于亚麻种植面积的不断扩大以及主栽品种不抗病，亚麻枯萎病大量发生，亚麻生产遭受严重损失，因此，抗病育种成为这一阶段的主要育种目标；进入 20 世纪 90 年代后，对亚麻优质专用品种的需求日益迫切，经过不断提高和完善，育种目标为以优质专用为主，兼顾高产和抗病性。具体育种目标可归纳为以下几个方面。

一、高产

提高单产是亚麻育种的主要目标。构成亚麻产量的因素有株高、有效分枝数、单株蒴果数、每果粒数、千粒重、单株粒重等。因此，选育出的新品种应该具有的产量性状是：株高 60～90 cm，有效分枝数＞4 个，单株蒴果数＞20 个，千粒重＞6 g，单株粒重＞1 g。

二、抗病

亚麻的主要病害有枯萎病、立枯病、锈病、派斯莫病、白粉病等。其中，枯萎病是影响亚麻生产较为严重的病害。降水多的年份，锈病发生严重，是一个潜在的危险性病害。派斯莫病属于检疫性病害，近几年在山西、黑龙江、云南均有发生，而且危害程度也有加重的趋势。白粉病是我国亚麻产区潜在的危险性病害。因此，选育抗病品种是非常重要的。

三、抗逆

抗逆性主要包括抗旱、抗倒伏等，抗逆性强可保证品种的种植效益和适应性。亚麻属于抗旱耐瘠作物，一般都在干旱地区种植，但由于亚麻种子较小，在苗期发生田间干旱会严重影响植株的生长发育，因此亚麻的抗旱性鉴定要在苗期进行。抗倒伏是一个很重要的育种目标。随着亚麻经济效益的不断提高，种植亚麻的水地面积在不断增加。亚麻植株茎很细，叶片繁茂，蒴果多，下雨时植株上部重量增加，易发生倒伏，严重影响亚麻的产量和品质。抗倒伏鉴定一般在开花后期或青果期雨后进行。抗倒伏分为不同的等级：0级，植株直立不倒；一级，植株倾斜角度在15°以下；二级，植株倾斜角度在15°~45°；三级，植株倾斜角度在45°以上。

四、优质

过去，人们一直将产量高、含油率高作为主要育种目标，虽然选育出了一些优良品种，这些品种在丰产性、抗病性、含油率方面比较好，但经济效益较低。其原因是选育的品种用途单一，主要用作食用油，而目前市场上食用油种类很多，亚麻油的销量受到了一定的限制。为了使亚麻籽的用途更加广泛，提高亚麻种植的经济效益，真正使亚麻这一地区特色作物在调整种植业结构中发挥重要作用，就要针对不同的利用途径制订不同的育种目标：制作一般食用油，要求含油率>40%；制作高级色拉食用油，要求α-亚麻酸含量<5%；提取α-亚麻酸用于防治心血管疾病，用亚麻籽作为营养保健品等，要求α-亚麻酸含量>50%；制作高档油漆，要求碘价应在160~200。

虽然在产量、抗性、含油率等方面国内外育种目标相同，但是为满足在工业、食品和饲料等领域广泛利用亚麻的多种需求，支撑亚麻市场的发展，美国和加拿大在育种目标上，始终关注满足特殊商业化和消费市场对品质的需求。例如，由于黄籽被认为在健康食品上应用较好，加拿大在黄籽品种选育方面做了一些工作。低镉积累的亚麻品种也是最近几年品种选育的目标。国外也注重品种单项品质的提高，例如，加拿大的新品种分为一般亚麻品种和低亚麻酸品种，在保证产量和抗性水平的同时，一般亚麻品种具有较高的含油率和亚麻酸含量，低亚麻酸品种的亚麻酸含量<5%，油的品质接近葵花籽油，目前在加拿大这类登记品种必须是黄籽。

第二节　亚麻种质创新技术

我国亚麻种质创新工作开始于20世纪50年代，主要是农家品种的收集、整理和种质资源的引进。1951年，山西省农业科学院高寒区作物研究所从波兰品种Kotweick中选育出雁农1号，大面积替代了地方品种，实现了第一次品种更新。20世纪50年代末至60年代，我国开始进行亚麻杂交育种，山西省农业科学院高寒区作物研究所用雁农1号作母本，尚义大桃作父本，杂交选育成雁杂10号，实现了第二次品种更新。20世纪60年代至70年代，我国亚麻主产区普遍开展杂交育种，育成了天亚2号、甘亚4号、陇亚5号、定亚4号、定亚10号、晋亚2号、晋亚3号、坝亚2号、宁亚2号等一大批高产品种，实现了第三次品种更新。20世纪80年代中期，亚麻枯萎病在亚麻主产区大发生并迅速蔓延，抗枯萎病育种成为当时亚麻育种的主要任务，各地农业科研院（所）利用引进的国外抗病资源与国内自育的丰产品种杂交，率先成功选育首批高抗枯萎病、丰产稳产的亚麻新品种：陇亚7号、天亚5号、定亚17号和内亚系列。20世纪90年代初，在国内亚麻主产区得到迅速推广应用，替代了多年育成的感病品种，实现了第四次品种更新。20世纪末至21世纪初，各育种单位相继育成抗枯萎病品种陇亚8号、陇亚9号、天亚6号、晋亚7号、定亚18号、内亚9号等，先后在生产中得到推广应用，逐步替代了首批抗枯萎病品种，实现了第五次、第六次品种更新。21世纪以来，育成了陇亚10～13号、轮选1～2号、内亚6～9号、定亚21～23号、天亚8～9号、晋亚9～11号、坝亚3～6号、宁亚18号、伊亚3～4号等，先后在不同产区推广种植，实现了第七次至第九次种质创新。

亚麻的育种途径主要包括引种鉴定、系统选育、杂交育种、诱变育种、显性核不育亚麻利用、单倍体育种等，其具体方法因途径的不同而异。

一、引种鉴定法

引种鉴定法就是将从不同地区引进的品种（材料），通过试验鉴定，选择表现优良的品种，直接在生产上推广应用，这种方法简单、省事、见效快。从自然条件和栽培水平基本相似的地区引进的优良品种，引进成功率较高。引种鉴定除供直接应用外，对其优异性状，还可通过各种育种途径加以利用。

（一）引种目标

根据当地自然环境、生态条件和品种存在的问题，制订引种目标，引进生态环境相同或相近、适合本地生长的品种。

（二）引种程序

首先，要了解引进品种在当地条件下的表现，经过1～2年的引种、试种，鉴定引进品种的丰产性、适应性、抗逆性等，然后，进行生产示范，最后大面积推广。在引种的过程中必须严格遵守种子检疫和检验制度，防止病虫害随种子传播。

二、系统选育法

系统选育法也称"单株选择法"或"一株传"，即在大田生产、地方品种或引种材料中，选择适合育种目标要求的优良单株，定向培育成新品种。系统选育法是优中选优的一种育种方法，可进行一次单株选择和多次单株选择。一次单株选择的一般做法是：第一年在大田生产中选择成熟早、丰产性状好、抗逆性强的单株进行单独脱粒，分别保存；第二年分株行种植，并种植当地大面积推广的品种作为标准（品种）对照以供比较，收获前进行评定，淘汰不良株系，保留符合要求的优良株系；第三年进行株系比较，优中选优，并初步进行产量鉴定；第四年继续进行产量鉴定；第五年把综合性状好的产量显著优于对照品种的株系进行多点区域试验和较大面积的生产示范，将产量高、适应强、综合性状表现好的品系，经过审定或登记，大面积推广应用。多次单株选择法常用于有性杂交和人工诱变后代选择。

三、集团选择法

集团选择法即混合选择法，是一种简单易行、迅速有效的方法，常用在品种提纯复壮和改进农家品种上。一个优良品种被种植多年后，一般会产生种性退化、植株高矮不齐、成熟期不一致等问题，影响产量和品质。通过集团选择法，从混杂群体中选择健壮、具有本品种特点的优良单株，经室内鉴定，去掉不符合标准的植株，然后混合脱粒，第二年种植。一般经过 2～3 年的连续集团选择后，就可以使原品种的纯度和所固有的特性得到恢复提高。但集团选择法不易把遗传性状不良的单株淘汰掉，所以，要想单靠集团选择法来不断地、迅速地提高品种质量、选育新品种，有一定局限性。

四、杂交育种

杂交育种是指通过不同品种间杂交，利用基因重组或加性效应来创造新变异，并对杂种后代进行培育和定向选择，育成具有双亲/多亲优良性状或个别性状超亲的新品种。杂交育种是亚麻育种中最重要、最有效的方法，在我国育成的亚麻品种中，利用杂交育种方法育成的品种占 90％以上，世界上 90％以上的亚麻品种也是通过此方法育成的。

（一）杂交选配原则

亲本选配是杂交工作成功的关键。在选择杂交亲本时，要注意依据育种目标选择亲本，亲本之一最好是当地推广品种，亲本目标性状要突出；注意亲本的优缺点，应尽量选择优点多、缺点少的品种作亲本，而且双亲优缺点必须做到互补；注意亲本的差异，选择遗传距离大、地理远缘、生态型差异大的材料作为亲本，容易选出超亲的新类型和适应性比较强的新品种；选用配合力高的材料作亲本；选择花期接近的材料，亲本开花期较接近，便于杂交授粉。

（二）杂交技术

第一步，整枝疏蕾。去雄前，选择生长健壮、无病、经济性状好的母本植株，将其分枝上的花蕾进行疏剪。每株只保留主茎上发育良好的花蕾 2～3 朵，其余全部去掉。之后，随时清除新长出来的花蕾，以免造成营养分散或收获时与杂交果相混。

第二步，去雄。开花前一天 16：00—18：00，或者开花当天 9：00 以前，选择已整过枝、次日即可开花的花蕾（花冠露出 1/3）进行去雄。先用镊子将花瓣剥掉，剥开萼片，随即将 5 枚雄蕊取出。动作要轻，不要损伤雌蕊柱头，然后套上羊皮纸袋，拴好纸牌，注明组合名称和去雄日期。

第三步，授粉。时间以 8：00—10：00 为宜。授粉时，先把父本的花药收集到玻璃器皿内，将母本套袋取下，用毛笔或棉球蘸取花粉涂抹在母本柱头上，或者直接将父本花朵摘下，将花粉轻轻涂抹在母本柱头上，花粉量要足。授粉后，再把纸袋套上，并注明组合名称和授粉日期。进行一个组合后，所用镊子、器皿等器具应用酒精消毒，以备下次再用。

（三）杂交方式

选定杂交亲本后，根据育种目标，可以灵活运用不同的杂交方式进行杂交，以便获得较多的优良后代，培育成新品种。常用的杂交方式有以下几种。

1. 单交　即由两个亲本杂交，以 A×B 表示。如 A、B 两亲本优缺点能互补，性状符合育种目标，则可采用单交的方式。单交只需杂交一次即可，杂交数量及后代选择的群体都无需很大，一般每个组合有 10 个杂交果便足够了。此法简单易行，对选择或改良个别重要性状效果最佳，是主要的杂交方式之一。如果亲本选择准确，往往一步杂交就能选出理想的材料。许多亚麻品种都是应用此种方式育成的。

2. 复交　即由两个以上亲本进行杂交，要通过一次以上杂交才能完成。复交可以综合多亲本的优点，选出超双亲的优良类型。但是，由于多亲本参加杂交，所以遗传性状表现复杂，杂种后代性状稳定较慢，使育种年限延长。一般在第一代进行复交比较好，因为一代遗传基础比较好，性细胞在分裂过程中可以形成多样性的配子，杂交时有可能把各种亲本类型的优点综合起来，遗传给后代，选育出新品种。一般的做法是，先将两个亲本配成单交组合，再与其他组合或亲本交配，在配组时，可针对单交组合缺点选择另一组合或亲本，使两者优缺点互补。复交的供选择空间大，可补充单交时双亲的某些性状不足，综合多个亲本的优点，可创造各种超亲类型。复交也是亚麻杂交育种的主要方式之一。复合杂交又因采用亲本数量及杂交方式不同分为三交（A×B）×C、双交（A×B）×（C×D）、四交［（A×B）×C］×D等多种模式。复交是当育种目标要求多方面综合，需要多个亲本性状聚合，才能达到育种要求时采用的杂交方式。

3. 回交　成对杂交后的杂种后代 F1，再和两亲本之一进行杂交，即回交。可根据需要，连续回交若干次。回交的目的是改造某品种的缺点，提高抗逆性、适应性与丰产性。例如，A 品种在生产上的表现为适应性强、丰产性能好，但不抗病，影响高产稳产，通常以 A 品种作母本，用抗病品种B 作父本，用其杂交后代再与 B 品种杂交，然后选出抗病的植株作母本，用 B 品种继续回交，直至改造成功为止。一般回交 3～4 代后，让其自交即可选择。回交方式有［（A×B）×A］×A…或［（A×B）×B］×B×B…两种。回交可改良现有优良品种的个别缺点，对某些性状的加强效果很好。

4. 多父本授粉　即把几个父本的花粉混合后，给一个母本授粉，叫作多父本授粉，也称为多父本杂交。采用多父本授粉可以让母本选择最适合的花粉受精，提高后代的生活力，一般其杂交后代的分离类型也比较多。同时，采用多父本授粉还可能产生多父本受精现象，使杂种后代同时具备几个亲本的性状，有利于选择优良的后代。

由于杂交后代遗传性状的表现较复杂，某些性状要在一定的环境条件下才能表现出来，因此，要按照育种目标的要求进行定向培育，精心选择，才能达到预期效果。例如，选择抗旱性较强的品种，要把杂交后代种在干旱地上，使其抗旱的特征表现出来；选择喜水、耐肥、抗倒伏的品种，应把杂交后代种在水地上，给予足水足肥条件，使其抗倒伏和丰产性状充分表现出来。通过精心选择，淘汰劣系，选择优株，培育成新的品种。

五、诱变育种

诱变育种是指利用物理和化学方法诱发作物产生突变，然后按照育种目标，在变异的后代中进行选择和培育，从而获得新品种的方法。用射线诱变育种的方法称为辐射诱变育种，用化学药剂诱变育种的方法称为化学诱变育种。

（一）辐射诱变育种

辐射诱变育种是目前国内外常用的一种人工诱变育种方法，诱变辐射剂量的选择对于诱变起着重要作用。辐射能使亚麻在熟期、株高、产量等方面的基因突变率提高 5～6 倍，在改变品种某一不良性状、育成具有突出优良性状的新品种方面具有明显效果。内蒙古自治区农牧业科学院采用辐射诱变技术选出了适宜加工利用的专用白色种皮新品种内亚 6 号。对辐射育种材料的选择是辐射育种的基础。辐射育种的关键为选择在生产上得到推广的综合性状好、优点多、缺点少（只有 1～2 个不良性状）的材料以及新基因源作亲本。经过比较 γ 射线、X 射线、中子、激光等作为辐射源的辐射效果，以 ^{60}Co-γ 射线效果最好。用 ^{60}Co-γ 射线照射亚麻种子的适宜剂量是 200～500 Gy，低于 100 Gy，亚麻几乎不发生变异，超过 800 Gy，亚麻死亡率过高（80％以上），影响辐射效果。

（二）化学诱变育种

甲烷磺酸二脂（EMS）对亚麻具有较好的诱变效果，诱导突变率取决于 EMS 的浓度和品种的基因型。高浓度（0.4％～0.5％）时，突变率高，但是有益突变较少；低浓度（0.1％）或中等浓度（0.2％～0.3％）时，有益突变较多。其处理方法是，将亚麻种子浸泡在溶液中 24 h，然后用清水冲洗，洗净后直接播种或干燥 2 d 再播种。此方法对获得高纤维含量及高千粒重的突变比较有效。此外，亚硝基烷基脲、次乙亚胺、抗生素、秋水仙碱、氮离子注射等对亚麻也具有诱变作用，其中，亚硝基烷基脲、次乙亚胺、氮离子注射等可诱导产生多种突变，秋水仙碱可以诱导产生多倍体。抗生素可诱导亚麻雄性不育，不同种类抗生素的诱导率有明显差异，链霉素、青霉素、利福平、红霉素、四环素都有一定效果，其中利福平的诱变率最高，红霉素的诱变率最低。诱导率同时受基因型的影响，诱导产生的不育株在形状上与原品种基本一致，不育株花冠的大小和颜色与可育株相似，花瓣能够正常展开，花药瘦小、淡黄色，在显微镜下观察呈半透明状，部分不育株可以稳定遗传。

（三）诱变后代的处理与选择

对诱变处理后代的选择是诱变育种的关键，辐射诱变处理后的种子称 M0 代，由 M0 代发育出来的植株称 M1 代。M1 代按处理材料及顺序排列，先播对照（未处理的材料）种子，后播处理的种子，群体以 5 000 粒为好。M1 代亚麻植株的生长发育明显受抑制，出现叶片卷缩、多分枝、茎扁化、双主茎等。一般不在 M1 代做个体选择，M1 代的收获方法依育种方法而定。系谱法育种应单株收获，即单株脱粒保存；混合选择法可全区收获，或者每株采收几个蒴果混合脱粒保存。M2 代会出现各种各样的分离，对 M2 代植株的整个生育期要进行认真的观察比较，选出各类突变体，按系统选育法的程序进行优良株系选择，进而选育出优良品种。

六、显性核不育亚麻利用技术

20 世纪 60 年代以来，亚麻育种界开始关注对新型育种材料的研究，在具有商品价值的作物中，亚麻是首批鉴定出细胞质雄性不育性的作物之一，然而这种雄性不育株的花不能充分展开，授粉受到阻碍，从而影响了异花授粉，无直接利用价值。虽然也有花瓣充分展开的报道，但未见相关利用方法的报道。

内蒙古自治区农牧业科学院拥有了国内外首次发现的显性雄性核不育亚麻材料后，对该材料的不育机理进行了细胞学、生理学、遗传规律及其在亚麻育种中的应用研究，首次将轮回选择法应用到了自花授粉作物亚麻上，并选育出目前国内含油率最高同时丰产、抗病的轮选系列品种。

（一）品种改良技术

采用连续回交法定向培育多系品系。从核不育基因库中选择具有被改造性状的核不育材料作母本，以被改造品种作父本，连续回交多代，直到后代群体具备稳定的目标性状且又保留父本优良性状为止。

（二）培育新品种技术

从核不育基因库中选择性状优良的不育材料作母本，与所选的父本材料配制杂交组合，从后代分离的可育株中选优，培育新品种。利用不育材料作母本，不用人工去雄，节省人力，提高效率。

（三）轮回选择技术

轮回选择是进行作物群体改良的一种有效手段。要进行轮回选择，首先应创建一个遗传基础丰富的群体，具备既能互交重组、又能自交选择的条件。显性核不育亚麻使自花授粉的亚麻既能通过不育株异交，又可通过可育株自交，为轮回选择创造了条件。由于亚麻是自花授粉作物，其品种或品系均是由一个纯合基因型繁殖起来的同质群体，所以任何一个品种或品系构成的群体都不能直接用于轮回选择，必须首先创建一个符合要求的基础群体，然后再进行轮回选择。基础群体的组建，首先需要进行基础群体的亲本选择。主要依据性状的互补原则进行亲本选择，多个亲本随机互交，形成一个包含多种优良基因的杂合群体，作为轮选基础材料。在选择亲本时，除考虑性状互补外，还要考虑目标性状的一般配合力，不但要注意表型选择，还要了解其遗传背景。在选择亲本时，要特别注意提高目标性状的优良基因频率。只有亲本优点突出，才能创制出综合性状优良的重组体。组配方式可采用混合个体随机互交、半双列杂交、不完全双列杂交等方式。

（四）轮选方法

将入选的不育株种子作母本行，以目标性状优良的自交系材料作为父本行，相间种植在隔离区，开花前剔除母本行分离出的可育株和父本行的劣株，使不育株与父本随机授粉杂交，最后选择母本的不育株种子。将入选不育株上的种子分为一式两份，一份作为下轮的母本组群，将另一份种成"副区"，从中选择可育株，经 F2、F3 自交，选择后作为父本返回群体。从群体中选择优良不育株，将这些不育株的种子等量（或一定量）混合，组成下轮群体，在隔离条件下，使从群体中分离出的可育株与不育株随机交配，如此循环进行。以上两种方案逐轮衍生可育株，按系谱法直接选育新品种。

七、单倍体育种

单倍体育种的主要程序：培养单倍体植株、对培养基的选择、单倍体鉴定、加倍、移栽、田间选择鉴定。

（一）单倍体植株的培养

在亚麻开始现蕾、花瓣还没有露出花萼时（花蕾长 4.4～4.8 mm）采花蕾，每个组合取 100 朵以上，用镊子剥取花蕾，置入 2% 的次氯酸钠溶液中浸泡 5 min，灭菌后用无菌水反复冲洗 3 次，以消除花蕾表面药液。接种后，放入温度 24～26 ℃、光照 1 000 lx 条件下培养，20～30 d 可诱导愈伤组织形成。当愈伤组织长到 3 mm 左右，及时转到分化培养基上进行分化培养，20 d 左右可长出再生苗；然后把苗再次移到生根培养基中，生根后，若根系的状态良好，即可移植到无菌土中。

（二）培养基选择

亚麻花药培养基是在 MS、B5 培养基等基本花药培养基的基础上，附加一定量的生长素和细胞分裂素配制而成的。愈伤诱导培养基中的生长调节剂一般为 0.1 mg/L 的 2,4-二氯苯氧乙酸（2,4-D），细胞分裂素为 0.5 mg/L 的 6-苄氨基嘌呤（6-BA）；再分化培养基中的生长素为 0.5 mg/L 的吲哚-3-乙酸（IAA），细胞分裂素为 1.5 mg/L 的 6-BA。

（三）单倍体鉴定

鉴定亚麻单倍体植株有两种方法。一是铁矾苏木精法，取亚麻花粉植株的根尖 1～2 mm 进行固定软化处理，然后用铁矾苏木精染色，压片后在显微镜下观察；如染色体数目是 15，该植株即为单倍体。二是硝酸银法，取亚麻花粉植株叶表皮放在载玻片上，滴 1 滴 1%～3% 硝酸银溶液，然后在显微镜下观察，如果气孔保卫细胞中叶绿体数是 3～4 个，即为单倍体。捷克利用光照吸收方法进行检测，其原理是单倍体的染色体少，对特殊波段的光吸收少，而二倍体的染色体多，对特殊波段光吸收多。单倍体植株表现为矮小，茎秆细，叶片窄小，花蕾小，不结实。

（四）加倍方法

将单倍体加倍成二倍体，主要使用传统的秋水仙碱法。秋水仙碱浓度为 0.02%～0.03%，温度

16～19 ℃，浸泡 18～24 h 后，用纱布的一端包住亚麻植株生长点，另一端浸在秋水仙碱溶液内。另外，用低温和继代方法可以进行自然加倍，但加倍率低于秋水仙碱法。

（五）移栽

亚麻花粉植株长到 5 cm 左右时，选择根系发达的粗壮苗进行移栽。移栽前拔去培养瓶上的棉塞炼苗 3 d，移栽后可用玻璃器皿或塑料袋罩上，7 d 左右打开，每天光照 8 h 以上。注意，移栽 15 d 内不能放在 30 ℃以上强日光下照射。由于亚麻根系不发达，再生植株长势弱，移栽成活率明显低于其他花培植株，应探索出一套具有较高成活率的移栽技术。

（六）田间选择鉴定

加倍后的二倍体后代没有性状分离现象，但同一组合中不同花粉单倍体植株形成的二倍体植株间有明显差异。因此，所得的加倍二倍体植株种子不能混收，必须单收，种成株行后，按照育种目标进行一次株行选择。选择后的株行高倍繁殖 1 年后可深入鉴定。

八、转基因技术

采用分子育种手段，可以按照人们的意愿对作物进行定向变异和准确选择。随着新基因的克隆和转基因技术的完善，对多个基因进行定向操作已成为可能，未来将有望出现集高产、优质、高光效、抗病、抗虫、抗逆等特性于一身的作物新品种。我国亚麻基因工程研究相对于玉米、水稻等优势农作物较为落后，基因数据库中关于亚麻基因组的信息较少，这势必影响对功能基因的挖掘，特别是在自身优异基因的发掘利用、分子标记引物的开发与应用等方面有很大的局限性，并且直接影响到亚麻特异种质资源的改良和创新。

基因工程技术具有目的性和可操作性强等优点，在开发和创新种质资源方面有着独特的优势。目前，有研究者应用转基因技术，已培育出很多品质优良的农作物新品种。发达国家在亚麻转基因技术方面做了大量研究，我国现在也逐步开始这方面研究，并取得了一定的进展。

（一）目的基因的制备与克隆

获得目的基因是基因工程的第一步。20 世纪 40 年代，Flor 等根据亚麻对锈菌特异抗性的研究，提出了基因对基因假说，这种假说是现代克隆病原无毒基因和植物抗病基因的理论基础。王玉富等进行了亚麻总 DNA 快速提取的研究，采用高盐低 pH 法使 DNA 的纯度、浓度及片段长度达到了分子育种要求。Andersen 等成功地克隆了亚麻抗锈病基因，Jeffrey 等鉴定并排序了 13 个抗锈病等位基因位点。随着分了克隆技术的不断发展，亚麻目的基因的制备将更加快速、准确。

（二）基因枪法介导基因转化

基因枪法又被称为微弹轰击法，是近年来发展起来的新的转化方法。由于基因枪法具有操作简单、可控性强、没有物种限制等特点，应用十分广泛。目前，在水稻、玉米、小麦三大谷类作物上，均已用基因枪法获得了转基因植株，中国的亚麻基因枪技术研究仍处在初级阶段，还未见转化成功的报道。加拿大 Wijayanto 等利用基因枪法进行了亚麻基因的转化，获得了转 *Gas* 基因和 *NPT*Ⅱ 基因的转基因植株，这两个报告基因在后代遗传中均可表达。Bidney 等报道，基因枪法与农杆菌转化法或其他方法联合，可大大提高转化效率。

（三）使用真空负压技术进行基因转化

将植物体浸入含有目的基因的菌液内，然后放入密封的容器内，抽成真空后，迅速恢复大气压力，使外源菌体或质粒借助大气压力，通过气孔进入植物体，从而实现基因转化的目的。捷克的亚麻育种家利用此方法，使基因的转化率达到 9%。

（四）种质系统介导基因转化

种质系统介导基因转化是指外源 DNA 借助生物自身的种质细胞，特别是植物生殖系统的细胞和细胞结构为媒体来实现基因转化。刘燕等利用苎麻被授粉后形成的花粉管通道直接导入外源 DNA，并对 DNA 导入时间和方法进行了深入的研究，认为 DNA 导入的适宜时间是 11：30 左右，花柱基部切割滴注的效果最佳。王玉富等对利用花粉管通道技术进行亚麻外源 DNA 导入的后代进行了过氧化物酶同工酶酶谱分析，结果表明 DNA 片段已整合到受体基因组中，并得到了表达，通过形态学观察及遗传学分析发现，亚麻外源 DNA 导入后代在株高、工艺长度、抗倒伏等性状上有变异。该技术不但可以用来创造新的种质资源，而且可以成为改良亚麻品种的一种有效手段。

（五）根癌农杆菌介导的基因转化

根癌农杆菌转化系统目前被研究最多，全球 80% 以上的转基因植株是利用根癌农杆菌转化系统获得的。王玉富等以亚麻幼苗的下胚轴为外植体，利用抗除草剂 BASTA 基因和 GAS－INF 基因，采用农杆菌介导法，进行了亚麻转基因植株再生及生根培养的研究，初步建立了根癌农杆菌介导的亚麻转基因系统。王毓美等报道了亚麻遗传体系的建立和利用几丁质酶基因对亚麻进行遗传转化的研究，经抗性小芽生根筛选及叶片抗性检测，初步推断几丁质酶基因已经进入亚麻基因组。黑龙江省亚麻原料工业研究所与中国科学院遗传与发育生物学研究所合作进行了兔防御素 NP 基因在转基因亚麻中的表达及其对亚麻枯萎病和立枯病的抗性研究，目前已获得了转基因植株。捷克斯洛伐克科学院分子生物学研究所也在进行亚麻转基因技术的研发，利用 GV3101、LBA404 等菌株进行了提高转化率的研究。加拿大的 Shugen 等建立了根癌农杆菌介导的亚麻遗传转化系统，把 ALS 基因导入亚麻并获得了抗除草剂的转基因品系，其中 FP967 品系于 1996 年被命名为 CDCTiffid 品种。由此可见，亚麻转基因技术研究的不断深入为进行亚麻抗性（抗病、抗虫、抗除草剂）育种的研究开辟了一条崭新的途径，使亚麻育种进入了一个高新技术时代。

第三节　亚麻种质遗传转化技术

亚麻主要分布于我国华北、西北地区，具有抗旱、耐瘠薄的特点，能适应严酷的生态环境，已成为旱地农业中不可取代的抗旱作物，在农业产业结构调整中具有重要作用。亚麻是纺织工业和油脂工业的重要原料。亚麻不仅可以用于生产非常好的食用保健油，还可以用于化工油漆、高档轿车喷漆等行业中。从亚麻籽中提取的亚麻胶在食品、医药、日化行业中有着十分重要的应用价值。亚麻籽含油率 40% 左右，蛋白质含量 10%～30%，不溶性膳食纤维含量 20%～25%，木酚素含量 1.2%～2.6%，亚麻酸含量 12%～60%，对人体具有降低胆固醇、调节血脂、抑制血栓形成、预防和抗癌效果。亚麻是一种高度自花授粉作物，在高产育种技术上，目前仍沿用常规育种手段，育种效率低。利用基因工程技术获得适合的杂交育种亲本材料成为解决该问题的有效方法之一。随分子育种技术的发展，基因枪介导法目前被广泛应用于植物的遗传改良当中。

一、培养基配制

亚麻组织培养一般选择 Murashige-Skoog（MS）培养基，MS 大量、微量、有机、肌醇和铁盐的基础盐由溶剂和溶质组成，溶剂为水，溶质及其浓度如表4-1所示。

表4-1 MS培养基基础盐的溶质及其浓度

类型	成分	使用浓度（g/L）
MS大量	硝酸钾（KNO_3）	19
	硝酸铵（NH_4NO_3）	16.5
	七水合硫酸镁（$MgSO_4 \cdot 7H_2O$）	3.7
	磷酸二氢钾（KH_2PO_4）	1.7
	二水合氯化钙（$CaCl_2 \cdot 2H_2O$）或无水氯化钙（$CaCl_2$）	4.4 或 3.32
MS微量	水合硫酸锰（$MnSO_4 \cdot H_2O$）	22.30
	七水合硫酸锌（$ZnSO_4 \cdot 7H_2O$）	8.60
	硼酸（H_3BO_4）	6.20
	碘化钾（KI）	0.83
	二水合钼酸钠（$Na_2MoO_4 \cdot 2H_2O$）	0.25
	五水合硫酸铜（$CuSO_4 \cdot 5H_2O$）	0.025
	六水合氯化钴（$CoCl_2 \cdot 6H_2O$）	0.025
MS有机	盐酸硫胺素（维生素 B_1）	1.00
	盐酸吡哆醇（维生素 B_6）	0.50
	烟酸	0.50
	甘氨酸	2.00
MS肌醇	肌醇	10.00
MS铁盐	七水合硫酸亚铁（$FeSO_4 \cdot 7H_2O$）	5.57
	乙二胺四乙酸二钠（Na_2EDTA）	7.45

二、组织培养

（一）种子培养

挑取饱满健壮的轮选3号种子，用纱布包好，放入烧杯中。在自来水流下，冲洗亚麻种子 30 min。用70%的酒精浸泡40~50 s，再用0.1%的氯化汞浸泡6 min，在无菌的条件下，将消毒好的种子接到培养基上，每瓶接8粒种子，23 ℃暗培养4 d。

种子培养基的配制：MS大量 50 mL/L、MS有机 5 mL/L、MS肌醇 5 mL/L、MS铁盐 2.5 mL/L、MS微量 0.5 mL/L、蔗糖 15 g/L，调节pH至5.8，琼脂 7 g/L，121 ℃高压灭菌 20 min，待温度降至 55 ℃左右，在超净工作台中倒入三角瓶中待用。

（二）愈伤组织诱导培养

将三角瓶中长好的种子下胚轴放入灭菌的空培养皿中，并用镊子和手术刀将其切成1 cm左右的小段。将切好的下胚轴转入诱导培养基中，每瓶接入25个下胚轴。光照16 h/黑暗8 h、23 ℃培养 4 d后，将下胚轴转入含有新的诱导培养基的培养皿中，在拟用基因枪轰击的中央地带（事先画好）上整齐摆好。每个培养皿接入50个下胚轴，用基因枪轰击，诱导培养基于光照16 h/黑暗8 h、23 ℃培养 4 d。

诱导培养基的配制：MS 大量 100 mL/L、MS 有机 10 mL/L、MS 肌醇 6 mL/L、MS 铁盐 5 mL/L、MS 微量 1 mL/L、蔗糖 40 g/L，调节 pH 至 5.8，琼脂 8 g/L，121 ℃ 高压灭菌 20 min，待温度降至 55 ℃ 左右，在超净工作台中加入 0.2 mg/L 萘乙酸（NAA）和 0.2 mg/L 噻苯隆（TDZ），倒入培养皿中待用。

（三）选择培养

将经过基因枪转化的下胚轴转到选择培养基上，每 7 d 转移 1 次，选择正常生长的经 3~4 次选择后，能够抗草甘膦的愈伤组织，转入再生培养基中诱导胚状体的形成。选择培养基于光照 16 h/黑暗 8 h、27 ℃ 培养 14~21 d。

选择培养基的配制：MS 大量 100 mL/L、MS 有机 10 mL/L、MS 肌醇 6 mL/L、MS 铁盐 5 mL/L、MS 微量 1 mL/L、蔗糖 40 g/L，调节 pH 至 5.8，琼脂 8 g/L，121 ℃ 高压灭菌 20 min，待温度降至 55 ℃ 左右，在超净工作台中加入 0.2 mg/L NAA、0.2 mg/L TDZ 和 41% 的草甘膦 6 mL/L，倒入培养皿中待用。

（四）再生培养

2~3 周后，将发育好的胚状体转移到再生培养基上萌发生长，每 7 d 转移 1 次，当胚状体上小植株有叶 3~5 片时，切下植株放入生根培养基上。再生培养基于光照 16 h/黑暗 8 h、27 ℃ 培养 21~28 d。

再生培养基的配制：MS 大量 100 mL/L、MS 有机 10 mL/L、MS 肌醇 6 mL/L、MS 铁盐 5 mL/L、MS 微量 1 mL/L、蔗糖 40 g/L，调节 pH 至 5.8，琼脂 8 g/L，121 ℃ 高压灭菌 20 min，待温度降至 55 ℃ 左右，在超净工作台中加入 0.2 mg/L NAA 和 0.2 mg/L TDZ，倒入三角瓶中待用。

（五）生根培养

将从胚状体上切下的植株放入生根培养基中，光照 16 h/黑暗 8 h、23 ℃ 培养 14~21 d 后，选择根系生长健壮的植株移栽到小花盆中（基质为土、腐植质、有机肥各 1 份混合），用塑料袋包裹保湿，2 周后去掉塑料袋，将植株移入大花盆中。

生根培养基的配制：MS 大量 50 mL/L、MS 有机 5 mL/L、MS 肌醇 3 mL/L、MS 铁盐 2.5 mL/L、MS 微量 0.5 mL/L、蔗糖 20 g/L，调节 pH 至 5.8，琼脂 4 g/L，121 ℃ 高压灭菌 20 min，待温度降至 55 ℃ 左右，在超净工作台中加入 0.2 mg/L NAA 和 0.5 mg/L 矮壮素（CCC），倒入三角瓶中待用。

三、载体构建与基因枪转化

以亚麻雄性不育基因 *MS2-F* 序列为目标，选择该基因 2 个不同的片段 172 和 944，构建 2 个双链 RNA 表达盒载体 pHANNIBAL-172 和 pHANNIBAL-944，在此基础上，利用植物表达载体 pART27，以及克隆的拟南芥绒毡层特异 *A9* 启动子和抗除草剂基因 *EPSPS*，构建 2 个抗除草剂基因与亚麻雄性不育基因连锁的亚麻雄性不育表达载体。

（一）质粒 DNA 包埋

用厂家提供的嵌入工具，将放置微粒载体的黄片固定在钢碗底部环内。将阻挡网和固定好的载体放入小培养皿中，用报纸包好，在 121 ℃ 下湿热灭菌 20 min。称取 6 mg 金粉（可打 12 枪）到 1.5 mL 离心管中，加 1 mL 70% 酒精振荡 3~5 min，静置 15 min，离心 5 s，去上清。加入 1 mL 水振荡 1 min，静置 1 min，短暂离心后去上清，以上水清洗的三步重复三次。加入 100 μL 50％的甘油放入 4 ℃避氧保存，能保存 2 周。取出保存好的金粉，振荡 5 min 后，配制 50 μL 的金粉甘油混合物（3 mg 金粉加 50 μL 甘油）。在金粉甘油混合物中加入 5 μL 质粒 DNA、50 μL 的 2.5 mol/L $CaCl_2$ 和 20 μL 的 0.1 mol/L 亚精胺，一边加一边振荡混匀，加完后，再振荡 2～3 min，然后静置 1 min，离心 2 s，去上清；加入 140 μL 70％酒精，振荡 2 min，静置 1 min，去上清；加入 140 μL 100％乙醇，振荡 2 min，静置 1 min，去上清；加入 60 μL 100％乙醇，用移液枪吸打混匀后，取 8 μL 置于微粒载体上，平铺，放凉，至完全干燥，待用。

（二）基因枪操作

基因枪所处的位置及超净工作台用紫外灯灭菌 30 min。用 70％乙醇对基因枪表面及样品室进行消毒。打开电源，打开氦气瓶总阀，顺时针调节气压。一般氦压调节标准为高于可裂膜所需压力 1 379 kPa，可裂膜用 70％异丙醇浸一下，不要超过 3 s。安装可裂膜于托座上，顺时针装到加速器上，用厂家提供的专用扳手适当用力固定。关好轰击室门，并打一个空枪：将中间位置气流控制开关置于"VAC"位，待真空度达到实验要求时，快速按下此开关到保持位"HOLD"；向上压住发射键"FIRE"保持不动，直到轰击为止，轰击后将中间位置气流控制开关置于"VENT"位通气，待真空表回零后取出。正式基因枪轰击：取下托座，更换可裂膜，将阻挡网和带有微粒载体的铁环托座安装到基因枪室内，紧挨着托座；放入轰击受体；关好轰击室门，开始轰击，重复上次的步骤，直到样品轰击完成。把氦气瓶总开关旋紧，逆时针旋转氦压表调节阀，向上压住发射键"FIRE"保持不动，待氦压表指针回零。关闭电源。

第四节　亚麻种质良种繁育

良种繁育是指通过科学的方法、程序和体系保持品种的优良特性，延长品种的使用期限，繁殖出数量足够和符合质量的优良种子，保证市场供给的过程。

一、亚麻良种防杂保纯

亚麻属自交作物，花粉粒较大、黏性高，随气流漂移的距离短，花瓣保留时间短，而且与蜜蜂的活动时间错位。通过昆虫传粉而造成异花授粉而产生生物学混杂的概率较小，良种混杂的主要原因是机械混杂。因此，亚麻良种的保纯重点是防止机械混杂，主要措施是制订和实施严格的良种繁育技术标准（或繁育操作规程），从种子准备到收获储藏全过程中的各个环节均要严防混杂的发生。一般要求种子田不能设置在重茬地，同一块地只用于繁殖一个品种，并且是同一批种子的原种。种子田与生产田块、不同品种的种子繁殖田块之间至少有 20 m 的隔离。人工收获的，必须单独运输，垛集前必须将场地清理干净；并且单独脱粒，最好不要在同一场地上脱粒多个品种，如果必须和生产田共用一个场地，应先脱粒种子繁殖田后脱粒生产田；不同品种必须用一个场地时，必须在脱粒完一个品种后，进行彻底清理。机械收获的，应该同一品种连续收获完毕，对机械彻底清理后再收获另一品种。

二、亚麻良种的提纯复壮

亚麻品种在推广应用过程中也有一定概率的天然变异发生，有些新育成的品种遗传性状尚未完全稳定，基因型仍存在一定程度的杂合性，在这种情况下，就应进行提纯复壮，把符合原品种标准的植株选择出来，进行繁殖，以保持其原有特征特性。一般采用三圃提纯技术。

单株选择圃：常以原种为材料，选择具有该品种典型特征特性的优良单株。在田间初选，室内考种决选，单株脱粒保存。

株行鉴定圃：将上年入选单株种子统一编号，每株种子种成株行，在生育期中观察比较，于开花及成熟期分别进行评选，选择综合性状整齐一致、健壮的优良株系，淘汰劣系。

混系繁殖圃：将上年入选株行的亚麻种子混合，在优良的栽培条件下，采用快速繁殖技术进行繁殖，在生育期中进行严格除杂去劣，成熟期收获脱粒。

三、亚麻种子质量检验标准及方法

（一）质量标准

原种是按照"原种生产技术规程"生产出的种子，或者是用育种家提供的原原种扩繁出的种子。原种的质量标准是纯度＞99.0％，净度＞96％，发芽率＞85％，水分含量＜9.0％。良种是用原种繁殖的第一代至第三代种子。良种的质量标准是纯度＞97.0％，净度＞96％，发芽率＞85％，水分含量＜9.0％。

（二）检验方法

净度：净度是指净种子占分析样本（净种子、其他植物种子、杂质三部分）质量总和的百分数。

发芽率：在加入适量净水的滤纸上放上准备发芽的种子，在25～28℃条件下，3d内生长出的正常幼苗数占供检种子的百分数，即为发芽率。

纯度鉴定：一般采用田间小区种植鉴定的方法。具有本品种特征特性的植株数量占调查总株数的百分数，为该品种的纯度。

水分含量：把种子烘干后所失水分的重量（包括自由水和束缚水）占供试样品原始重量的百分数。烘干时采用低温烘干箱。

四、亚麻良种快速繁殖

稀植快繁：使有限的种子尽可能地扩大繁殖面积，一般播正常播种量的1/5～1/3，繁殖种子数量可以扩大2～4倍。

异地加代：利用我国南方（如云南）冬季气温较高的有利条件，进行异地加代，1年可繁殖2代。在我国亚麻主产区，亚麻在7—9月成熟，收获后到南方冬季繁殖1代，翌年收获后又返回产区繁殖。

提高产量：选择水肥条件较好的田块，加强田间管理，提高单位面积产量。这也是加快繁殖行之有效的措施之一。

五、亚麻品种审定

经过区域试验和生产试验确认为增产、优质、抗逆、适应生产应用的品系可以申请品种审定。由育成人或单位按品种审定的要求向品种审定委员会（或组）常设的品种审定办公室提交审定申报材料。申报材料包括选育经过、育成人员、区域试验报告、抗性鉴定报告（指定的有资质单位）、品质测定报告（指定的有资质单位）、单株照片、种子照片、种子样品等。品种审定办公室进行形式审查，认为合格后方可提交审定小组进行初审，审定小组初审认为符合审定标准者，再提交品种审定委员会审定。通过审定的品种要在新闻媒体上进行公示，公示后无异议者方可发放审定证书。

（一）基本要求

整齐性：在区域试验中，所描述的主要性状、形态特征和生物学特性表现一致。

稳定性：在 2 年区域试验中，其相应的特征特性基本保持一致。

特异性：与其他品种比较，主要性状有明显差异。

抗病性和耐病性鉴定：具有审定委员会指定部门或机构出具的抗病、耐病性鉴定报告。感枯萎病品种予以否决。

生育期：在正常气候条件下，从出苗到成熟所用的时间不得晚于对照 7 d。

申报审定的品种单年增产点次在 50％以上。

申报审定的品种含油率≥40％。

（二）选择要求

符合基本要求并满足下列条件之一：

常规种区域试验单年产量较对照增产 3％以上，2 年平均产量较对照增产 5％以上，生产试验产量不低于对照；

常规种产量不低于对照，含油率比对照高 2 个百分点以上；

常规种产量不低于对照，抗病性或抗倒伏性明显优于对照；

常规种产量不低于对照，具有特殊用途。

第五节　国内亚麻种质创新机构

我国亚麻种质创新工作起始于 20 世纪 50 年代，以甘肃、内蒙古、河北、山西、宁夏、新疆、黑龙江等主产区的农业科学院、农业科学研究所为主，构成了我国亚麻育种的主要科研机构，育成了内亚系列、陇亚系列、定亚系列、天亚系列、晋亚系列、宁亚系列、同亚系列、张亚系列、伊亚系列、黑亚系列等油用、油纤兼用或者纤维亚麻新品种，这些种质创新与推广应用为我国亚麻生产的发展做出了重大贡献。

一、甘肃亚麻种质创新机构

（一）甘肃省农业科学院

甘肃省农业科学院的亚麻育种工作自 20 世纪 60 年代开始，经过几代亚麻育种工作者的辛勤努力，先后育成了陇亚系列油纤兼用或油用亚麻新品种陇亚 6 号、陇亚 7 号、陇亚 8 号、陇亚 9 号、陇亚 10 号、陇亚 11 号等，这些品种的育成与推广应用为我国亚麻生产的发展做出了重大贡献。陇亚 7 号丰产优质，是我国首批抗枯萎病品种，20 世纪 80 年代后期至 90 年代中期，在我国大面积推广，年种植面积最大时达到了 13.3 万 hm^2，一度成为我国栽培面积最大的亚麻栽培品种，创造了巨大的社会效益和经济效益，为我国的亚麻育种和生产做出了积极贡献，获得了甘肃省科技进步一等奖和国家科技进步三等奖。陇亚 9 号高产、早熟、优质，增产增收效果显著，获得了 2006 年度甘肃省科技进步一等奖。陇亚 8 号丰产稳产，优质多抗，油纤兼用，获得了 2002 年度甘肃省科技进步三等奖；

该品种以其稳产、丰产抗病性突出而著称，已经连续 10 年 5 届作为全国和甘肃省亚麻区域试验对照品种。陇亚 10 号高产稳产、优质，是我国 21 世纪以来审定的比对照增产 10％以上的品种，先后通过国家品种鉴定，通过甘肃省和青海省农作物品种审定委员会审定，获得了 2010 年度甘肃省科技进步一等奖。在亚麻雄性不育和杂优利用研究方面，利用抗生素诱变在国内外首次成功创建了温敏型亚麻雄性不育系，并开展了不育基因遗传规律、温度敏感特性、不同生态环境下育性表达规律、亚麻异交结实特性等方面的研究，并建立了两系法亚麻杂优利用技术体系，在国内外率先突破了在自然条件下进行亚麻杂交种生产的难题，获得了 2004 年甘肃省科技进步一等奖。此后，育成世界首批亚麻杂交种陇亚杂 1 号、陇亚杂 2 号，在亚麻杂优利用方面取得世界性突破。广泛征集农家品种、地方品种、野生资源和引进国外资源，在资源创新、鉴定及筛选方面做了重要工作。

自 1955 年开始，定西农业试验站（今甘肃省农业科学院旱地农业研究所）与甘肃省农业科学院一起，对定西亚麻的地理分布、播量、收获期、病虫害及自然灾害、丰产经验等进行了广泛而细致的调查，总结出许多传统亚麻丰产栽培经验，在定西全区推广应用，开展了省内外亚麻栽培的先进丰产技术、良种的引进工作和增产技术研究工作。1956 年，定西农业试验站首次从山西雁北农业试验站引进外地亚麻改良品种雁农 1 号，进行试验、试种，很快在生产中推广应用。1957—1959 年，定西农业试验站开始亚麻资源的征集工作，引进五河林、斯达哈诺夫、柏挪、波兰 2 号等亚麻品种。1959 年，成立了专门从事亚麻育种、栽培研究与推广科研单位——定西市西寨油料试验站，从此真正揭开定西亚麻研究的序幕。20 世纪 60 年代，在育种方面，对先后征集的维尔 1650、匈牙利 1 号、匈牙利 3 号、奥拉依艾津、谢列波、匈牙利 B、谢盖吉阿里法等品种进行鉴定试验研究，利用种质资源材料组配亚麻杂交组合，开展亚麻杂交育种工作。在栽培技术方面，开展亚麻生长发育规律、播期、茬口、播量、施肥、低产田改造研究等工作。到了 20 世纪 70 年代，在共征集到亚麻品种资源 400 多份及种质资源不断丰富的基础上，进行了大量杂交育种工作，选育出了定亚 1～16 号共 16 个亚麻新品种，并在多年的栽培研究基础上完成了《亚麻栽培技术规范》。20 世纪 80—90 年代，亚麻育种得到了甘肃省科学技术委员会的重视，连续几轮被列为甘肃省育种协作攻关计划。通过杂交技术选育而成的定亚 17 号是我国第一批高抗枯萎病、丰产亚麻品种，此后，又相继育成定亚 18～20 号。实施完成的 1985—1987 年百万亩*梯田、坝地主要农作物丰产栽培技术承包项目，获得了甘肃省科技进步二等奖。实施完成的 1987—1989 年和 1990—1996 年连续两轮粮油作物整乡科技承包项目，获得了甘肃省星火科技二等奖。实施完成的 1988—1990 年优质稳产油纤兼用亚麻原料基地建设项目，获得了甘肃省科技进步二等奖。实施完成的 1995—1997 年中部亚麻良种良法配套栽培技术研究项目，获得了定西市科技成果三等奖。2000 年以来，选育出亚麻新品种定亚 21～23 号，定亚 21 号、定亚 23 号为国家鉴定品种。2008 年，国家亚麻产业技术体系启动后，开展了许多亚麻科学研究工作，取得了很大的成绩。亚麻旧膜穴播技术，以其抗旱、保墒、增产、防草害等技术优势被亚麻产区广泛推广应用。

（二）甘肃省农业职业技术学院

甘肃省农业职业技术学院（原甘肃省兰州农业学校）亚麻育种工作开始于 20 世纪 60 年代，当时国内的亚麻育种工作尚处于起步阶段。为给亚麻新品种选育工作打下基础，在当时课题组负责人周祥椿的带领下，亚麻育种科研团队首先从亚麻开花习性研究着手，定株定花，风雨无阻，每隔 2 h 取样观察一次，共观察数千个花蕾，终于发现亚麻花蕾开放的时间一般是 0：00—2：00。这一发现为亚麻杂交技术的研究提供了重要依据，同时也填补了国内一项空白。

在亚麻新品种选育方面，20 世纪 70 年代在周祥椿的主持下，先后育成天亚 2 号和天亚 4 号，70

---

*　亩为非法定计量单位，1 亩≈667 m²。——编者注

年代末在生产上大面积推广。其中，天亚 2 号由于适应性广，在水、旱地均适宜种植，1979 年金塔县芨芨大队五队种植 0.7 hm²，平均单产 3 763.5 kg/hm²，创造了全国亚麻单产最高纪录，该品种于 1981 年获甘肃省科技进步二等奖；天亚 4 号是我国第一个高抗白粉病的品种，于 1990 年获甘肃省科技进步二等奖。20 世纪 80 年代，针对当时我国亚麻产区枯萎病危害严重的现状，在韩翠云主持下育成了我国首批高抗枯萎病的亚麻品种天亚 5 号，丰产、早熟、多抗的天亚 5 号被河北、山西的农民赞誉为"不死的亚麻"，并于 1995 年获甘肃省科技进步一等奖，于 1996 年获国家科技进步三等奖。20 世纪 90 年代，由张金作为第一完成人育成了丰产油纤兼用的亚麻品种天亚 6 号，于 2001 年获甘肃省科技进步二等奖。此后，由张金主持，先后育成了天亚 7 号、天亚 8 号、天亚 9 号等天亚系列品种，其中天亚 7 号获 2005 年甘肃省农牧渔业丰收奖二等奖，天亚 8 号获 2009 年甘肃省科技进步三等奖，天亚 9 号于 2012 年先后通过甘肃省科学技术厅科技成果鉴定和甘肃省农作物品种审定委员会审定，该品种目前正在甘肃省内外亚麻产区大面积示范推广。

（三）张掖市农业科学研究院

张掖市农业科学研究院（原张掖市农业科学研究所）从 20 世纪 60 年代起就开展了亚麻育种，大致经历了 4 个阶段。第一阶段是 20 世纪 60 年代，主要开展地方资源的收集和整理及引种改良。第二阶段是 20 世纪 70、80 年代，开展系统选育和杂交育种。先后由王炳书、魏佐芝等老一辈育种家杂交选育出张亚 1 号、7511、7517 等白亚麻品种（系），并在生产上大面积应用，平均单产 1 275～2 100 kg/hm²，累计推广面积达 6.67 万 hm² 以上。第三阶段是 20 世纪 80 年代末至 90 年代初，主要加强抗病品种的选育。20 世纪 90 年代初，张掖市农业科学研究院同甘肃亚麻育种单位共同开展了"油纤兼用亚麻协作攻关"研究课题，亚麻科研工作进入了一个新的阶段。张掖市农业科学研究院结合协作攻关研究，通过建立自然病圃，开展了抗病育种，在亚麻枯萎病的抗病育种上取得了较大进展，并选育出了产量性状较好、中抗和高抗亚麻枯萎病、油纤兼用型亚麻新品系和抗病育种材料，其中 8836-14-3、8832-8-2、8166-1-4-1 等品系，参加甘肃或全国亚麻品种区域试验。第四阶段是 20 世纪 90 年代中期至今，开展优质亚麻育种。随着科研和生产的发展及人民生活水平的不断提高，市场对优质保健食用油的需求日渐加大，这对亚麻新品种的选育和突破提出了新的要求。张掖市农业科学研究院的亚麻育种工作者，坚持以丰产、抗病、优质专用白粒亚麻品种选育为目标，以白粒油用型亚麻为母本，外引油用或油纤兼用红亚麻为父本，通过正反交、复交、回交等杂交手段选育。同时，开展适宜间作套种（高效立体）和机械化收割的品种选育，选育出 8858、9050-5、9635-2、9910-4、9932-1 等亚麻新品系和一批中间材料。其中，张亚 2 号（原代号 8858，选育者刘秦、姚正良等）是以自育白粒亚麻品系 8158 为母本，以外引材料红亚麻 7669 为父本，通过杂交和抗病相结合的方法选育成的优质白粒高亚麻酸亚麻新品种。张亚 2 号具有早熟、丰产、适应范围广、抗倒伏性强、中抗亚麻枯萎病的特性，含油率 42.32%、亚麻酸含量 57.93%、木酚素含量 6.05%，于 2007 年 1 月通过甘肃省农作物品种审定委员会审定定名，是目前国内亚麻审定品种中为数极少的白粒品种之一。该品种矮秆、早熟、大粒，株高 58～63 cm，生育期 90～95 d，株型紧凑，适宜大田单种和间作套种。经多年试验示范，在甘肃河西地区单产 2 250～3 375 kg/hm²、平均 2 700 kg/hm²；大田平均单产 2 233.5kg/hm²、最高单产 2 520 kg/hm²，较张亚 1 号和 75 系列的白亚麻品种（系）增产 15.6%～34.0%。适宜甘肃河西走廊一带（武威、金昌、张掖、酒泉、金塔等）海拔 2 100 m 以下的川水灌区和山区种植，也适宜甘肃中东部的部分地区及新疆、青海、宁夏等省（自治区）同类地区种植。张亚 2 号的成功选育，为白粒亚麻品种的更新换代提供了接班品种。自 2007 年以来，张亚 2 号累计推广面积达到 5.3 万 hm² 以上，取得了较好的经济效益和社会效益。

目前，张掖市农业科学研究院的亚麻育种正在增加科研力量、改善科研条件、创新育种方法等方面进一步开展研究，以期选育出更多、更好的品种。

二、内蒙古亚麻种质创新机构

内蒙古自治区农牧业科学院是内蒙古自治区人民政府直属的公益事业单位，迄今有 100 多年历史。该单位自新中国成立以来就开始了亚麻育种的研究工作，内蒙古的亚麻育种工作经历了 4 个阶段。

第一阶段的目标是优良品种的引进及系统选育，时间为 20 世纪 50 年代初至 60 年代，是亚麻育种起步阶段。当时的主要栽培品种是当地的农家品种，为了提高产量，引进了一些国内外优良品种，同时开展了地方优良品种的搜集、筛选。在种质资源搜集、整理的基础上，通过系统选育法，筛选出了一批具有地方特色的当地农家品种，并培育出了蒙选 025、蒙选 063 等新品种应用于生产。因此，克服了当时存在的品种产量低、混、杂、乱的现象，使品种得到了优化，产量较当地栽培品种有了明显的提高，增产幅度达 20%～45%。

第二阶段的目标是丰产、抗旱品种选育，时间为 20 世纪 60 年代初至 80 年代，在育种方法上有了较大的突破，主要采用了杂交选育、诱变育种、回交选育等育种方法，同时扩大了对资源材料的收集、利用。在这一阶段，开展了全国亚麻联合区试验，增进了与国内各育种单位间关于技术、资源的交流，同时也参加了国家开展的育种攻关工作，使亚麻的育种水平有了很大的提高，先后选育出了一批比原品种产量高、抗病性强、抗倒伏能力强、含油率高、适应性广的新品种，如蒙亚 1 号、蒙亚 2 号、蒙亚 3 号、蒙亚 6 号、内亚 1 号、内亚 2 号等，在内蒙古亚麻生产中应用。这些品种的选育成功，克服了原品种的抗病性差、抗倒伏能力不强的缺点，使产量得到了较大的提高，其平均产量提高了 20%、30% 及以上。这些新品种不仅产量有了提高，而且含油率达到了 40%～43%。

第三阶段的目标是抗病品种选育，时间为 20 世纪 80—90 年代。进入 20 世纪 80 年代以来，由于亚麻种植面积的不断扩大以及主栽品种不抗病，亚麻枯萎病发生，普遍发生率在 30% 以上，重病地基本绝收，亚麻生产遭受了严重的损失。此时，亚麻育种工作者对抗病育种给予了高度重视，通过引入国内外抗病亲本，建立病圃，通过抗病鉴定、筛选等一系列方法，最终选育出了抗亚麻枯萎病的新品种内亚 3 号、内亚 4 号及高抗枯萎病品种内亚 5 号，并且引进了内蒙古产区以外的抗病品种天亚 5 号、天亚 6 号、陇亚 7 号等。这些抗病品种在生产中大面积推广应用，对控制内蒙古亚麻枯萎病的危害起到了重要作用。

第四阶段的目标是优质专用品种的选育，时间为 20 世纪 90 年代中到现在。进入 20 世纪 90 年代以后，随着亚麻油的营养保健作用及加工技术被不断研发，市场对亚麻优质专用品种的需求日益迫切。因此，这一阶段的育种目标是以优质专用为主，兼顾抗病性。在育种手段上采用常规技术、辐射育种，选育出了含油率在 41% 以上的丰产、抗病、优质新品种轮选 1 号、轮选 2 号、内亚 6 号、内亚 9 号、内亚 10 号等专用品种。

在基础理论上，自 1975 年首次发现亚麻雄性不育系以来，先后开展了显性核不育亚麻遗传规律及利用研究工作，通过大量研究，完成了显性核不育亚麻后代育性表现遗传分析，显性核不育亚麻不育株标记性状与不育性的遗传学鉴定，不同的光照、温度对不育性的影响研究，雄性不育"两用系"的选育，亲本的选配与配合力测定；创建了核不育基因库；开展了核不育亚麻利用途径研究及轮回选择和衍生可育株利用等多项研究内容。该项研究整体达到了同类研究的国际先进水平，填补了国内外亚麻核不育遗传与应用研究的空白，于 1999 年获内蒙古自治区科技进步一等奖。之后，继续深入开展了对亚麻育种新方法的研究和探索，首次将轮回选择法用于亚麻，并选育出了高产、优质、抗病的轮选系列新品种。同时，开展了亚麻杂种优势利用研究，研究提出的亚麻不育系及杂交种生产方法，于 2006 年获国家发明专利，专利号为 ZL0215398X。随着分子育种技术的广泛应用，目前正在开展核不育亚麻分子标记及基因克隆研究。

内蒙古的亚麻育种工作经过几代人的不懈努力，选育和引进了 40 多个优良品种，在不同时期发挥了重要作用。20 世纪 70—90 年代，根据就地育种、提高亚麻产量的要求，乌兰察布农业科研单位集中进行了亚麻育种和品种改良工作。乌兰察布市农业科学研究所先后育成优良的旱地（73 - 43D）、水浇地（75 - 9214）、抗病（86 - 2412）品系，分别在 1984 年、1986 年、1994 年被内蒙古自治区农作物品种审定委员会命名为乌亚 3 号、乌亚 4 号、乌亚 5 号，分别较雁杂 10 号增产 15%～50% 及以上。在乌兰察布大部分地区、锡林郭勒，河北坝上，山西忻县、晋中地区都有大面积种植。

三、宁夏亚麻种质创新机构

20 世纪 80 年代初，宁夏固原市农业科学研究所选育出了亚麻优良新品种宁亚 8～10 号，宁亚 8 号、宁亚 9 号的选育成功，结束了宁南山区没有当家亚麻良种的历史，使亚麻的播种面积和单产水平都有了显著提高；宁亚 10 号的选育成功使宁夏的亚麻良种得到了全面更新，水浇地亚麻单产水平由原来的 1 200、1 500 kg/hm² 提高到 2 250 kg/hm² 左右，创最高单产纪录 2 745 kg/hm²，在宁夏乃至周边地区的亚麻生产中创造了辉煌的成就。1981 年，宁亚 8 号、宁亚 9 号获宁夏回族自治区重要科学研究成果奖；1986 年，宁亚 10 号获宁夏回族自治区科技进步二等奖，1990 年，又获第五届全国发明展览会铜牌奖。

宁夏农业科学院作物研究所选育出了宁亚 1～7 号和宁亚 11 号，其中，宁亚 5 号、宁亚 11 号在宁夏全区的推广种植面积较大，宁亚 11 号曾经是水地亚麻主栽品种。20 世纪 90 年代，固原市农业科学研究所选育出的高产、抗病（枯萎病）亚麻新品种宁亚 14 号、宁亚 15 号，为亚麻枯萎病的防治找到了既环保又经济有效的途径，控制了亚麻枯萎病的发生、流行，使亚麻生产得到了恢复和发展，填补了宁夏亚麻抗病品种选育研究的空白，实现了宁夏亚麻品种的第三次更新换代。2001 年，高产、抗病亚麻新品种宁亚 14 号、宁亚 15 号的选育及推广获宁夏回族自治区科技进步二等奖。同时，引进纤维亚麻品种黑亚 3 号、内纤亚 1 号、阿里安等，为亚麻加工企业建立优质的原料基地。2000 年以来，相继又选育出了丰产、抗病的亚麻新品种宁亚 16 号、宁亚 17 号，产量水平和抗病（枯萎病）能力都有了明显提高，使宁夏亚麻生产实现了第四次更新。2008 年，亚麻优良新品种宁亚 16 号、宁亚 17 号的选育及推广应用获宁夏回族自治区科技进步二等奖。2009 年，又选育出了丰产、抗病、耐旱、早熟的避灾品种宁亚 19 号。

四、河北亚麻种质创新机构

张家口市农业科学院是河北省唯一一家从事亚麻科研工作的单位，科研工作始于 1957 年，搜集、鉴定、保存和利用评价了一大批种质资源，亚麻入库保存资源有 2 700 多份。"六五"以来，一直承担河北省科学技术厅和河北省农林科学院亚麻育种科研任务；"八五"期间，参加了国家"八五"计划科技攻关项目"国外引进优异种质的利用研究"，还承担了河北省自然科学基金资助项目"亚麻野生种与栽培种种间杂交及种质创新研究"以及河北省成果转化项目和科技推广项目，承担国家财政项目及航天育种项目。多年来，先后育成 15 个亚麻品种，使生产上的亚麻品种进行了 3～4 次的更新换代，亚麻单产水平从不足 750 kg/hm² 提高到 1 500 kg/hm² 左右，控制了亚麻三大病害（立枯病、枯萎病、炭疽病）的发生，极大地促进了当地亚麻产业的发展，先后获得国家级奖励 1 项、省部级奖励 9 项、地市级奖励 17 项。

五、新疆亚麻种质创新机构

新疆亚麻种植技术研究起步于 20 世纪 60 年代。新疆农业科学院经济作物研究所于 60 年代开始引进国内外亚麻品种资源,开展亚麻品种、栽培技术研究工作。20 世纪 70 年代开始,由于国内市场植物油供应缺口较大,受国内植物油市场需求的拉动,新疆亚麻种植面积急剧扩大。为了支撑亚麻生产发展需求,新疆农业科学院拜城油料试验站、新疆喀什地区农业科学研究所、新疆伊犁哈萨克自治州农业科学研究所先后同时开展亚麻品种引进、选育推广和种植技术研究工作。经广大农业科技工作者长期研究,先后引进推广了美国亚麻品种列若特和国内亚麻新品种定亚 17 号、天亚 6 号、陇亚 7 号等在新疆大面积种植。同时,选育出亚麻新品种新亚 1 号、7331、伊亚 1 号、伊亚 2 号及研究出配套的栽培技术,在新疆大面积推广种植。这些亚麻新品种、新技术的推广,在 20 世纪末支撑和促进了新疆亚麻生产。

进入 21 世纪,新疆国民经济大力推进"一白一黑"战略,工业重点发展石油工业,农业重点发展棉花产业。受此影响,新疆亚麻种植面积急剧下降。随着亚麻种植面积急剧萎缩,新疆农业科学院拜城油料试验站、新疆喀什地区农业科学研究所先后放弃了亚麻科研工作,只有新疆伊犁哈萨克自治州农业科学研究所一直坚持亚麻的科研工作至今。

六、山西亚麻种质创新机构

大同市位于山西省北部、黄土高原高寒冷凉地区,属大陆性气候。全年平均气温 5.1~7.1 ℃,年有效积温 2 774~3 011 ℃,日照时数 2 697~3 012 h,年均无霜期 100~140 d,年降水量 384~453 mm。一年内温差变化大,一天内气温变化也大,四季分明。大同市种植亚麻历史悠久,具有独特的自然优势。全市亚麻常年播种面积 1.3 万 hm² 以上,左云县、大同县的亚麻油在全省乃至全国都很有名。目前,适宜山西同朔地区种植抗旱性较好的品种主要有晋亚 9 号、晋亚 10 号、晋亚 11 号等。当地春旱年份较多,因此,要求秋深耕,纳雨增墒,早春顶凌耙压,保墒提墒,使土壤耕作层有较多的返浆水。整地时要求做到疏松土壤、地表土层细碎,保证出苗。

七、黑龙江亚麻种质创新机构

20 世纪 50 年代后期,黑龙江开始种植自己培育的亚麻品种华光 1 号,单产有所提高。1955—1959 年,平均产量达 1 730 kg/hm²;到 20 世纪 60 年代中后期,从苏联引进高产品种 JI - 1120,使得单产大幅度提高。1968 年平均产量超过 2 250 kg/hm²,是新中国成立初期的 2 倍多。20 世纪 70 年代,受国际亚麻热影响,黑龙江先后建立明水、方正和肇州 3 个亚麻原料厂,与此同时,乡镇亚麻原料厂也纷纷发展起来。到 20 世纪 70 年代末期,全省种植亚麻的市(县、区)有 41 个,有 13 家国营亚麻原料厂、142 家乡镇亚麻原料厂。进入 80 年代,亚麻种植业出现了快速增长局面。1986—1989 年,黑龙江相继建成了克东、依安、宝清、甘南、北安、桦南、孙吴亚麻原料厂和克山第二亚麻原料厂,使国营原料厂达到了 21 家。黑龙江也相继培育出了一系列高产亚麻品种黑亚 8~20 号等,同时从国外引进了高麻率、抗倒伏品种。但是,从 1989 年起,受国际市场的影响,亚麻热降温,黑龙江亚麻生产滑坡,方正、桦南、宝清、延寿、双城、甘南、北安、依兰、克东、孙吴等原料厂相继关停或转产。20 世纪 90 年代,黑龙江的平均亚麻种植面积为 6.67 万 hm²,到 2013 年,在金融危机的影响下,亚麻种植面积一路萎缩到 3.3 万 hm² 左右。

黑龙江目前培育出的亚麻品种有 36 个,引进的国外品种中在生产中得到大面积应用的有 4 个:

AGATHA、DIANE、ILONA、MERRYLIN。国内品种中目前在市场上应用的有黑亚 16～20 号、双亚系列的双亚 13～16 号。国内品种普遍在原茎产量和抗旱性方面有优势，但抗倒伏性、抗病性和纤维含量与国外品种相比有差距。国外品种在我国种植的主要缺点是抗旱性差，在我国干旱气候条件下产量低。目前，在黑龙江，国内亚麻品种主要分布在克山、兰西等干旱地区，国外品种分布在牡丹江、黑河和大兴安岭等降雨较多的地区。

第六节　亚麻种质选育及推广

我国亚麻新品种选育工作开始于 20 世纪 50 年代，先后经历了由地方品种到引进品种，由引进品种到育成品种两个重要阶段。从新中国成立到改革开放前经历了 2 次较大范围的换种，即 20 世纪 50 年代中后期至 60 年代初期，主要用雁农 1 号等引进良种，更换部分农家品种；60 年代中后期至 70 年代中期，主要用雁杂 10 号等自育品种，更换引进品种。改革开放以后，农业科技得到各级政府的广泛重视，我国亚麻新品种选育又经历了 4 次较大范围的换种。第一次在 80 年代初期，主要用晋亚 2 号、天亚 2 号等新育品种，更换了雁杂 10 号等品种，使亚麻产量和良种推广面积都提高到了一个新的水平；第二次在 80 年代末期，筛选出了高抗枯萎病、丰产性好的陇亚 7 号、天亚 5 号、定亚 17 号、坝亚 6 号、坝亚 7 号等，替代了天亚 2 号、内亚 2 号、晋亚 2 号、坝亚 3 号、新亚 1 号等抗病性差的品种；第三次在 90 年代，继续筛选出了高抗枯萎病、丰产性强的新品种陇亚 8 号、陇亚 9 号、天亚 6 号、坝亚 9 号、坝亚 11 号、宁亚 14 号、宁亚 15 号、宁亚 16 号、宁亚 17 号等，替代了陇亚 7 号、天亚 5 号等品种；第四次是 21 世纪以来，随着亚麻油的营养保健作用及加工技术的不断研发，市场对亚麻优质专用品种的需求日益迫切。因此，这一阶段的目标是以丰产优质专用为主，并兼顾抗病性，育成了陇亚 10 号、陇亚 11 号、陇亚 12 号、内亚 5 号、轮选 1 号、轮选 2 号、轮选 3 号、晋亚 10 号等丰产优质多抗亚麻新品种。近 10 年来，通过登记并在生产上应用较广泛的亚麻种质约 80 份。

一、内蒙古选育的亚麻种质

1. 品种名称：轮选 1 号

登记编号：GPD 亚麻（胡麻）（2020）150001

育种单位：内蒙古自治区农牧业科学院

品种来源：H99×瑞士红、红木、天亚 6 号、德国 1 号

特征特性：常规种。株高 50～70 cm，工艺长度 38～49 cm，全株有效蒴果数 15～21 个，生育期 100 d 左右，中熟类型。花蓝色，籽粒种皮褐色，千粒重 6.5 g 左右，食用油用，含油率 43.6%。生长整齐，成熟一致，落黄好，不贪青，抗旱、抗倒伏，高抗枯萎病。第一生长周期籽粒亩产 123.05 kg，比对照内亚 5 号增产 2.20%；第二生长周期亩产 107.00 kg，比对照内亚 5 号增产 0.42%。

栽培技术要点：在内蒙古大青山前山地区，4 月下旬播种，亩播量 3.5～4.0 kg，每亩保苗 30 万～40 万株，苗期浅锄，现蕾期深中耕，有条件的地区可在枞形期浇一水；在后山地区，5 月上旬播种，亩播量 2.5～3.0 kg，每亩保苗 25 万～30 万株，在生长季节进行二次中耕锄草。

适宜种植区域及季节：适宜在内蒙古中西部地区春季种植。

注意事项：在水地种植时，第一水要早浇，一般掌握在枞形期到快速生长期之间；在后山地区，不宜种在高水肥的水地上，因为高水肥会延长生育期，特别是黄熟期的延长，如遇早霜提早到来，将会影响产量。

2. 品种名称：轮选 2 号

登记编号：GPD 亚麻（胡麻）（2020）150002

育种单位：内蒙古自治区农牧业科学院

品种来源：H163×天亚 6 号、列诺特、尚义大桃、加拿大 6L

特征特性：常规种。株高 60～70 cm，工艺长度 40～45 cm，全株有效蒴果数 16～20 个，主茎分枝数 4.1～4.9 个，每果粒数 8.2～8.4 粒，生育期 100～108 d。花蓝色，籽粒种皮褐色，千粒重 6.2 g 左右，含油率 41.36%～42.56%，食用油用。生长整齐，成熟一致，落黄好、抗旱、抗倒伏、高抗枯萎病。第一生长周期籽粒亩产 132.08 kg，比对照陇亚 8 号增产 1.42%；第二生长周期亩产 127.71 kg，比对照陇亚 8 号增产 6.13%。

栽培技术要点：在内蒙古大青山前山地区，4 月下旬播种，水地亩播量 3.5～4.0 kg，苗期浅锄，现蕾期深中耕，在有条件的地区可在枞形期浇一水；在后山地区，5 月上旬播种，旱地亩播量 2.5～3.0 kg，在生长季节进行二次中耕锄草。水地每亩保苗 30 万～40 万株，旱地每亩保苗 25 万～30 万株。

适宜种植区域及季节：适宜在内蒙古大青山前山和后山、宁夏南部山区、甘肃定西、河北坝上地区春季种植。

注意事项：在水地种植，第一水要早浇，一般掌握在枞形期到快速生长期之间；在≥10 ℃年积温 1 800～2 000 ℃的地区，不宜种在高水肥的水地上。因千粒重较低，应适当控制播量。

3. 品种名称：内亚 9 号

登记编号：GPD 亚麻（胡麻）（2020）150004

育种单位：内蒙古自治区农牧业科学院

品种来源：H532N×南选、德国 3 号、美国高油、加拿大 18L

特征特性：常规种。株高 54.64～59.81 cm，工艺长度 35.90～37.39 cm，分枝数 4～5 个，全株有效蒴果数 16～24 个，生育期 90～105 d。花蓝色，籽粒种皮褐色，千粒重 5.81～6.01 g，食用油用，含油率 44.60%。生长整齐，成熟一致，落黄好、抗旱、抗倒伏、中抗枯萎病。第一生长周期籽粒亩产 139.97 kg，比对照陇亚 8 号增产 20.90%；第二生长周期亩产 140.44 kg，比对照陇亚 8 号增产 8.26%。

栽培技术要点：在阴山南麓，4 月下旬播种，行距 20 cm，亩播量 3.5～4.0 kg，每亩保苗 30 万～40 万株，苗期浅锄，现蕾期深中耕，有条件的地区可在枞形期浇一水；在阴山北麓，5 月上旬播种，行距 20 cm，亩播量 2.5～3.0 kg，每亩保苗 25 万～30 万株，在生长季节进行二次中耕锄草。

适宜种植区域及季节：适宜在内蒙古≥10 ℃活动积温 2 100 ℃以上的地区春季种植。

注意事项：在水地种植，第一水要早浇，一般掌握在枞形期到快速生长期之间。一定要保证有效株数，水地每亩保苗 30 万～40 万株，旱地每亩保苗 25 万～30 万株。由于中抗枯萎病，一定要轮作倒茬。

4. 品种名称：内亚 6 号

登记编号：GPD 亚麻（胡麻）（2020）150003

育种单位：内蒙古自治区农牧业科学院

品种来源：H58×内亚 2 号

特征特性：常规种。株高 53～75 cm，工艺长度 40～51 cm，分枝数 4～5 个，全株有效蒴果数 16～24 个，生育期 100 d 左右。花白色，籽粒种皮乳白色，千粒重 7.0～7.6 g，含油率 41.23%～43.20%，食用油用。高感枯萎病，抗倒伏。第一生长周期籽粒亩产 108.23 kg，比对照内亚 5 号增产 11.32%；第二生长周期亩产 118.36 kg，比对照内亚 5 号增产 9.63%。

栽培技术要点：在阴山南麓地区，4 月下旬播种，水地亩播量 4.0～4.5 kg，苗期浅锄，现蕾期深中耕，有条件的地区可在枞形期浇一水；在阴山北麓地区，5 月上旬播种，旱地亩播量 3.0～3.5 kg，在生长季节进行二次中耕锄草。水地每亩保苗 30 万～40 万株，旱地每亩保苗 25 万～30 万株。

适宜种植区域及季节：适宜在内蒙古呼和浩特、乌兰察布≥10 ℃活动积温 1 800 ℃以上种植区域春季种植。

注意事项：在水地种植，第一水要早浇，一般掌握在枞形期到快速生长期之间；在≥10 ℃年积温 1 800～2 000 ℃的地区，不宜种在高水肥的水地上。由于种子的出苗率低，需适当加大播量。不抗枯萎病，可进行 6 年以上的轮作倒茬。

5. **品种名称：内亚 10 号**

登记编号：GPD 亚麻（胡麻）（2020）150005

育种单位：内蒙古自治区农牧业科学院

品种来源：192×新 18

特征特性：常规种。叶片狭小而细长，全缘，无叶柄和托叶，叶绿色。平均株高 66.91 cm，工艺长度 45.15 cm，分枝数 3～5 个，全株有效蒴果数 15～20 个，生育期是 90～110 d。花蓝色，籽粒种皮褐色，千粒重 6.5 g 左右，食用油用，含油率 40.09%。生长整齐，成熟一致，落黄好，不贪青，抗旱、抗倒伏，中抗枯萎病。第一生长周期籽粒亩产 118.83 kg，比对照陇亚 8 号增产 2.09%；第二生长周期亩产 91.71 kg，比对照陇亚 8 号增产 13.35%。

栽培技术要点：在阴山南麓，4 月下旬播种；在阴山北麓，5 月上旬播种。在阴山南麓地区，行距 20 cm，亩播量 3.5～4.0 kg，每亩保苗 30 万～40 万株，苗期浅锄，现蕾期深中耕，有条件的地区可在枞形期浇一水；在阴山北麓地区，行距 20 cm，亩播量 3.0～3.5 kg，每亩保苗 25 万～30 万株，在生长季节进行二次中耕锄草。施足底肥，以农家肥为主，秋翻前施，然后耕翻，每亩施肥 2 000 kg 以上。

适宜种植区域及季节：适宜在内蒙古呼和浩特、乌兰察布、锡林郭勒≥10 ℃活动积温 1 900 ℃以上地区春季种植。

注意事项：在水地种植，第一水要早浇，一般掌握在枞形期到快速生长期之间。一定要保证有效株数，水地每亩保苗 30 万～40 万株，旱地每亩保苗 25 万～30 万株。中抗枯萎病，一定要轮作倒茬。

6. **品种名称：内亚油 1 号（LH-89）**

育成单位：内蒙古农业大学

品种来源：H-624×E-1747

选育方法：甲基磺酸乙酯（EMS）诱变

审（认）定时间：2008 年通过内蒙古自治区农作物品种审（认）定委员会认定

特征特性：平均株高 60.3 cm，工艺长度 36.3 cm，分枝数 6.6 个，单株蒴果数 25.6 个，每果粒数 9.0 粒，单株粒重 1.2 g，千粒重 6.6 g。花蓝色，籽粒种皮褐色。粗脂肪含量约 41.5%，亚麻酸含量约 2.7%。

栽培技术要点：行距 25 cm，播深 3～5 cm，每亩保苗 25 万～30 万株为宜。

适宜种植区域及季节：适宜在内蒙古呼和浩特、乌兰察布、锡林浩特≥5 ℃活动积温 2 300 ℃以上地区种植。

7. **品种名称：内亚 7 号（SH-266）**

育成单位：内蒙古农业大学

品种来源：H-624×陇亚 7 号

选育方法：常规杂交育种

审（认）定时间：2008 年通过内蒙古自治区农作物品种审（认）定委员会认定

特征特性：平均株高 61.6 cm，工艺长度 38.6 cm，分枝数 6.5 个，单株蒴果数 25.3 个，每果粒数 8.6 粒，千粒重 6.3 g。花蓝色，籽粒种皮褐色。粗脂肪含量约 42.0%，亚麻酸含量约 53.8%。

栽培技术要点：行距 25 cm，播深 3～5 cm。每亩保苗 25 万～30 万株为宜。避免连作或迎茬，亚麻枯萎病重发区慎用。

适宜种植区域及季节：适宜在内蒙古呼和浩特、乌兰察布、锡林浩特≥5 ℃活动积温 2 300 ℃以上地区种植。

二、甘肃选育的亚麻种质

1. 品种名称：陇亚 10 号

登记编号：GPD 亚麻（胡麻）（2018）620007

育种单位：甘肃省农业科学院作物研究所

品种来源：（81A350×Redwood65）×陇亚 9 号

特征特性：常规种。株高 47～77 cm，工艺长度为水地 35.0～54.7 cm，旱地 40～45 cm，属于油纤兼用类型；单株蒴果数 17～25 个，千粒重 7.43～9.30 g；生育期 98～128 d，属中熟品种；适应性广，适宜我国大部分胡麻产区种植。食用油用，含油率 40.89％。高抗枯萎病、抗旱、抗倒伏。第一生长周期籽粒亩产 135.03 kg，比对照陇亚 8 号（产量 130.21 kg）增产 3.70％；第二生长周期亩产 142.02 kg，比对照陇亚 8 号（产量 120.34 kg）增产 18.02％。

栽培技术要点：适期早播，合理密植，每亩播量 4～6 kg，每亩保苗 35 万株；施肥以基肥、种肥为主，种肥亩施尿素 10 kg、磷酸二铵 30～40 kg，视苗情可结合灌水每亩追施尿素 5～10 kg；播前用种子重量 0.3％的 50％多菌灵拌种可有效防治亚麻主要田间病害；及时中耕锄草，除草剂选用 40％立清乳油，最佳施药时期为亚麻株高 10 cm 左右、杂草 2～4 叶期，每亩用量为 50～100 mL。

适宜种植区域及季节：适宜在甘肃兰州、静宁、张掖等地区及内蒙古大青山前山地区、宁夏南部山区、新疆伊犁、山西北部、河北坝上地区春季种植。

注意事项：植株稍高，后期应加强水肥管理，防治倒伏。

2. 品种名称：陇亚 11 号

登记编号：GPD 亚麻（胡麻）（2018）620012

育种单位：甘肃省农业科学院作物研究所

品种来源：115 选-1-1×陇亚 7 号

特征特性：常规种。株高 50～64 cm，千粒重 7.2～7.6 g，种皮褐色，花蓝色，生育期 95 d，属中熟品种。食用油用，含油率 40.09％～41.09％，平均为 40.69％，比对照陇亚 8 号高 0.51％～0.72％。该品种抗倒伏、抗旱性较强，农艺性状优良，生长势较强，成熟时无贪青现象，整齐一致，稳产性好；高抗枯萎病，抗白粉病。

栽培技术要点：①合理密植，亩播量 3.0～3.5 kg，每亩保苗 25 万～35 万株。②适期早播，一般在川水地，以 3 月下旬至 4 月上旬播种为宜，在高寒山区，以 4 月中、下旬播种为宜。③增施肥料，基肥提倡秋施，即结合秋耕亩施有机肥 2 000～3 000 kg，并每亩配合施用磷酸二铵 15 kg 作底肥，现蕾前后结合灌水或降雨亩施尿素 10 kg 左右进行追肥。④加强田间管理。

适宜种植区域及季节：适宜在甘肃兰州、张掖、景泰、榆中等地区春季种植。

注意事项：主要优点是丰产性较突出，品质优良，适应性较广；其主要缺点是工艺长度较低。

3. 品种名称：陇亚 12 号

登记编号：GPD 亚麻（胡麻）（2018）620013

育种单位：甘肃省农业科学院作物研究所

品种来源：晋亚 8 号×尚义大桃

特征特性：常规种。油用型品种，食用油用。幼苗直立，株型紧凑，花蓝色，种皮褐色，平均株高 59.6 cm，工艺长度 38.7 cm，有效分茎数 0.51 个，主茎分枝数 5.2 个，单株蒴果数 16.3 个，每果粒数 6.9 粒，千粒重 7.18 g，单株粒重 0.75 g。生育期 88～126 d，平均为 107 d。抗旱、抗倒伏，生长整齐一致。

栽培技术要点：精细整地，适期早播，提倡机播，播深 3～5 cm。合理密植，亩播量为灌区 4～6 kg，旱区 3～5 kg。加强田间管理，及时中耕除草，增施肥料，防治病虫害。

适宜种植区域及季节：适宜在新疆伊犁、宁夏固原、甘肃中部、山西大同和朔州、内蒙古呼和浩特和乌兰察布前山地区春季种植。

注意事项：主要优点是丰产性、稳产性好；主要缺点是在一些地区生育期较长，应适期早播。

4. 品种名称：陇亚 13 号

登记编号：GPD 亚麻（胡麻）（2018）620014

育种单位：甘肃省农业科学院作物研究所

品种来源：CI3131×天亚 2 号

特征特性：常规种。油用型。株高 52.4～65.6 cm，工艺长度 26.5～46.0 cm，分枝数 4.3～7.2 个，单株蒴果数 5.9～35.0 个，每果粒数 6.1～9.0 粒，种皮褐色，千粒重 5.6～8.7 g，单株粒重 0.27～1.75 g，食用油用，含油率 39.42%，亚麻酸含量 46.63%。生育期 96～122 d。在连茬亚麻重病田自然感病条件下，枯萎病病株率为 0.68%，高抗枯萎病。

栽培技术要点：轮作倒茬，适期早播。合理密植，亩播量为旱区 3～4 kg，每亩保苗 20 万～30 万株；灌区 5～6 kg，每亩保苗 35 万～45 万株。每亩用 40% 2 甲·溴苯腈乳油 90 mL＋8.8% 精喹禾灵乳油 70 mL 兑水 60 kg 进行苗期喷施，以防除杂草。

适宜种植区域及季节：适宜在甘肃兰州、定西、白银、平凉、张掖等地区及宁夏半干旱区、山西、河北、内蒙古的亚麻主产区春季种植。

注意事项：该品种丰产性好、优质、抗病、矮秆，抗倒伏，适应性广。应合理密植，加强水肥管理。

5. 品种名称：陇亚 14 号

登记编号：GPD 亚麻（胡麻）（2018）620015

育种单位：甘肃省农业科学院作物研究所

品种来源：1S×89259

特征特性：常规种。油用型品种，食用油用。花蓝色，种皮褐色，幼苗直立，株型紧凑。平均株高 59.8 cm，工艺长度 35.0 cm，分枝数 5.8 个，单株蒴果数 24.1 个，每果粒数 7.2 粒，千粒重 8.1 g，单株粒重 0.95 g，生育期 93～123 d。生长整齐一致，抗旱、抗倒伏，综合农艺性状优良。

栽培技术要点：轮作倒茬，适期早播。合理密植，亩播量为旱区 3～4 kg、灌区 5～6 kg。加强田间管理，增施肥料，及时中耕，防治病虫草害，每亩用 40% 2 甲·溴苯腈乳油 90 mL＋8.8% 精喹禾灵乳油 70 mL 兑水 60 kg 进行苗期喷施，以防治杂草。

适宜种植区域及季节：适宜在甘肃张掖、兰州、白银、定西、平凉、清水等地区春季种植。

注意事项：该品种丰产性好、优质、抗病、矮秆，抗倒伏，适应性广。应合理密植，加强水肥管理。

6. 品种名称：陇亚 15 号

登记编号：GPD 亚麻（胡麻）（2019）620013

育种单位：甘肃省农业科学院作物研究所、兰州金桥种业有限责任公司

品种来源：98019×86186

特征特性：常规种。生育期 94～131 d。幼苗直立，花蓝色，籽粒种皮褐色。株高 53.7～79.0 cm，工艺长度 24.5～58.3 cm，分枝数 0.0～17.0 个，单株蒴果数 9.5～32.0 个，每果粒数 6.0～10.0 粒，千粒重 6.0～8.8 g，单株粒重 0.29～1.98 g。食用油用，含油率 39.1%。高抗枯萎病，抗白粉病，

抗旱性强、抗倒伏。第一生长周期籽粒亩产 129.3 kg，比对照陇亚 10 号增产 9.5%；第二生长周期亩产 120.4 kg，比对照陇亚 10 号增产 6.3%。

栽培技术要点：轮作倒茬，根据当地种植结构，与小麦、豆类等作物进行合理轮作。适期早播，一般川水地以 3 月下旬至 4 月上旬播种为宜，高寒山区以 4 月中、下旬播种为宜。合理密植，山旱地亩播量 3~4 kg，亩保苗 25 万~35 万株；灌溉区亩播量 5~6 kg，亩保苗 35 万~45 万株。科学管理水肥，施肥以基肥为主，追肥为辅，按照"基肥足、追肥早"的原则进行。加强病虫害综合防治。

适宜种植区域及季节：适宜在甘肃兰州、白银、庆阳、天水及宁夏固原、新疆伊犁等地区春季种植。

注意事项：适期早播，加强田间管理，后期依据降水状况控制灌水时期和灌溉量，防止倒伏，及时防治病虫害，及时收获晾晒。

7. 品种名称：陇亚 16 号

登记编号：GPD 亚麻（胡麻）（2021）620005

育种单位：甘肃省农业科学院作物研究所、兰州金桥种业有限责任公司

品种来源：陇亚 9 号×8939-7-4-1

特征特性：常规种。生育期 108 d。始花期早，花冠中等蓝色，花中等大小，花药蓝色，花丝白色，花柱蓝色，花瓣相对位置重叠，萼片斑点数量少；蒴果无隔膜纤毛，种皮褐色。平均株高 62.9 cm，工艺长度 38.7 cm，单株分枝数 6.7 个，单株分茎数 2 个，单株蒴果数 18.5 个，蒴果中，每果粒数 6.6 粒，单株粒重 0.7 g，千粒重 6.6 g。食用油用，含油率 37.9%。高抗枯萎病，抗旱、抗倒伏。第一生长周期籽粒亩产 119.9 kg，比对照陇亚 13 号增产 5.9%；第二生长周期亩产 84.5 kg，比对照陇亚 13 号增产 5.5%。

栽培技术要点：适期早播，川水地以 3 月 20 日至 4 月 5 日播种为宜，高寒区以 4 月 15 日至 4 月 30 日播种为宜。合理密植，山旱地亩播量 3~4 kg，每亩保苗 25 万~35 万株；灌溉区亩播量 5~6 kg，每亩保苗 35 万~45 万株。加强水肥管理，基肥要足，亩施农家肥 2 000~3 000 kg，磷酸二铵 15~30 kg；追肥要早，每亩追施尿素 5~6 kg。

适宜种植区域及季节：适宜在甘肃兰州、白银、定西、平凉、庆阳、张掖春季种植。

注意事项：生育期晚，应适期早播；早追肥，防止贪青晚熟。

8. 品种名称：陇亚 17 号

登记编号：GPD 亚麻（胡麻）（2021）620006

育种单位：甘肃省农业科学院作物研究所、兰州金桥种业有限责任公司

品种来源：1S×93059

特征特性：常规种。生育期 112 d。始花期晚，花冠中等蓝色，花中等大小，花药蓝色，花丝白色，花柱蓝色，花瓣相对位置重叠，萼片斑点数量少；蒴果无隔膜纤毛，种皮褐色。平均株高 68.4 cm，工艺长度 44.4 cm，单株分枝数 6.9 个，单株分茎数 2 个，单株蒴果数 17.9 个，蒴果中，每果粒数 6.2 粒，单株粒重 0.8 g，千粒重 6.9 g。食用油用，含油率 38.4%。高抗枯萎病，抗旱、抗倒伏。第一生长周期籽粒亩产 109.1 kg，比对照陇亚 10 号增产 11.5%；第二生长周期亩产 86.5 kg，比对照陇亚 10 号增产 9.7%。

栽培技术要点：适期早播，川水地以 3 月 20 日至 4 月 5 日播种为宜，高寒区以 4 月 15 日至 4 月 30 日播种为宜。合理密植，山旱地亩播量 3~4 kg，每亩保苗 25 万~35 万株；灌溉区亩播量 5~6 kg，每亩保苗 35 万~45 万株。加强水肥管理，基肥要足，亩施农家肥 2 000~3 000 kg、磷酸二铵 15~30 kg；追肥要早，每亩追施尿素 5~6 kg。

适宜种植区域及季节：适宜在甘肃、宁夏、新疆、内蒙古、河北、山西等干旱半干旱生态区春季种植。

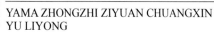
注意事项：生育期晚，应适期早播；植株高，应控制水肥，防止倒伏。

9. 品种名称：陇亚 18 号

登记编号：GPD 亚麻（胡麻）（2022）620006

育种单位：甘肃省农业科学院作物研究所

品种来源：DYM×STS

特征特性：常规种。生育期 104 d。始花期中，花冠中等蓝色，花中等大小，花药灰色，花丝浅蓝色，花柱蓝色，花瓣相对位置重叠，萼片斑点数量极少（或无）；蒴果有隔膜纤毛，种皮褐色。平均株高 57.92 cm，工艺长度 35.89 cm，单株分枝数 5.46 个，单株分茎数 1.25 个，单株蒴果数 22.49 个，蒴果中，每果粒数 6.77 粒，单株粒重 0.72 g，千粒重 5.95 g。食用油用，含油率 38.60％。高抗枯萎病，抗倒伏性好。第一生长周期籽粒亩产 87.87 kg，比对照陇亚 10 号减产 2.39％；第二生长周期亩产 97.14 kg，比对照陇亚 10 号增产 7.82％。

栽培技术要点：轮作倒茬，根据当地种植结构，与玉米、小麦、豆类等作物进行合理轮作。适期早播，一般川水地以 3 月下旬至 4 月上旬播种为宜，高寒山区以 4 月中、下旬播种为宜。合理密植，山旱地亩播量 3～4 kg，每亩保苗 25 万～35 万株；灌溉区亩播量 5～6 kg，每亩保苗 35 万～45 万株。加强水肥管理，施肥以基肥为主，追肥为辅，基肥要足，追肥要早。苗期除草，加强病虫害综合防控。

适宜种植区域及季节：适宜在甘肃定西、平凉、张掖、兰州榆中及河北张家口、宁夏固原、山西大同、新疆伊犁和内蒙古乌兰察布地区春季种植。

注意事项：适期早播，加强田间管理，后期依据降水状况控制灌水时期和灌溉量，防止倒伏，及时防治病虫害，及时收获晾晒。

10. 品种名称：陇亚 8 号

登记编号：GPD 亚麻（胡麻）（2018）620011

育种单位：甘肃省农业科学院作物研究所

品种来源：匈牙利 5 号×63 - 98

特征特性：常规种。油纤兼用类型。生育期 91～110 d，属中熟品种。株高一般为水地 70～80 cm、旱地 50～70 cm，工艺长度一般为水地 45～55 cm、旱地 40～45 cm。该品种适应性广，成熟一致，落黄好。食用油用，含油率 37.98％。高抗枯萎病，抗倒伏、抗旱、抗寒。第一生长周期籽粒亩产 99.59 kg，比对照陇亚 7 号增产 3.14％；第二生长周期亩产 122.46 kg，比对照陇亚 7 号增产 5.61％。

栽培技术要点：合理密植，亩播量 3.0～3.5 kg，每亩保苗 25 万～35 万株。适时早播，川水地以 3 月下旬至 4 月上旬播种为宜，提倡楼播，推广机播。增施肥料，提倡秋施基肥。加强田间管理，该品种苗期生长较慢，要及时清除田间杂草，及时防治蚜虫等病虫害。

适宜种植区域及季节：适宜在甘肃兰州、定西、静宁地区春季种植。

注意事项：千粒重较小，应加强田间管理，增施肥料，适期收获。

11. 品种名称：陇亚杂 1 号

登记编号：GPD 亚麻（胡麻）（2018）620008

育种单位：甘肃省农业科学院作物研究所

品种来源：1S×873

特征特性：杂交种。花瓣蓝色，种皮褐色，幼苗直立，株型较紧凑。株高 36～62 cm，较对照低 2～10 cm，植株较矮，工艺长度 30 cm 左右，属油用型品种。单株蒴果数多，千粒重 7 g 左右，生育期为 92～113 d，成熟期较陇亚 8 号早 3～10 d。抗倒伏、抗旱，生长势较强，成熟时无贪青现象，整齐一致，高抗枯萎病。食用油用，含油率 41.63％。第一生长周期籽粒亩产 132.59 kg，比对照陇亚 8

号（亩产123.91 kg）增产7.01%；第二生长周期亩产128.36 kg，比对照陇亚8号（亩产112.6 kg）增产14.00%。

栽培技术要点：合理密植，亩播量3.0～3.5 kg，每亩保苗25万～35万株。适当早播，一般川水地以3月下旬至4月上旬播种为宜，高寒山区以4月中、下旬播种为宜。增施肥料，亩施有机肥2 000～3 000 kg，并每亩配施磷酸二铵15 kg作底肥，现蕾期前后结合降雨追肥。加强田间管理，及时清除田间杂草，防治蚜虫、苜蓿夜蛾、地老虎等虫害。

适宜种植区域及季节：适宜在甘肃兰州、张掖、白银、定西、平凉等亚麻主产区春季种植。

注意事项：主要优点是丰产性较突出，品质优良，适应性较广；主要缺点是工艺长度较低。

12. 品种名称：陇亚杂2号

登记编号：GPD亚麻（胡麻）（2018）620009

育种单位：甘肃省农业科学院作物研究所

品种来源：1S×陇亚10号

特征特性：杂交种。食用油用。花瓣蓝色，种皮褐色，幼苗直立。平均株高34.9～61.88 cm，工艺长度35 cm，单株蒴果数多，千粒重较高。生育期94～115 d，中早熟。抗病、抗倒伏，综合性状优良，群体整齐一致，无贪青现象，落黄好。

栽培技术要点：合理密植，亩播量3.0～3.5 kg，每亩保苗25万～35万株。适当早播，一般川水地以3月下旬至4月上旬播种为宜，高寒山区以4月中、下旬播种为宜。增施肥料，亩施有机肥2 000～3 000 kg，并每亩配施磷酸二铵15 kg作底肥，现蕾期后结合降雨追肥。加强田间管理，及时清除田间杂草，防治蚜虫、苜蓿夜蛾、地老虎等虫害。

适宜种植区域及季节：适宜在甘肃兰州、张掖、白银、定西、平凉及新疆、宁夏、山西、河北、内蒙古等亚麻主产区春季种植。

注意事项：主要优点是丰产性较突出，品质优良，抗病性强，适应性较广；主要缺点是父母本生育期不一致，应适期错期播种。

13. 品种名称：陇亚杂4号

登记编号：GPD亚麻（胡麻）（2018）620016

育种单位：甘肃省农业科学院作物研究所

品种来源：113×陇亚10号

特征特性：杂交种。油用品种。花蓝色，种皮褐色，幼苗直立，株型紧凑。平均株高59.4 cm，工艺长度35.8 cm，分枝数7.5个，单株蒴果数25.5个，每果粒数7.5个，千粒重8.0 g，单株粒重0.95 g，生育期106 d。生长整齐一致，抗旱、抗倒伏，高抗枯萎病，综合农艺性状优良。食用油用，含油率35.92%。第一生长周期籽粒亩产84.88 kg，比对照陇亚10号（亩产75.24 kg）增产12.81%；第二生长周期亩产151.52 kg，比对照陇亚10号（亩产141.66 kg）增产6.96%。

栽培技术要点：精细整地，适期早播，合理密植；加强田间管理，增施肥料，及时中耕除草，防治病虫害。

适宜种植区域及季节：适宜在甘肃兰州、定西、白银、张掖等同类生态区春季种植。

注意事项：该品种丰产性好、优质、抗病、矮秆、抗倒伏、适应性广，应合理密植，加强水肥管理。

14. 品种名称：天亚12号

登记编号：GPD亚麻（胡麻）（2022）620002

育种单位：甘肃农业职业技术学院

品种来源：82（50）－6－1－3×9315－1－4－9－7－2

特征特性：常规种。生育期111 d。始花期中，花冠浅蓝色，花中等大小，花药蓝色，花丝白色，花柱白色，花瓣相对位置重叠，萼片斑点数量极少（或无）；蒴果无隔膜纤毛，种皮棕褐色。平均株高 69 cm，工艺长度 44 cm，单株分枝数 7 个，单株分茎数 0 个，单株蒴果数 17 个，蒴果中，每果粒数 7 粒，单株粒重 0.74 g，千粒重 7.3 g。食用油用，含油率 39.0%。高抗枯萎病。第一生长周期籽粒亩产 103.13 kg，比对照陇亚 10 号增产 5.41%；第二生长周期亩产 83.67 kg，比对照陇亚 10 号增产 6.07%。

栽培技术要点：合理密植，一般山旱地每亩播种 3～4 kg，保苗 20 万～30 万株；二阴地区每亩播种 3.5～4 kg，保苗 25 万～35 万株；西北灌区每亩播种 4～5 kg，保苗 35 万～45 万株。适当早播，一般川水地以 3 月下旬至 4 月上旬播种为宜，高寒山区以 4 月中、下旬播种为宜。增施肥料，每亩施有机肥 2 000～3 000 kg，每亩配施磷酸二铵 15 kg 作底肥，枞形期前后结合灌水、降雨追施尿素 10 kg，现蕾期喷施磷酸二氢钾 0.3%～0.5%。

适宜种植区域及季节：适宜在甘肃天水、平凉、庆阳、兰州、白银等干旱生态区春季种植。

注意事项：及时清除田间杂草；现蕾期前及时防治蚜虫、苜蓿夜蛾、地老虎、潜叶蝇等害虫。

15. **品种名称：**天亚 9 号

登记编号：GPD 亚麻（胡麻）（2019）620005

育种单位：甘肃农业职业技术学院

品种来源：89－259－5－1×喀什 77134－128

特征特性：常规种。株高 55～71 cm，工艺长度 22～42 cm，千粒重 6.3～7.4 g，生育期 92～112 d，单株分枝数 4～8 个，单株蒴果数 10～38 个。种皮褐色。食用油用，含油率 40%。高抗枯萎病，抗旱性强，抗倒伏性强。第一生长周期籽粒亩产 127.31 kg，比对照陇亚 8 号增产 2.74%；第二生长周期亩产 124.75 kg，比对照陇亚 8 号增产 10.79%。

栽培技术要点：亚麻忌连茬，前茬以小麦、玉米、豌豆为宜，不宜种植在马铃薯、甜菜茬上，实行 3 年以上轮作。选择土层深厚、土质疏松、肥力较高、保水保肥能力强的地块，早秋深耕，耕深 20～25 cm。在 3 月中下旬至 4 月上旬，当日平均温度 4.5～5 ℃，即可播种，一般山旱地亩播量 3～4 kg，每亩保苗 20 万～25 万株；二阴地区亩播量 3.5～4.5 kg，每亩保苗 20 万～30 万株；灌区亩播量 4～5 kg，每亩保苗 30 万～35 万株；种子质量必须符合国家标准《经济作物种子 第 1 部分：纤维类》（GB 4407.1—1996）的规定。肥料施用应符合《肥料合理使用准则 通则》（NY/T 469—2010）的规定。每亩施氮肥 11.59 kg、磷肥 17.26 kg、钾肥 7.00 kg 作基肥，基肥结合秋季翻地一次施入。第一次追肥在苗高 10～15 cm 时进行，水地亚麻结合浇头水进行，旱地亚麻结合下雨进行，每亩施硝酸铵 5～10 kg 或尿素 5～7.5 kg；第二次追肥在现蕾期前进行，每亩施尿素 2.5～5 kg。叶面喷肥应在胡麻现蕾至开花期进行，每亩喷施磷酸二氢钾 100～141 g，兑水 30 kg，1～2 次。现蕾期施生长调节剂（多效唑）5.404 g，兑水 30 kg，喷施 1 次。第一次浇水在苗高 5～10 cm 时进行，每亩灌水 80 m³；第二至第三次浇水在现蕾至盛花期进行，每亩灌水 80 m³，终花后应慎重浇水，以防贪青倒伏。及时清除田间杂草，防治蚜虫、苜蓿夜蛾、地老虎等害虫。当亚麻进入黄熟期，便可进行种子收获，亚麻脱粒后，摊晾风干至含水量 9% 以下，方可入库储藏，储藏仓库应干燥、通风。

适宜种植区域及季节：适宜在甘肃庆阳、平凉、天水、白银、兰州、定西等地区春季种植。

注意事项：成熟后期多雨易返青，终花后应慎重浇水，以防贪青倒伏。工艺长度较短。

16. **品种名称：**张亚 4 号

登记编号：GPD 亚麻（胡麻）（2021）620003

育种单位：张掖市农业科学研究院

品种来源：7221－1×雁杂 10 号

特征特性：常规种。生育期 98 d。始花期中，花冠白色，花中等大小，花药黄色，花丝白色，花柱白色，花瓣相对位置重叠，萼片斑点数量少；蒴果无隔膜纤毛，种皮浅黄。平均株高 60.8 cm，工艺长度 41.1 cm，单株分枝数 4.2 个，单株分茎数 5 个，单株蒴果数 14.6 个，蒴果中，每果粒数 5 粒，单株粒重 0.64 g，千粒重 8.8 g。食用油用。中抗枯萎病，抗倒伏性强，抗旱性中。第一生长周期籽粒亩产 106.22 kg，比对照陇亚 13 号减产 6.16%；第二生长周期亩产 79.551 kg，比对照陇亚 13 号减产 0.7%。

栽培技术要点：以 3 月下旬至 4 月上旬播种为宜，行距 20 cm，播深 3～4 cm，每亩播种 4～7 kg，保苗 35 万～45 万株。播前，结合整地，每亩基施有机肥 2～3t、磷酸二铵 20～25 kg、尿素 4～5 kg。田间管理过程中，在地力较差的田块，现蕾期前结合浇水或降雨每亩追施尿素 4～5 kg 或硝酸铵 8～10 kg。全生育期浇水 3 次，分别在枞形期、现蕾至初花期和青果期。及时清除田间杂草，防治蚜虫、苜蓿夜蛾、漏油虫等害虫。

适宜种植区域及季节：适宜在甘肃张掖、武威、兰州、白银、景泰、平凉、庆阳 4 月上旬至中旬种植。

注意事项：产量较对照减产，但不显著。在海拔 1 800～2 100 m 的区域内种植，产量稳定，品质优良。不宜重茬连作。

17. **品种名称：**张亚 5 号

登记编号：GPD 亚麻（胡麻）（2021）620004

育种单位：张掖市农业科学研究院

品种来源：869-1-2（红）×8433-4（白）

特征特性：常规种。生育期 105 d。始花期中，花冠中等蓝色，花中等大小，花药蓝色，花丝白色，花柱白色，花瓣相对位置重叠，萼片斑点数量少；蒴果无隔膜纤毛，种皮褐色。平均株高 65.1 cm，工艺长度 46.2 cm，单株分枝数 4.22 个，单株分茎数 5 个，单株蒴果数 19.4 个，蒴果中，每果粒数 5 粒，单株粒重 0.73 g，千粒重 7.55 g。食用油用，含油率 37.82%。高抗枯萎病，抗倒伏性强，抗旱性中。第一生长周期籽粒亩产 118.77 kg，比对照陇亚 13 号增产 4.93%；第二生长周期亩产 80.81 kg，比对照陇亚 13 号增产 0.87%。

栽培技术要点：播期以 3 月下旬至 4 月上旬为宜，行距 20 cm，播深 3～4 cm，每亩播种 4～6.5 kg，保苗 35 万～45 万株。播前，结合整地，每亩基施有机肥 2～3t、磷酸二铵 20～25 kg、尿素 4～5kg。田间管理过程中，在地力较差的田块，现蕾期前结合浇水或降雨每亩追施尿素 4～5 kg 或硝酸铵 8～10 kg。全生育期浇水 3 次，分别在枞形期、现蕾至初花期和青果期。及时清除田间杂草，防治蚜虫、苜蓿夜蛾、漏油虫等害虫。

适宜种植区域及季节：适宜在甘肃张掖、武威、兰州、白银、景泰、平凉、庆阳 4 月上旬至中旬种植。

注意事项：抗旱性较差，适宜水肥条件好的河西灌区种植；在水肥条件差的河东地区，需提供良好的水肥条件来稳定高产。

18. **品种名称：**定亚 25 号

登记编号：GPD 亚麻（胡麻）（2019）620006

育种单位：定西市农业科学研究院

品种来源：坝亚 9 号×78001-15

特征特性：常规种。生育期 91～119 d。幼茎浅紫色，幼苗直立，苗绿色；始花期中，萼片斑点数量少；花直径约 2.7 cm，花中等蓝色，花药蓝色；蒴果直径约 6.64 mm，有隔膜纤毛；分枝扫帚型；落黄好，籽粒种皮褐色。平均株高 58.5 cm，工艺长度 34.4 cm，分枝数 5.6 个，单株蒴果数 25.2 个，每果粒数 6.7 粒，千粒重 7.9 g，单株粒重 1.01 g。食用油用，含油率 39.40%。抗枯萎病。经定点成株期抗旱鉴定试验，该品种抗旱级别为 2～3 级，抗旱性较好。第一生长周期籽粒亩产 81.56 kg，比对照陇亚 10 号增产 8.40%；第二生长周期亩产 153.25 kg，比对照陇亚 10 号增产 8.18%。

栽培技术要点：前作收获后，及时翻耕灭茬，耙耱整平，创造良好的生长土壤环境，以保苗齐、苗壮。亩播量 3.0～4.0 kg，每亩保苗 20 万～35 万株；播期在 3 月下旬至 4 月中旬。施肥应遵循"基肥为主，种、追肥为辅；氮肥为主，磷肥为辅；秋施为主，春施为辅"的原则。未足量施基肥时，播前先地表撒施尿素 5.0 kg，另在种子中混合磷酸二铵 4.0 kg，及时播种，及时耱平，生长期间结合灌水或降雨亩施尿素 5.0～6.0 kg 作追肥。有灌溉条件的，在现蕾期前灌水。要及时中耕除草，创造良好的田间生长环境。成熟后应及时收获，对成熟良好、收获时茎秆干燥的，应及时在田间搭成小垛，待风干后及时拉运、脱粒。

适宜种植区域及季节：适宜在河北张家口、山西大同、内蒙古鄂尔多斯和乌兰察布、新疆伊犁、宁夏固原及甘肃定西、兰州、平凉、白银、庆阳、张掖等地区海拔 1 000～2 200 m，≥10 ℃年积温 2 000℃以上地区春季种植。

注意事项：在开花期至蒴果发育期遇连续几天阴雨时，会发生部分植株倒伏。防范措施有：①精细整地，保证来年亚麻苗齐、苗壮、根系发达；②适时早播；③播种密度不宜过大；④现蕾期前灌第一水，追肥和第一水灌溉要早，土壤肥沃、土壤墒情好的地方，要控制水肥。

19. 品种名称：定亚 26 号

登记编号：GPD 亚麻（胡麻）（2022）620001

育种单位：定西市农业科学研究院

品种来源：坝亚 439×红木 65

特征特性：常规种。生育期 107 d。始花期早，花冠紫色，花中等大小，花药蓝色，花丝浅蓝色，花柱蓝色，花瓣相对位置重叠，萼片斑点数量极少（或无）；蒴果有隔膜纤毛，种皮褐色。平均株高 61.2 cm，工艺长度 39.4 cm，单株分枝数 6.4 个，单株分茎数 0.4 个，单株蒴果数 20.9 个，蒴果中，每果粒数 6.9 粒，单株粒重 0.8 g，千粒重 7.0 g。食用油用，含油率 36.82%。高抗枯萎病，高抗白粉病。第一生长周期籽粒亩产 114.24 kg，比对照陇亚 13 号增产 0.93%；第二生长周期亩产 89.56 kg，比对照陇亚 13 号增产 11.79%。

栽培技术要点：前作收获后及时翻耕灭茬，耙耱整平。亩播量以 3.5～4.0 kg 为宜，每亩保苗 25 万～40万株；在海拔较低的产区，播期掌握在 3 月中、下旬，在海拔较高的地区，播期掌握在 4 月中、下旬为宜。施肥应遵循"基肥为主，种、追肥为辅；氮肥为主，磷肥为辅；秋施为主，春施为辅"的原则。在未足量施基肥时，播前先地表撒施尿素 5 kg，另在种子中混合 4.0 kg 磷酸二铵，及时播种，及时耱平，生长期间结合灌水或降雨亩施硝酸铵 5～6 kg 作追肥。有灌溉条件的，在现蕾期前灌水，其他地方根据当地气候特点、栽培条件、土壤肥沃情况灵活掌握，控制水肥。要及时中耕除草，创造良好的田间生长环境。成熟后应及时收获，对成熟良好、收获时茎秆干燥的，应及时在田间搭成小垛，待风干后及时拉运、脱粒。

适宜种植区域及季节：适宜在甘肃定西、张掖、白银、平凉、榆中、镇原春季种植。

注意事项：主要缺点为分枝紧凑、单株所占空间小，应加大播种量，减小播种行距。

三、宁夏选育的亚麻种质

1. 品种名称：宁亚 15 号

登记编号：GPD 亚麻（胡麻）（2018）640001

育种单位：宁夏农林科学院固原分院

品种来源：从天水农业学校引进材料中系选

特征特性：常规种。平均株高 65.4 cm，工艺长度 50 cm，单株有效分枝数 4.5 个，单株有效蒴果数 10 个，每果粒数 6.7 粒。食用油用，含油率 28.89%。耐瘠薄，抗旱性强，高抗亚麻枯萎病。

第一生长周期籽粒亩产 111.37 kg，比对照宁亚 10 号（亩产 81.63 kg）增产 36.43%；第二生长周期亩产 91.32 kg，比对照宁亚 10 号（亩产 84.84 kg）增产 7.64%。

栽培技术要点：施足底肥，每亩基施农家肥 2 000 kg、尿素 5～8 kg、磷酸二铵 7～10 kg。亩施种肥磷酸二铵 3～4 kg，追施尿素 10 kg。阴湿区 4 月 20 日播种，半干旱地区 3 月 25 日至 4 月 10 日抢墒播种，旱地亩播种 3.5 kg，保苗 20 万～25 万株，水地亩播种 4～5 kg，保苗 30 万～35 万株。轮作周期为 2 年以上。出苗后 30～40 d 灌头水。防治杂草和病害。

适宜种植区域及季节：适宜在宁夏南部山区阴湿和半干旱区的旱地及川水地种植，春季播种。

注意事项：幼苗直立，植株紧凑，结果集中。成熟后不裂果，中早熟，抗旱性强，高抗亚麻枯萎病。

2. 品种名称：宁亚 17 号

登记编号：GPD 亚麻（胡麻）（2018）640002

育种单位：宁夏农林科学院固原分院

品种来源：6793－1×红木

特征特性：常规种。食用油用。平均株高 52.9 cm，工艺长度 37.1 cm，单株有效分枝数 6.7 个，单株蒴果数 10.5 个，每果粒数 7.8 粒，千粒重 7.3～8.4 g。

栽培技术要点：施肥以底肥为主，一般亩施农家肥 2 000 kg 以上、尿素 5～8 kg、磷酸二铵 7～10 kg。亩施种肥磷酸二铵 3～4 kg，尿素不宜作种肥，灌头水时每亩追施尿素 7.5 kg。适时早播，半干旱区 4 月上旬抢墒播种，旱地亩播量 3.5 kg，每亩保苗 20 万～35 万株；水地亩播量 4～5 kg，每亩保苗 30 万～35 万株。轮作周期控制在 2 年以上。适时灌好头水，一般出苗后 30～40 d 灌水，之后的灌水视田间土壤水分状况和天气情况确定，避免倒伏。田间管理过程中，及时破除土壤表层板结，确保全苗；松土除草，防治金龟甲、蚜虫、黏虫等害虫。

适宜种植区域及季节：适宜在宁夏宁南山区半干旱区的旱地、水地春季种植。

注意事项：幼苗深绿，株型紧凑，结果集中，丰产性好，抗逆性强，适应性广。对亚麻枯萎病有较强的抵抗能力。

3. 品种名称：宁亚 19 号

登记编号：GPD 亚麻（胡麻）（2018）640003

育种单位：宁夏农林科学院固原分院

品种来源：宁亚 11 号×宁亚 15 号

特征特性：常规种。平均株高 56.44 cm，工艺长度 38.56 cm，单株有效分枝数 8.3 个，单株蒴果数 17.2 个，每果粒数 7.8 粒，千粒重 7.5 g。食用油用，含油率 41.26%。抗旱，抗枯萎病，适应性较广，丰产、稳产性好。第一生长周期籽粒亩产 139.12 kg，比对照宁亚 14 号（亩产 119.65 kg）增产 16.27%；第二生长周期 143.89 kg，比对照宁亚 14 号（亩产 109.35 kg）增产 31.59%。

栽培技术要点：施肥以底肥为主，一般亩施农家肥 2 000 kg 以上、尿素 5～8 kg、磷酸二铵 7～10 kg。亩施种肥磷酸二铵 3～4 kg，尿素不宜作种肥，灌头水时每亩追施磷酸二铵 7.5～10.0 kg、尿素 5.0 kg。适时早播，半干旱区 4 月上旬抢墒播种，旱地亩播量 3～4 kg，每亩保苗 20 万～35 万株；水地亩播量 4～5 kg，每亩保苗 30 万～35 万株。轮作周期控制在 2 年以上。适时灌好头水，一般出苗后 30～40 d 灌头水，之后的灌水视田间土壤水分状况和天气情况确定，避免倒伏。田间管理过程中，及时破除土壤表层板结，确保全苗；松土除草，防治金龟甲、蚜虫、蓟马、苜蓿盲蝽和黏虫等害虫。

适宜种植区域及季节：适宜在宁夏南部山区半干旱区的旱地、水地种植，春季播种。

注意事项：属油麻兼用中早熟品种。抗旱，抗亚麻枯萎病，适应性较广，丰产、稳产性好。

4. 品种名称：宁亚 20 号

登记编号：GPD 亚麻（胡麻）（2018）640004

育种单位：宁夏农林科学院固原分院

品种来源：8659、张亚 1 号×宁亚 10 号

特征特性：常规种。平均株高 54.10 cm，工艺长度 32.20 cm，主茎分枝数 4.95 个，有效蒴果数 16.25 个，每果粒数 6.85 粒，单株粒重 0.66 g，千粒重 7.03 g。食用油用，含油率 40.86%。抗旱、抗寒，抗亚麻枯萎病，耐瘠薄。经 2013 年甘肃省农业科学研究院作物研究所鉴定，属一级抗旱类型。第一生长周期籽粒亩产 95.09 kg，比对照宁亚 14 号（亩产 82.88 kg）增产 14.73%；第二生长周期亩产 116.77 kg，比对照宁亚 14 号（亩产 100.86 kg）增产 15.77%。

栽培技术要点：施肥以施基肥为主，每亩基施农家肥 1 000～1 500 kg、尿素 5～8 kg、磷酸二铵 7～10 kg；每亩施磷酸二铵 5～6 kg 作种肥，尿素不宜作种肥；在灌头水时根据土壤肥力情况，每亩可追施磷酸二铵 7.5～10.0 kg、尿素 5 kg。适时早播，半干旱区在 4 月上旬抢墒播种，旱地亩播量 4～5 kg，每亩保苗 20 万～30 万株；水地亩播量 5～6 kg，每亩保苗 35 万～45 万株。合理轮作，虽然该品种抗亚麻枯萎病，但连茬种植会使亚麻生长发育受到影响，因此轮作周期应控制在 2 年以上为宜。在亚麻出苗后 30～40 d 灌头水，之后的灌水视田间土壤水分状况和天气情况确定，避免造成倒伏减产。加强田间管理，及时破除土壤表层板结，确保全苗；松土除草，注意防治蚜虫、苜蓿盲蝽、白粉病等病虫害。

适宜种植区域及季节：适宜在宁夏南部山区的旱地、水浇地种植，春季播种。

注意事项：抗旱、抗寒，抗亚麻枯萎病，生长势强，整齐度高，耐瘠薄。抗倒伏性稍差，应合理密植，控制水肥，加强田间管理。

5. 品种名称：宁亚 21 号

登记编号：GPD 亚麻（胡麻）（2018）640005

育种单位：宁夏农林科学院固原分院

品种来源：定亚 19 号、抗 38×宁亚 10 号

特征特性：常规种。平均株高 51.35 cm，工艺长度 31.10 cm，主茎分枝数 5.15 个，有效蒴果数 17.30 个，每果粒数 6.35 粒，单株粒重 0.72 g，千粒重 7.24 g。食用油用，含油率 36.46%。抗旱、抗寒，抗亚麻枯萎病，耐瘠薄。第一生长周期籽粒亩产 96.01 kg，比对照宁亚 14 号（亩产 82.88 kg）增产 15.84%；第二生长周期亩产 122.31 kg，比对照宁亚 14 号（亩产 100.86 kg）增产 21.27%。

栽培技术要点：施肥以施基肥为主，每亩基施农家肥 1 000～1 500 kg、尿素 5～8 kg、磷酸二铵 7～10 kg；每亩施磷酸二铵 5～6 kg 作种肥，尿素不宜作种肥；在灌头水时根据土壤肥力情况，每亩可追施磷酸二铵 7.5～10.0 kg、尿素 5 kg。适时早播，半干旱区在 4 月上旬抢墒播种，旱地亩播量 4～5 kg，每亩保苗 20 万～30 万株；水地亩播量 5～6 kg，每亩保苗 35 万～45 万株。合理轮作，虽然该品种抗亚麻枯萎病，但连茬种植会使亚麻生长发育受到影响，因此轮作周期应控制在 2 年以上为宜。在亚麻出苗后 30～40 d 灌头水，之后的灌水视田间土壤水分状况和天气情况确定，避免造成倒伏减产。加强田间管理，及时破除土壤表层板结，确保全苗；松土除草，注意防治蚜虫、苜蓿盲蝽、白粉病等病虫害。

适宜种植区域及季节：适宜在宁夏南部山区的旱地、水浇地种植，春季播种。

注意事项：抗旱、抗寒，抗亚麻枯萎病，生长势强，整齐度高，耐瘠薄。抗倒伏性稍差，应合理密植，控制水肥，加强田间管理。

6. 品种名称：宁亚 22 号

登记编号：GPD 亚麻（胡麻）（2018）640006

育种单位：宁夏农林科学院固原分院

品种来源：8796×宁亚 10 号

特征特性：常规种。平均株高 56.01 cm，工艺长度 32.79 cm，主茎分枝数 5.75 个，有效蒴果数 16.76 个，每果粒数 7.18 粒，单株粒重 0.65 g，千粒重 6.67 g。食用油用，含油率 38.65％。抗旱、抗寒，抗亚麻枯萎病，耐瘠薄。第一生长周期籽粒亩产 65.88 kg，比对照宁亚 17 号（亩产 60.03 kg）增产 9.75％；第二生长周期亩产 126.09 kg，比对照宁亚 17 号（亩产 112.70 kg）增产 11.88％。

栽培技术要点：施肥以施基肥为主，每亩基施农家肥 1 000～1 500 kg、尿素 5～8 kg、磷酸二铵 7～10kg；每亩施磷酸二铵 5～6 kg 作种肥，尿素不宜作种肥；在灌头水时根据土壤肥力情况，每亩可追施磷酸二铵 7.5～10.0 kg、尿素 5 kg。适时早播，半干旱区在 4 月上旬抢墒播种，旱地亩播量 4～5kg，每亩保苗 20 万～30 万株；水地亩播量 5～6 kg，每亩保苗 35 万～45 万株。合理轮作，虽然该品种抗亚麻枯萎病，但连茬种植会使亚麻生长发育受到影响，因此轮作周期应控制在 2 年以上为宜。在亚麻出苗后 30～40 d 灌头水，以后灌水视田间土壤水分状况和天气情况确定，避免造成倒伏减产。加强田间管理，及时破除土壤表层板结，确保全苗；松土除草，注意防治蚜虫、苜蓿盲蝽、白粉病等病虫害。

适宜种植区域及季节：适宜宁夏南部山区的旱地、水浇地种植，春季播种。

注意事项：抗旱、抗寒，抗亚麻枯萎病，生长势强，整齐度高，耐瘠薄。抗倒伏性稍差，应合理密植，控制水肥，加强田间管理。

7. 品种名称：宁亚 23 号

登记编号：GPD 亚麻（胡麻）（2020）640012

育种单位：宁夏农林科学院固原分院

品种来源：自育品系 9033×自育品系 9025W－4

特征特性：常规种。食用油用。生长发育旺盛，幼苗深绿，平均株高 52.6 cm，工艺长度 35.5 cm，分茎数 1.4 个，分枝数 5.7 个，花冠中等蓝色，单株蒴果数 12.7 个，每果粒数 7.5 粒，籽粒种皮褐色，千粒重 6.35 g。含油率 42.72％。高抗枯萎病，耐瘠薄，抗倒伏性强，生长势强，整齐度高。第一生长周期籽粒亩产 145.97 kg，比对照宁亚 17 号增产 10.31％；第二生长周期亩产 100.70 kg，比对照宁亚 17 号增产 25.60％。

栽培技术要点：施肥以施基肥为主，每亩施磷酸二铵 5～6 kg 作种肥，尿素不宜作种肥。半干旱区在 4 月上旬抢墒播种，旱地亩播量 3.0～3.5 kg，每亩保苗 30 万～40 万株；水地亩播量 3.5～4.0 kg，每亩保苗 40 万～50 万株。轮作周期应控制在 3 年以上。

适宜种植区域及季节：适宜在宁夏中部、南部的亚麻产区春季种植。

注意事项：本品种的主要优点是植株结构比较合理，抗旱、耐瘠薄，抗倒伏性强，生长势强，整齐度高，高抗亚麻枯萎病，α-亚麻酸含量较高，丰产、稳产性好。主要缺点是千粒重较小，生产中应控制播种量，以免造成因密度过大而倒伏或减产。

8. 品种名称：宁亚 24 号

登记编号：GPD 亚麻（胡麻）（2020）640013

育种单位：宁夏农林科学院固原分院

品种来源：陇亚 10 号×自育品系 8431－32－2

特征特性：常规种。食用油用。生长发育旺盛，幼苗深绿，平均株高 60.4 cm，工艺长度 42.2 cm，分茎数 0.5 个，分枝数 5.5 个，花冠中等蓝色，单株蒴果数 16.3 个，每果粒数 7.1 粒，籽粒种皮褐色，千粒重 7.52 g。含油率 40.22％。中抗枯萎病，抗旱，耐瘠薄，抗倒伏性强，生长势强，整齐度高。第一生长周期籽粒亩产 166.02 kg，比对照宁亚 17 号增产 12.99％；第二生长周期亩产 151.79 kg，比对照宁亚 17 号增产 13.77％。

栽培技术要点：施肥以施基肥为主，每亩施磷酸二铵 5～6 kg 作种肥，尿素不宜作种肥。半干旱区在 4 月上旬抢墒播种，旱地亩播量 3.5～4.0 kg，每亩保苗 30 万～40 万株；水地亩播量 4.0～5.0 kg，每亩保苗 40 万～50 万株。轮作周期应控制在 3 年以上。

适宜种植区域及季节：适宜在宁夏中部、南部的亚麻产区春季种植。

注意事项：中抗亚麻枯萎病，生产中应注意合理轮作。

四、河北选育的亚麻种质

1. 品种名称：坝亚 13 号

登记编号：GPD 亚麻（胡麻）（2022）130007

申请者：张家口市农业科学院

品种来源：晋亚 7 号×89－46－884－901

特征特性：常规种。油纤兼用型品种。生育期 101 d。始花期中，花冠紫色，花中等大小，花药蓝色，花丝浅蓝色，花柱蓝色，花瓣相对位置重叠，萼片斑点数量少；蒴果无隔膜纤毛，种皮褐色。平均株高 75.86 cm，工艺长度 55.92 cm，单株分枝数 4.45 个，单株分茎数 0 个，单株蒴果数 13.1 个，蒴果中，每果粒数 8.2 粒，单株粒重 0.45 g，千粒重 5.77 g。食用油用型的含油率 41.00%。高抗枯萎病，抗旱性强，一级抗旱。第一生长周期籽粒亩产 127.28 kg，比对照陇亚 8 号增产 9.94%；第二生长周期亩产 118.48 kg，比对照陇亚 8 号减产 8.67%。

栽培技术要点：选择旱地或水地土壤，应避开 3 年内亚麻、豆类和马铃薯茬口。根据近几年河北坝上的气候变化情况，应提早播种，该品种属于中早熟品种，一般适宜 5 月初播种，提倡楼播，行距 20～25 cm；以亩播量 3.5～4.0 kg、亩有效株数 30 万～40 万株为宜。施肥依地力而异，基肥提倡秋施，结合秋耕亩施有机肥 2 000～2 500 kg，播种时一般亩施多元复合肥 5～7.5 kg 作种肥，现蕾期前瘦地、薄地可结合降雨或中耕亩追施尿素 5～10 kg。因苗期生长缓慢，为促进营养生长期个体发育和分化，要及时中耕锄草，第一次在苗高 5～7 cm 时中耕，第二次在苗高 20 cm 左右现蕾前进行。开花后 30～40 d，有 75% 蒴果变褐，种子呈固有色泽，摇动植株时沙沙作响即可收获。

适宜种植区域及季节：适宜在河北张家口坝上（张家口张北、康保、沽源、尚义、崇礼和承德丰宁、围场），山西和内蒙古，甘肃定西、张掖，宁夏固原，新疆伊犁地区春季种植。

注意事项：单株产量偏低，现蕾期前加强水肥管理，提高产量。

2. 品种名称：坝亚 15 号

登记编号：GPD 亚麻（胡麻）（2022）130008

育种单位：张家口市农业科学院

品种来源：901 系统选育

特征特性：常规种。食用油用型品种。生育期 96 d。始花期中，花冠紫色，花中等大小，花药蓝色，花丝浅蓝色，花柱蓝色，花瓣相对位置重叠，萼片斑点数量少；蒴果无隔膜纤毛，种皮褐色。平均株高 67.49 cm，工艺长度 43.7 cm，单株分枝数 5.8 个，单株分茎数 0.59 个，单株蒴果数 24.85 个，蒴果中，每果粒数 7.70 粒，单株粒重 0.58 g，千粒重 4.92 g。食用油用型的含油率 39.60%。中感枯萎病，田间生长整齐、成熟一致，分枝集中，抗倒伏性强，抗裂果，适宜全程机械化作业。第一生长周期籽粒亩产 108.32 kg，比对照陇亚 10 号增产 10.71%；第二生长周期亩产 94.91 kg，比对照陇亚 10 号增产 20.32%。

栽培技术要点：选择旱地或水地土壤，应避开 3 年内亚麻、豆类和马铃薯茬口。中晚熟品种，在河北坝上地区适宜在 5 月初（立夏节气）机械播种，播种深度在 5 cm 左右；机械播种的亩播量为 2.0～2.5 kg，亩有效株数以 30 万～40 万株为宜，行距以 0.20～0.25 m 为宜。应当在 75% 蒴果变褐，种子呈固有色泽，茎秆完全失绿时进行机械联合收获。

适宜种植区域及季节：适宜在河北坝上（张家口张北、康保、沽源、尚义、崇礼和承德丰宁、围场），甘肃兰州、平凉，宁夏固原，山西，内蒙古呼和浩特、集宁地区春季种植。

注意事项：中感亚麻枯萎病，适当降低播种密度，提高产量。

3. 品种名称：冀张亚 1 号

登记编号：GPD 亚麻（胡麻）（2022）130009

育种单位：张家口市农业科学院

品种来源：坝亚 7 号×野生 - 1075

特征特性：常规种。油纤兼用型品种。生育期 98 d。始花期中，花冠紫色，花中等大小，花药蓝色，花丝白色，花柱白色，花瓣相对位置重叠，萼片斑点数量中；蒴果有隔膜纤毛，种皮褐色。平均株高 73.05 cm，工艺长度 42.79 cm，单株分枝数 5.65 个，单株分茎数 1.1 个，单株蒴果数 28.25 个，蒴果中，每果粒数 7.0 粒，单株粒重 0.60 g，千粒重 5.29 g。含油率 40.30%。高抗枯萎病，抗倒伏、抗裂果。第一生长周期籽粒亩产 77.50 kg，比对照陇亚 10 号增产 9.15%；第二生长周期亩产 95.60 kg，比对照陇亚 10 号增产 9.72%。

栽培技术要点：选择旱地或水地土壤，应避开 3 年内亚麻、豆类和马铃薯茬口。早熟品种，在河北坝上地区，适宜在 5 月中、下旬（小满节气）播种，播种深度在 5 cm 左右；亩播量以 2.5～3.0 kg 为宜，行距以 0.20～0.25 mL 为宜。在 75% 蒴果变褐，种子呈固有色泽，茎秆完全失绿时进行机械联合收获。

适宜种植区域及季节：适宜在河北坝上地区（张家口张北、康保、沽源、尚义、崇礼和承德丰宁、围场），内蒙古锡林郭勒地区春季种植。

注意事项：不适宜早播，建议在小满后播种，提高产量。

4. 品种名称：坝选 3 号

育成单位：河北省张家口市农业科学院

亲本来源：德国 1 号

选育方法：系统选育

审（认）定时间：2016 年通过国家胡麻品种鉴定委员会鉴定

特征特性：生育期 95～100 d。平均株高 56.7～65.7 cm，工艺长度 38.4～46.3 cm，分枝数 3.6～6.9 个，单株蒴果数 12.7～36.6 个，千粒重 6.41～6.57 g。花蓝色，种皮褐色。粗脂肪含量 42.0%～44.3%，亚麻酸含量 55.0% 以上。抗逆性强，高抗枯萎病。亩产 127.6～194.3 kg。

栽培要点：5 月中旬播种，亩播量 3.0～4.0 kg。

适宜种植范围：适宜在河北张家口坝上地区和承德丰宁、围场及山西、内蒙古、甘肃等邻近地区种植。

五、黑龙江选育的亚麻种质

1. 品种名称：黑亚 21 号

登记编号：GPD 亚麻（胡麻）（2020）230019

育种单位：黑龙江省农业科学院经济作物研究所

品种来源：96001×Argos

特征特性：纤维用常规种。在适应区生育日数 75 d 左右，需≥10 ℃活动积温 1 500 ℃左右。性喜冷凉，平均株高 90.2 cm，工艺长度 79.3 cm，分枝数 4～6 个，单株蒴果数 6～8 个。苗期生长健壮，直根系，叶片深绿色，花期集中，花蓝色。抗旱、抗倒伏性强，较耐盐碱，高抗枯萎病，高抗立枯病。全麻率 31.0%，纤维强度 250.2 N。第一生长周期原茎亩产 338.8 kg，比对照黑亚 11 号增产

10.4%；第二生长周期亩产 375.32 kg，比对照黑亚 11 号增产 16.9%。

栽培技术要点：前茬以杂草基数少、土壤肥沃的大豆、玉米、小麦茬为益。在黑龙江，播期为 4 月 25 日至 5 月 15 日，每亩播种量为 7.0～7.5 kg，行距 15 cm 或 7.5 cm 条播。每亩施用磷酸二铵 7 kg、硫酸钾 3.5 kg 或每亩施三元复合肥 12～13 kg，播前深施，施肥深度 5～8 cm。苗高 5～10 cm 时除草。工艺成熟期及时收获。

适宜种植区域及季节：适宜在黑龙江各地春季种植。

注意事项：中熟品种，抗病、抗倒伏能力强。苗高 5～10 cm 时应及时除草，工艺成熟期及时收获。测土施肥，在有机质含量≥5%的条件下可不施氮肥。

2. 品种名称：黑亚 22 号

登记编号：GPD 亚麻（胡麻）（2019）230009

育种单位：黑龙江省农业科学院经济作物研究所

品种来源：96034×Hernes

特征特性：纤维用常规种。性喜冷凉，平均株高 91.2 cm，工艺长度 73.7 cm，苗期生长健壮，直根系，叶片深绿色，花期集中，花蓝色，种皮褐色，千粒重 4.1 g。全麻率为 30.1%，纤维强度为 255 N。高抗枯萎病、立枯病，抗倒伏性强，抗旱，较耐盐碱。第一生长周期原茎亩产 337.1 kg，比对照黑亚 11 号增产 9.6%；第二生长周期亩产 409.9 kg，比对照黑亚 11 号增产 11%。

栽培技术要点：前茬以杂草基数少、土壤肥沃的大豆、玉米、小麦茬为益。在黑龙江，播期为 4 月 25 日至 5 月 15 日，每公顷播种量为 105～110 kg，15 cm 或 7.5 cm 条播。每公顷施用磷酸二铵 100 kg、硫酸钾 50 kg 或每公顷施三元复合肥 180～200 kg，播前深施，施肥深度 5～8 cm。苗高 5～10 cm 时，除草。工艺成熟期及时收获。

适宜种植区域及季节：适宜在黑龙江哈尔滨、大庆、绥化、齐齐哈尔、牡丹江、黑河地区春季种植。

注意事项：测土施肥，在有机质含量≥5%的条件下可不施氮肥。工艺成熟期及时收获。

3. 品种名称：黑亚 23 号

登记编号：GPD 亚麻（胡麻）（2019）230010

育种单位：黑龙江省农业科学院经济作物研究所

品种来源：黑亚 12 号×Ilona

特征特性：纤维用常规种。性喜冷凉，平均株高 85.5 cm，工艺长度 69.0 cm，苗期生长健壮，直根系，叶片深绿色，花期集中，花蓝色，种皮褐色，千粒重 4.6 g。该品种抗逆性强，适应性广，抗旱、抗倒伏性强，抗枯萎病、立枯病，较耐盐碱。第一生长周期原茎亩产 374 kg，比对照黑亚 16 号增产 13.3%；第二生长周期亩产 409 kg，比对照黑亚 16 号增产 17.5%。

栽培技术要点：前茬以杂草基数少、土壤肥沃的大豆、玉米、小麦茬为益。在黑龙江，播期为 4 月 25 日至 5 月 15 日，每公顷播种量为 105～110 kg，15 cm 或 7.5 cm 条播。每公顷施用磷酸二铵 100 kg、硫酸钾 50 kg 或每公顷施三元复合肥 180～200 kg，播前深施，施肥深度 5～8 cm。苗高 5～10 cm 时除草。工艺成熟期及时收获。

适宜种植区域及季节：适宜在黑龙江哈尔滨、大庆、绥化、齐齐哈尔、牡丹江、黑河地区春季种植。

注意事项：测土施肥，在有机质含量≥5%的条件下可不施氮肥。工艺成熟期及时收获。

4. 品种名称：黑亚 24 号

登记编号：GPD 亚麻（胡麻）（2018）230020

育种单位：黑龙江省农业科学院经济作物研究所

品种来源：Argos×88016－18

特征特性：纤维用常规种。在适应区，生育日数 75 d 左右，需≥10 ℃活动积温 1 500 ℃左右。性喜冷凉，平均株高 83.2 cm，工艺长度 71.7 cm，分枝数 3～5 个，单株蒴果数 6～8 个，苗期生长健壮，直根系，叶片深绿色，花期集中，花蓝色，种皮褐色，千粒重 4.2 g。全麻率 30.9%，纤维强度 263 N。高抗枯萎病、立枯病，抗旱、抗倒伏性强，较耐盐碱。第一生长周期原茎亩产 406.4 kg，比对照黑亚 16 号增产 14.1%；第二生长周期亩产 358.5 kg，比对照黑亚 16 号增产 15.8%。

栽培技术要点：前茬以杂草基数少、土壤肥沃的大豆、玉米、小麦茬为益。在黑龙江，播期为 4 月 25 日至 5 月 15 日，每亩播种量为 7～7.5 kg，15 cm 或 7.5 cm 条播。每亩施用磷酸二铵 6.5 kg、硫酸钾 3.5 kg 或每亩施三元复合肥 12～13 kg，播前深施，施肥深度 5～8 cm。苗高 5～10 cm 时除草。工艺成熟期及时收获。

适宜种植区域及季节：适宜在黑龙江各地区春季种植。

注意事项：测土施肥，在有机质含量≥5%的条件下可不施氮肥。快速生长期需雨水充足，可适当喷灌。工艺成熟期及时收获。

5. 品种名称：华亚 1 号

登记编号：GPD 亚麻（胡麻）（2020）230022

育种单位：黑龙江省农业科学院经济作物研究所、中国农业科学院麻类研究所

品种来源：AGTHAR×D95029-7-3

特征特性：纤维用常规种。中早熟型品种，在黑龙江种植的生育日数为 72 d，平均株高 87 cm，工艺长度 67 cm，分枝数 4～5 个，单株蒴果数 7～10 个，花蓝色，茎绿色，叶披针型，叶片相对细长，种皮棕褐色，千粒重 4.6 g，在安徽种植的生育日数为 93 d，平均株高 112.5 cm，工艺长度 80.1 cm，分枝数 5～6 个，单株蒴果数 16～18 个，茎秆直立，有弹性，抗倒伏能力强。全麻率 32.0%，纤维强度 196 N。高抗枯萎病、立枯病，抗倒伏性强。第一生长周期原茎亩产 555.6 kg，比对照黑亚 14 号增产 7.76%；第二生长周期亩产 450.7 kg，比对照黑亚 14 号增产 7.00%。

栽培技术要点：适时播种，北方 4 月下旬至 5 月上旬均可播种。根据耕作制度，采种田应尽量适当早播，采麻田可适当晚播，利于提高原茎产量，但易发生倒伏。播深 2.0～3.0 cm。在安徽六安地区，可以春播，播种时间在 3 月上旬至 4 月上旬。合理密植，生产田播种密度为每平方米有效播种粒数 2 000 粒，繁种田播种密度为每平方米有效播种粒数 1 500 粒。科学施肥，对肥料要求不高，每亩施肥 45～50 kg。合理轮作，亚麻不宜连作，应轮作，前茬为玉米、大豆、马铃薯皆可。

适宜种植区域及季节：适宜在东北亚麻生态区黑龙江哈尔滨、绥化、齐齐哈尔、牡丹江、黑河地区春季种植。

注意事项：该品种不抗旱，遇干旱株高下降，原茎产量存在下降风险，在干旱年份采取晚播、深播等防范措施。

6. 品种名称：华亚 2 号

登记编号：GPD 亚麻（胡麻）（2020）230021

育种单位：黑龙江省农业科学院经济作物研究所、中国农业科学院麻类研究所

品种来源：D95029-8-3-7×98018-10-22

特征特性：油纤兼用常规种。中早熟型品种，生育期 76 d。在黑龙江，平均株高 79 cm，工艺长度 76 cm，分枝数 4～5 个，单株蒴果数 8～9 个，花蓝色，茎绿色，叶披针型，叶片相对细长，种皮褐色，千粒重 4.7 g，种子具多胚性。生长速度快，纤维品质优良，综合性状较全面。含油率 36.03%。高抗枯萎病、炭疽病，高抗倒伏，耐旱、耐涝性强。第一生长周期原茎亩产 488.9 kg，比对照黑亚 14 号增产 13.2%；第二生长周期亩产 538.9 kg，比对照黑亚 14 号增产 13.0%。

栽培技术要点：北方 4 月下旬至 5 月上旬均可播种。根据耕作制度，采种田应尽量适当早播，采麻田可适当晚播，利于提高原茎产量，但易发生倒伏。播深 2.0～3.0 cm。在安徽六安地区，可以春

播，播种时间在 3 月上旬至 4 月上旬。生产田播种密度为每平方米有效播种粒数 2 000 粒，繁种田播种密度为每平方米有效播种粒数 1 500 粒。每亩施肥 35～45 kg。与玉米、大豆、马铃薯轮作。

适宜种植区域及季节：适宜在东北亚麻生态区黑龙江哈尔滨地区春季种植。

注意事项：该品种耐盐碱能力差，不耐密植，在盐碱地种植或种植密度过大有减产风险。应适当稀植，在 pH≤8.0、盐度≤0.2 mg/kg 的地块种植。

7. 品种名称：华亚 3 号

登记编号：GPD 亚麻（胡麻）（2020）230023

育种单位：黑龙江省农业科学院经济作物研究所、中国农业科学院麻类研究所

品种来源：Pekinense（波兰）变异单株系选

特征特性：油纤兼用常规种，早熟型品种，生育期 70 d。花紫红色，茎深绿色，叶披针型，叶片相对细长。在黑龙江种，平均株高 70 cm，工艺长度 50 cm，分枝数 6～7 个，单株蒴果数 9～10 个，种皮黄色，千粒重 5.85 g。生长速度快，纤维品质优良，种子高产，籽粒的粗脂肪含量高于一般纤维用品种，属兼用型品种。含油率 37.72%，全麻率 30.7%，纤维强度 176.4 N。高抗枯萎病、立枯病，抗倒伏性强，耐旱、耐涝性强。第一生长周期籽粒亩产 106.9 kg，比对照黑亚 14 号增产 34.8%；第二生长周期亩产 117.8 kg，比对照黑亚 14 号增产 39.9%。

栽培技术要点：北方 4 月下旬至 5 月上旬均可播种。根据耕作制度，采种田应尽量适当早播，采麻田可适当晚播，利于提高原茎产量。播深 2.0～3.0 cm。北方春播田，每平方米保苗 1 600～1 800 株；南方繁种田，每平方米保苗 1 200～1 500 株。华亚 3 号抗倒伏性强，对氮肥要求不严，每亩可施氮肥 7～10 kg、磷肥 15 kg、钾肥 10 kg。磷、钾肥可作基肥一次施用。亚麻不宜长期连作，应轮作，前茬为玉米、大豆、马铃薯皆可。

适宜种植区域及季节：适宜在东北亚麻生态区黑龙江哈尔滨地区春季种植和南方亚麻产区云南大理宾川地区冬季种植和安徽六安地区春季种植。

注意事项：种植密度不宜过大，不宜连作。密度过大会造成种子产量下降，连作易感病。采麻田可适当密植，增施氮肥；采种田应适当稀植，增施磷、钾肥。

8. 品种名称：华亚 4 号

登记编号：GPD 亚麻（胡麻）（2019）230004

育种单位：黑龙江省农业科学院经济作物研究所、中国农业科学院麻类研究所

品种来源：荷兰亚麻资源 NEW 变异单株系选

特征特性：中早熟型纤维用常规种，在黑龙江，生育期 77 d。花蓝色，茎浅绿色，叶披针形，叶片相对细长，平均株高 76.9 cm，工艺长度 66.1 cm，分枝数 3 个，单株蒴果数 4～6 个，种皮褐色，千粒重 4.5 g，茎秆干茎制成率 84.3%，全麻率 34.1%。食用油用含油率 33.17%。高抗枯萎病，高抗倒伏，耐低钾。第一生长周期原茎亩产 520.0 kg，比对照 Diane 增产 21.9%；第二生长周期亩产 349.6 kg，比对照黑亚 16 号增产 0.2%。

栽培技术要点：北方 4 月下旬至 5 月上旬均可播种。采种田应尽量适当早播，采麻田可适当晚播，利于提高原茎产量。播深 2.0～3.0 cm。在安徽六安地区，可以春季种植，播种时间为 3 月上旬。在云南大理地区，冬季种植，播种时间为 9 月下旬至 10 月上旬。北方春播田，每平方米保苗 1 600～1 800 株；南方繁种田，每平方米保苗 1 200～1 500 株。华亚 4 号抗倒伏性强，对氮肥要求不严，耐低钾，每亩可施氮肥 7～10 kg、磷肥 15 kg、钾肥 7 kg。亚麻不宜长期连作，应轮作，前茬为玉米、大豆、马铃薯皆可。

适宜种植区域及季节：适宜在黑龙江哈尔滨、绥化、齐齐哈尔、牡丹江、黑河地区春季种植和云南大理宾川冬季种植。

注意事项：抗旱能力差，遇干旱株高下降，原茎产量存在下降风险。在干旱年份，晚播、深播。

9. 品种名称：华亚 5 号

登记编号：GPD 亚麻（胡麻）（2019）230012

育种单位：黑龙江省农业科学院经济作物研究所、中国农业科学院麻类研究所、大理白族自治州农业科学推广研究院经济作物研究所

品种来源：D95029×95015－20

特征特性：纤维用常规种。中早熟品种，在黑龙江种植，生育期为 77 d，平均株高 81.7 cm，工艺长度 49.2 cm，分枝数 3～4 个，单株蒴果数 4～5 个，花浅蓝，茎绿色，叶披针形，种皮褐色，千粒重 4.5 g。在安徽种植，生育期为 89 d，平均株高 105.2 cm，工艺长度 70.9 cm，茎粗 2.636 cm。食用油用含油率 34.27%。高抗枯萎病，抗倒伏性强。第一生长周期原茎亩产 460.0 kg，比对照 Diane 增产 7.8%；第二生长周期亩产 394.8 kg，比对照黑亚 16 号增产 13.2%。

栽培技术要点：北方 4 月下旬至 5 月上旬均可播种。根据耕作制度，采种田应尽量适当早播，采麻田可适当晚播，利于提高原茎产量。播深 2.0～3.0 cm。北方春播田，每平方米保苗 1 700～1 800 株；南方繁种田，每平方米保苗 1 200～1 500 株。华亚 5 号抗倒伏性强，对氮肥要求不严，每亩施肥 30～35 kg。亚麻不宜长期连作，应轮作，前茬为玉米、大豆、马铃薯皆可。

适宜种植区域及季节：适宜在黑龙江哈尔滨、绥化、齐齐哈尔、牡丹江、黑河地区春季种植和云南大理宾川冬季种植。

注意事项：生长速度快，高抗枯萎病，抗倒伏、抗旱、耐涝性强，综合性状较全面。耐密性差，生产上建议适当降低播种量。

10. 品种名称：华亚 6 号

登记编号：GPD 亚麻（胡麻）（2019）230011

育种单位：黑龙江省农业科学院经济作物研究所、中国农业科学院麻类研究所、大理白族自治州农业科学推广研究院经济作物研究所

品种来源：Pekinense（波兰亚麻资源）变异单株系选

特征特性：油纤兼用常规种。中早熟型品种，在黑龙江种植，生育期为 79 d，花粉红色，茎浅绿色，叶披针形，相对较宽，平均株高 77.1 cm，工艺长度 66.4 cm，分枝数 4～5 个，单株蒴果数 5～8 个，种皮黄色，喙端褐色，千粒重 5.25 g。高抗枯萎病，抗旱性、抗盐碱性强。第一生长周期籽粒亩产 90.0 kg，比对照黑亚 14 号增产 13.5%；第二生长周期亩产 62.6 kg，比对照黑亚 16 号增产 18.6%。

栽培技术要点：北方 4 月下旬至 5 月上旬均可播种。采种田应尽量适当早播，采麻田可适当晚播，利于提高原茎产量。播深 2.0～3.0 cm。北方春播田，每平方米保苗 1 500～1 700 株；南方繁种田，每平方米保苗 1 200～1 500 株。华亚 6 号对氮肥要求不严，每亩可施尿素 7 kg、磷肥 15 kg、钾肥 7 kg，磷、钾肥可作基肥一次施入。

适宜种植区域及季节：适宜在黑龙江哈尔滨、绥化、牡丹江、黑河地区春季种植和云南大理地区冬季种植。

注意事项：该品种抗倒伏性较差，若肥水丰富或播种过密，易倒伏，造成种子、原茎产量下降风险，应适当稀播和减少氮肥施入量。

11. 品种名称：金亚 1 号

登记编号：GPD 亚麻（胡麻）（2022）230010

育种单位：黑龙江康源种业有限公司

品种来源：AGATHA×黑亚 14 号

特征特性：纤维用常规种。生育期为 80 d。始花期中，花冠中等蓝色，花中等大小，花药蓝色，花丝浅蓝色，花柱蓝色，花瓣相对位置重叠，萼片斑点数量少；蒴果无隔膜纤毛，种皮褐色。平均株

高 91.73 cm，工艺长度 74.78 cm，单株分枝数 2.98 个，单株分茎数 0 个，单株蒴果数 5.68 个，蒴果中，每果粒数 10 粒，单株粒重 0.26 g，千粒重 4.5 g。纤维用型的全麻率为 30.56%，纤维强度 257.00 N。中抗枯萎病，枯死率 9.68%。第一生长周期原茎亩产 363.83 kg，比对照黑亚 16 号增产 7.73%；第二生长周期亩产 407.24 kg，比对照黑亚 16 号增产 9.30%。

栽培技术要点：前茬以杂草基数少、土壤肥沃的大豆、玉米、小麦茬为好。播期为 4 月 20 日至 5 月 1 日。选择伏翻地或秋整地，播前深施基肥，施肥深度 5～8 cm，7.5 cm 或 15 cm 条播，播后及时镇压，每亩播种量为 6 kg，每亩保苗 93 万～120 万株。每亩施用磷酸二铵 16.67 kg、硫酸钾 6.67 kg。苗高 10 cm 前除草，工艺成熟期及时收获。

适宜种植区域及季节：适宜在黑龙江春季种植。

注意事项：注意防止前作中的除草剂对亚麻造成危害。

12. 品种名称：科合亚麻 1 号

登记编号：GPD 亚麻（胡麻）（2018）230025

育种单位：黑龙江省农业科学院对俄农业技术合作中心

品种来源：JI281×Ariane

特征特性：纤维用常规种，性喜冷凉，平均株高 85.2 cm，工艺长度 74.7 cm，苗期生长健壮，直根系，叶片深绿色，花期集中，花蓝色，种皮褐色，千粒重 4.5 g。在黑龙江，生育日数为 71 d 左右。全麻率 31.4%，纤维强度 26.1 N。抗枯萎病、炭疽病，抗旱、抗倒伏性强。第一生长周期原茎亩产 368.5 kg，比对照黑亚 16 号增产 11.2%；第二生长周期亩产 381.7 kg，比对照黑亚 16 号增产 12.6%。

栽培技术要点：该品种抗逆性强，适应性广，适宜在各种类型土壤上种植。前茬以杂草基数少、土壤肥沃的大豆、玉米、小麦茬为好。在黑龙江，播期为 4 月 25 日至 5 月 5 日，每亩播种量为 7～7.5 kg，15 cm 或 7.5 cm 条播。每亩施用磷酸二铵 6.5 kg、硫酸钾 3.5 kg 或每亩施三元复合肥 12～13.5 kg，播前深施，施肥深度 5～8 cm。苗高 5～10 cm 时除草。工艺成熟期及时收获。

适宜种植区域及季节：适宜在黑龙江各地区春季种植。

注意事项：高纤，抗旱，抗枯萎病、炭疽病，抗倒伏能力强。肥料不宜施过多，防止贪青倒伏。

13. 品种名称：科合亚麻 2 号

登记编号：GPD 亚麻（胡麻）（2018）230026

育种单位：黑龙江省农业科学院对俄农业技术合作中心

品种来源：COL157×Argos

特征特性：纤维用常规种，性喜冷凉，平均株高 87.5 cm，工艺长度 76.3 cm，苗期生长健壮，直根系，叶片深绿色，花期集中，花蓝色，种皮褐色，千粒重 4.6 g。在黑龙江，生育日数为 72 d 左右。全麻率 31.5%，纤维强度 26.2 N。抗枯萎病、顶萎病，抗旱、抗倒伏性强。第一生长周期原茎亩产 375.6 kg，比对照黑亚 16 号增产 12.3%；第二生长周期亩产 390.2 kg，比对照黑亚 16 号增产 11.6%。

栽培技术要点：该品种抗逆性强，适应性广，适宜在各种类型土壤上种植。前茬以杂草基数少、土壤肥沃的大豆、玉米、小麦茬为好。在黑龙江，播期为 4 月 25 日至 5 月 5 日，每亩播种量为 7～7.5 kg，15 cm 或 7.5 cm 条播。每亩施用磷酸二铵 6.5 kg、硫酸钾 3.5 kg 或每亩施三元复合肥 12～13.5 kg，播前深施，施肥深度 5～8 cm。苗高 5～10 cm 时除草。工艺成熟期及时收获。

适宜种植区域及季节：适宜在黑龙江各地区春季种植。

注意事项：高纤，抗旱，抗枯萎病、顶萎病，抗倒伏能力强；肥料不宜施过多，防止贪青倒伏。

14. 品种名称：科合纤亚 3 号

登记编号：GPD 亚麻（胡麻）（2019）230001

育种单位：黑龙江省农业科学院对俄农业技术合作中心

品种来源：COL166×K-3692

特征特性：中熟纤维用常规种，在黑龙江，生育期为 73 d 左右。苗期生长健壮，直根系，茎细长且呈圆柱形、绿色，茎秆直立有弹性，叶片绿色，花中等蓝色，花序短而集中，株型紧凑，种皮褐色。平均株高 98.6 cm，工艺长度 85.3 cm，分枝数 3～5 个，单株蒴果数 4～7 个，千粒重 4.6 g。全麻率 29.8%，纤维强度 255 N。抗枯萎病、立枯病。第一生长周期原茎亩产 393.3 kg，比对照黑亚16 号增产 11.9%；第二生长周期亩产 407.9 kg，比对照黑亚 16 号增产 12.6%。

栽培技术要点：适宜地势平坦的平川地、排水良好的二洼地，前茬以杂草基数少、土壤肥沃的大豆、玉米、小麦茬为好。在黑龙江，播期为 4 月 20 日至 5 月 10 日，每亩播种量为 6.5～7 kg，15 cm 或 7.5 cm 条播。每亩施用磷酸二铵 6.5 kg、硫酸钾 3.5 kg 或每亩施三元复合肥 12～13.5 kg，播前深施，施肥深度 5～8 cm。苗高 5～10 cm 时除草，发现虫害时及时防虫。工艺成熟期及时收获。应实行 5 年以上轮作，严禁重茬、迎茬。

适宜种植区域及季节：适宜在黑龙江第一至第六积温带春季种植。

注意事项：肥料不宜施过多，防止贪青倒伏。

15. 品种名称：科合纤亚 4 号

登记编号：GPD 亚麻（胡麻）（2019）230003

育种单位：黑龙江省农业科学院对俄农业技术合作中心

品种来源：COL72×9801-1

特征特性：中熟纤维用常规种，在黑龙江，生育期为 76 d 左右。苗期生长健壮，直根系；茎细长且呈圆柱形、绿色，表面光滑，覆有蜡被，成熟后变黄，茎秆直立有弹性；叶片绿色、全缘，无叶柄和托叶；花中等蓝色，花序短而集中；株型紧凑；种皮褐色。平均株高 108.5 cm，工艺长度 94.3 cm，分枝数 3～4 个，单株蒴果数 5～8 个，千粒重 4.7 g。全麻率 30.6%，纤维强度 256 N。抗枯萎病，高抗白粉病。第一生长周期原茎亩产 409 kg，比对照黑亚 16 号增产 16.5%；第二生长周期亩产 426 kg，比对照黑亚 16 号增产 17.7%。

栽培技术要点：适宜地势平坦的平川地、排水良好的二洼地，前茬以杂草基数少、土壤肥沃的大豆、玉米、小麦茬为好。在黑龙江，播期为 4 月 20 日至 5 月 10 日，每亩播种量为 7～7.5 kg，15 cm 或 7.5 cm 条播。每亩施用磷酸二铵 6.5 kg、硫酸钾 3.5 kg 或每亩施三元复合肥 12～13.5 kg，播前深施，施肥深度 5～8 cm。苗高 5～10 cm 时除草，发现虫害时及时防虫。工艺成熟期及时收获。应实行 5 年以上轮作，严禁重茬、迎茬。

适宜种植区域及季节：适宜在黑龙江第一至第六积温带春季种植。

注意事项：肥料不宜施过多，防止贪青倒伏。

16. 品种名称：科合纤亚 5 号

登记编号：GPD 亚麻（胡麻）（2019）230002

育种单位：黑龙江省农业科学院对俄农业技术合作中心

品种来源：K-4986×COL195

特征特性：中熟纤维用常规种，在黑龙江，生育期为 75 d 左右。苗期生长健壮，直根系；茎细长且呈圆柱形、绿色，表面光滑，覆有蜡被，成熟后变黄，茎秆直立有弹性；叶片绿色、全缘，无叶柄和托叶；花浅蓝色，花序短而集中；株型紧凑；种皮褐色。平均株高 102.2 cm，工艺长度 86.5 cm，分枝数 3～5 个，单株蒴果数 6～12 个，千粒重 5.2 g。全麻率 30.2%，纤维强度 258 N。抗枯萎病，抗炭疽病。第一生长周期原茎亩产 395.8 kg，比对照亚麻 16 号增产 12.6%；第二生长周期亩产 403.5 kg，比对照亚麻 16 号增产 11.4%。

栽培技术要点：适宜地势平坦的平川地、排水良好的二洼地，前茬以杂草基数少、土壤肥沃的大豆、玉米、小麦茬为好。在黑龙江，播期为 4 月 20 日至 5 月 10 日，每亩播种量为 7～7.5 kg，15 cm 或 7.5 cm 条播。每亩施用磷酸二铵 6.5 kg、硫酸钾 3.5 kg 或每亩施三元复合肥 12～13.5 kg，播前深施，施肥深度 5～8 cm。苗高 5～10 cm 时除草，发现虫害时及时防虫。工艺成熟期及时收获。应实行 5 年以上轮作，严禁重茬、迎茬。

适宜种植区域及季节：适宜在黑龙江第一至第六积温带春季种植。

注意事项：肥料不宜施过多，防止贪青倒伏。

17. 品种名称：科合油亚 6 号

登记编号：GPD 亚麻（胡麻）（2019）230007

育种单位：黑龙江省农业科学院对俄农业技术合作中心

品种来源：晋亚 7 号×K - 8711

特征特性：食、油兼用型中熟常规种。在黑龙江，生育期为 77 d 左右。苗期生长健壮，直根系；茎秆绿色、直立有弹性；叶片绿色、全缘；花中等蓝色。平均株高 64.2 cm，工艺长度 39.5 cm，主茎分枝数 5～8 个，单株蒴果数 10～18 个，千粒重 8.2 g。食用油用含油率 40.83%，工业油用含油率 40.83%。抗枯萎病、炭疽病、白粉病，抗倒伏、抗旱性强。第一生长周期籽粒亩产 97.5 kg，比对照克 420 增产 15.2%；第二生长周期亩产 94.8 kg，比对照克 420 增产 14.6%。

栽培技术要点：适宜地势平坦的平川地、排水良好的二洼地，前茬以杂草基数少、土壤肥沃的大豆、玉米、小麦茬为好。在黑龙江，播期为 4 月 20 日至 5 月 10 日，15 cm 或 20 cm 条播，播种量为每平方米有效播种粒数 850 粒。每亩施用磷酸二铵 6.5 kg、硫酸钾 3.5 kg 或每亩施三元复合肥 12～13.5 kg，播前深施，施肥深度 5～8 cm。苗高 5～10 cm 时除草，发现虫害时及时防虫。工艺成熟期及时收获。应实行 5 年以上轮作，严禁重茬、迎茬。

适宜种植区域及季节：适宜在黑龙江第一至第六积温带春季种植。

注意事项：由于该品种分枝数较多，不易密植，播种量应控制在每平方米有效播种粒数 850 粒左右，而且应该注意前作中除草剂的影响。肥料不宜施过多，防止贪青倒伏。

18. 品种名称：科合油亚 7 号

登记编号：GPD 亚麻（胡麻）（2019）230008

育种单位：黑龙江省农业科学院对俄农业技术合作中心

品种来源：宁亚 14 号×K - 8712

特征特性：食、油兼用型早熟常规种，在黑龙江，生育期为 70 d 左右。苗期生长健壮，直根系；茎秆绿色、直立有弹性；叶片绿色、全缘；花色为浅蓝色。平均株高 72.6 cm，工艺长度 43.8 cm，主茎分枝数 6～10 个，单株蒴果数 12～20 个。食用油用含油率 41.26%。抗枯萎病、炭疽病、白粉病，抗倒伏、抗旱性强。第一生长周期籽粒亩产 95.4 kg，比对照克 420 增产 15.4%；第二生长周期亩产 109.2 kg，比对照克 420 增产 16.7%。

栽培技术要点：适宜地势平坦的平川地、排水良好的二洼地，前茬以杂草基数少、土壤肥沃的大豆、玉米、小麦茬为好。根据当地的气候条件来安排播种时间，气温稳定达到 7～8 ℃时即可播种，在黑龙江，播期为 4 月 20 日至 5 月 10 日，15 cm 或 20 cm 条播，播种量为每平方米有效播种粒数 850 粒，采种田应尽量适当早播，采麻田可适当晚播，利于提高原茎产量。每亩施用磷酸二铵 6.5 kg、硫酸钾 3.5 kg 或每亩施三元复合肥 12～13.5 kg，播前深施，施肥深度 5～8 cm。苗高 5～10 cm 时除草，发现虫害时及时防虫。工艺成熟期及时收获。应实行 5 年以上轮作，严禁重茬、迎茬。选择伏翻地或秋整地，基肥随秋整地施入土壤中。

适宜种植区域及季节：适宜在黑龙江第一至第六积温带春季种植。

注意事项：由于该品种分枝数较多，不易密植，播种量应控制在每平方米有效播种粒数 850 粒左右，而且应该注意前作中除草剂的影响。肥料不宜施过多，防止贪青倒伏。

19. 品种名称：龙油麻 1 号

登记编号：GPD 亚麻（胡麻）（2019）230027

育种单位：黑龙江省农业科学院经济作物研究所

品种来源：陇亚 10 号×陇亚 9 号

特征特性：食用油用、工业油用常规种。在适应区的生育日数为 80 d，需≥10 ℃活动积温 1 600 ℃左右。平均株高 61.6～64.9 cm，主茎分枝数 5～8 个，单株蒴果数 10～15 个，千粒重 6.0～6.9 g。株型松散，籽粒种皮褐色，花蓝色，生长整齐，成熟一致，抗立枯病、枯萎病、抗倒伏、抗旱性强，耐盐碱性较强，丰产稳产。含油率 43.43％。第一生长周期籽粒亩产 93.9 kg，比对照克 420 增产 13.7％；第二生长周期亩产 92.7 kg，比对照克 420 增产 13.4％。

栽培技术要点：根据当地的气候条件来安排播种时间，气温稳定达到 7～8 ℃时即可播种，一般在 4 月 25 日至 5 月 10 日，及时播种，15 cm 或 20 cm 条播，播种量为每平方米有效播种粒数 850 粒。前茬以杂草基数少、土壤肥沃的大豆、玉米、小麦茬为好，每亩施用磷酸二铵 10 kg、硫酸钾 6.7 kg。苗高 10 cm 前除草。成熟期及时收获，防止因后期遇雨而倒伏减产。选择伏翻地或秋整地，基肥播前深施，施肥深度 5～8 cm，播后及时镇压。

适宜种植区域及季节：适宜在黑龙江第一、第二积温带春季播种。

注意事项：该品种分枝数较多，不易密植，播种量应控制在每平方米有效播种粒数 850 粒左右，而且应该注意前作中除草剂的影响。

六、中国农业科学院麻类研究所选育的亚麻种质

1. 品种名称：华星 1 号

登记编号：GPD 亚麻（胡麻）（2022）430004

育种单位：中国农业科学院麻类研究所

品种来源：Diane×G070 系统选育

特征特性：纤维用常规种。生育期 91 d。始花期中，花冠紫红色，花中等大小，花药蓝色，花丝浅蓝色，花柱蓝色，花瓣相对位置分离，萼片斑点数量少；蒴果无隔膜纤毛，种皮褐色。平均株高 82.50 cm，工艺长度 71.60 cm，单株分枝数 3 个，单株分茎数 1 个，单株蒴果数 5 个，蒴果中等大小，每果粒数 9 粒，单株粒重 0.25 g，千粒重 5.00 g。纤维用全麻率 31.3％，纤维强度 282.6 N。中抗枯萎病，高抗立枯病，耐盐碱性较好。第一生长周期原茎亩产 339.20 kg，比对照中亚麻 2 号增产 12.50％；第二生长周期亩产 323.40 kg，比对照中亚麻 2 号增产 12.00％。

栽培技术要点：在黑龙江亚麻产区，一般在 4 月 10 日至 5 月 10 日播种，选择地势平坦、排水良好的田地，肥力喜中等偏上，不宜在排水不良的低洼地种植。不宜连作，应轮作，前茬可选玉米、大豆、小麦等。平作条播，播种行距为 15 cm，覆土深度为 1～3 cm，每亩播种量为 8 kg。每亩施磷酸二铵 10～15 kg、磷酸二氢钾 5～10 kg，根据土壤肥力具体情况适当施用。苗高 5～10 cm 时，进行人工或化学药剂除草。工艺成熟期适时收获。

适宜种植区域及季节：适宜在黑龙江哈尔滨、齐齐哈尔、黑河、绥化种植。

注意事项：不宜在南方雨水多的地区种植。

2. 品种名称：华星 2 号

登记编号：GPD 亚麻（胡麻）（2022）430005

育种单位：中国农业科学院麻类研究所

品种来源：双亚 5 号×中亚麻 1 号

特征特性：纤维用常规种。生育期 89 d。始花期中，花冠粉色，花小，花药粉红色，花丝浅蓝

色，花柱蓝色，花瓣相对位置重叠，萼片斑点数量少；蒴果无隔膜纤毛，种皮褐色。平均株高84.50 cm，工艺长度72.90 cm，单株分枝数3个，单株分茎数1个，单株蒴果数4个，蒴果中等大小，每果粒数10粒，单株粒重0.25 g，千粒重4.60 g。纤维用全麻率31.30％，纤维强度286.80 N。中抗枯萎病，抗白粉病，正常播种情况下抗倒伏性较好。第一生长周期原茎亩产342.20 kg，比对照中亚麻2号增产13.50％；第二生长周期亩产328.80 kg，比对照中亚麻2号增产13.90％。

栽培技术要点：在黑龙江亚麻产区，一般在4月10日至5月10日播种，选择地势平坦、排水良好的田地，肥力喜中等偏上，不宜在排水不良的低洼地种植。不宜连作，应轮作，前茬可选玉米、大豆、小麦等。平作条播，播种行距为15 cm，覆土深度为1～3 cm，每亩播种量为8 kg。每亩施磷酸二铵10～15 kg、磷酸二氢钾5～10 kg，根据土壤具体肥力情况适当施用。苗高5～10 cm时，进行人工或化学药剂除草。工艺成熟期适时收获。

适宜种植区域及季节：适宜在黑龙江哈尔滨、齐齐哈尔、黑河、绥化种植。

注意事项：不宜晚播，晚播容易造成倒伏减产。

3. 品种名称：华星3号

登记编号：GPD亚麻（胡麻）（2022）430003

育种单位：中国农业科学院麻类研究所

品种来源：Agathe×黑亚11号系统选育

特征特性：纤维用常规种。生育期88 d。始花期中，花冠中等蓝色，花中等大小，花药蓝色，花丝浅蓝色，花柱蓝色，花瓣相对位置重叠，萼片斑点数量中；蒴果无隔膜纤毛，种皮褐色。平均株高82.40 cm，工艺长度70.80 cm，单株分枝数3个，单株分茎数1个，单株蒴果数4个，蒴果中等大小，每果粒数10粒，单株粒重0.24 g，千粒重5.1 g。纤维用全麻率31.80％，纤维强度280.70 N。中抗枯萎病，高抗立枯病，具有较好的耐盐碱性。第一生长周期原茎亩产338.80 kg，比对照中亚麻2号增产12.40％；第二生长周期亩产327.30 kg，比对照中亚麻2号增产13.40％。

栽培技术要点：在黑龙江亚麻产区，一般在4月10日至5月10日播种，选择地势平坦、排水良好的田地，肥力喜中等偏上，不宜在排水不良的低洼地种植。不宜连作，应轮作，前茬可选玉米、大豆、小麦等。平作条播，播种行距为15 cm，覆土深度为1～3 cm，每亩播种量为8 kg。每亩施磷酸二铵10～15 kg、磷酸二氢钾5～10 kg，根据土壤具体肥力情况适当施用。苗高5～10 cm时，进行人工或化学药剂除草。工艺成熟期适时收获。

适宜种植区域及季节：适宜在黑龙江哈尔滨、齐齐哈尔、黑河、绥化种植。

注意事项：不宜晚播，晚播容易造成倒伏减产。

4. 品种名称：中亚麻4号

登记编号：GPD亚麻（胡麻）（2019）430014

育种单位：中国农业科学院麻类研究所

品种来源：双亚5号诱变

特征特性：纤维用常规种。中晚熟品种，生育期68～70 d。平均株高85～105 cm，工艺长度75～90 cm；叶片绿色，互生，披针形，上举；分枝数3～4个，单株蒴果数5～6个，子房5室；种皮褐色，种尖黑色，千粒重4.9～5.0 g；聚伞形花序，花色淡粉。纤维用全麻率29.42％，纤维强度235 N。高抗枯萎病、立枯病、炭疽病，耐旱性中，耐寒性中。第一生长周期原茎亩产366.5 kg，比对照吉亚2号增产13.3％；第二生长周期亩产487.5 kg，比对照吉亚2号增产17.3％。

栽培技术要点：在吉林种植，一般在4月中下旬播种，选择地势平坦、排水良好的田地，肥力喜中等偏上，不宜选择沙土地和排水不良的低洼地。平作条播，播种行距为15 cm，播种深度为3 cm左右，每亩保苗80万～120万株，每亩播种量为8～9 kg。每亩施磷酸二铵10～15 kg作基肥，根据土壤肥力情况适当施用，东部地区适当少施，西部地区可适当增加。苗高5～10 cm时，进行化学药剂除草，每亩用精禾草克 100～120 mL 和苯达松 200～240 mL。亚麻的蒴果和茎秆均有 1/3 变黄时，到达工艺成熟期，适时收获。

适宜种植区域及季节：适宜在东北亚麻生态区吉林、黑龙江春季种植。

注意事项：由于植株高且非早熟品种，晚期如遇雨水较多容易倒伏，应少施氮肥防范倒伏风险，可于盛花期打顶一次增强抗倒伏能力。

5. 品种名称：中亚麻 5 号

登记编号：GPD 亚麻（胡麻）（2019）430015

育种单位：中国农业科学院麻类研究所

品种来源：Ленок×Diane

特征特性：纤维用常规种。中熟品种，生育期 70～72 d。平均株高 79.3 cm，工艺长度 66.4 cm；叶片绿色，互生，披针形，上举；聚伞形花序，分枝数 4～5 个，单株蒴果数 6～7 个，花冠蓝色；种皮褐色，千粒重 4.49 g。纤维用全麻率 31.6%，纤维强度 261 N。中抗枯萎病，耐寒性中，耐旱性中，抗倒伏能力强。第一生长周期原茎亩产 462.1 kg，比对照吉亚 2 号增产 11.2%；第二生长周期亩产 451.7 kg，比对照吉亚 2 号增产 13.3%。

栽培技术要点：在吉林种植，一般在 4 月中下旬播种，选择地势平坦、排水良好的田地，肥力喜中等偏上，不宜选择沙土地和排水不良的低洼地。平作条播，播种行距为 15 cm，播种深度为 3 cm 左右，每亩保苗 80 万～120 万株，每亩播种量为 7～8 kg。每亩施基肥磷酸二铵 10～15 kg，根据土壤具体肥力情况适当施用。苗高 5～10 cm 时，进行化学药剂除草，每亩用精禾草克 100～120 mL 和苯达松 200～240 mL。待亚麻茎秆和蒴果分别有 1/3 变黄时，达到工艺成熟期，适时收获。

适宜种植区域及季节：适宜在东北亚麻生态区吉林中东部地区春季种植。

注意事项：若快速生长期遇干旱易导致工艺长度不足，该时期应注意水分供应，避免因缺水而减产、影响产品质量。

七、山西选育的亚麻种质

1. 品种名称：晋亚 10 号

登记编号：GPD 亚麻（胡麻）（2020）140008

育种单位：山西省农业科学院高寒区作物研究所

品种来源：8918-1×NORLIN

特征特性：食用油用常规种。生育期 95～110 d，中熟品种。平均株高 50～65 cm，工艺长度 40～50cm，主茎分枝数 5 个以上，每果粒数 8 粒以上，千粒重 6 g 左右，籽粒红褐色，花蓝色。生长整齐，成熟一致，株型分散，丰产性状好。含油率 39.82%。中抗枯萎病，抗旱，中抗倒伏。第一生长周期籽粒亩产 105.7 kg，比对照晋亚 8 号增产 10.4%；第二生长周期亩产 110.4 kg，比对照晋亚 8 号增产 11.97%。

栽培技术要点：加强抗旱耕作措施，保墒蓄水，保证播种质量。平川地区适宜播期为 4 月中下旬，丘陵山区为 5 月上旬，亩播量 3.0～3.5 kg，一般旱地每亩保苗 15 万～25 万株，肥旱地或水地每亩保苗 25 万～40 万株。生育期间中耕 2 次，苗期浅锄，现蕾期深中耕。有条件的地方，可于现蕾期、花期浇水追肥，保证后期水肥需要。适时收获，防止倒伏减产。

适宜种植区域及季节：适宜在山西亚麻产区的旱薄地、水地上种植。

注意事项：前期生长较慢，易受杂草危害。加强苗期管理，及时中耕除草。

2. 品种名称：晋亚 12 号

登记编号：GPD 亚麻（胡麻）（2020）140009

育种单位：山西省农业科学院高寒区作物研究所

品种来源：晋亚 9 号×Flanders

特征特性：食用油用常规种。生育期 90～110 d，中熟品种。平均株高 55～65 cm，工艺长度 35～45 cm，主茎分枝数 4～5 个，单株蒴果数 15～30 个，每果粒数 7～9 粒，千粒重 6.8 g 左右。株型松散，籽粒褐色，花蓝色。生长整齐，成熟一致，丰产稳产。含油率 42.73％。中抗枯萎病，抗旱，中抗倒伏。第一生长周期籽粒亩产 121.62 kg，比对照陇亚 8 号增产 12.10％；第二生长周期亩产 123.80 kg，比对照陇亚 8 号增产 3.50％。

栽培技术要点：在播前施足农家肥的基础上，每亩增施硝酸磷 15 kg，作为底肥一次深施。平川地区适宜播期为 4 月中下旬，丘陵山区为 5 月上旬，亩播量 3～3.5 kg。生育期间中耕 2 次，苗期浅锄，现蕾期深中耕。苗高 7～10 cm、杂草 2～5 叶期，茎叶喷施除草剂进行防治。适时收获，防止后期遇雨返青减产。

适宜种植区域及季节：适宜在新疆、甘肃、山西、河北、内蒙古亚麻产区种植。

注意事项：生育后期遇雨较多容易倒伏。加强田间管理，后期应减少氮肥投入。

3. 品种名称：晋亚 14 号

登记编号：GPD 亚麻（胡麻）（2020）140010

育种单位：山西省农业科学院高寒区作物研究所

品种来源：9143×CAN200101

特征特性：食用油用常规种。生育期 95～110 d，中熟品种。平均株高 55～65 cm，工艺长度 40～45 cm，主茎分枝数 4 个以上，每果粒数 8～10 粒，千粒重 6.5 g 左右。株型半散，籽粒褐色，花蓝色。生长整齐，成熟一致。经农业农村部油料及制品质量监督检验测试中心检验，含油率 42.08％，亚麻酸含量 48.2％。中抗枯萎病，感白粉病，抗倒伏，抗旱性较强。第一生长周期籽粒亩产 125.21 kg，比对照陇亚 10 号增产 10.46％；第二生长周期亩产 121.88 kg，比对照陇亚 10 号增产 2.52％。

栽培技术要点：施足底肥，播前每亩增施硝酸磷 15 kg，作为底肥一次深施。适时播种，平川地区在 4 月中下旬播种，丘陵山区在 5 月上旬播种，亩播量 3～3.5 kg，一般旱地每亩保苗 15 万～25 万株，肥旱地及水地每亩保苗 25 万～40 万株。生育期间中耕 2 次，苗期浅锄，现蕾期深中耕。在苗高 7～10 cm、杂草 2～5 叶期，可茎叶喷雾化学除草剂防治杂草。适时收获，防止后期遇雨返青减产。

适宜种植区域及季节：适宜在山西、内蒙古、河北、甘肃及新疆亚麻产区春季种植。

注意事项：后期遇雨会发生一定程度的返青。加强前期水肥管理，及时收获。

4. 品种名称：晋亚 15 号

登记编号：GPD 亚麻（胡麻）（2020）140011

育种单位：山西省农业科学院高寒区作物研究所

品种来源：轮 95 - 32 - 3×9373 - 19

特征特性：食用油用常规种。生育期 100～110 d，晚熟品种。平均株高 55～70 cm，工艺长度 40～50 cm，主茎分枝数 5 个以上，每果粒数 7～9 粒，千粒重 6.5 g 左右。株型分散，籽粒褐色，花蓝色。生长整齐，成熟一致。经农业农村部油料及制品质量监督检验测试中心检验，含油率 41.90％，亚麻酸含量 45.7％。中抗枯萎病，感白粉病，抗倒伏性一般，较抗旱。第一生长周期籽粒亩产 102.91 kg，比对照陇亚 10 号增产 5.18％；第二生长周期亩产 82.13 kg，比对照陇亚 10 号增产 4.12％。

栽培技术要点：深耕耙耱，精细整地。施足底肥，播前亩施硝酸磷 15 kg，作底肥一次深施。适时早播，山西西北地区在 4 月中下旬至 5 月上旬播种，亩播量 3～3.5 kg，旱薄地每亩保苗 15 万～20 万株，肥旱地及水地每亩保苗 20 万～35 万株。苗期浅锄，现蕾期深中耕。在苗高 7～10 cm、杂草 2～5 叶期，可茎叶喷雾化学除草剂防治杂草。苗高 15～20 cm 时，可趁雨天每亩追施尿素 5 kg。茎下部叶片脱落、蒴果 75％ 发黄时收获，防止遇雨倒伏减产。

适宜种植区域及季节：适宜在山西、内蒙古、宁夏、甘肃亚麻产区春季种植。

注意事项：抗倒伏能力差。中后期控水控肥，也可于现蕾期喷施生长调节剂降低株高，增强品种抗倒伏能力。

5. 品种名称：晋亚 7 号

登记编号：GPD 亚麻（胡麻）（2020）140006

育种单位：山西省农业科学院高寒区作物研究所

品种来源：793－4－1×美国亚麻

特征特性：食用油用常规种。生育期 95 d，属中熟类型。平均株高 68 cm 左右，工艺长度 45～50 cm，花蓝色，梅花状，主茎上部分枝多而松散，单株蒴果数 19 个，每果粒数 8 粒左右，苗期生长缓慢，后期生长较快，开花集中，灌浆速度快，落黄好，籽粒褐色，千粒重 6.8 g 左右。含油率 40.71％。高抗枯萎病，抗旱、抗寒。第一生长周期籽粒亩产 78.41 kg，比对照晋亚 6 号增产 17.54％；第二生长周期亩产 92.76 kg，比对照晋亚 6 号增产 12.94％。

栽培技术要点：施足农家肥，配施氮、磷、钾肥。丘陵区适宜播期为 4 月 25 日左右，平川区为 4 月 15 日左右；亩播量 3.5～4.0 kg。苗期浅锄，现蕾期深锄，促进苗期生长。水地种植时，现蕾期结合浇水进行追肥，效果最好。

适宜种植区域及季节：适宜在山西及类似生态区的亚麻产区种植。

注意事项：生育后期遇雨较多容易倒伏。加强田间管理，后期应减少氮肥投入。

6. 品种名称：晋亚 9 号

登记编号：GPD 亚麻（胡麻）（2020）140007

育种单位：山西省农业科学院高寒区作物研究所

品种来源：793－4－1×天 7669－2

特征特性：食用油用常规种。生育期 90～108 d，中早熟品种。平均株高 53～65 cm，工艺长度 35～45 cm，主茎分枝数 4 个以上，千粒重 6.5 g 以上。株型半分散，果较大，花蓝色。含油率 40.80％，达优质水平。其脂肪酸组成为棕榈酸含量 6.41％，硬脂酸含量 3.56％，油酸含量 26.38％，亚油酸含量 14.60％，亚麻酸含量 49.05％。高抗枯萎病，抗旱性、抗逆性较强，对外界环境变化有较强的适应性。第一生长周期籽粒亩产 128.97 kg，比对照陇亚 8 号增产 7.97％；第二生长周期亩产 114.63 kg，比对照陇亚 8 号增产 6.70％。

栽培技术要点：加强抗旱耕作措施，保墒蓄水，保证播种质量。适时早播，大同、朔州地区以 4 月中下旬为宜，旱地亩播量为 2.5 kg，水地为 3 kg，一般旱地每亩保苗 15 万～20 万株，肥旱地及水地每亩保苗 20 万～35 万株。苗期浅锄，现蕾期深中耕。有条件地方，可于现蕾期、花期浇水，旱地趁雨追肥，保证后期水肥需要。适时收获，防止倒伏减产。

适宜种植区域及季节：适宜在山西大同、朔州、忻州、吕梁的水旱地及河北张家口地区种植。

注意事项：中后期易早衰，后期雨多易倒伏。加强中后期管理，开花现蕾期追施尿素。

八、部分种业公司选育的亚麻种质

1. 品种名称：阿卡塔

登记编号：GPD 亚麻（胡麻）（2018）230024

申请者：北大荒垦丰种业股份有限公司

品种来源：NANDA×VIKING

特征特性：纤维用常规种。茎直立，平均株高95 cm左右，茎粗0.9 mm左右，苗期生长繁茂，茎绿色，叶片深绿色。植株形成时上部细软，叶互生，披针状，长20～38 mm，宽3 mm，表面有白霜；花蓝色，花序短而集中，萼片5枚，直径18～21 mm；株型紧凑，分枝数6～9个，集中在顶部；果实为蒴果，球形，绿色，成熟后为棕黄色，单株蒴果数8～13个，蒴果内开裂成5瓣；种子扁卵圆形，棕褐色，千粒重4.8～5.1 g。植株成熟时茎秆为淡黄色，叶片随着植株的成熟而逐渐脱落。全麻率33.4%，纤维强度252 N。高抗枯萎病、立枯病，抗倒伏性强，未发现其他检疫性病害。第一生长周期原茎亩产368 kg，比对照黑亚16号增产11.9%；第二生长周期亩产376 kg，比对照黑亚16号增产12.6%。

栽培技术要点：适期播种，黑龙江南部地区一般在4月25日至5月5日播种，北部地区在5月1日至5月10日播种；7.5或15 cm条播，亩播种量8 kg，保证每平方米有效播种粒数1 800～2 000粒。采用深施肥方法，施肥深度8 cm左右，结合播种一次完成；每亩施磷酸二铵2.7～3.3 kg、硫酸钾2～2.7 kg，做到因地而异施肥。苗高5～10 cm时，进行化学除草，注意前茬中的农药残留。工艺成熟期及时收获。选择伏翻地或秋整地，基肥播前深施，施肥深度5～8 cm，播后及时镇压。

适宜种植区域及季节：适宜在黑龙江第二至第五积温带春季节种植。

注意事项：苗期生长繁茂健壮，花序短而集中，株型紧凑，植株长势整齐一致，抗涝、抗倒伏性强。主要缺陷是不抗旱。遇到干旱年份，在亚麻快速生长期，应当及时喷灌。

2. 品种名称：白雪

登记编号：GPD亚麻（胡麻）（2018）620017

育种单位：酒泉市大金稞种业有限责任公司

品种来源：酒白001

特征特性：食用油用常规种。中早熟，春播生育期95 d左右。平均株高78.4 cm，工艺长度38.5 cm，主茎分枝数4.5个，单株蒴果数21.4个，每果粒数7.4个，千粒重7.5 g。食用油用含油率43.3%。中抗枯萎病，高抗白粉病，抗旱、耐密、抗倒伏，抗逆性突出。第一生长周期籽粒亩产161.9 kg，比对照陇亚8号增产11.1%；第二生长周期亩产163.7 kg，比对照陇亚8号增产10.5%。

栽培技术要点：实行4年以上的轮作，重茬会导致减产或绝收。合理密植，亩播种量5～8 kg。适当早播，一般以地温稳定在8～11 ℃时播种，水川地于3月15日至4月20日播种为宜。加强水肥管理，亩施有机肥2 000～3 000 kg、磷酸二铵20 kg、尿素5～6 kg作基肥。全生育期浇3次水，旱地随雨、随水适时追肥。及时清除田间杂草，防治蚜虫、地老虎等害虫。

适宜种植区域及季节：适宜甘肃省内海拔1800 m以下的区域，春季3月15日至4月20日播种。

注意事项：前期不注意控水肥，易造成营养生长过剩，后期高温或连阴雨会影响开花结果，造成花而不实，影响产量。应加强田间管理，科学施肥浇水，培育壮苗，提高植株抗逆性。必须轮作倒茬。在现蕾期可适当喷施叶面钾肥、硼肥，提高授粉能力。

3. 品种名称：华亚8号

登记编号：GPD亚麻（胡麻）（2019）530016

育种单位：大理白族自治州农业科学推广研究院经济作物研究所、黑龙江省农业科学院经济作物研究所

品种来源：87035×黑亚10号

特征特性：纤维用常规种。中熟品种。苗期生长健壮，茎叶绿色，茎秆直立有弹性，种皮褐色，千粒重4.1～4.5 g。在云南冬季种植，平均生育日数为153 d，株高98.4 cm，工艺长度83.7 cm，分枝数4～5个，单株蒴果数6～10个；在黑龙江春季种植，平均生育日数为75 d，株高79.3 cm，工艺长度56.7 cm，分枝数5～7个，单株蒴果数15～18个。食用油用含油率31.71%，纤维用全麻率

25.5%，纤维用纤维强度 196 N。高抗枯萎病，抗倒伏，抗旱、抗病性较强，较耐盐碱。第一生长周期原茎亩产 590 kg，比对照云亚 2 号增产 10.9%；第二生长周期亩产 602 kg，比对照云亚 2 号增产 11.9%。

栽培技术要点：在云南大理、保山、临沧等地区冬季种植，适宜播种时期为 9 月下旬至 10 月中旬；在黑龙江，以 4 月下旬至 5 月上旬播种为宜。根据耕作制度，采种田应尽量适当早播，采麻田可适当晚播。播深 2.0～3.0 cm。生产田播种密度为每平方米有效播种粒数 2 000 粒，繁种田播种密度为每平方米有效播种粒数 1 500 粒。每亩施三元复合肥 [m（N）∶m（P）∶m（K）＝15∶15∶15] 45～50 kg，微量元素肥料适量。亚麻不宜连作，应轮作，前茬为玉米、大豆、马铃薯、水稻皆可。

适宜种植区域及季节：适宜在云南大理、保山、临沧等地区冬季种植，在黑龙江地区春季种植。

注意事项：晚播利于提高原茎产量，过晚播种易发生倒伏。

4. 品种名称：酒亚 2 号

登记编号：GPD 亚麻（胡麻）（2018）620018

育种单位：酒泉市大金稞种业有限责任公司

品种来源：久红 5 号

特征特性：食用油用常规种。平均株高 67.4 cm，工艺长度 37.8 cm，主茎分枝数 4.6 个，单株蒴果数 22.4 个，每果粒数 7.8 个，千粒重 7.7 g，种皮褐色。食用油用含油率 46.3%。中抗枯萎病，抗白粉病，抗倒伏性强，抗逆性表现突出。第一生长周期籽粒亩产 165 kg，比对照陇亚 8 号增产 11.1%；第二生长周期亩产 156.7 kg，比对照陇亚 8 号增产 10.8%。

栽培技术要点：实行 4 年以上的轮作，重茬会导致减产或绝收。合理密植，亩播种量 5～8 kg。适当早播，一般以地温稳定在 8～11 ℃时，3 月 15 日至 4 月 20 日播种为宜。加强水肥管理，全生育期浇 3 次水，旱地随雨、随水适时追肥。及时清除田间杂草，防治蚜虫、地老虎等害虫。

适宜种植区域及季节：适宜甘肃省内海拔 1 800 m 以下的区域 3 月 15 日至 4 月 20 日播种。

注意事项：主要缺陷是前期不注意控水肥，易造成营养生长过剩，后期高温或连阴雨会影响开花结果，造成花而不实，影响产量。预防措施是加强田间管理，科学施肥浇水，合理密植，培育壮苗，提高植株抗逆性；最好轮作倒茬；在现蕾期可适当喷施叶面钾肥、硼肥，提高授粉能力；另适时用药剂防治病虫害。

九、主推品种的主要特性分类

（一）含油率＞40%的品种

陇亚 8 号、陇亚 10 号、陇亚 13 号、陇亚 14 号、陇亚杂 1 号、陇亚杂 2 号、伊亚 4 号、坝选 3 号、晋亚 12 号、轮选 1 号、轮选 2 号、内亚油 1 号、内亚 7 号、内亚 9 号、定亚 23 号、宁亚 23 号、宁亚 24 号等。

（二）亚麻酸含量＞50%的品种

坝选 3 号、晋亚 10 号、晋亚 12 号、轮选 2 号、内亚 7 号、内亚 9 号、内亚 10 号、定亚 23 号、定亚 26 号等。

（三）抗亚麻枯萎病品种

陇亚 8 号、陇亚 10 号、陇亚 13 号、陇亚 14 号、伊亚 4 号、坝选 3 号、晋亚 10 号、晋亚 12 号、轮选 1 号、轮选 2 号、内亚 9 号、定亚 23 号、定亚 24 号、陇亚杂 1 号、陇亚杂 2 号等。

（四）抗旱品种

定亚 17 号、定亚 25 号、陇亚 10 号、陇亚 13 号、陇亚 14 号、天亚 10 号、伊亚 4 号、轮选 2 号、内亚 10 号、固亚 7 号、固亚 11 号、定亚 23 号、定亚 24 号等。

（五）加工专用白种皮品种

内亚 6 号、张亚 2 号。

第五章

亚麻种质资源性状描述

对亚麻种质资源性状的规范描述是国家种质资源平台建设和各种组学研究的重要内容。亚麻种质资源性状规范描述，有利于整合全国亚麻种质资源，规范亚麻种质资源的收集、整理和保存等基础性工作，创造良好的共享环境和条件，搭建高效的共享平台，有效保护和高效利用亚麻种质资源，充分挖掘其潜在的经济、社会和生态价值，促进全国亚麻种质资源事业的跨越式发展。

第一节　对亚麻种质生育特征的描述

不同播种期对亚麻产量和品质的影响，主要是通过气温、降雨等环境因子对不同物候期亚麻生长发育的影响不同来实现的。一般来说，温度是影响品质最关键的气候因子。冷凉气候条件使得亚麻的成熟推迟，延长了脂肪酸和油酸合成期，有利于亚麻酸的合成，而种子发育期的高温会降低亚麻油酸和亚油酸的含量。在温带地区，昼夜温差小，亚麻酸含量较低，而在寒冷的地区，昼夜温差大，亚麻酸含量相对较高。Sergius Ivanov 等的研究发现，饱和脂肪酸受气候的影响较小，而含 3 个双键的多不饱和脂肪酸，如亚麻酸，其碘价随温度的升高而降低，含 2 个双键的多不饱和脂肪酸，如亚油酸，对温度的反应中等。如果在种子形成和脂肪酸形成的关键时期遭遇高温干旱天气，就会严重影响产量和品质，形成干瘪种子，油的碘价降低。但低温也会影响亚麻的生长发育，在高温干旱气候条件下，种子从生长到成熟不超过 30 d，而在冷凉、土壤湿度大的气候条件下，从初花到种子成熟可超过 50 d。

一、生育期

亚麻的生育期分为出苗期、枞形期、快速生长期、现蕾期、开花期和成熟期。

（一）播种期

亚麻播种的日期，表示方法为"年月日"。

（二）出苗期

从亚麻种质鉴定小区出现第一株苗开始，每天 10:00 左右观测，记载出苗株数。在试验小区内选取 2～3 行，作为调查对象，记录全区有 50% 幼苗呈子叶展开的日期（以最后成苗数为标准），表示方法为"年月日"。

（三）枞形期

亚麻种质鉴定小区出苗后 2～3 d 开始观察，每隔 1 d 观察 1 次，每次在 10:00 左右观测，在试验小区内选取 2～3 行，作为调查对象，记录全区有 50％幼苗叶片呈密集状、出现 3 对真叶的日期，表示方法为"年月日"。

（四）快速生长期

亚麻植株的株高开始进入快速生长的日期，此期特点是植株顶端弯曲下垂，麻茎生长迅速，每昼夜生长 3～5 cm。当小区内有亚麻植株顶端弯曲下垂时开始观察，每隔 1 d 观察 1 次，每次在 10：00 左右观测，在试验小区内选取 2～3 行亚麻植株，作为调查对象，记载有 50％亚麻植株进入快速生长期的日期，表示方法为"年月日"。

（五）现蕾期

当亚麻种质鉴定小区内有植株出现明显的花蕾后，每隔 1 d 观察 1 次，每次在 10：00 左右观测，记载前 2 d 的现蕾株数。以试验小区全部亚麻植株为调查对象，记录全区有 50％植株出现第一个花蕾的日期，表示方法为"年月日"。

（六）开花期

当亚麻种质鉴定小区内的植株上第一枚花蕾开始开花后，每隔 1 d 观察 1 次，每次在 10：00 左右观测，记载前 2 d 的开花株数。在试验小区内选取 2～3 行的亚麻植株，作为调查对象，记录全区有 50％植株第一枚花蕾开放的日期，表示方法为"年月日"。

（七）工艺成熟期

当亚麻种质鉴定小区内的植株上蒴果变黄时开始观察，亚麻植株有 1/3 的蒴果成熟呈黄色或黄褐色、麻茎有 1/3 变为黄色、茎下部 1/3 叶片脱落的，表明已达到工艺成熟期。在试验小区内选取 2～3 行的亚麻植株，作为调查对象，记录达到以上标准的日期，表示方法为"年月日"。

（八）生理成熟期

亚麻植株上 2/3 的蒴果成熟呈黄褐色、麻茎有 2/3 变为黄色、茎下部 2/3 叶片脱落时，表明已达到生理成熟期。在试验小区内选取 2～3 行的亚麻植株，作为调查对象，记录达到以上标准的日期，表示方法为"年月日"。

（九）出苗日数

在物候期观测的基础上，计算出每份种质播种期至出苗期的历时日数，单位为 d，保留整数。

（十）现蕾日数

在物候期观测的基础上，计算出每份种质出苗期至现蕾期的历时日数，单位为 d，保留整数。

（十一）开花日数

在物候期观测的基础上，计算出每份种质出苗期至开花期的历时日数，单位为 d，保留整数。

（十二）生长日数

在物候期观测的基础上，计算出每份种质出苗期至工艺成熟期的历时日数，单位为 d，保留整数。

（十三）全生长日数

在物候期观测的基础上，计算出每份种质播种期至工艺成熟期的历时日数，位为 d，保留整数。

（十四）生育日数

在物候期观测的基础上，计算出每份种质出苗期至生理成熟期的历时日数，单位为 d，保留整数。

（十五）全生育日数

在物候期观测的基础上，计算出每份种质播种期至生理成熟期的历时日数，单位为 d，保留整数。

二、生育类型

油用亚麻种质的生育类型依据每份油用亚麻种质在原产地或接近原产地的地区的生育日数的长短，按照一定的标准来确定，一般分为早熟（生育日数≤90 d）、中熟（90 d＜生育日数≤105 d）、晚熟（生育日数＞105 d）。纤维亚麻种质的生育类型依据每份纤维亚麻种质在原产地或接近原产地的地区的生长日数的长短，按照一定的标准来确定，一般分为早熟（生长日数≤65 d）、中熟（65 d＜生长日数≤70 d）、中晚熟（70 d＜生长日数≤75 d）、晚熟（生长日数＞76 d）。油纤兼用类型亚麻种质中，其形态特征偏向纤维用类型的，按照纤维亚麻种质生育类型分类标准进行分类，其形态特征偏向油用类型的，按照油用亚麻种质的生育类型分类标准进行分类。

第二节 亚麻种质植物学特性的观测与描述

一、田间设计

按不同地区的气候条件适时播种，北方播种期选择在 4 月中旬至 5 月上旬，南方播种期一般选择在 10 月中旬至 11 月中旬。试验采用撒播或条播的方式，顺序设计或随机区组设计，3 次重复，小区长 2 m，小区间距 60 cm，条播时设 7 行区。纤维亚麻行距 15 cm，播种量为每平方米有效播种粒数 2 000 粒；油用、油纤兼用亚麻行距 20 cm，播种量为每平方米有效播种粒数 900 粒。苗高 10～15 cm 时除草 1 次，纤维亚麻或油纤兼用亚麻于工艺成熟期收获，油用亚麻于生理成熟期收获。

二、栽培环境条件控制

试验地土质在当地有代表性，前茬一致，土壤肥力中等均匀。试验地要远离污染，无人畜侵扰，附近无树木和高大建筑物，有排灌设施和条件。田间管理措施与当地亚麻生产基本相同，采用相同的水肥管理，及时防治病虫害，保证幼苗和植株的正常生长，适时收获。形态特征和生物学特性观测试验应设置对照品种，以主栽品种作对照。为确保田间试验数据的系统性、可比性和可靠性，并防止人为破坏，试验地周围应设保护行和保护区。

三、样本及数据采集

亚麻形态特征和生物学特性观测试验，一般采取随机取样的方法，样本数量不少于 20 株，并且具有本品种特征特性、大小适中、无病虫危害、未折断或无折痕，保证数据结果的可靠性和可比性。形态特征和生物学特性观测试验原始数据的采集，应在亚麻种质正常生长情况下获得，如遇自然灾害等因素严重影响植株正常生长时，应重新进行观测试验和数据采集。

每份亚麻种质的形态特征和生物学特性观测数据，依据对照品种进行校验。根据 2 年以上的观测校验值，计算每份种质性状的平均值、变异系数和标准差，并进行方差分析，判断试验结果的稳定性和可靠性。取校验值的平均值作为该种质的性状值。

四、亚麻植物学特征的鉴定与描述

亚麻全植株由根、茎、叶、花、蒴果、种子 6 个部分构成。不同品种亚麻的株高、工艺长度、分枝数、单株蒴果数、花颜色、种皮色、千粒重等明显不同。

（一）叶形

在亚麻植株的现蕾期，从试验小区中部随机取样 10 株，目测每株中部完全展开的 10 片完整叶片的形状。根据观察结果并参照叶形模式图，确定亚麻种质的叶形，一般分为线形、披针形、倒披针形、三角形（彩图 1）。

（二）叶色

在亚麻植株的现蕾期，以试验小区内全部亚麻植株为观测对象，在正常一致的光照条件下，目测植株中部叶片正面的颜色。根据观察结果，确定亚麻种质叶片正面的颜色，一般分为深绿色、绿色、浅绿色（彩图 2）。

（三）叶片长宽

在亚麻植株的现蕾期，从试验小区中部随机取样 20 株，以每株中部完全展开的完整叶片为调查对象，用直尺测量每片叶从基部至尖端的最大距离，即叶片长度；用直尺测量每片叶最宽处，即叶片宽度。单位为 cm，精确到 0.1 cm。

（四）叶面积

在亚麻植株的现蕾期，从试验小区中部随机取样 20 株，以每株中部完全展开的完整叶片为调查对象，用叶面积仪测量每片叶的叶面积，或者用叶片长度乘以叶片宽度，再乘以 0.752，计算叶面积。单位为 cm^2，精确到 $0.1\ cm^2$。

（五）叶片数

在亚麻植株的现蕾期，从试验小区中部随机取样 20 株，计数亚麻主茎上的全部叶片数。单位为片，精确到整数位。

（六）叶序

叶片在茎或分枝上的排列方式，一般分为互生和对生（彩图 3）。

（七）茎型

在亚麻植株的现蕾期，从试验小区随机取样 20 株，目测茎秆的弯曲情况。根据观察结果并参照茎型模式图，确定种质的茎型。亚麻茎秆长势的类型一般分为直立型、半匍匐型、匍匐型（彩图 4）。

（八）花冠形状

在亚麻植株的开花期，8：00—10：00，从试验小区随机取样 20 株，目测每朵花的花冠形状。根据观察结果并参照花冠形状模式图，确定亚麻种质的花冠形状，一般分为轮形、五角星形、碟形、漏斗形、圆锥形（彩图 5）。

（九）花瓣形状

在亚麻植株的开花期，8：00—10：00，从试验小区随机取样 20 株，目测每朵花的花瓣形状。根据观察结果并参照花瓣形状模式图，确定亚麻种质的花瓣形状，一般分为扇形、菱形、披针形（彩图 6）。

（十）花瓣颜色

在亚麻植株的开花盛期，以试验小区内全部植株为观测对象，在正常一致的光照条件下（一般在晴天 8：00—10：00 观察），目测完全开放花朵的花瓣颜色。根据观察结果，确定亚麻种质的花瓣颜色，一般分为浅蓝色、白色、蓝色、紫色、粉色、红色、黄色（彩图 7）。

（十一）花药颜色

在亚麻植株的开花盛期，以试验小区内全部植株为观测对象，在正常一致的光照条件下（一般在晴天 8：00—10：00 观察），目测完全开放花朵的花药颜色。根据观察结果，确定亚麻种质的花药颜色，一般分为微黄色、橘黄色、浅灰色、蓝色（彩图 8）。

（十二）果实形状

在亚麻生理成熟期（油用或油纤兼用亚麻）或工艺成熟期（纤维亚麻），以试验小区内全部植株为观测对象，目测每株植株蒴果的形状，一般分为扁圆形、球形、卵形（彩图 9）。

（十三）分枝习性

在亚麻植株的工艺成熟期或生理成熟期，从试验小区中部随机取样 20 株，采用目测的方法观察亚麻分枝的长短和着生的疏密。根据观察结果并参照分枝习性模式图，确定亚麻种质的分枝习性。根据亚麻植株主茎顶部分枝的着生方式，一般分为紧凑型、中间型、松散型（彩图 10）。

（十四）种皮颜色

在试验小区收获后，在种子脱粒、干燥和清选的基础上，目测成熟种子的种皮颜色。种子应当年收获，不采用任何机械或药物处理。根据观测结果，确定亚麻种质的种皮颜色，一般分为乳白色、浅黄色、浅褐色、褐色、深褐色、黑褐色（彩图 11）。

第三节　亚麻种质产量和品质相关性状的测定与描述

一、产量相关农艺性状的描述

（一）株高

在生理成熟期（油用或油纤兼用亚麻）或工艺成熟期（纤维亚麻），从试验小区中部随机取样 20 株，用直尺测量亚麻植株从子叶痕到一级分枝顶部的距离（图 5-1），取平均值。单位为 cm，精确到 0.1 cm。

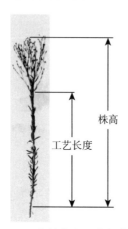

图 5-1　亚麻株高和工艺长度示意

（二）工艺长度

在亚麻植株的工艺成熟期或生理成熟期，从试验小区中部随机取样 20 株，用直尺测量亚麻植株从子叶痕到花序下部的第一个分枝基部间的距离（图 5-1），取平均值。单位为 cm，精确到 0.1 cm。

（三）茎粗

在生理成熟期或工艺成熟期，从试验小区中部随机取样 20 株，用游标卡尺（精度为 0.1 mm）测量每株中部茎秆直径，取平均值。单位为 mm，精确到 0.1 mm。

（四）分枝数

在生理成熟期或工艺成熟期，从试验小区中部随机取样 20 株，调查每株亚麻植株主茎顶部着生的一级分枝的个数，计算平均值。单位为个，精确到整数。

（五）分茎数

在亚麻植株的现蕾期，从试验小区中部随机取样 20 株，目测、记载基部子叶痕处长出的分茎数（图 5-2）。单位为个，精确到整数。

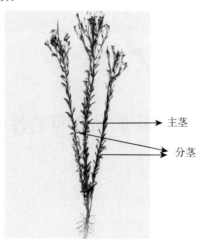

图 5-2　亚麻主茎和分茎示意

(六) 单株蒴果数

在生理成熟期或工艺成熟期，从试验小区中部随机取样 20 株，调查每株主茎上着生的全部含种子的蒴果个数。单位为个，精确到整数。

(七) 每果粒数

在生理成熟期或工艺成熟期，从试验小区中部随机取样 20 株，选择上、中、下部蒴果 20 个，脱粒后数总粒数，再除以 20，得每果粒数。单位为粒，精确到整数。

(八) 单株粒重

在生理成熟期或工艺成熟期，从试验小区中部随机取样 20 株，脱粒，用电子天平（精度为 0.01 g）称量 20 株亚麻上成熟、饱满种子的质量，计算单株粒重。单位为 g，精确到 0.1 g。

(九) 单株茎重

在生理成熟期或工艺成熟期，从试验小区中部随机取样 20 株，晾干以后除去叶片、果，用电子天平（精度为 0.01 g）称量 20 株亚麻茎的质量，计算单株茎重。单位为 g，精确到 0.1 g。

(十) 种子千粒重

试验小区亚麻收获后，在种子脱粒、干燥和清选的基础上，去除秕粒、小于正常种子大小 1/2 的残粒后，随机取样，4 次重复，每个重复 1 000 粒种子（种子含水量 9%），用电子天平（精度为 0.001 g）称取每 1 000 粒种子的质量，种子应当年收获，不采用任何机械或药物处理，取 4 次重复的平均值。单位为 g，精确到 0.1 g。

(十一) 种子产量

亚麻收获后，将 3 次重复的亚麻分别脱粒，对经过干燥和清选获得的饱满、清洁种子进行称重，计算小区平均产量，然后换算成每公顷产量。单位为 kg/hm²，精确到整数位。

(十二) 种子发芽率

利用测千粒重的种子，随机取样 100 粒放入 1 个培养皿中，培养皿中垫上双层滤纸，4 次重复，在 25 ℃ 条件下发芽。发芽试验按照《农作物种子检验规程 发芽试验》（GB/T 3543.4—1995）执行。发芽率单位以％表示，精确到 0.1%。发芽率计算公式：

$$G\% = \frac{N_g}{N} \times 100\%$$

式中，G 为发芽率，N_g 为发芽种子粒数，N 为供试种子粒数。

二、品质相关性状的描述

(一) 种子含油率

采用有机溶剂抽提法测定亚麻种子含油率。取除去杂质的净试样 20 g，如果试样水分大于 9%，则应装入铝盒放入不高于 80 ℃ 的烘箱中烘 30 min 左右，使试样水分含量降到 9% 以下。精确称取

2～5 g，碾磨碎后，过 40 目*筛，将准备好的抽提瓶和抽提管连接起来，把已垫好脱脂棉的滤纸筒放入抽提管中，再将碾磨容器内已磨碎的试样通过玻璃漏斗，小心移入滤纸筒中，并用蘸有少量石油醚的脱脂棉擦洗容器内外及玻璃漏斗，直到容器内外及玻璃漏斗上无试样和油迹为止。最后将脱脂棉一并移入滤纸筒内，用脱脂棉封顶，压住试样。用回流式抽提器，将洗干净的抽提瓶放在 103 ℃±2 ℃烘箱中烘干至恒重。将石油醚注入抽提瓶内，注入量约为抽提瓶容积的 1/3，把装有滤纸筒的抽提管与抽提瓶接好，装上冷凝管，打开冷却水，然后，将其放在水浴锅中加热，水温控制在 75 ℃左右，使石油醚回流速度保持在至少每秒 3 滴，2～3 min 回流 1 次，抽提 2 h。抽提 2 h 后，用长柄镊子取出滤纸筒，然后回收石油醚，取下冷凝管和抽提管，将抽提瓶放在水浴锅中蒸发掉大部分溶剂。再用干净纱布将抽提瓶外部擦净，放入 103 ℃±2 ℃烘箱中烘干至恒重。抽提瓶增加的质量即为所取试样中油的质量，含油率单位以％表示，精确到 0.1％。计算公式：

$$W_0\% = \frac{M_2 - M_1}{M_0} \times 100\%$$

式中，W_0 为含油率，单位为％；M_0 为试样的质量，单位为 g；M_1 为空瓶的质量，单位为 g；M_2 为抽提瓶加试样最后的质量，单位为 g。

（二）α-亚麻酸含量

采用高效液相色谱法测定亚麻油中 α-亚麻酸质量占亚麻油质量的百分数。取 40～50 g 亚麻种子，利用"（一）种子含油率"中的方法提取，抽提完后回收溶剂，获得亚麻籽油。分析条件：Shim-pack ODS 分析柱 150 mm×6 mm，粒径 5 μm，柱温 40 ℃，流动相为色谱纯甲醇，流速 1.2 mL/min，检测波长 205 nm。亚麻油皂化水解：精确称取亚麻油 10 g，加入 0.25 g/mL 的氢氧化钠－甲醇溶液 20 mL，60 ℃水浴皂化 20 min；加 1.2 mol/L 盐酸将 pH 调至 3～4，水洗、饱和盐水洗至中性并除去水分，得到游离的混合脂肪酸。混合脂肪酸甲酯化：称取 0.100 g 混合脂肪酸于 10 mL 容量瓶中（精确称量其质量）；加入 2～3 mL 无水甲醇，水浴加热使其溶解；滴加浓硫酸 5～8 滴，在水浴温度 65～70 ℃条件下加热 10～15 min；于室温放置 15 min 后倒入分液漏斗中，加入 3～4 mL 蒸馏水和 1 mL 无水乙醚，剧烈振荡萃取 1 min；待分液后，将上层醚相蒸去，脂肪酸中放入无水甲醇，稀释至一定浓度待测。浓度计算：利用不同浓度的 α-亚麻酸甲酯纯品制作标准曲线，根据纯品出峰时间和标准曲线计算 α-亚麻酸的浓度，单位以％表示，精确到 0.01％。

（三）亚油酸含量

采用高效液相色谱法测定亚麻油中亚油酸质量占亚麻油质量的百分数。亚油酸提取、分析条件、待测样品处理同 α-亚麻酸。利用不同浓度的亚油酸甲酯纯品制作标准曲线，根据纯品出峰时间和标准曲线计算亚油酸的浓度，单位以％表示，精确到 0.01％。

（四）油酸含量

采用高效液相色谱法测定亚麻油中油酸质量占亚麻油质量的百分数。油酸提取、分析条件、待测样品处理同 α-亚麻酸。利用不同浓度的油酸甲酯纯品制作标准曲线，根据纯品出峰时间和标准曲线计算油酸的浓度，单位以％表示，精确到 0.01％。

（五）硬脂酸含量

采用高效液相色谱法测定亚麻油中硬脂酸质量占亚麻油质量的百分数。硬脂酸提取、分析条件、

---

* 目为非法定计量单位，40 目指的是在 25.4 mm×25.4 mm 的筛网上有 40 个孔眼。——编者注

待测样品处理同 α-亚麻酸。利用不同浓度的硬脂酸甲酯纯品制作标准曲线，根据纯品出峰时间和标准曲线计算硬脂酸的浓度，单位以％表示，精确到 0.01％。

（六）棕榈酸含量

采用高效液相色谱法测定亚麻油中棕榈酸质量占亚麻油质量的百分数。棕榈酸提取、分析条件、待测样品处理同 α-亚麻酸。利用不同浓度的棕榈酸甲酯纯品制作标准曲线，根据纯品出峰时间和标准曲线计算棕榈酸的浓度，单位以％表示，精确到 0.01％。

（七）木酚素含量

采用高效液相色谱法测定亚麻籽中木酚素的含量。取 5～10 g 亚麻种子研磨后过 40～60 目筛。每克样品用 25 mL 石油醚脱脂，每次提取后静置片刻，再小心倾斜烧杯，慢慢将石油醚倒出，共洗 3 次。计算脱脂百分率（F）。准确称取一定量的脱脂亚麻籽粕，粉碎（粒径 1～3 mm），用含水乙醇提取，用旋转蒸发器将提取物浓缩至浆状，加入一定量蒸馏水，加入盐酸（盐酸最终浓度为 1 mol/L），100 ℃水解 1 h，用饱和氢氧化钠溶液调至 pH 6～7，真空冷冻干燥，无水乙醇溶解，过滤掉氢氧化钠不溶物。软件用 Millennium32 色谱工作站，色谱柱为 Ubondapak TMC 18（30 cm×3.9 mm，填料粒径 10 μm），检测器为 441 型外检测器，泵为 510 泵、590 泵，进样器为 U6K 进样器，梯度控制器为 680 型梯度控制器，柱温为 45 ℃，室温为 25 ℃，流速为 0.60 mL/mim，检测波长为 254 nm，进样量为 20 μL。洗脱条件：由 2％冰醋酸水相体系（A），无水甲醇（B）组成流动相。最初，V（A）：V（B）≈ 55：45；19～20 min 以后，V（A）：V（B）≈ 33：67；21 min 以后，V（A）：V（B）＝0：100。用外标法计算各个组分含量，单位为 mg/g，精确到 0.1 mg/g。标准液的配制：准确称取一定量的开环异落叶松脂酚（SECO）标准品，用无水乙醇配制成浓度为 0.87 mg/mL 的标准溶液。进样量与色谱峰峰高之间的线性关系的确定：配制好的 SECO 标准溶液以 2、5、10、15、20 μL 进样，测定进样量与峰高之间的关系。木酚素含量计算公式：

$$W_L = \frac{2 \times W_1}{W_2} \times (1-F)$$

式中，W_L 为木酚素含量，单位为 mg/g；W_1 为提取液中 SECO 的总量，单位为 mg；W_2 为所用脱脂亚麻籽粕的质量，单位为 g；F 为脱脂百分率，单位为％。

（八）蛋白质含量

采用凯氏定氮法测定粗蛋白质含量。取适量的亚麻种子粉碎，过 40 目筛后，准确称取 0.5～1.0 g，放入凯氏烧瓶中，加入硫酸钾 10 g、硫酸铜 0.5 g、硫酸 20 mL 和数粒沸石或玻璃珠，充分混匀，保证试样完全被硫酸浸湿。待烧瓶置于通风橱内的电炉上加热。不时摇旋，炭化至泡沫消失，然后加大火力，至消化液呈透明的蓝绿色，再继续加热 1～2 h。待消化液冷却，加 50～100 mL 蒸馏水，摇匀，完全溶解硫酸盐，冷却，加入 2 粒沸石。将盛有 50 mL 4％硼酸溶液和 5 滴混合指示剂（0.1％的甲基红乙醇溶液和 0.5％的溴甲酚绿乙醇溶液等体积混合）的收集瓶放在冷凝管下，使冷凝管的下口浸入液面中。沿凯氏烧瓶壁小心注入 80 mL 40％氢氧化钠溶液，立即与蒸馏装置相连，加热蒸馏，使蒸气通过冷凝管进入收集瓶内，直至馏出液体积到 150 mL 左右，降下收集瓶。使冷凝管下口离开液面，继续蒸馏 1 min，用蒸馏水冲洗冷凝管下口，洗液一并收入收集瓶中，停止蒸馏。滴定：立即用 0.1 mol/L 盐酸标准溶液滴定，直至溶液的颜色恰好从蓝绿色转为浅紫色，记下所耗盐酸标准溶液的体积。空白试验：称取约 0.5 g 蔗糖代替试样，同前操作步骤进行空白测定，消耗 0.1 mol/L 盐酸标准溶液不得超过 0.2 mL。粗蛋白质含量单位以％表示，精确到 0.01％。计算公式：

$$W_P\% = \frac{(V_1 - V_0) \times T \times n \times f}{m} \times 100\%$$

式中，W_P 为粗蛋白质含量，单位为％；V_1 为滴定试样时所耗盐酸标准溶液的体积，单位为 mL；V_0 为滴定空白时所耗盐酸标准溶液的体积，单位为 mL；T 为盐酸标准溶液的浓度，单位为 mol/L；m 为试样的质量，单位为 g；f 为氮换算成蛋白质的平均系数 6.25；n 为氮的毫克质量 0.014 0。

（九）膳食纤维含量

采用酶解法测定膳食纤维含量。取 5～10 g 亚麻种子研磨后过 40～60 目筛。每克样品用 25 mL 石油醚脱脂，每次提取后静置片刻，再小心倾斜烧杯，慢慢将石油醚倒出，共洗 3 次。计算脱脂百分率（F）。准确称取双份 1.000 g 左右样品（m_1 和 m_2），置于高筒烧杯中。分别加入 40 mL MES-TRIS 缓冲液，在磁力搅拌器上搅拌直到样品完全分散。加 100 μL 热稳定的淀粉酶溶液，低速搅拌，并在 80 ℃ 水浴中反应 30 min。移出后冷却至 60 ℃，用刮勺将烧杯边缘的网状物以及烧杯底部的胶状物刮离，以使样品能够完全酶解，并用蒸馏水冲洗烧杯壁和刮勺。在每个烧杯中分别加入 100 μL 蛋白酶溶液。用铝箔覆盖，在 60 ℃ 持续振摇反应 30 min 后，搅拌并加入 5 mL 0.561 mol/L 盐酸，然后保持在 60 ℃，用 1 mol/L 氢氧化钠溶液或 1 mol/L 盐酸溶液将最终 pH 调至 4.0～4.7。边搅拌边加入 100 μL 淀粉葡糖苷酶溶液。用铝箔覆盖，在 60 ℃ 持续振摇反应 30 min，温度恒定在 60 ℃。

在每份样品中加入预热至 60 ℃ 的 95％ 乙醇 225 mL，乙醇与样品的体积比为 4 : 1，室温下沉淀 1 h。用 15 mL 78％ 乙醇将硅藻土湿润，并重新分布在预先称重的坩埚中，用适度的抽力把硅藻土吸到坩埚底板上。过滤酶解液，用 78％ 乙醇和刮勺将所有内容物微粒转移到坩埚中。抽真空，分别用 15 mL 的 78％ 乙醇、95％ 乙醇和丙酮冲洗残渣，各 2 次，将坩埚内的残渣抽干后，在 105 ℃ 条件下烘干过夜。将坩埚置于干燥器中冷却至室温后称重，精确称至 0.1 mg。减去坩埚和硅藻土的干重，计算残渣重。

取平行样品中的一份用凯氏定氮法测定蛋白质含量。用平行样的第二份分析灰分含量，在 525 ℃ 灼烧 5 h 后，在干燥器中冷却，精确称至 0.1 mg，减去坩埚和硅藻土的重量，即为灰分重量。膳食纤维含量单位以％表示，精确到 0.01％，计算公式：

$$W_{DE}\% = \frac{m_1 + m_2 - 2 \times (m_P + m_A)}{m_3 + m_4} \times (1 - F) \times 100\%$$

式中，W_{DE} 为膳食纤维含量，单位为％；m_1 和 m_2 为双份样品残渣质量，单位为 mg；m_P 为蛋白质质量，单位为 mg；m_A 为灰分质量，单位为 mg；m_3 和 m_4 为双份样品质量，单位为 mg；F 为脱脂百分率，单位为％。

（十）果胶含量

采用果胶钙法测定亚麻种子中果胶含量。取适量的亚麻种子研碎，准确称取 5～10 g，放入 250 mL 的烧杯中，加水 150 mL，加热煮沸 1 h。冷却，移入 250 mL 的容量瓶中加水定容，摇匀，抽滤，吸取 25 mL 滤液于 500 mL 的烧杯中，加入 0.1 mol/L 氢氧化钠 100 mL，放置 0.5 h，再加入 50 mL 1 mol/L 醋酸溶液，5 min 后加入 50 mL 的 2 mol/L 氯化钙溶液，放置 1 h，加热沸腾 5 min 后，用恒重的滤纸过滤，热水洗涤至滤液无氯离子，然后把带滤渣的滤纸放在烘干恒重的称量瓶中，于 105 ℃ 烘至恒重。果胶含量单位以％表示，精确到 0.01％，计算公式：

$$W_{PT}\% = \frac{m_1}{m_2} \times p \times 100\%$$

式中，W_{PT} 为果胶含量，单位为％；m_1 为烘干至恒重的果胶酸钙的质量，单位为 g；m_2 为样品质量，单位为 g；p 为果胶酸钙与果胶的换算系数 0.923 5。

三、抗逆性的描述

(一) 耐盐性

亚麻种子在一定浓度的盐碱溶液中的发芽率与其在盐碱地上的耐盐碱能力成正相关，因此可以利用种子在盐碱溶液中的发芽率进行亚麻耐盐碱性鉴定。

溶液的配制：利用氯化钠、硫酸镁、硫酸钾配制成 1.5% 的复合盐溶液，其中氯化钠占 80%、硫酸镁占 10%、硫酸钾占 10%，用 10 mol/L 的氢氧化钠溶液调节 pH 到 9.5。

发芽试验：在培养皿中垫好滤纸，每个发芽皿中放 100 粒饱满、完整的亚麻种子，3 次重复，以蒸馏水为对照。在放有种子的培养皿中加入适量的 1.5% 复合盐溶液，对照中加入适量的蒸馏水，放入 28 ℃ 的恒温箱中，72 h 后分别计算处理及对照 3 次重复的发芽率。

结果统计：耐盐碱指数计算公式：

$$SA\% = \frac{G_{CK} - G_T}{G_{CK}} \times 100\%$$

式中，SA 为耐盐碱指数，单位为%；G_{CK} 为对照的发芽率，单位为%；G_T 为处理的发芽率，单位为%。

根据耐盐碱指数确定亚麻种质的耐盐碱性等级：

3 强（$SA < 30\%$）；5 中（$30\% < SA < 70\%$）；7 弱（$SA \geq 70\%$）。

(二) 耐旱性

耐旱性又称抗旱性，亚麻是耐旱性较强的作物，但是由于亚麻种子较小，苗期和生长前期植株弱小，发生田间干旱时，植株会表现出明显的受损害症状。亚麻的耐旱性鉴定主要在苗期进行。用农田土作为基质，加入适量氮、磷、钾复合肥，盆栽试验。每份种质设 3 次重复（盆），按照每平方米有效播种粒数 2 000 粒的密度播种。设耐旱性最强和最弱的 2 个对照品种。出苗后正常管理，保持土壤湿润。亚麻苗高 10~15 cm 时停止供水，当耐旱性最强的对照品种开始萎蔫时开始调查。根据观察结果，确定亚麻种质的耐旱能力：

3 强（植株叶片颜色正常，有轻度的萎蔫、卷缩，但每天晚上或次日早晨能较快地恢复正常状态）；5 中（介于 3 与 7 之间）；7 弱（植株叶片变黄，生长点萎蔫下垂，叶片明显卷缩，每天晚上或次日早晨恢复正常状态较慢或不能恢复）。

(三) 耐涝性

亚麻是耐涝性较差的作物。在苗期和生长前期，由于亚麻苗较弱小，水分过多或淹水时间过长，尤其在低温阴雨天气下，亚麻苗容易烂根死亡。亚麻耐涝性鉴定一般在苗期或生长前期进行。用农田土作为基质，加入适量氮、磷、钾复合肥，盆栽试验。每份种质设 3 次重复（盆），按照每平方米有效播种粒数 2 000 粒的密度播种。设耐涝性最强和最弱的 2 个对照品种。出苗后正常管理，保持土壤湿润。苗高 10~15 cm 时灌水，保持盆内水层高出土面 3~5 cm，当耐涝性最强的品种植株顶部叶片开始萎蔫时用目测的方法调查所有供试种质的受淹情况。根据观察结果，确定亚麻种质的忍耐涝能力：

3 强（叶片稍有萎蔫，植株生长正常）；5 中（介于 3 和 7 之间）；7 弱（叶片全部萎蔫变黄，或脱落）。

（四）苗期耐寒性

亚麻性喜冷凉，适宜的生长温度为 20～25 ℃，在不同生育时期，对温度的要求有所差别，苗期不耐寒，枞形期耐寒性较强，一般可以耐短时间的－8～－5 ℃的低温。亚麻冻害在南方秋冬种植的地区比较容易发生，在这些地区种植的亚麻都在枞形期越冬，所以亚麻耐寒性鉴定主要在枞形期进行。耐寒性鉴定采用人工模拟气候鉴定法，具体方法如下。

将不同种质的种子播种在温室里，每份种质 20 株，3 次重复，盆栽。播种耐寒性为强、中、弱的对照品种。在枞形期进行低温处理，处理时间为 4 h，处理温度为 10 ℃。在处理开始和结束的过程中模拟自然温度的变化，采用逐渐降温的方法，达到限定温度时开始计时，并使温度保持恒定，处理结束后逐步升温。整个处理过程为 12 h。处理后移到温室内，温度可保持在 15～25 ℃，处理 7 d 后，用目测的方法观察受冻害症状。

冻害级别根据冻害症状分为 5 级：0 无冻害现象发生；1 叶片稍有萎蔫；2 叶片失水较严重；3 叶片严重萎蔫；4 整株萎蔫死亡。

根据冻害级别计算冻害指数，计算公式：

$$FI = \frac{\sum\limits_{i=0,1,\cdots,4}(x_i n_i)}{4N} \times 100$$

式中，FI 为冻害指数，x_i 为各级冻害级值，n_i 为各级冻害株数，N 为调查总株数。耐寒性根据冻害指数分为 3 级：3 强（FI<20%）；5 中（20%≤FI<60%）；7 弱（FI≥60%）。

第六章

亚麻种质综合利用

亚麻籽营养成分丰富，除含有较高的油脂和蛋白质外，还含有丰富的矿物质（如钾、钙、锌）及多种维生素等。天然的亚麻籽中还含有多种生物活性成分，包括α-亚麻酸、亚麻木酚素、亚麻胶、亚麻籽多糖等。

除了重要的食用价值和营养价值，亚麻籽还具有独特的药用价值，被广泛应用于食品、药品、化妆品、化工添加剂中。亚麻油因其独特的芳香气味，深受产区人们的喜爱。同时，亚麻具有相对较高的经济价值，其产量的高低直接影响产区油料的发展和人们生活的需要。因此，对产区国民经济的发展具有重要作用。

亚麻籽榨油后的饼粕既可以作为牲畜的饲料，也是加工复合饲料的重要原料。亚麻饼粕中含有氮、磷、钾3种营养成分，经过沤制发酵，是农作物的优质有机肥料。亚麻纤维的坚韧性和抗腐性很强，可以作为纺织原料，制成高级亚麻布、帆布、传动带、麻袋等，也可用来制造绳索。加工纤维时剩下的麻屑，可以压制成纤维板，代替木料。麻秆和乱麻是造纸的优质原料。

第一节 亚麻油及其加工技术

亚麻籽中含有35%～45%的油脂，在常温下压榨得到的油为黄色液体，有特异气味，在空气中质地逐渐变浓，颜色逐渐变深。油中主要成分为α-亚麻酸、亚油酸、油酸、棕榈酸、硬脂酸等脂肪酸，此外，还含有阿魏酸二十烷基酯和多种甾类、三萜类、氰苷类等有机化合物。

一、亚麻油营养成分及用途

亚麻油是中国西北、华北一带人们的主要食用油。每天摄入适量的亚麻油可以起到降低血脂、延缓血栓形成、抑制多种慢性病发展和增强记忆能力等作用，亚麻油被称为"草原上的深海鱼油"。亚麻油中含有较多的不饱和脂肪酸，碘值很高，与空气接触容易氧化变干燥，是一种很好的干性油，在油漆、油墨、涂料、皮革、橡胶等工业中有广泛的用途。

（一）营养保健用油

随着越来越多的研究支持，世界范围内亚麻功能食品和保健食品的开发正在飞速发展。亚麻籽的含油率为35%～45%，其油脂组成中，饱和脂肪酸占9%～10%，不饱和脂肪酸达80%以上，油酸占13%～29%，亚油酸占15%～30%，α-亚麻酸占45%～55%。α-亚麻酸是构成人体组织、细胞的重要成分之一，在体内参与磷脂的合成，能在体内代谢转化为具有更高营养功能活性的DHA和EPA。因DHA和EPA不能在人体内自行合成，只能从体外摄取，故是人体必需的不饱和脂肪酸。

（二）工业用油

亚麻籽油的相对密度为 0.926 0～0.936 5，折光率为 1.478 5～1.484 0，碘值为 170～200，皂化值为 188～195，不皂化物含量 1.5％以下，凝固点为－27～－18 ℃，黏度（EO 20 ℃）约 7.4，是典型的干性油，易发生氧化和聚合反应，在空气的作用下能迅速增稠。如果涂成薄膜，则形成具有弹性、坚固的氧化亚麻油膜，这种薄膜所覆盖的物品可免受空气、水分和机械损伤，故工业亚麻油被大量应用于制造清漆、油墨及软皂等。

20 世纪 20 年代以前，生产生活中使用的油漆主要是用亚麻油制造的油漆，它能够很好地保护木料，这一点可以从欧洲和美国几百年前的建筑上得到证明。20 世纪 40 年代，油漆制造工业开始大量推广化学、石油醚溶剂的油漆，虽然这类油漆生产价格低廉，但是持久性差。近年来，化工产品对环境造成的危害已受到越来越多的重视，用亚麻油制成的油漆天然环保、品质优异，优异的持久性和完美的渗透感赋予其很强的装饰效果，同时，具有手感细腻、气味舒适、容易保养维护的优点。亚麻籽工业用油市场需求量大，应用价值极高。国内目前已有多个加工企业在生产工业亚麻油，但仍然无法满足市场需求，每年需从国外进口 3 万 t 以上。

（三）绿色洗涤剂

用亚麻油制成的洗涤剂，是一种天然洗涤剂，属绿色日用品。产品在欧洲市场十分走俏，国内亟待开发，市场前景广阔。

二、亚麻油加工技术

亚麻籽加工产业最主要的产品就是亚麻油。目前市场上的亚麻油品牌产品有福来喜得牌纯正亚麻籽油、福来康泰牌冷榨亚麻籽油、草原康神牌冷榨亚麻油、晶康亚麻籽油、万利福亚麻油、广林子亚麻油、优素福亚麻油等。

目前，我国亚麻籽油生产采取的技术主要有动力螺旋榨油机榨油技术（热榨和冷榨）、溶剂浸出制油技术（包括在大油料加工上普遍应用的溶剂浸出技术和新型临界流体溶剂浸出技术）、超临界 CO_2 萃取技术以及与之相配套的满足食用油要求的精制技术。

用动力螺旋榨油机压榨制取亚麻籽油是应用最广泛的技术，无论是小型亚麻籽加工作坊还是大型亚麻籽加工企业，都会采取这一技术提取亚麻籽油。为了最大限度提取亚麻籽中的亚麻油，一些从事大油料加工兼营亚麻籽加工的规模化加工企业采用溶剂浸出技术。由于现今消费者对无污染食用油的高度关注，一些企业采用超临界 CO_2 萃取技术生产亚麻油。随着临界流体萃取亚麻油技术的推出，亚麻油的提取率高达 98％以上，溶剂在亚麻油中不残留，更容易萃取出亚麻籽中的天然维生素 E 等微量油溶性营养物质并将其保留在亚麻籽油中，已经有企业开始采用这种技术生产亚麻籽油。

（一）压榨制油技术

压榨制取亚麻籽油，以亚麻籽进入榨油机时的温度不同，分为热榨和冷榨。热榨油通常在产品标示上标注"压榨油"，而冷榨的在产品标示上标注"冷榨亚麻籽油"。

热榨技术在早期的油料加工中经常采用，出油量一般为亚麻籽所含油脂的 88％～92％。将亚麻籽轧制成胚片后，用比较高的温度进行间接和直接蒸汽蒸炒，可最大限度提高出油率。亚麻籽胚片蒸炒后的温度达到 120 ℃以上，这种高温条件严重地破坏了亚麻中的营养成分，特别是不饱和脂肪酸加热后会变成饱和脂肪酸，长期食用，不但会引起肥胖，还会使胆固醇升高，引起动脉硬化、高血压和心血管病，对人体健康有潜在危害。

相对于热榨，冷榨技术是目前比较热门的油料压榨技术，不经高温蒸炒，大大降低了对亚麻营养成分的破坏，确保了各种维生素、矿物质和不饱和脂肪酸被完整保留，从而最大程度保证亚麻油的营养成分和天然风味。目前，采用冷榨技术生产亚麻籽油的加工企业在全国占30％以上。冷榨技术的核心是在不超过80℃的温度条件下进行油料压榨。因为高度关注和强调冷榨油的营养和绿色天然特性，因而几乎拒绝采用溶剂浸出亚麻饼中的残油，因为溶剂本身就是一种化学物质，会带来溶剂残留及污染的风险。当然，还有一个原因是冷榨饼结构过于致密，溶剂浸出制油的成本会极大上升，生产亚麻籽油变得无利可图。对冷榨工艺而言，在工艺上控制亚麻加热温度在80℃之下相当容易，采用热水加热、太阳能加热都可以方便地实现工艺要求，传统的加热方式当然更不是问题。

（二）浸出制油技术

浸出法制油是依据萃取原理，用溶剂将油脂原料经过充分浸泡后进行高温（260℃）提取，经过"六脱"工艺（即脱脂、脱胶、脱水、脱色、脱臭、脱酸）抽提出油脂的一种方法。浸出制油一般安排在亚麻籽预压榨之后，也有在亚麻籽破碎后直接浸出制油得到低温下的浸出亚麻油的。目前，已经得到工业应用的浸出溶剂有6♯溶剂（主要为C6饱和烷烃）、4♯临界流体溶剂（C4饱和烷烃，在一定的压力和温度下形成临界流体）。

（三）预榨浸出制油技术

预榨是相对于热榨提出的改进措施。对亚麻籽而言，不要求通过压榨来最大限度地获取亚麻籽油，适当降低亚麻籽进压榨机的温度，采用不轧胚让完整亚麻籽经过热处理后进榨油机的方法，可以使压榨油的品质得到明显提升，压榨油的色泽得到显著改善，过氧化物值保证在产品质量控制指标以内，这为后续压榨油的精炼创造了良好的条件，可以通过比较简便的办法实现油脂的精炼以满足产品质量指标的要求，压榨油中的微量脂溶性营养成分得以最大程度被保留。经过预榨得到的亚麻籽饼是一种多孔的疏松物料，适合采用溶剂浸出其中残留的亚麻籽油。通过预榨浸出工艺，可以得到与压榨油和浸出油品质完全不一样的亚麻籽油，基本上可以将亚麻籽中98％以上的油提取出来。目前，正在亚麻加工行业中推广和普及这一加工技术。

（四）超临界 CO$_2$ 萃取技术

超临界 CO$_2$ 是一种绿色洁净的流体。人们每天都在不断与 CO$_2$ 打交道，它是一种基本上对人体无毒的物质（当然人在高浓度的 CO$_2$ 气体中会窒息），在高压和一定温度下成为一种流体。这种流体对油脂具有较好的溶解能力，而一旦失去压力就会成为气体，从而与所接触的物料分离。利用这一性质就可以萃取出亚麻油，得到的亚麻油具有绿色纯天然的品质。由于要保持 CO$_2$ 的超临界流体状态所需压力太高，一般在8MPa以上，目前还不能实现大规模的工业生产，而且采用这一技术的生产投资相当高，生产运行费用也很高，真正实际投入亚麻籽加工的还是非常少见的，这一技术在科研领域比较多。

（五）亚麻油精炼技术

目前，除了超临界 CO$_2$ 萃取的油脂不需要精炼可直接用于食用外，其他油脂，无论是冷榨油、热榨油还是溶剂浸出油，通常称作毛油，都含有许多杂质，主要是游离脂肪酸、磷脂、色素、黏质、因油脂氧化形成的过氧化物等物质，这些物质都会影响亚麻籽油的质量，有的是加速油脂的氧化酸败，使油脂具有非常不良的风味，如哈喇味，同时这些氧化物本身具有一定的毒性，食用后会对健康造成损害；有的使油脂产生浑浊和沉淀，影响产品的外观，容易导致消费者对产品质量产生怀疑。因此，这些油脂都需要经过精炼，以达到国家及消费者认可的产品质量标准。油脂精炼包括 4 个步骤：脱胶、碱炼脱酸、吸附脱色、真空脱臭。

第二节 α-亚麻酸的功能及提取技术

α-亚麻酸学名为全顺式 9，12，15-十八碳三烯酸，非共轭立体构型，分子式为 $C_{18}H_{30}O_2$。α-亚麻酸为淡黄色油状液体，由于其高度的不饱和性，在空气中不稳定，在高温条件下易发生氧化反应，在碱性条件下易发生双键位置及构型的异构化反应，形成共轭多烯酸。α-亚麻酸作为人体必需脂肪酸，是体内各组织生物膜的结构材料，也是合成人体一系列前列腺素的前体。正常人从食物中摄取 α-亚麻酸后，经 Δ6-脱氢酶、碳链延长酶等的作用，生成一系列代谢产物，其中最重要的是全顺式-5，8，11，14，17-二十二碳五烯酸（EPA）和全顺式-4，7，10，13，16，19-二十二碳六烯酸（DHA）。

一、α-亚麻酸的生理功能

α-亚麻酸是人体必需的营养素之一，对人体有非常重要的意义。α-亚麻酸是长链不饱和脂肪酸，是人体自身不能合成的，一定要从外界摄取。亚麻籽是所有已知植物中 α-亚麻酸含量最高的食物，高达 45%～55%。α-亚麻酸比较突出的功效之一是调节血脂，具有降低血脂总胆固醇、甘油三酯、低密度脂蛋白和极低密度脂蛋白含量的作用，也可以升高血清高密度脂蛋白。

（一）α-亚麻酸是人体细胞膜的重要构成成分

细胞膜是重要的亚细胞结构单位，具有重要的生理功能，能控制电子的传递，调节营养物质进入细胞和细胞内废物排出。细胞膜由双层脂质组成，其构成成分中最多也是最基本的成分是多不饱和脂肪酸，包括亚油酸、α-亚麻酸、γ-亚麻酸、花生四烯酸、EPA、DHA 等，其中 α-亚麻酸与 γ-亚麻酸是细胞膜的重要组成成分。

（二）α-亚麻酸是人体必需脂肪酸

植物体内的多不饱和脂肪酸是单不饱和脂肪酸中至甲基端的碳原子上发生脱氢反应而合成的，动物则是在从双键至羧基端的碳原子上发生脱氢反应，即植物可从油酸向亚油酸，向 α-亚麻酸转变，动物则不能。哺乳动物缺乏在脂肪酸第九位碳原子上向甲基端位置引入不饱和双键的去饱和酶，自身不能够合成亚油酸和 α-亚麻酸，必须从食物中获取，因此只有亚油酸和 α-亚麻酸才是人体真正必需脂肪酸。

（三）人体对必需脂肪酸的需求量

在我国沿海地区，有丰富的海产品作为食物，人体一般不会缺乏 α-亚麻酸，在东北、西北、华北地区，人们食用大量的亚麻籽油，也不会缺少 α-亚麻酸。而在内陆大部分地区，α-亚麻酸主要来源于绿色蔬菜、植物油以及某些干果，α-亚麻酸及其衍生物 EPA、DHA 含量较少，应经常补充 α-亚麻酸及其衍生物 EPA、DHA 产品。2 种必需脂肪酸的每天需求量以及比例至今尚无定论，在许多国家具有相应的推荐值，大部分认为 ω-6/ω-3 值在（4∶1）～（6∶1）。有人认为，α-亚麻酸达到总能量的 0.5%～1.6% 即能满足健康所需。

二、α-亚麻酸的保健功能

(一) 降血脂、预防冠心病和动脉粥样硬化

α-亚麻酸具有显著降低血清中甘油三酯和胆固醇的作用。α-亚麻酸的衍生物 EPA 可阻止血小板与动脉壁相互作用，抑制血小板聚集，减少动脉性血栓形成，可降血脂，对预防冠心病和动脉粥样硬化非常有效。

(二) 抗肿瘤

α-亚麻酸能降低乳腺癌、胰腺癌、结肠癌和肾脏肿瘤的发生率，抑制肿瘤的生长。α-亚麻酸及其衍生物 EPA 和 DHA 具有预防肿瘤发生和抑制肿瘤细胞增殖的作用。研究表明，EPA、DHA 能预防妇女（尤其是绝经期妇女）乳腺癌的发生，其作用机制是降低了胰岛素样生长因子 I 和表皮生长因子的表达。

(三) 健脑、明目

α-亚麻酸在肝脏内能转化成 DHA。DHA 在我国素有"脑黄金"之称，不仅能预防和治疗心血管疾病，更重要的是，DHA 具有易通过血管进入脑细胞的特性，是维持脑神经、视网膜正常生理作用的必需物质，对脑细胞的形成、生长和发育起着重要作用，是人类神经细胞的重要组成成分之一。由于 DHA 易聚集于人类的视网膜中，与维持视力的敏锐性有关。视网膜中，特别是视细胞外，DHA 特别多，如果 DHA 缺乏，则视网膜反射能力恢复时间延长，视力下降。α-亚麻酸进入体内后，主要以 EPA 和 DHA 的形式存在，这对维持正常视网膜功能有重要作用。α-亚麻酸还是维持神经细胞膜完整性的必需物质，在膳食中补充 α-亚麻酸会改变神经细胞膜的物理性质，增强其应激性，从而提高学习及记忆功能。

(四) 降血压

如果摄取较多动物油脂等饱和脂肪酸，则人的血压容易升高。α-亚麻酸代谢产物能扩张血管，增强血管弹性，起到降血压作用。国外研究也表明，若正常人体内脂肪组织中 α-亚麻酸的含量增加 1%，可使平均动脉压下降 0.667kPa。此外，α-亚麻酸还通过影响肾素-血管紧张素系统，降低血液黏滞度及减弱血管对缩血管物质的反应性，降低血压。

(五) 抗炎、抗过敏

α-亚麻酸可降低多形核粒细胞及肥大细胞膜磷脂中的花生四烯酸（AA），使过敏反应发生时减少 AA 释放量，从而降低白三烯的生成。代谢产物 EPA 还有与 AA 竞争 Δ^5 去饱和酶的作用。α-亚麻酸对过敏反应中间体血小板凝集活化因子有抑制作用，表明 α-亚麻酸对过敏反应及炎症有抑制效果。研究证实，α-亚麻酸对蜡样芽孢杆菌和金黄色葡萄球菌有很强的抑制作用，与甘油一酸酯结合后作用更强。

三、α-亚麻酸的提取分离技术

由于 α-亚麻酸和 γ-亚麻酸是同分异构体，性质接近，尚无很好的分离方法。目前常用的分离方法有尿素包合法、银离子络合法、柱色谱法、分子蒸馏法以及超临界流体提取法等。

（一）尿素包合法

尿素包合法是分离、提纯脂肪酸的常用方法，主要基于脂肪酸不饱和度以及碳链长度的不同进行分离。当尿素溶解于有机溶剂中，遇到直链脂肪酸、酯、醇等有机物时，尿素分子之间通过强大的氢键力在有机物周围形成六方晶系，即尿素包合物。饱和脂肪酸易与尿素形成稳定的包合物，不饱和脂肪酸的尿素包合物一般是短而粗的晶体，性质不稳定，利用这一性质可将亚麻酸与直链饱和脂肪酸及其单烯、二烯酸分离。尿素包合法投资少，工艺简单，用此法分离饱和脂肪酸、单不饱和脂肪酸和多不饱和脂肪酸已实现工业化，但缺点是不能将碳链长度不同而饱和度相同或相近的脂肪酸分开。

（二）银离子络合法

银离子络合法是根据脂肪酸双键数量的不同，银离子与碳双键形成极性络合物，双键越多，络合作用越强，并根据作用力的不同达到分离目的的。此法被广泛应用于分离鱼油中的 EPA 和 DHA。陈文利等用银离子络合提取法纯化不饱和脂肪酸，回收率为 97.15%；张佘等用硝酸银柱色谱法分离纯化花椒籽油中的 α-亚麻酸，纯度 96% 以上。殷丽君等用硝酸银络合法从喜树种子油中提取纯化 α-亚麻酸，发现硝酸银络合最佳浓度为 4 mol/L，络合温度低于 15 ℃，时间 2 h，α-亚麻酸相对含量可达 91.25%。

（三）柱色谱法

柱色谱法主要是利用脂肪酸极性大小的差异来实现分离的，是试验和工业上用于生产高含量 ω-3 产品的有效方法。张海满等用反相液-液色谱分离 α-亚麻酸，固定相为非极性，流动相为极性，进样前对样品进行甲酯化，达到了最佳分离效果。

（四）分子蒸馏法

分子蒸馏法是利用脂肪酸相对分子质量大小的差异和分子平均自由程度的差别使液体在远低于其沸点的温度进行精细分离的方法。对设备要求较高且很难将与亚麻酸相对分子质量相近的脂肪酸分离，应用上有一定局限性。

（五）超临界流体提取法

此法通过调节温度和压力使原料各组分在超临界流体中的溶解度发生大幅度变化而达到分离目的。李桂玲等用超临界 CO_2 技术提取松仁中的亚麻酸油，回收率为 34.6%。现广泛应用的超临界流体为 CO_2，其本身是惰性气体，化学性质稳定，操作温度低于 100 ℃，大大降低了 α-亚麻酸的氧化和高温分解作用。CO_2 无污染、价格低廉、资源充足，但该法也很难将相对分子质量与 α-亚麻酸相近的脂肪酸及其单烯酸、二烯酸分离开，且对设备的要求比较高，故也有一定局限性。

上述分离 α-亚麻酸的方法各有优缺点，单一使用都不能得到高浓度、较纯净的 α-亚麻酸。为了获得高纯度的脂肪酸，常在考虑成本的基础上取长补短，将各种方法有机结合。

第三节　亚麻木酚素及其提取技术

木酚素（lignans）是一类温和的植物雌激素（类似的物质有类黄酮等），每 100 g 亚麻籽粉、碾碎的亚麻籽中含有木酚素 1.2 和 2.6μg。亚麻籽中木酚素含量要比其他 66 种食品（如水果、蔬菜、油料作物、畜禽）高 75～800 倍。因此，亚麻也被赋予"木酚素之王"的称号。亚麻木酚素对预防和辅助治疗癌症等一些严重危害人体健康的疾病具有显著的功效，具有增强人体免疫力的重要作用。亚麻木酚素的主要成分是开环异落叶松树脂酚二葡聚糖（secoisolariciresinol diglucoside，SDG），由于 SDG 在亚麻籽中并非以游离态存在，而是由 5 个 SDG 分子与其他分子结合在一起，导致难提取、难直接测定。Bakke 等的研究首次发现亚麻木酚素的主要代谢终产物开环异落叶松脂醇酚（SECO），之后通常通过测定开环异落叶松脂醇酚的含量来评估 SDG 含量。

一、亚麻木酚素的生理活性及用途

木酚素能影响人体内激素的代谢。亚麻籽中含量最高的木酚素是 SDG，SDG 在人体内可以转变成哺乳动物木酚素而发挥生物效应。木酚素之所以对人体具有保护效应是由于它能与雌激素受体竞争性结合，影响类甾醇性激素的新陈代谢，从而能抑制雌激素引起的肿瘤生长，对与性激素有关的癌症，如乳腺癌、结肠癌、子宫内膜癌和前列腺癌，具有预防作用。SDG 能减少体内组织的氧化胁迫，从而防止Ⅰ型和Ⅱ型糖尿病的发生和发展。SDG 通过减少氧化胁迫，降低血浆中胆固醇和低密度脂蛋白胆固醇的水平，增加血浆中高密度脂蛋白胆固醇的水平来减少高胆固醇性动脉粥样硬化的发生。木酚素有助于减缓肾功能的衰退，有助于狼疮性肾炎的减轻和辅助治疗。郑书国等研究表明，亚麻木酚素抑制小鼠肺癌生长及转移。刘珊等研究认为，亚麻籽木酚素可发挥预防乳腺癌的效应。Pan 等发现，亚麻木酚素对前列腺患者有康复作用。李兴勇等研究表明，亚麻木酚素对泼尼松和维甲酸所致的大鼠骨质疏松有一定的治疗作用。

开发和利用亚麻木酚素是亚麻籽精深加工和综合利用中不可缺少的重要部分，可以大大提高亚麻产品的附加值，对提升亚麻产品的竞争力，促进亚麻产业的可持续发展具有重要意义。目前，主要利用高效液相色谱法来测定含量。许光映等采用高效液相色谱-二极管阵列检测法检测了亚麻木酚素含量，冯小慧等利用高效液相色谱法测定了亚麻籽中木酚素的含量，臧茜茜等测定分析了 24 个品种的亚麻籽中木酚素多聚体的水解产物。

二、亚麻木酚素提取技术

从亚麻籽中高效提取亚麻木酚素成为当今的研究热点。目前，主要以亚麻籽粕作为原料提取亚麻木酚素，也有用亚麻籽整籽或者亚麻籽皮作为提取亚麻木酚素原料的。根据提取工艺的不同，可分为有机溶剂提取法、微波辅助提取法和超声辅助提取法。

（一）有机溶剂提取法

溶剂法是目前亚麻木酚素提取的主要工艺。主要工艺过程为醇提—分离—浓缩—碱解—酸中和。葛晓静等在 60 ℃下以 70％乙醇碱溶液（pH 12）浸泡亚麻籽 2 h，在此条件下木酚素提取率为 12.21 mg/g。溶剂提取法具有工艺流程简单、设备要求低、操作便捷等优点，同时也存在着溶剂消耗量大、提取时间长、得率较低等缺点。

（二）微波辅助提取法

在溶剂提取法的基础上采用微波辅助，可以大大缩短提取时间，并且一定程度上提高亚麻木酚素的提取率。张文斌等利用微波辅助提取法，用浓度 40.9％乙醇以 21.9 倍量在 130W 微波功率下辐照 90.5 s，亚麻木酚素得率为 21.88 mg/g。微波辅助提取法也存在不足，主要是设备不成熟，存在微波泄漏的风险，还有待完善。

（三）超声辅助提取法

超声辅助提取法可以加速有效成分的溶出，缩短提取时间，提高得率。同时，提取时温度不高，有效提高了产品的质量。徐海娥等以 70%乙醇为提取剂，超声辅助提取 30 min，亚麻木酚素提取率为 13.2 mg/g。孙伟洁等用 17 倍 70%乙醇浸泡，超声辅助 21 min，超声功率为 400W，木酚素得率6.54%。李会珍等用 17 倍 60%乙醇在 40 ℃下浸泡超声 15 min，超声功率为 400W，木酚素得率7.18 mg/g。但是，超声辅助法会使提取物中多种物质同时溶出，这为后续的分离纯化带来了一定的影响。

三、亚麻木酚素的分离纯化技术

目前用于亚麻木酚素分离纯化的方式有大孔吸附树脂法、硅胶色谱法和 Sephadex LH‑20 凝胶柱法。

（一）大孔吸附树脂法

大孔吸附树脂是层析柱填料中相对廉价的一种，在水溶性有机化合物的提纯中有广泛的应用。张文斌通过大量实验发现，用 X‑5 作为分离介质，可以纯化亚麻木酚素粗品，得到含量为 65.7%的亚麻木酚素产品，树脂回收率在 80.8%左右；李琳等采用 AB‑8 型大孔吸附树脂分离纯化亚麻木酚素粗品，得到含量为 81%的亚麻木酚素产品，树脂回收率在 78.6%左右；孙伟洁筛选了大量树脂，最终确定 AB‑8 型树脂效果最优，亚麻木酚素纯度为 66.71%。此方法具有吸附容量大、物理化学稳定性高、吸附速度快、选择性好、再生处理方便、解吸条件温和、易于构成闭路循环、使用周期长、节省费用等诸多优点，但只适用于亚麻木酚素的粗分离，要想得到纯度更高的产品，还需采用其他分离纯化方法。

（二）硅胶色谱法

硅胶柱分离的对象主要是中等分子量的物质，尤其是复杂的天然物质，这类物质的极性范围很大，对于性质相近的物质，硅胶柱能够提供很好的分离效果。张文斌采用硅胶色谱法，二次洗脱分离出亚麻木酚素样品，纯度为 91.85%，硅胶柱的回收率为 92.4%。孙伟洁通过对硅胶柱上样浓度以及洗脱速度进行研究，最终得到的亚麻木酚素纯度可以达 80.13%。硅胶色谱法所用洗脱溶剂毒性较大，且回收困难、纯化规模小、成本较高，所以很难在大生产中有效推广，具有局限性。

（三）Sephadex LH‑20 凝胶柱法

采用 Sephadex LH‑20 凝胶柱层析法分离纯化亚麻木酚素的应用迄今报道很少。该方法不仅对极性不同的物质具有一定的分离纯化作用，还具有根据分子大小不同进行排阻的能力。张文斌采用Sephadex LH‑20 凝胶柱法，二次洗脱分离得到亚麻木酚素，纯度达到 96.6%，凝胶柱的回收率为97.2%。采用 Sephadex LH‑20 凝胶柱法可以得到纯度较高的亚麻木酚素，但其价格比较高、成本投入比较大且清洗比较费时，所以此方法具有一定的局限性。

第四节　亚麻籽胶用途及其提取技术

亚麻籽由种皮、内胚乳、胚 3 个部分组成，其中种皮质量占亚麻籽全部质量的 39%，亚麻籽胶主要分布在种皮内。亚麻胶大约含 9% 的蛋白质和 80% 的多糖类物质以及可溶性膳食纤维，多糖是亚麻胶中最有效的成分之一，有广泛的药理活性，有益身体健康，被誉为"纯天然绿色食品添加剂"，可广泛运用于食品、医药、化妆品等行业。

一、亚麻胶营养成分及用途

在亚麻胶中，多糖类物质主要由酸性多糖和中性多糖组成，以酸性多糖为主。酸性多糖由鼠李糖、半乳糖、岩藻糖和半乳糖醛酸组成，其物质的量比为 4.8 : 3.1 : 1 : 3。中性多糖主要由木糖、葡萄糖、阿拉伯糖和半乳糖组成，其物质的量比为 6.0 : 3.2 : 2.8 : 1.0。亚麻胶是由中国绿色食品发展中心认定的绿色食品专用添加剂，具有营养成分高、黏性大、吸水性强、乳化效果好、对重金属有吸附解毒作用等特点，还具有护肤、美容、保健的功效。亚麻胶在降低糖尿病和冠状动脉心脏病的发病率、防止结肠癌和直肠癌、减少肥胖症的发生等方面均起到一定的作用。

成品亚麻胶为淡黄色粉状胶，便于储存、运输，可以替代果胶、琼脂、阿拉伯胶、海藻胶等用作增稠剂、黏合剂、稳定剂、乳化剂和发泡剂，在食品工业、日用化学工业及制药工业中得到广泛的应用。在低温肉制品加工中，亚麻胶用量只需卡拉胶用量的一半，生产出的产品细腻、光滑、切片不散不碎。特别是在低温冷冻条件下保存，可延长保质期，解冻后可完全恢复到原有性状。在冷制食品加工中，用亚麻胶作为添加剂，其用量是一般增稠剂的 1/3～1/2，而且有很好的乳化作用，生产出的产品膨松自然、口感细腻、冰晶极微。在挂面、方便面、果汁饮料及糕点面包中作为添加剂使用，也取得了良好效果。多年来，我国食品、精细化工行业，每年大量进口国外的阿拉伯胶、卡拉胶、瓜尔豆胶等天然植物胶，研究证明，亚麻胶的乳化性、增稠性、增塑性在天然植物胶中是最好的，而且和部分增稠剂复配使用可产生更好的效果。所以，亚麻胶完全可以替代进口的同类产品，并且出口创汇的市场前景十分广阔。亚麻胶在化妆品、医药等行业也有着广泛的应用。这主要是因为亚麻胶具有润滑、使药物加速崩解和缓释等作用，已制取出来的产品包括软膏、轻泻药水等。

二、亚麻胶提取技术和应用

亚麻籽胶有着广阔的应用前景，国内外针对其生产工艺进行了大量研究，大部分报道都以亚麻籽整籽作为提取亚麻胶的原料，也有部分报道以亚麻籽粕以及亚麻籽皮作为提胶原料，形成一系列专利技术。目前，国内实现亚麻胶工业生产主要有两种方法，一种是以水为溶剂的湿提法，生产出的亚麻胶纯度高、黏度高，但工艺生产能耗和成本都非常高；另一种是干法脱胶，采用亚麻籽或榨油后的亚麻籽饼粕进行粉碎后分离亚麻种皮，亚麻皮粉碎制成亚麻胶，这种胶黏度低，含大量的蛋白和纤维类杂质。

（一）湿法提取技术

湿法提取技术主要以水作为提取溶剂，有的研究添加酸、碱等辅助化学试剂，使亚麻籽胶得率达 10% 以上，得率较高，但借助酸、碱等辅助化学试剂的提胶技术会导致亚麻籽胶产品黏度降低及污染。所以，在实际生产中，主要还是采用直接用水提取亚麻籽胶的工艺技术。郭项雨以亚麻饼粕为原料，用 125 倍量的水在 70 ℃温度条件下提取 90 min，洗胶 1 次，冷冻干燥得亚麻胶，亚麻籽胶的得率为 32.0%。李群等以亚麻皮为原料，用 13 倍量水在 100 ℃温度条件下浸提 10 min，进行 2 次提取，最终亚麻籽胶的得率为 23.52%，黏度为 6 200 mPa·s。

在水提法的基础上，还可以采取微波辅助和超声波辅助。孙姣以亚麻籽为原料，采用微波-超声波辅助法用 17.3 倍量水在 85 ℃温度条件下提取 65 min，醇沉干燥得亚麻胶，提取率为 5.14%。梁霞以亚麻皮为原料，用 15 倍量水在 80 ℃温度条件下微波辅助浸提 40 min，喷雾干燥得亚麻胶，亚麻胶的得率为 25.7 g/100 g，1 g/1 000 g 胶液的黏度可达 3 000 mPa·s。

（二）干法提取技术

在干法提取技术中，不需要任何溶剂，主要采用研磨的方式，因此需要具有研磨性能的设备。胡鑫尧采用球磨机打磨亚麻籽，过筛分离得亚麻胶，得率达 82%～82%；班振怀采用面粉加工机分别处理亚麻籽粕和亚麻籽，亚麻籽粕筛分去除蛋白得亚麻籽皮，亚麻籽打磨得亚麻籽皮，粉碎得亚麻籽胶，得率达 25%；黄庆德、杨金娥采用砂辊打磨机打磨亚麻籽，收集亚麻籽胶粉，经过脱脂干燥得亚麻胶，亚麻胶的黏度在 250～5 000 mPa·s，得率在 3.5%～7.5%。

两种方法进行比较：用湿法提取的亚麻胶纯度更好、黏度更好，干法提取亚麻胶的工艺更简单，亚麻胶得率更高，无高温过程，但干法提取的亚麻胶黏度低，影响其应用范围。

三、亚麻胶的分离纯化技术

目前，常用的亚麻胶分离纯化方式为醇沉水洗法。鹿保鑫等洗胶 4 次，亚麻胶的得率为 8.31%；崔宝玉等醇沉干燥得亚麻胶，重复 3 次的产胶率达 13.84%；刘蕾等醇沉干燥得亚麻胶，提取率为 5.83%；孙姣醇沉干燥得亚麻胶，提取率为 5.14%；张兰用浓度 75%的乙醇进行醇沉，亚麻胶得率为 24.3%；郭项雨洗胶 1 次，冷冻干燥得亚麻胶，亚麻胶的提取率为 32.0%；李群等提取 2 次，采用醇沉干燥得亚麻胶，得率为 23.52%，黏度为 6 000mPa·s；冯爱娟等醇沉干燥得亚麻胶，提取率为 19.8%。醇沉水洗只是简单达到分离的作用，对亚麻胶的提纯效果不明显。张泽生等在醇沉的基础上，对提取的亚麻胶进行了进一步的纯化，纯化采用石灰乳-磷酸脱蛋白，80 ℃温度条件下往浸提液中加入 0.6 g/100 mL 的氢氧化钙，保温时间 50 min，亚麻胶蛋白含量可减少到 2.09%。

第五节　其他亚麻产品及其加工

亚麻籽中包含 24.5%左右的膳食纤维，可溶性与不溶性纤维的比例为 20∶80 到 40∶60，其中不溶性膳食纤维碎片在预防和治疗便秘方面起重要作用。饮食中高含量的不溶性膳食纤维可为结肠创造一个健康的微生物环境，对预防结肠癌有益处。亚麻籽中的可溶性膳食纤维碎片，在降低血浆中胆固醇水平、预防心血管疾病等方面有作用。另外，可溶性膳食纤维能够缓解血糖和胰岛素的释放，对预防和治疗糖尿病很有帮助。亚麻籽中含有约 25%的蛋白质，与大豆蛋白相比，亚麻籽蛋白质中含有更多的天门冬氨酸、谷氨酸、亮氨酸和精氨酸，丰富的维生素 A、B、E 以及大量的微量元素，具有很高的营养价值。亚麻籽蛋白质吸水性强，能充分提高产品的切片性、弹性，有效防止淀粉返生，是优质的食品加工原料或添加剂。

一、普通食品

（一）亚麻籽或亚麻籽粉的食用

由于亚麻籽中存在生氰糖苷，亚麻籽被咀嚼后，其组织结构遭到破坏，在适宜的条件下（有水存在，pH 5 左右，温度 40～50 ℃），生氰糖苷经过与其共存的水解酶的作用，水解产生氢氰酸（HCN）从而引起人畜中毒。但亚麻籽经蒸煮或烘炒后，其中的亚麻籽生氰糖苷转化成 HCN 并得以释放，从而达到脱毒的效果，因此蒸煮或烘炒后的亚麻籽可以直接食用。

(二) 亚麻籽或亚麻籽粉作为食品配料

亚麻籽常被用来与各种谷物及香味料混合制作成各种风味面包、麦片粥等食品。在我国亚麻产区，很多农村地区的人们常用亚麻粉制作亚麻酱，也把亚麻粉作为月饼、花卷的配料。随着欧美亚麻籽强化食品的流行，我国已研究开发出亚麻饼干、亚麻粉肉馅、亚麻籽营养米粉、亚麻籽营养面包、亚麻籽蛋糕等食品。除此之外，现在市面上也出现了很多其他与亚麻有关的产品，例如亚麻籽酱、亚麻籽饮料、亚麻籽软胶囊、α-亚麻酸软胶囊、亚麻蛋白粉等产品。

二、医药产品

1981年，内蒙古自治区药品检验所在蒙药材品种整理初报中报道了亚麻籽也是蒙药材，蒙古名为"玛令古"，可预防高血压、高血脂、高血糖、冠心病、动脉硬化、肿瘤、眩晕等慢性病。近年来，中国、澳大利亚、美国、日本、加拿大等国家开发了大量的亚麻籽保健产品。

Affetone发明注册了一种以亚麻籽油为主要成分的治疗炎症的营养补充剂；Adlercreutz研究表明亚麻籽和纯的亚麻籽木酚素具有明显的抗癌作用，是一种有效的抗癌剂；Melpo研究出一种利用亚麻木酚素的抗癌功能医治慢性肺病、肺癌的方法；北京万博力科技发展有限公司申请了一项"生产富含α-亚麻酸、卵磷脂、三价铬的降糖冲剂的方法"的专利，该方法通过对产蛋高峰期的鸡有规律地喂饲添加α-亚麻酸、三价铬的饲料，得到富含α-亚麻酸、三价铬的鸡蛋，再以鸡蛋为原料制备降糖冲剂；龙井民康生物制品厂与中国医学科学院药物研究所共同申请了"亚麻根提取物在制备预防和治疗肝炎药物中的应用"的专利，进一步肯定了亚麻根的医药价值。此外，亚麻油还可以作为治疗病毒性肝炎、肝硬化、淋巴结、乳腺纤维瘤、表面和深度创伤以及烧伤、止血去疤药物的原料。

三、化妆品

目前，欧美等一些地区已成功将亚麻籽油及亚麻籽活性成分开发成化妆品功能性原料，而且在多种化妆品中加入这种原料，例如：洗护用品、脸部护理用品以及身体护理用品等一系列产品。这主要得益于亚麻籽油中α-亚麻酸的含量极高，是一种天然的植物油，具有的渗透性和延展性都是化妆品用油所需要的。美国BATORY公司将其作为保湿和护肤、护发功效成分添加到护肤和护发产品中，开发出商标为QLIFE® LINSEED的皮肤和头发护理系列产品。杨发震等用乳化法制备出一种稳定性较好，并且具有一定的减缓皮肤衰老和保护肌肤作用的亚麻籽油软膏（W/O型）；黄凤洪等发明了一种天然、无刺激、无损伤、对面部皮肤细胞还具有一定护理保健作用的含亚麻籽油的洗面膏。

四、动物饲料

研究表明，亚麻籽中富含必需脂肪酸，而且$\omega-6$和$\omega-3$比率适合，可用作动物或宠物饲料，喂食亚麻籽的宠物皮毛健康，大脑细胞发育健康，学习能力明显提高。近年来研究发现，在鸡饲料中添加亚麻籽，鸡蛋蛋黄中富集的$\omega-3$脂肪酸比普通鸡蛋提高7~10倍，一个大鸡蛋几乎可以提供α-亚麻酸日摄入需求量的一半。添加亚麻籽到肉鸡饲料中，也增加了禽肉中$\omega-3$脂肪酸的含量，改变方式与鸡蛋蛋黄脂肪酸组成的改变方式相似。在牛肉、猪肉、牛奶中，均可以得到相同的效果。例如，为肉牛补充一定比例的亚麻籽能够提升肉的价值，提高其功能特性，并促进健康。亚麻籽可以持续地增加肉牛食用组织中有益$\omega-3$脂肪酸的水平。研究表明，亚麻籽中的$\omega-3$脂肪酸通过抑制某些炎性化合物而明显影响免疫响应，这些化合物破坏肺组织，损害动物的未来表现。通过沉默这些炎症反应过程，亚麻籽的 $\omega-3$ 脂肪酸可以提高抗生素治疗的响应，并且导致更低的生产投入。

五、亚麻饼粕

过去，亚麻饼粕主要用于制作饲料。加拿大农业部农业中心从事食品增值加工技术的专家们研究发现，亚麻饼粕中富含木酚素，并成功研究出从亚麻籽饼中提取木酚素的专利技术。木酚素有抗癌和防癌的作用，特别是对前列腺癌、乳腺癌、结肠癌疗效显著，目前木酚素的药用研究已进入临床试验阶段。

六、亚麻秆

（一）亚麻纤维用作纸浆填料

油纤兼用亚麻品种出麻率为 $12\%\sim17\%$，亚麻纤维的特点是细柔而强韧、耐磨、抗腐蚀。为了达到必要的强度，再利用纸加工过程中必须在纸浆中加入 20% 的硬质天然木材，而亚麻纤维强度远高于天然木纤维，即使用更少量的亚麻纤维可代替天然木纤维，降低成本，节约资源。

（二）亚麻纤维制作隔离板

利用亚麻纤维制作的隔离板，其隔离性能与目前采用的玻璃纤维相类似，而且亚麻纤维隔离板易于分解，符合环保。目前，西欧国家对以亚麻纤维为原料制作的隔离板的需求量高速增长。

（三）亚麻纤维制作塑料合成物

为了增加强度、减轻重量，许多日用塑料制品中含有玻璃纤维。亚麻纤维通常比玻璃纤维更轻、更便宜、弹性更好，而且易于分解或燃烧。在欧洲，塑料制品方面对亚麻纤维的需求高速增长，在北美洲也出现了这样的趋势，最大的用户是汽车零部件制造商。

（四）亚麻纤维制作地膜

利用亚麻纤维制造可降解的地膜，目前在日本已经取得成功。它与用废纸制作的纸地膜相比，又结实又轻，还具有防虫效果；100 m 的地膜质量只有 3 kg，而其他材料 100 m 地膜的质量在 10 kg 以上。可降解地膜的使用可解决废地膜产生的白色污染，该产品的市场前景广阔。

第七章

亚麻种质主要病害及其综合防控技术

国外报道危害亚麻的病害有 15 种之多，其中国际上危害严重的病害主要有北美洲的锈病（*Melampsora lini*）、欧洲的派斯莫病（*Septoria linicola*）和亚洲的枯萎病（*Fusarium oxysporum* f. sp. *lini*），是影响当地亚麻产量的主要病害。亚麻曾被作为植物抗病性研究的模式植物进行了大量的研究，在亚麻抗锈病研究方面取得了较大的成就。在我国，亚麻主要分布在干旱、冷凉的西北、华北和东北的部分地区，目前主要发生的亚麻病害有枯萎病、白粉病和派斯莫病。

第一节 亚麻枯萎病的发生及综合防控技术

亚麻枯萎病是亚麻生产中最主要、最具毁灭性的病害之一。早在 20 世纪初，由于亚麻枯萎病的发生，北美地区的亚麻生产不断地向新开垦的土地转移，以避开土传的亚麻枯萎病，直到 20～30 年代选育出 Bison、Redwing、BolleyGolden 等抗亚麻枯萎病品种后，亚麻生产才得以在同一地区大面积进行。1894 年，在美国北达科他州农业试验站建立了亚麻抗枯萎病鉴定病圃，到现在已有 120 多年的历史。Spiemeyer 等利用限制性片段长度多态性（RFLP）基因连锁图谱鉴定出亚麻 2 个数量基因座对抗枯萎病的"主效作用"，说明即使抗性是由多基因控制的，也可以通过其中的 1 个或几个基因座（具有主效作用）来解决。国外学者通过各种手段间接地研究了抗枯萎病机制，许多研究表明，植株感染枯萎病后，与抗病有关的几种酶（苯丙氨酸解氨酶、过氧化物酶、多酚氧化酶）有明显的变化。1961 年，在美国北达科他州立大学 Mandan 试验站育成第一个兼抗亚麻锈病和枯萎病的亚麻品种——Renew。荷兰 Kroes、Baayen 和 Lange 对由亚麻枯萎病引起的根腐进行了组织学研究。

亚麻枯萎病在我国也早有发生，但由于当时未形成较大危害，一直没有引起足够重视，直到 20 世纪 70 年代末，该病才表现出严重的危害，并有逐年上升的趋势。1980 年，最早在新疆伊犁地区严重发生，面积达 3 753 hm²，占该地区亚麻种植总面积的 12.58%。20 世纪 80 年代中期以来，该病害在我国亚麻主产区普遍蔓延。20 世纪 90 年代，我国的高抗枯萎病系列品种育成并应用后，亚麻枯萎病的危害才得以控制。杨万荣、薄天岳将 28 份亲本、F1、F2 及 BC1 材料同年种植在自然病圃，生育期间调查枯萎病发病情况，分析 F1 与亲本的抗病性关系、F2 抗病遗传表现以及抗病性的回交效应。结果表明，高抗枯萎病品种资源具有的抗性属于细胞核显性遗传，适宜在早代进行严格选择，适合进行回交转育。刘信义、薄天岳等曾于 1992—1995 年用 8 个抗病和感病亚麻品种连年种植在河北、山西、内蒙古、甘肃、新疆等地发病均匀的地块，进行亚麻枯萎病菌致病性的监测试验，结果表明，几个感病品种，如晋亚 2 号、天亚 2 号，在国内不同地点均表现高度感病；几个抗病品种的抗病性虽然在不同地点存在着差异，但是，较感病品种发病率均显著降低。事实上，我国不同育种单位育成的抗枯萎病亚麻品种，如内亚 9 号、陇亚 7 号、天亚 5 号、晋亚 6 号、伊亚 2 号等，在我国亚麻品种联合区域试验的各个试验点均表现高抗枯萎病，这表明我国亚麻枯萎病菌至今没有出现明显的生理小种分化。目前，针对亚麻枯萎病开展了一系列研究。

一、亚麻枯萎病病原菌及其发病机制

（一）病原菌

亚麻枯萎病又称亚麻萎蔫病，是主要由尖孢镰刀菌亚麻专化型 *Fusarium oxysporum* f. sp. *lini* 引起的世界性病害，各国亚麻种植区都发生过枯萎病。其病原菌属半知菌类（Imperfecti fungi）、丛梗孢目 Moniliales、瘤座孢科 Tuberculariaceae、镰刀菌属 *Fusarium* 的尖孢镰刀菌 *F. oxysporum*。在我国宁夏地区亚麻枯萎病株上分离到的菌株为尖孢镰刀菌芬芳变种 *F. oxysporum* subsp. *redolens*。Kroes 等对亚麻枯萎病菌与亚麻寄主相互关系的研究表明，不同亚麻枯萎病菌之间的致病性存在明显差异，但亚麻枯萎病菌与亚麻品种之间的相互作用关系不明显，不能确定小种的专一性。张志铭等的研究结果也表明，亚麻枯萎病菌没有出现明显的生理小种分化。王海平等采用酯酶同工酶技术将来自我国亚麻主产区的 17 个枯萎病原菌株分为 4 个酯酶型，结果表明，同一地区菌株间致病性差异不显著，不同地区菌株间致病性差异显著。孟兆军通过田间系统调查、病原分离与回接观察、病田土壤生物测定及盆栽或病圃鉴定，指出由于受生态条件影响，亚麻品种在病原种间的致病性上存在明显差异。王小静等从亚麻根部分离出尖孢镰刀菌 *F. oxysporum*、茄病镰刀菌 *F. solani*、串珠镰刀菌 *F. moniliforme*、半裸镰刀菌 *F. semitectum*、砖红镰刀菌 *F. lateritium* 5 个种的 101 个菌株，确定其病原菌为尖孢镰刀菌，87 个镰刀菌菌株致病性之间差异显著。

（二）发病机制

关于亚麻枯萎病的发病机理有两种看法。一种认为，菌丝体和小孢子的大量繁殖，特别是病原菌分泌的甲基酶，使导管内壁的果酸物质被分解，水分和养分的运输变得困难，同时由于果酸物质的破坏，酚化物被分离并被真菌和寄主的多酚氧化酶氧化，导管变成褐色。另一种观点认为，病原菌产生的镰刀菌酸破坏了叶肉细胞原生质膜的通透性，使植物吸水困难，无法补充因蒸腾作用而失去的水分，而镰刀菌酸在植物体内可以螯合铜、铁、镁等金属离子，植物因失去叶绿素而枯死。但没有详细的数据资料可以证明这种观点。

二、枯萎病症状及分级标准

（一）病害症状

枯萎病在整个亚麻生长发育期均可发生，在低温高湿条件下，发病率明显增高。亚麻在不同生育期的感病表现各不相同：苗期感病，地上部萎缩猝死，紧贴地面枯萎，呈黄褐色，形如火烧；枞形期感病，感病株生长发育速度明显低于正常株，顶部后生叶小，叶间距缩小，下部叶多呈枯黄色，表现为"小老苗"，病株多在现蕾前后枯死；成株期感病，病株株高低于健株，长势衰弱，分茎和分枝减少或无分枝、无分茎，叶自下而上逐渐黄化，甚至枯萎死亡，根系逐渐被破坏变成褐色，维管束变成褐色，甚至全株枯死，此时茎虽能保持直立状态，但植物的根部全部被破坏，可以被轻松地从土壤中拔出。在土壤湿度较高的情况下，可以在植株的根部和茎部发现粉红色和白色的霉菌层。

（二）分级标准

亚麻枯萎病从苗期至收获期均有发生，主要通过土壤传播，其次是种子带菌传播，产生的危害较严重。种植抗枯萎病品种是防治亚麻枯萎病最经济有效的办法，所以对品种的抗枯萎病鉴定尤其重要。张辉等在多年鉴定试验工作的基础上，对试验结果进行了总结，起草了《胡麻品种抗枯萎病田间鉴定方法》（DB15/T 550—2013），通过制订胡麻抗枯萎病的分级标准与调查方法，为选育抗枯萎病胡麻新品种提供技术标准。农业农村部2021年颁布的行业标准《农作物品种试验规范 油料作物》对分级标准进行了修订。亚麻枯萎病抗病性调查方法为出苗期调查出苗率，记录总株数，之后分别在枞形期、现蕾期和青果期进行三次抗病性调查，并拔除枯萎株。统计枞形期到青果期的总枯死株数，计算总枯死株率（Dr），单位为％。

$$Dr\% = \frac{三次调查枯死株总数}{总株数} \times 100\%$$

抗枯萎病程度按 Dr 值大小划分为 5 个级别：高抗（HR），Dr＜5％；抗病（R），5％≤Dr＜20％；中抗（MR），20％≤Dr＜50％；感病（S），50％≤Dr＜80％；高感（GS），80％≤Dr。

三、亚麻种质资源抗枯萎病鉴定

内蒙古自治区农牧业科学院亚麻课题组于1982年建立亚麻抗枯萎病鉴定病圃。该病圃病菌量大，分布均匀，符合做抗病鉴定的要求，是农业农村部指定的国内开展亚麻抗枯萎病鉴定的单位，负责对全国亚麻联合区域试验材料进行抗枯萎病鉴定，共鉴定出天亚5号、天亚7号、陇亚7号、陇亚10号、陇亚12号、陇亚13号、陇亚杂2号、陇亚杂3号、定亚22号、定亚23号、轮选1号、轮选2号、内亚9号、晋亚8号、晋亚9号、同亚9号、同亚12号、坝亚7号、坝选3号、宁亚17号、伊亚6号21个抗枯萎病品种通过国家审（鉴）定。2008年开始对国家特色油料产业体系亚麻育种专家提供的高代材料和资源材料进行抗枯萎病鉴定。截至2020年12月，从1 186份材料中筛选鉴定出高抗枯萎病材料105份，为育种专家选育综合性状优良的品种提供了准确的抗病性信息。2017年，国家开始对亚麻实行新品种登记制度，张辉研究员被农业部指定为亚麻新品种登记的抗病鉴定专家，负责全国亚麻新品种登记的抗枯萎病鉴定工作，累计对32份拟登记亚麻新品种进行了抗枯萎病鉴定。

内蒙古自治区农牧业科学院亚麻课题组采集了我国甘肃、宁夏、内蒙古、河北、山西和新疆6个亚麻主产区枯萎病样本，利用简单重复序列间扩增（ISSR）技术开展了亚麻枯萎病菌遗传多样性及群体结构变异研究。首先，根据培养特征和镜检孢子形态等形态学特征，初步判断分离纯化得到的678株菌株均为尖孢镰刀菌。其次，通过内源转录间隔区（ITS）序列确定96株菌株为尖孢镰刀菌。最后，对确定为尖孢镰刀菌的96株菌株进行 ISSR 分析。利用软件 NTSYS 分析 ISSR 图谱原始二元数据，计算出菌株之间的遗传相似系数，构建聚类树状图。当相似性系数为0.88时，96株供试菌株被分为5个类群，并与地理来源存在相关性。从聚类结果看，第五类群亚类Ⅴ包含了除河北之外的其他5个省份的菌株，并以山西和甘肃的菌株为主，这说明我国亚麻主产区的枯萎病菌是一个病菌。随着寄主、环境等因素改变，病菌的发育进化使得各省（区）的病原菌出现了一定程度的遗传重组和差异。河北坝上地区菌株的差异可能是由地理环境和生态差异导致的。研究结果表明，来源不同的尖孢镰刀菌株间，除形态性状出现一定程度差异之外，在 DNA 分子水平上也出现了明显差异，其基因在简单重复序列（SSR）区域的多态性比较复杂且分化明显，因此，ISSR 标记能显示出各菌株分子水平上的遗传多样性。同时说明，ISSR 分析技术可以分析尖孢镰刀菌种内菌株的遗传多样性。不同地区病菌 DNA 水平上的差异说明其致病力也存在着差异，给我国亚麻抗枯萎病品种选育提出了新的挑战。

四、亚麻枯萎病病原菌尖孢镰刀菌的致病机制

植物的真菌致病机理比较复杂，有多种致病因子参与侵染寄主植物组织的过程。这些致病因子

中，有参与信号识别及信号传导的，有破坏降解植物细胞壁的，如细胞壁降解酶类等，还有植物毒素类、抵抗寄主防卫反应的酶类及小分子物质等，这些致病因子共同起着作用，相互协作。其中，细胞壁降解酶类和植物毒素类在致病力表现中较显著，甚至不可缺少。张辉及其团队重点比较了在致病性尖孢镰刀菌非致病性尖孢镰刀菌侵染过程中毒素和几种细胞壁降解酶的产生情况，结果表明在致病性尖孢镰刀菌侵染过程中毒素、蛋白酶、淀粉酶和果胶酶的产生速度和产量均高于非致病性尖孢镰刀菌。

（一）毒素产生测定

实验原理为尖孢镰刀菌产生的一些有毒次生代谢产物可以抑制种子的萌发，通过分析种子的萌发率来判断是否有毒素产生。

分别用培养过致病性尖孢镰刀菌和非致病性尖孢镰刀菌的马铃薯葡萄糖水（PDB）培养基、改良Fries培养基和查氏培养基滤液浸泡亚麻种子。结果显示，直接用培养基浸泡的亚麻种子，萌发率可以达到98％左右；用培养过非致病性尖孢镰刀菌的培养基滤液浸泡过的亚麻种子，萌发率可以达到80％左右；用培养过致病性尖孢镰刀菌的培养基滤液浸泡过的亚麻种子，萌发率仅达到40％左右，而且即使种子萌发，其芽长也受到抑制。本实验说明，致病性尖孢镰刀菌在侵染过程中产生的毒素要比非致病性尖孢镰刀菌多，说明尖孢镰刀菌可以通过产生毒素进行侵染。

（二）蛋白酶产生测定

实验原理为蛋白遇氯化汞溶液变浑浊。如果尖孢镰刀菌可以产生蛋白酶，就会将蛋白降解，在培养基中加入氯化汞溶液（5％氯化汞，2 mol/L 盐酸，蒸馏水100 mL）就会产生透明圈。根据透明圈的产生与否来判断是否有蛋白酶产生。

结果显示，致病性尖孢镰刀菌和非致病性尖孢镰刀菌培养基上均有透明圈产生，说明它们均有产生蛋白酶的能力。但是，从透明圈直径和菌落直径的大小来看，致病性尖孢镰刀菌透明圈直径和菌落直径基本一致，非致病性尖孢镰刀菌透明圈直径远小于菌落直径，说明致病性尖孢镰刀菌菌丝生长的速度与蛋白酶的分泌几乎是同步的，非致病性尖孢镰刀菌蛋白酶的产生速度要滞后于菌丝生长的速度。本实验说明，致病性尖孢镰刀菌在侵染过程中产生的蛋白酶要比非致病性尖孢镰刀菌多而且速度更快，说明尖孢镰刀菌可以通过产生蛋白酶进行侵染。

（三）淀粉酶产生测定

实验原理为碘遇淀粉变蓝。如果尖孢镰刀菌可以产生淀粉酶，就会将淀粉分解，培养基中加入0.3％的碘-碘化钾溶液，不会变蓝，而是产生透明圈。根据透明圈的产生与否来判断是否有淀粉酶产生。

结果显示，致病性尖孢镰刀菌和非致病性尖孢镰刀菌培养基上均有透明圈产生，说明它们均有产生淀粉酶的能力。但是，从透明圈直径和菌落直径的大小来看，致病性尖孢镰刀菌透明圈直径和菌落直径基本一致，非致病性尖孢镰刀菌透明圈直径远小于菌落直径，说明致病性尖孢镰刀菌菌丝生长的速度与淀粉酶的分泌几乎是同步的，非致病性尖孢镰刀菌淀粉酶的产生速度要滞后于菌丝生长的速度。本实验说明，致病性尖孢镰刀菌在侵染过程中产生的淀粉酶要比非致病性尖孢镰刀菌多而且速度更快，说明尖孢镰刀菌可以通过产生淀粉酶进行侵染。

（四）果胶酶产生测定

试验原理为果胶质遇钌红溶液会变色。如果尖孢镰刀菌可以产生果胶酶，就会将果胶质分解，加入0.03％钌红溶液，不会变色，而是产生透明圈。根据透明圈的产生与否定性判断是否有果胶酶产生。采用二硝基水杨酸（DNS）法定量测定果胶酶活性。

定性测定结果显示，致病性尖孢镰刀菌和非致病性尖孢镰刀菌培养基上均有透明圈产生，说明它们均有产生果胶酶的能力。但是，从圈的透明度来看，致病性尖孢镰刀菌产生的透明圈大且亮，非致病性尖孢镰刀菌产生的透明圈小且浅。定量测定结果显示，致病性尖孢镰刀菌果胶酶产量（$17.62\mu/g$）显著（$P<0.05$）高于非致病尖孢镰刀菌果胶酶产量（$6.58\mu/g$）。本实验说明，尖孢镰刀菌可以通过产生果胶酶进行侵染。

五、枯萎病对亚麻生理生化指标的影响

生活在自然界的植物，会面临各种各样的环境胁迫（如病原菌侵染、干旱、冷冻等）。受到逆境胁迫时，其细胞膜结构被改变、体内酶活性降低、光合作用受到抑制，这使得正常的生理、生化代谢过程产生紊乱，其体内积聚过多的有害物质。植物受到胁迫时，其光能吸收率会降低，从而固定 CO_2 的能力受到抑制，氧等电子受体被还原，产生了超氧阴离子自由基（$O_2^{\cdot-}$），再触发一系列反应，最终导致植物体内活性氧（ROS）大量猝发。过剩的 ROS 会对植物体内的细胞器造成损伤。当植物细胞膜周围的活性氧浓度超过正常值，膜脂会被氧化生成丙二醛（MDA），含量相对较高的 MDA 也会对植物造成一定程度的伤害。因而，植物在长期进化过程中为了应对环境胁迫引起的各种伤害，其体内的免疫应答反应可被 ROS 激活，同时，随着胁迫的持续以及有害物质的累积，植物通过调用、合成渗透调节物质来保护自我。植物还进化形成了完善的抗氧化系统来维持 ROS 的代谢平衡。过氧化物酶（POD）和超氧化物歧化酶（SOD）是存在于植物细胞内、清除过剩 ROS 的关键酶。对抗枯萎病品种和感枯萎病品种根部 MDA、POD、SOD 含量进行分析测定，结果显示抗枯萎病品种根部 POD、SOD 含量均高于感病品种，MDA 含量低于感病品种，这说明在枯萎病菌侵染下，抗病品种可通过产生 POD、SOD 来防御病原菌侵入并保护自身细胞免受伤害。

六、防治策略

（一）选择抗病品种

选择抗病品种是防治亚麻枯萎病的根本措施，避免了因引进亚麻枯萎病病原菌与当地病原菌混合产生的变异导致新的生理小种的出现，使抗病品种退化，丧失抗病性。如抗病品种内亚9号、伊亚4号、陇亚7号等。

（二）化学防治

常用药剂为15%粉锈宁可湿性粉剂、50%多菌灵可湿性粉剂或40%福美双粉剂等，通过拌种防治枯萎病。Mueller 等研究表明，杀虫剂等化学农药也可以防治真菌。长期施用化学药剂，会使部分病原菌产生耐药性，而且化学药剂有副作用，残留严重，会对环境造成较大污染，不利于农田土壤的健康发展。

（三）实行严格的轮作制度

亚麻种植中，实行轮作轮换才能减轻病害，增产增收。研究表明，亚麻与小麦间作或轮作可以改变土壤理化性质，提高土壤酶活性，降低土壤自毒作用，改变土壤微生物菌群结构，降低土壤细菌多样性。研究认为，由于亚麻枯萎病的病原菌可以寄生在大豆和豌豆植物中，因此大豆和豌豆不应作为亚麻的前、后茬作物。

（四）生物防治

生物防治可以利用细菌在生长过程中产生的脂肽类抗生素或其他抗菌物质，例如枯草芽孢杆菌、解淀粉芽孢杆菌、凝结芽孢杆菌、蜡样芽孢杆菌、地衣芽孢杆菌、短小芽孢杆菌等。

七、亚麻枯萎病生物防治菌剂

为筛选拮抗亚麻枯萎病菌的生物防治微生物，对采自我国不同省份的亚麻根围土壤进行细菌分离和拮抗菌筛选，筛选出了对亚麻枯萎病病原菌有较强拮抗作用的 3 株生物防治菌株——枯草芽孢杆菌、放线菌和萎缩芽孢杆菌。

（一）枯草芽孢杆菌 XJ2‑20

XJ2‑20 盆栽试验的亚麻枯萎病防效可达 56.3%，对 151 株尖孢镰刀菌菌株的抑菌率最高可达 64.5%，其发酵滤液可抑制尖孢镰刀菌生长及抑制分生孢子萌发。菌株 XJ2‑20 抑菌活性物质的最佳硫酸铵沉淀浓度为 70%，活性物质对热和胰蛋白酶敏感，最适 pH 为 7。其最佳发酵条件为 LB 液体培养基（初始 pH 7.2），每个 300 mL 三角瓶的装液量为 50～100 mL，29 ℃培养 5 d。

（二）放线菌 GS2‑1

GS2‑1 对 151 株尖孢镰刀菌均有较好的抗性，抑菌率最高可达到 73.9%。其发酵液可导致镰刀菌孢子膨大变形，菌丝折叠断裂。其最佳发酵条件为培养时间 6 d，温度 29～32 ℃，初始 pH 7.2，装液量 100 mL（300 mL 三角瓶），培养基为改良 2 号液体培养基。其抑菌活性物质可以被氯仿萃取，并且具有较好的热稳定性，最适 pH 7～9。盆栽试验结果表明，GS2‑1 菌剂对亚麻枯萎病的防效 93%以上植株在 50%～68.8%。

（三）萎缩芽孢杆菌 SF1

SF1 对尖孢镰刀菌的抑菌率可达 51.53%。菌丝向上接种、种龄 8 h、发酵时间 24 h、常温下分离纯化、pH 7、28 ℃培养 105 h 时，菌株 SF1 的抑菌活性最强。萎缩芽孢杆菌 SF1 对绝大多数分离的致病菌都有良好的抑菌效果。

第二节　亚麻白粉病的发生及综合防控技术

亚麻白粉病是全球大部分亚麻种植区常见的一种病害。近年来，由于气候变暖等原因，白粉病在亚麻主产区如中国、印度、加拿大等地时有大面积暴发，严重影响了亚麻的产量和品质，逐渐引起了相关研究者的重视。亚麻白粉病日趋成为我国亚麻产区的一种常发病，在亚麻生长后期全田大发生。杨学等人于 2004—2005 年在亚麻生长季节定期定点观察亚麻白粉病发生程度，分析温度、湿度、光照等气象因素及不同播种密度、不同播期对亚麻白粉病发生发展规律的影响。何建群等人于 2004—2006 年对云南大理宾川亚麻白粉病发病的 6 个级别进行多点取样调查，结果表明白粉病发病程度对亚麻经济性状和产量、质量的影响较大。据李广阔 2007 年调查亚麻白粉病在新疆的发生及危害情况的结果显示，亚麻白粉病在新疆亚麻种植区已成为亚麻田的主要病害。

一、亚麻白粉病发生规律

有关亚麻白粉病的记载最早可追溯到 1869 年。此后，研究者相继发现，不同地区亚麻白粉病的致病菌也不尽相同，例如在英国，亚麻白粉病病原菌为 *Erysiphe polygoni*、*Sphaerotheca lini* 和 *Oidium lini*；在日本，为 *E. polygoni* 和 *O. lini*；在印度，为 *O. lini* 和 *Leveillula taurica*；在俄罗斯，为 *E. cichoracearum* 和 *S. lini*；在美国，为 *E. cichoracearum*；在加拿大和中国，一般为 *O. lini*。可见，*O. lini* 是亚麻白粉病最普遍的致病菌。*O. lini* 的分生孢子梗为单细胞，由菌丝上长出，顶端着生串分生孢子。分生孢子圆筒形、无色，其大小因气候环境的不同而有所区别，在（6.0～36.6）μm×（12.2～40.5）μm，一般温度高的地区，该菌的分子孢子较大。分生孢子由顶端向下逐渐成熟并脱落，在生育后期菌丝层中出现黑色小点状的子囊壳，大小为（27.0～46.5）μm×（33.0～105.0）μm，此为白粉菌的有性世代。子囊孢子椭圆形、无色、单胞，大小为（1.5～4.5）μm×（4.0～10.5）μm。目前，尚无对亚麻白粉菌的生理小种进行鉴别的相关报道。亚麻白粉病在亚麻各个生育期均可发生，但主要在成株期造成危害。一般由植株下层叶片逐渐向上部感染，在叶片正面形成小块白色粉状薄层或绢丝状光泽斑点，此为病原菌的菌丝体、分生孢子和分生孢子梗，之后病斑逐渐扩大，并侵染至叶片背面、叶柄、茎秆、花器等，至后期严重时也可侵染蒴果，形成圆形或椭圆形且呈放射状排列的一层白粉状物质。随着病情发展，粉状物的颜色变成灰色或淡褐色，上面散生黑色小粒，此为子囊壳。被侵染的植株器官逐渐失绿，叶片提前变黄，茎秆发青，最后枯死。子囊壳在土壤中种子表面或病残体上越冬，翌年子囊壳中的子囊孢子在温度和湿度适宜的条件下扩散传播，引起初次侵染，后由白粉状霉层产生大量分生孢子，发病后经风雨、昆虫、机械或人力传播等，引起再侵染。在亚麻的生长季节中，再侵染过程可重复多次，造成病害蔓延扩大，最终导致白粉病的危害症状逐步加重。亚麻白粉病具有发病时间短、流行速度快的特点，在阴雨、高湿条件适宜发生。其病原菌适应温度范围广，分生孢子在 15～30 ℃均可以萌发，但最适宜发生流行的温度为 20～25 ℃，过高或过低都会抑制其流行。白粉病菌侵染亚麻地上器官——茎、叶及花器，造成落叶、早枯、原茎光泽度差、种子结实率低、千粒重低，严重影响亚麻原茎、籽粒及纤维的产量和质量，给亚麻生产带来较大的损失。据研究，白粉病严重时可造成亚麻原茎产量损失 73.40% 以上，籽粒产量损失 78.22% 以上。因此，目前急需加强亚麻白粉病植物病理学方面的研究，分离并鉴定生理小种，建立一套鉴别寄主的方法，进一步从解剖学、生理学及生物化学方面，探讨亚麻白粉病感染和症状出现的特征，可为亚麻白粉病的防治提供基础支撑。

二、亚麻白粉病的分级鉴定标准及抗性评价方法

我国对于亚麻白粉病的鉴定及抗性评价一般采用病情指数法，但是对病情指数分级标准的界定尚未统一，同时对于抗性评价的划分标准也不尽相同。大部分研究者采用 0～7 级分级标准来描述病情的危害程度，但也有相关研究采用 0～5 级和 0～9 级分级标准。这就有可能造成同一份材料在不同的试验中得到不同的抗性结果。从分级原理上来说，分级越细，鉴定结果越准确，但是，在对大量（如几百、上千份）种质资源进行人工观察鉴定时，这会极大地增加工作量，同时对鉴定者鉴定水平的要求也非常高，这在一般的研究工作中难以实现。2016 年，国家农作物种质资源平台制定了亚麻白粉病的鉴定标准及抗性评价方法，解决了长期以来在该项研究中缺乏统一标准的问题。该评价方法分为 0～5 级，对发病症状的描述较为详细，在实际工作中具有较好的可操作性。印度研究者一般采用 0～5 级分级标准，而加拿大的 Rashid 等则采用 0～9 级分级标准。两者的共同之处是均通过计算叶片或植株被侵染面积的百分数来分级，并直接用不同的级别进行抗性评价。

三、亚麻白粉病的防治策略

目前，主要通过种植抗病品种、优化栽培方式以及喷施药剂相结合的方式对亚麻白粉病进行综合防治。其中，培育和推广种植抗病品种是最为经济、环保的措施，因此，搜集并引进国内外亚麻种质资源进行抗病性鉴定评价，筛选出优良的抗病亲本材料，并加强抗病种质资源的创制，进一步通过杂交转育等方式进行抗病品种的培育，是解决这一问题的必要措施。优化栽培管理方式也可有效预防和减轻白粉病的发病规模和程度。主要栽培管理措施有选择土层深厚、土质松散、排水良好的地块；播种前用多菌灵可湿性粉剂等拌种，并适时播种，合理密植；适时、适量施肥，多施用有机肥，并合理搭配氮、磷、钾与微量元素；生育期内及时防治虫害、清除田间杂草，并在收获后及时清除植株残体，减少菌源残留和传播。在利用药剂防治亚麻白粉病时，应尽量选用高效、低毒、低残留的化学药剂，同时鉴于该病具有发病时间短、流行速度快的特点，应在发病初期及时喷施农药，之后视病情发展隔 7 d 喷施 1 次，连喷 2~3 次，可有效控制病情蔓延。目前，国内所采用的防治亚麻白粉病的药剂类型主要有三唑类、丙烯酸酯类、有机氯类等（表 7-1）。

表 7-1　亚麻白粉病的常用药剂及其防效

药剂类型	药剂名称	防效/%
三唑类	三唑酮（粉锈宁）	72.53~85.10
	氟硅唑（福星）	47.56~100
	戊唑醇（好力克、立克秀）	95.26
	烯唑醇	94.93
	苯醚甲环唑	100
	腈菌唑	98.74
丙烯酸酯类	醚菌酯	79.4
	苯醚菌酯	79.6
二甲酰亚胺类	异菌脲（扑海因）	45.52~84.94
有机氯类	四氯间苯二腈（百菌清）	5.62~94.27
混合型	硫黄·三唑酮	70.9~94.4
	醚菌·啶酰菌	76.6
	烯肟·戊唑醇	75.9
	锰锌·腈菌唑（飞歌）	48.68~97.11

第三节　亚麻派斯莫病的发生及综合防控技术

派斯莫病又称斑点病或斑枯病，是一种检疫性病害。据国外文献报道，该病于 1911 年最先在阿根廷发现；1930 年苏联引进非洲亚麻种子时发现该病，1934 年宣布该病为对外检疫对象。派斯莫病在世界各亚麻种植国均有发生，该病在英国亚麻上普遍发生。1916 年，派斯莫病被首次记载；1936 年，在南斯拉夫被记载；1938 年，Wollenweber 描述了病原菌的完整形态，与 *Sphaerella linorum* 相似，产生气流传播的子囊孢子；1942 年，Garcia-Rada 将病原菌重命名为 *Mycosphaerella linorum*；1946 年首次在爱尔兰被记载，1976 年在苏格兰被记载，1985 年在英国约克郡被记载。1955—1957

年，在波兰的几个试验站中，研究者们鉴定了亚麻派斯莫病的第一症状。1999 年，立陶宛报道，派斯莫病菌 *Septoria linicola* 是腔胞纲 Coelomycetes 的一个新种。该新种发现于立陶宛的两个地区而且受派斯莫病菌损害的亚麻栽培品种是立陶宛新引进的。该病菌导致的亚麻病害为派斯莫病，危害亚麻茎秆及叶片，在立陶宛尚未发现其有性态。

一、亚麻派斯莫病症状

亚麻自幼苗出土到蒴果及种子成熟期，在整个营养生长期间都能受害。子叶、真叶受害时，病斑一般呈近圆形，初为黄绿色，后逐渐变成褐色至暗褐色，随后迅速扩大到全叶，使叶片变褐干枯，表面散生许多黑色小粒状的分生孢子器，在这个阶段病害不明显。从开花期开始及晚些，在真叶上可观察到病害。然后，病害传播到茎上，茎部染病后初生褐色长圆形斑，扩展后呈不规则形，严重时环绕全茎，因与绿色交错分布，茎变得五光十色，斑点中心开始透明，出现黑色分生孢子器，后病斑蔓延融合变灰褐色，覆盖大片分生孢子器，在枯茎上形成子囊壳。

二、亚麻派斯莫病病原菌

亚麻派斯莫病病原菌为亚麻生壳针孢 *Septoria linicola*，属半知菌亚门真菌；有性态为亚麻球腔菌 *Mycosphaerella linorum*，属子囊菌亚门真菌。子囊壳球形至卵形，黑褐色，直径 $70\sim100\mu m$；子囊圆筒形或棍棒形，无色，大小为（$11.5\sim15.0$）$\mu m\times$（$27.0\sim48.0$）μm，内含 8 个子囊孢子排列成不规则两列或单列；子囊孢子梭形，稍弯曲，无色，大小为（$2.5\sim6.9$）$\mu m\times$（$9.6\sim17.0$）μm。无性态分生孢子器寄生于寄主组织中，扁球形，黑褐色，大小为（$50\sim73$）$\mu m\times$（$77\sim126$）μm。分生孢子直杆形或弓形，两端钝圆，无色，有 $0\sim7$ 个隔膜，多为 3 个隔膜，大小为（$1.5\sim3.0$）$\mu m\times$（$12.8\sim52.5$）μm。

三、亚麻派斯莫病发生机制

亚麻派斯莫病病原菌以菌丝体和分生孢子器、子囊壳的形态在种子或病残体上越冬，翌年气候条件适宜时，产生分生孢子和子囊孢子，传播后引起初次浸染；病部不断产生的分生孢子，在 1 个生长季节中会进行多次再浸染，造成派斯莫病严重发生。带菌种子是远距离传播的主要途径。派斯莫病的传播大多数依赖于气候条件，病害发生、发展的环境条件为最适宜温度 $21\sim25$ ℃和空气相对湿度 $80\%\sim90\%$，亚麻播种晚，感染派斯莫病能力强。

四、亚麻派斯莫病综合防治技术措施

（一）选育利用抗病优良品种

选用抗病品种是一种有效防治派斯莫病的方法。通过筛选抗病资源，进行抗病育种，培育出高产、高抗病材料，是目前亚麻育种工作的主要目标之一。在无病田中留种时，无病地区应采取严格的检疫措施，防止带病种子传播。

（二）合理轮作

亚麻派斯莫病病原菌可在土壤中病残体上存活多年，亚麻连作不仅使土壤中的病原菌日积月累，

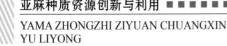

增加了土壤感染程度，而且使土壤理化性状变劣，对植株生长发育不利。因此，轮作、换茬十分必要，应实行5年以上轮作，严禁重茬、迎茬。

（三）加强栽培管理

种植亚麻要选择土层深厚、土质疏松、保水保肥力强、排水良好的地块，秋翻地，精耕细作，合理密植，氮、磷、钾和微量元素合理搭配施用，有利于提高产量和减轻病害，特别在钾肥不足的土壤内，适当均衡施肥效果更好。施肥不仅可提高寄主的抗性，而且对根际微生物的数量也有影响。清除田间杂草，及时防治虫害，可促进亚麻的生长，以提高植株抗病力。收获后，清除田间亚麻残体。

（四）药剂处理

亚麻派斯莫病的初次浸染源自土壤和种子带菌，播前用药剂处理种子是十分必要的。用种子重量0.3%的多菌灵拌种，药剂拌种后至少密封1周，播种效果最佳；在病害发生初期，及时喷药，可抑制病害的发生与流行，喷洒50%甲基托布津可湿性粉剂1 000倍液或50%多霉灵800～1 000倍液，隔7～10 d喷洒1次，连喷2～3次。使用药剂防治时应注意用药时间，在病害发生初期用药，效果较理想；药液配制时应搅拌均匀；喷药时应仔细，保证植株的周身都被喷到，才能获得最佳的防治效果；注意药剂的交替使用，以防止因单一使用一种药剂而产生抗药性。

第四节　亚麻立枯病的发生及综合防控技术

亚麻立枯病是苗期的一种常发病，在全国种麻区均有不同程度的发生，一般发病率为10%～30%，严重时可达50%以上。亚麻幼苗感病后，植株生长缓慢或枯死，严重时造成田间缺苗，影响亚麻产量和质量。

一、亚麻立枯病病原菌与症状

（一）病原菌

亚麻立枯病病原菌为 *Rhizoctonia solani*，属于半知菌亚门。在自然条件下只形成菌丝体和菌核，病菌传染主要通过菌丝体进行。初生菌丝无色，较纤细；老熟菌丝呈黄色或浅褐色，较粗壮，肥大，菌丝宽8.0～15.0 μm，在分支处略呈直角，分支基部略细缩，近分支处有一隔膜。在酷暑中有时能形成担子孢子，担子孢子无色，单孢，椭圆形或卵圆形，大小为（4.0～7.0）μm×（5.0～9.0）μm，能生成表面粗糙的菌核，菌核成熟时呈棕褐色，形状不规则。

病菌生长的温度范围为10～38 ℃，最适宜温度为20～28 ℃，致死温度为72 ℃下10 min。当pH 2.0～8.0时均可生长，最适pH为5.0～6.8。日光对菌丝生长有抑制作用，但可促进菌核的形成。菌核在25～28 ℃和相对湿度95%以上时1～2 d内就可萌发。

（二）症状

亚麻幼苗出土前受到立枯病病原菌侵染，会烂芽，从而影响出苗。幼苗出土后，病株幼茎基部的一边先出现黄褐色条状斑痕，之后病痕逐渐向上下蔓延，形成明显的凹陷隘缩，直至腐烂断裂，致地上植株叶片萎蔫、变黄死亡，易从地表部折倒死亡。发病轻的植株，地上部不表现症状，只在地下茎或直根部位形成不规则的褐色稍凹陷病痕，可以恢复。重者顶梢萎蔫，逐渐全株枯死。条件适宜时，病部出现褐色小菌核。

二、亚麻立枯病害的发生及流行规律

亚麻立枯病病原菌是典型的土壤真菌，能在土壤中的植物残体上及土壤中长期存活。病原菌菌丝能在罹病的残株上和土壤中腐生，又可附着或潜伏于种子上越冬，成为翌年发病的初次侵染来源。条件适宜时，菌丝可在土壤中扩展蔓延，反复侵染。引种时引入带菌的种子是本病传播到无病区的主要途径，而播种带菌种子和施用混有病残体的堆肥、粪肥则是病区病情逐渐加重的主要原因。在田间，本病还可借流水、灌溉水、农具和耕作活动而传播蔓延。

亚麻苗期的气候条件是影响立枯病发生的主导因素。播种后如果土壤温度较低，出苗缓慢，抵抗力弱，会增加病原菌侵染的机会。出苗后半个月之内，幼茎柔嫩，最易遭受病原菌侵染。虽然病原菌的发病适宜温度较高，但其发病的温度范围较广，一般在土壤温度 10 ℃左右开始活动。多雨、土壤湿度大，极有利于病原菌的繁殖、传播和侵染，有利于病害的发生。

亚麻立枯病是以土壤传播为主的病害，因此，其发生、发展受土壤及耕作栽培条件的影响很大。在亚麻重茬、迎茬地块，病原菌在土壤内不断积累，发病加重。若亚麻田地势低洼、排水不良，则易造成田间积水，土壤湿度增大，病害加重。若土质黏重，土壤板结，土壤温度下降，则幼苗出土困难，生长衰弱，立枯病严重。播期过早、播种过深，均使出苗延迟，生长不良，也有利于发病。进行深翻和精耕细作的亚麻田中，植株生长旺盛，抗病力强，发病轻。由于立枯病病原菌可以侵染多种农作物和杂草，其他来源的病菌也可能有助于病害的流行。

三、防治方法

（一）选用抗病品种

选用抗立枯病的亚麻品种是防治病害、减少损失的有效方法。目前，应用的抗病或耐病品种有：内亚 9 号、内亚 10 号、陇亚 13 号、陇亚 14 号、定亚 25 号、伊亚 4 号、晋亚 10 号、晋亚 12 号、宁亚 21 号、坝选 3 号等。

（二）合理轮作

亚麻立枯病病原菌腐生于土壤中，多年种植亚麻的连作地不仅土壤理化性状变劣，对植株生长发育不利，而且土壤中的病菌日积月累，增加了土壤中病原菌的初次侵染源。因此，在实际生产中亚麻不宜连作或隔年种植，尽量与其他非寄主作物实行 5 年以上轮作，较为理想的轮作方式有豆类—小麦—亚麻，糜谷—豆类—小麦—玉米—亚麻，小麦—马铃薯—玉米—糜谷—亚麻等。

（三）加强栽培管理

选择土层深厚、土质疏松、保水保肥力强、排水良好、地势平坦的黑土地、二洼地，进行深翻和精耕细作，增施底肥，氮、磷、钾和微量元素合理搭配施用，根据苗情，结合降雨，巧施追肥。及时清除田间杂草，防治虫害，培育壮苗，促进亚麻的生长，以提高植株抗病力。收获后，清除亚麻残体，减少越冬菌源。

（四）药剂防治

亚麻立枯病的初次侵染源自土壤和种子带菌，播前用药剂处理种子是十分必要的。播前，用种子重量 0.5%～0.8%的 50%多菌灵拌种或每 100 kg 种子用 70%土菌消可湿性粉剂 300 g 和 50%福美双可湿性粉剂 400 g 混合均匀后再拌种。出苗后，用 80%的退菌特可湿性粉剂 1 000 倍液或用 50%多菌灵可湿性粉剂 500 倍液灌根。

第五节　亚麻锈病的发生及综合防控技术

　　亚麻锈病在世界各亚麻产区均有发生。在美国、澳大利亚和西欧等地，有关亚麻锈病的研究有 70 多年的历史。Henry 首次报道了亚麻对锈病的抗性是由基因控制的，并证明抗锈基因为显性基因。Myers 命名了 L 和 M 两个独立遗传的抗锈病位点。Flor 根据多年对亚麻与亚麻锈病菌的遗传学研究，提出了著名的"基因对基因假说"（gene for gene hypothesis），基本观点是"针对寄主植物的每一个抗病基因，病原物就必然会产生一个相对应的致病基因。植物体只对具有相应无致病力基因的病原物表现抗性，而病原物只对具有相应抗病基因的植物体表现无致病力。"这一假说为经典遗传学与分子遗传学分析植物与病原物互作关系提供了基础理论，现已被 40 多种植物与病原物互作的实例所验证，并得到不断完善。Hammond 等成功地选育出同时含有 L6、M3 和 P3 抗锈基因的亚麻品种。Lanrence 等人克隆了亚麻抗锈病基因 L6，属于植物中分离克隆的第一批抗病基因。Murdoch、Kobayashi 和 Hardham 利用单克隆技术对亚麻锈病菌细胞壁成分的单克隆抗体进行了生产和特征描述。Anderson、Lawrence 等从分子遗传学方面研究了亚麻抗锈病基因 M 与亮氨酸的关系。

　　由于亚麻锈病目前在我国很少发生，在生产上难以见到病株，因此我国对锈病的研究很少，只有薄天岳进行了亚麻抗锈病基因标记的研究报道。

一、病原菌与症状

　　亚麻锈病病原菌为 *Melampsora lini*，属担子菌纲、锈菌目、栅锈菌科、栅锈菌属。亚麻锈病病菌的寄主范围窄，是一种单主寄生的专性寄生菌，无中间寄主，整个生活史都在亚麻上完成。锈病病菌的锈子腔散生在叶片两面，近圆形至椭圆形，黄色至橘黄色，内生锈孢子。夏孢子倒卵形至椭圆形，表面生有细刺，孢子间混生丝状体，夏孢子堆在叶上的直径为 0.3～0.9 mm，在茎上的长达 2.0 mm。冬孢子圆柱形或角柱形，成层排列，褐色，光滑，大小为（46.8～80.0）μm×（8.0～19.0）μm。担孢子球形，无色至黄色。锈病病菌有生理分化现象，国外已发现 42 个生理小种。

　　锈病在亚麻整个生育期间均可发生侵染和危害，但总体上开花前症状更为明显，一般先侵染上部叶片，后扩展到下部叶片、茎、枝、蒴果、花梗等部位。病原菌首先侵染幼叶和嫩茎，病部呈淡黄色或橙黄色小斑，即性孢子器和锈孢子器，之后在叶、茎、蒴果上产生鲜黄色至橙黄色的小斑点，即夏孢子堆。到成熟期，则在病部表皮下产生许多密集的褐色至黑色有光泽的不规则斑点，即冬孢子堆，茎上多，叶及萼片上较少。由于此病能使亚麻光合作用降低，因此影响种子产量；同时，茎部病斑常使纤维折断，不易剥离，也影响纤维产量和品质。

二、发生及流行规律

　　亚麻锈病菌以种子上黏附的冬孢子及病残体上的冬孢子堆形式越冬，翌春条件适宜时，冬孢子萌发产生担孢子进行初次侵染，侵染亚麻的嫩叶和茎秆，一般感染后约 2 周即形成性孢子器，再经 4～10 d 出现锈孢子器，内生锈孢子。锈孢子从气孔侵入亚麻叶而形成夏孢子堆，散出大量夏孢子，随气流和昆虫传播，到达健株上，再从气孔侵入进行再侵染。至生长后期，在亚麻上形成冬孢子堆并以冬孢子形式在病株残体和种子上越冬。

气候条件与亚麻锈病发病程度有密切关系。夏孢子在 22 ℃条件下能存活 1 个月左右，侵染最适温度为 18～20 ℃，夏孢子在水中发芽，因此，有风、雾或露水的潮湿天气，气温 18～20 ℃，最适宜夏孢子的传播与侵染，每 5～10 d 就能产生 1 代夏孢子；夏孢子可连续产生数代，导致病势迅速扩展。而在凉爽干燥的天气中，亚麻很少感染锈病。夏孢子只能侵染绿色多汁的亚麻，当亚麻开始成熟时，夏孢子堆被冬孢子堆代替。

亚麻锈病的发生与扩展受土壤理化性状和气候因素的影响很大。亚麻田地势低洼、排水不良，易造成田间积水，土壤湿度增大，病害则加重。土质黏重、土壤板结，使幼苗出土困难，生长衰弱，锈病就严重。

亚麻锈病的发生与种植品种有很大关系。抗锈病品种多为单基因垂直抗性，即一个品种抗一个生理小种。但是，生产中常以某一个生理小种为主，多个生理小种同时发生，在应用抗主要生理小种的抗病品种后，随着主要生理小种被抑制，次要小种可上升为主要小种；缺乏兼抗多个生理小种的多抗品种或具有水平抗性的品种是造成亚麻锈病发生严重的原因之一。

三、防治方法

（一）选用抗病品种

选用抗锈病品种是防治亚麻锈病最为经济、有效的措施。亚麻锈病具有高度的专化性，病菌有生理小种分化现象并存在不断变异的可能，因此，在选用抗病品种时，应注意特定产区病菌生理小种的分布状况。亚麻不同品种间对锈病有明显的抗性差异，很多品种是抗某一个生理小种的单抗性品种，即垂直抗性品种；也有不少是具有多个抗病基因、可抗多个生理小种的多抗品种，即水平抗性品种。一般情况下，选用具有多个抗病基因的水平抗性品种更为有利。故在引种和选种工作中，要结合本地情况选用抗锈病品种。

（二）药剂防治

亚麻锈病的初次侵染源来自种子带菌，播前用药剂处理种子十分必要。播前，使用种子重量 0.3％的 20％萎锈灵可湿性粉剂拌种。生长期间发病，喷洒 20％三唑酮乳油 2 000 倍液或 20％萎锈灵乳油或可湿性粉剂 500 倍液、12.5％三唑醇可湿性粉剂 1 500～2 000 倍液。每亩喷 30～50 kg，隔 10 d 喷 1 次，连续防治 2～3 次，可以取得良好的防治效果。

（三）综合防治

在亚麻产区实行轮作换茬十分必要，较好的轮作模式为秋作物—豆科作物—小麦—亚麻或豆科作物—小麦—秋作物—亚麻，避免重茬或迎茬种植。收获时，尽可能清理干净亚麻茎秆等残体，收获后，立即翻耕，将病残体埋入地下以减少菌源。适当减少施氮量，氮、磷、钾合理搭配施用。

第八章

亚麻种质主要虫害及综合防控技术

国外的亚麻虫害防控研究主要集中在印度和波兰等国家，其中印度研究得较为系统和详尽。Rabindra Prasad 等人多年来对印度亚麻主产区兰契和赖布尔地区的亚麻害虫进行了详细的调查，一共调查到害虫 30 种，优势种群主要有长翅稻蝗、叶蝉、金斑蛾、蚜虫、蓟马、稻绿蝽、蝽虫、棉铃虫、尘白灯蛾和 bud fly（国内未检索到该害虫，暂无中文名），其中 bud fly 危害较为严重，主要取食亚麻花蕾，严重发生时可使亚麻减产 80%，甚至导致绝产。亚麻害虫的天敌主要是蜘蛛、叶甲类成虫、隐翅虫等。据 Twardowski Jacek 报道，在波兰，跳甲（flea beetle）、*Aphthona euphorbiae* 和 *Longitarsus parvulus* 3 种害虫发生较为严重。国外对亚麻害虫的防治方法主要是采用植物杀虫剂、生防菌、新型化学杀虫剂。农艺耕作措施主要采用选育抗虫亚麻品种、调节播期和选择适宜的播种密度。国外专家研究认为，亚麻害虫发生具有普遍性和多样性，对亚麻生产威胁较大。根据印度、俄罗斯的研究报道，亚麻虫害能够造成亚麻减产 50%～70%。近年来，国外有关亚麻虫害群落结构和害虫演替规律以及防控技术的研究报道相对较少。国外专家研究认为，亚麻虽然为小作物，但害虫具有种类多样性高、群落结构复杂的特点。据报道，印度亚麻害虫种类达 30 种，英国亚麻害虫达 30 种之多。世界各地不同亚麻种植区域的害虫群落结构明显不同，亚麻瘿蚊是危害印度亚麻的特有种类，也是危害最严重的害虫；蚜虫、蓟马、夜蛾、潜叶蝇以及卷叶蛾则是不同亚麻栽培区域危害亚麻的共有害虫，但不同栽培区域的种类不同，例如，印度的蚜虫以萝卜蚜与花生蚜为主，而中国以亚麻蚜与亚麻无网长管蚜为主。另外，小长蝽 *Nysius ericae* 和苜蓿盲蝽 *Adelphocoris lineolatus* 对中国亚麻产量的危害比较严重，而国外对这两种害虫报道很少。

受全球气候变化的影响，有害生物有普遍增多的趋势，害虫群落结构与危害的复杂性呈逐年增加的趋势。目前，世界范围内的亚麻害虫防控主要以化学防控为主，生物防控目前仅处于探索阶段。由于亚麻为小作物，受关注的程度不高，国外基本全部采用化学农药进行防治，给食品安全与环境安全带来了一系列的问题。采用绿色高效的防控手段，进行亚麻害虫防控，将成为今后亚麻害虫防控研究的重要方向之一。在国家特色油料产业技术体系（原国家胡麻产业技术体系）启动之前，国内对亚麻虫害的研究报道不多，基本集中于某一种有突出危害性的个体种群，如对亚麻蚜发生及防治的研究，对亚麻漏油虫发生及防治的研究。目前，根据检索到的文献报道，只有胡晓军等对牧草盲蝽危害亚麻做过初步观察，刘寿民等对亚麻短纹卷蛾（亚麻漏油虫）生物学特性和防治方法做过观察研究。据统计，亚麻田共有昆虫 9 目 35 科 59 种，其中害虫 7 目 27 科 43 种，天敌昆虫 5 目 9 科 16 种，主要害虫有亚麻蚜、苜蓿盲蝽、豌豆潜叶蝇、牛角花翅蓟马，主要天敌昆虫有多异瓢虫、异色瓢虫、中华草蛉。

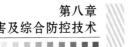

第一节　亚麻苜蓿盲蝽的特征及综合防控技术

一、形态特征

1. 三环苜蓿盲蝽　成虫长 9 mm，深色。头部黑褐色，前面中央常呈黄褐色。触角第一节黑褐色，第二节端半部及基部暗褐色，第三至第四节色略淡。前胸背板淡黄色，后有 4 个大黑斑两两相连。小盾板黄褐色，端部淡黄色，基部黑褐色，并在中部及两侧角向下延伸至中段。前翅黄褐色，前缘具黑色细边，爪片缝及内侧黑褐色，革片中部至端部有 1 个边缘不明显的长形褐色至黑褐色斑，楔片黄色，尖端黑色。膜区茶褐色。足黄褐色，后足股节暗褐色，端部内侧有 1 个淡色纹，胫节黄绿色至黄褐色，基节、转节黑褐色。胸部腹板及腹部中央黑褐色，腹板两侧各有一纵列黑点。

2. 黑头苜蓿盲蝽　成虫长 9 mm，黄绿至淡黄褐色，背面密覆白细毛。触角黑褐色，唯有第二节中前部和第三、第四节基部黄色。头部黑色，中部、触角基部周围赤褐色。前胸背板后部有 4 个两两相连的黑斑。小盾板黄色，基部黑褐色，有细横皱纹。翅前缘有细黑边，翅面有黑褐色条斑或条纹。楔片黄色，端角黑褐色，膜区茶褐色，腹部腹面中央黑褐色，两侧有黑色纵列。足黄褐色，转节黑褐色，股节有深色小点，后足股节端半部黑褐色，近端部有黄褐色斑。

3. 淡须苜蓿盲蝽　头光泽强，深栗褐至黑色；上颚片基半及下颚片背半黄褐色，头背面毛被短、细、稀疏，色同底色，不明显。触角第一节及第二节除黑褐色的端部 1/3 外，淡橙褐至淡污褐色；第三、第四节紫褐色，最基部黄白色。喙伸达后足基节端部。前胸背板有强光泽，除淡黄色的领及胝前区外，全部黑色，相对平置，前倾程度弱。胝、胝前及胝间区闪无光丝状毛或极少而不显著；盘域刚毛状毛细、稀、半平伏或半直立；胝前及胝上的毛似盘域，但更稀；盘域刻点稀浅、有规则。领直立大刚毛状毛黑褐色，明显；较短小的淡色弯曲毛较少，不甚明显。小盾片略隆起，中央较显，黑褐色，具弱光泽及浅横皱。爪片除基部 1/3 的外侧区域黄白色外，为均匀一色的黑褐色。革片及缘片底色淡黄白，革片后半中部有 1 个黑褐色纵走三角形大斑，斑的外侧大致以革片中部纵脉为界向后伸达楔片缝，后外端沿楔片缝外伸达缘片外缘。缘片外缘狭窄地黑色。爪片与革片毛二型，显然长密；银色闪光丝状平伏毛侧面观狭鳞状明显；刚毛状毛色同底色，深色背景上的刚毛状毛淡黑褐色，略长于触角第二节基段直径或与之近等；刻点较密而整齐，较明显。楔片黄白色，基缘及基内角黑褐色，端角约 1/5 黑色。膜片黑褐色，脉同色。股节橙褐或淡褐色，深色小斑色略深而不甚规则，散布少许红色细碎点斑，细密的小毛白色。胫节淡黄白色，末端黑褐色。体下紫褐色。臭腺沟缘全部黄白色。

二、田间消长规律和生活史研究

亚麻苜蓿盲蝽分布在甘肃、河北、山西、陕西、宁夏、山东、河南、江苏、湖北、四川、内蒙古等省份，是亚麻主要害虫之一。主要危害苜蓿、亚麻、草木樨、马铃薯、豌豆、菜豆、玉米等。每年发生 3～4 代，多数以卵在豆科作物（苜蓿或其他豆科作物）的茎秆或残茬中越冬。在第二年春季 4—5 月间当日平均气温达到 19 ℃左右时，若虫孵化，3～4 周后，大约在 5 月中下旬，第一代成虫出现。第二代若虫出现在 6 月中下旬，第三代若虫出现在 7 月间，第四代若虫出现在 8 月间。第一代危害苜蓿，第二代以危害亚麻为主，也危害豆类和马铃薯等作物。苜蓿盲蝽在天气晴朗的情况下比较活跃，在春夏繁殖时期，好集居在植株顶端的幼嫩部分吸吮汁液。雌虫在亚麻等作物茎秆上啄出小孔然后将卵产在其中。被害的植株嫩梢往往凋枯而死，被害的花蕾和子房变黄脱落，影响亚麻种子收成，危害严重时减产 15%～20%。

（一）生物杀虫剂对苜蓿盲蝽的室内毒力测定及毒力比较

室内毒力测定的结果显示，1.5%除虫菊素水乳剂、1.3%苦参碱、1%苦皮藤素乳油和0.5%藜芦碱对苜蓿盲蝽的活性差异较大，0.5%藜芦碱的LC_{50}最大，为19.7 mg/L，其次是1%苦皮藤素乳油和1.3%苦参碱，分别为7.11 mg/L和6.17 mg/L，1.5%除虫菊素水乳剂的LC_{50}最小，为2.04 mg/L。以0.5%藜芦碱作为标准药剂，计算了各药剂的相对毒力大小：1.5%除虫菊素水乳剂＞1.3%苦参碱＞1%苦皮藤素乳油＞0.5%藜芦碱。

（二）生物杀虫剂对苜蓿盲蝽的田间药效

1.5%除虫菊素水乳剂、1.3%苦参碱、1%苦皮藤素乳油和0.5%藜芦碱4种生物杀虫剂对苜蓿盲蝽的田间防效结果显示，1.3%苦参碱对苜蓿盲蝽的防效较好，药后1、3、5、7 d的防效分别为56.25%、51.20%、77.42%和72.37%；其次是1%苦皮藤素，药后1、3、5 d的防效分别为53.33%、58.17%和69.89%。0.5%藜芦碱和1.5%除虫菊素对苜蓿盲蝽的防效不显著。

（三）化学杀虫剂对苜蓿盲蝽的田间药效

4.5%联苯菊酯、25%灭幼脲、4.5%噻虫嗪和20%氯虫苯甲酰胺4种化学杀虫剂对苜蓿盲蝽的防效结果显示，药后1 d，4.5%联苯菊酯防效最好，为78.46%，其次是25%灭幼脲；药后3 d，4.5%联苯菊酯防效达91.42%，20%氯虫苯甲酰胺防效最差，为29.02%；药后5、7、14 d，25%灭幼脲防效最好，分别为86.45%、74.21%和63.16%。4种杀虫剂中，对苜蓿盲蝽防效显著的是25%灭幼脲。

（四）苜蓿盲蝽防治指标

1. 苜蓿盲蝽危害亚麻的产量损失率测定　随着苜蓿盲蝽虫口密度的增大，亚麻单株产量明显降低，通过回归分析，得出苜蓿盲蝽虫口密度与产量损失率的回归方程为$y=7.743x-2.088$，相关系数为0.952，相关性达极显著水平。

2. 苜蓿盲蝽经济允许损失水平的确定　作物的经济允许损失水平是由作物产量、当时的作物价格、防治成本（包括用药费、用工费、药械磨损费、作业损失费等）、防治效果和经济系数（完成一项作业所产生的经济、社会效益与作业费用的比值）等要素决定的。经过2018—2020年的调查显示，苜蓿盲蝽发生在孕蕾期，以高效氯氰菊酯防治苜蓿盲蝽1次为例，每亩地的防治成本为12.9元（农药费3.9元，人工费7.6元，药械使用和折旧费1.4元），防治效果为90%，亚麻的价格为每千克7.0元，亩产量为70 kg，则苜蓿盲蝽的经济允许损失水平为11.7%。

3. 苜蓿盲蝽危害亚麻的防治指标确定　苜蓿盲蝽防治指标为经济允许损失水平与产量损失率相等时的苜蓿盲蝽数量。若亚麻的亩产量期望为70 kg，苜蓿盲蝽的经济允许损失水平为11.7%，则苜蓿盲蝽的防治指标为每百株1.85头。

三、防治方法

20%氰戊菊酯乳油1 500倍液、10%二氯苯醚菊酯乳油2 000～2 500倍液、2.5%功夫乳油或20%灭扫利乳油1 500～2 000倍液均可收到较好防效。苜蓿盲蝽每年发生3～4代，从亚麻枞形期到青果期对亚麻植株生长点、花蕾、青果都能危害，而且危害期较长。由于第一代成虫主要危害苜蓿，因此距离苜蓿田块较近的亚麻田一般危害较严重，要注意及时防治。

第二节　亚麻象甲的特征及综合防控技术

一、形态特征

1. **成虫**　体长（不包括喙）2.0～2.4 mm，宽1.1～1.3 mm；头半球形，喙管黑色，弯月形，长0.8～1 mm，长及中胸位置，喙管不活动时弯曲于胸下；触角膝状，着生于喙的中前部，鞭节9节，末端3节膨大呈梭形且密被短细毛，其余各节生数根长粗毛；复眼发达，圆形，黑褐色，有光泽；前胸背板纵中线处下陷成沟，其后端较深，沟内刻点窝中刚毛为羽状，其他刻点窝内刚毛为刺状；前胸腹板前缘向后凹入呈U形并密生羽状刚毛；中胸小盾片半圆形；鞘翅略有金属光泽，每一鞘翅具有10列纵沟，翅的纵隆脊上有2列刻点窝；腿节内侧面生羽状刚毛，外侧面生刺状刚毛；胫节和跟节密被细毛，胫节末端多黄褐色长毛；腹节明显可见5节，尾微露，腹板多皱纹。雌虫体略大，鞘翅暗绿色，尾部末端稍钝，雄虫体略小，鞘翅暗蓝色，尾部末端略尖。

2. **幼虫**　低龄幼虫乳白色，体细且直。初孵幼虫长1.0 mm、宽0.1 mm左右；老熟幼虫乳白带黄，体长3.5～4.0 mm，宽1.0～1.2 mm，半月形。头浅褐色，脱裂线呈倒Y形，基本上将头正面分成三等份。

3. **蛹**　为裸蛹，长2.4 mm，宽1.6 mm，乳白色，喙管、蛹角、翅芽及足半透明。头半球形，头顶有2根长刚毛，头额界处隆起，其上着生2根刚毛，复眼黑色，喙管5节，里节和中节各着生2根刚毛。胸背板左右侧面各有7根刚毛，近圆形排列。各腿节末端外侧面有2根刚毛，上短下长。腹部活动灵活，其末端有中向短刺1对。蛹藏匿在土茧内，土茧卵圆形，长径4.0～4.5 mm，短径2.9～3.2 mm，厚0.1 mm。

4. **卵**　椭圆形，长径0.3 mm，短径0.2 mm，白色半透明，表面光滑。

二、生活习性与危害

越冬成虫出土后，取食亚麻幼苗的叶片并交尾，1对成虫可交尾数次，卵主要产于亚麻分茎期和枞形期生长健壮植株的茎秆生长点以下髓部组织中，一般单茎有卵1粒，部分可见2～4粒，最多调查到卵8粒。

象甲在亚麻上1年发生1代，无世代重叠现象。4月下旬，冬小麦返青后，越冬代成虫开始活动，5月中旬末，达到高峰期，成虫夜间潜伏在小麦植株下部，白天出来活动。5月下旬，在亚麻苗高5～8 cm时，成虫迁入亚麻田，取食亚麻幼苗的叶片并交配产卵，产卵期持续35 d左右。5月下旬初，卵开始孵化为幼虫，6月上旬为幼虫危害期，幼虫期20～45 d。幼虫孵出后立即在茎秆内取食，幼虫期5龄，幼虫生长发育至老熟时，在茎壁上啃1个小孔，爬出寄主，入土壤结土茧化蛹，蛹分布在5 cm以上的表土层，蛹期（15～20 d）后（亚麻青果期）羽化出土的成虫开始越夏，越夏成虫取食自生亚麻苗的叶片，10月上旬，成虫转移至地埂疏松的表土中开始越冬。

对象甲幼虫空间分布进行拟合和卡方检验。二项分布和波松分布检测中，P均<0.05，说明与实际分布具有显著的差异，因此象甲的分布不符合二项分布和波松分布；用负二项分布似然法拟合和核心分布拟合，P均>0.05，说明与实际分布差异不显著，所以综合看来象甲分布型应属于负二项分布。用扩散系数C判断象甲幼虫空间分布格局，6块地的扩散系数分别为1.73、1.80、1.40、1.56、1.64和1.66，假设$C=1$，$t=（C-1）/n$，C与1的差异性检验结果表明，亚麻象幼虫的分布属于聚集分布。

利用各样地的调查数据作回归分析，结果显示，象甲幼虫平均拥挤度与平均密度线性相关。由于 $\alpha=-1.799\,4<0$，说明个体间相互排斥；$\beta=2.404\,1>1$，说明其空间分布型为聚集分布。

按照 Taylor 幂法则，将各样地的调查数据代入，得出象甲的空间分布型是聚集分布，而且具密度依赖性，即其聚集度随着种群密度的升高而增加。

（一）化学杀虫剂对象甲成虫的室内毒力测定及毒力比较

室内毒力测定结果显示，啶虫脒、高效氯氰菊酯、溴氰菊酯、氰戊菊酯、吡虫啉、毒死蜱和阿维菌素对象甲成虫的活性差异较大。毒死蜱的 LC_{50} 最大，为 44.86 mg/L，其次是阿维菌素和吡虫啉，分别为 29.5 mg/L 和 9.95 mg/L，啶虫脒的 LC_{50} 最小，为 0.45 mg/L。以毒死蜱作为标准药剂，计算了各药剂的相对毒力大小：啶虫脒＞高效氯氰菊酯＞溴氰菊酯＞氰戊菊酯＞吡虫啉＞阿维菌素＞毒死蜱。

（二）化学杀虫剂对象甲成虫的田间药效

25％灭幼脲、4.5％联苯菊酯、4.5％噻虫嗪和 20％氯虫苯甲酰胺 4 种药剂对象甲成虫的防效结果显示，4.5％联苯菊酯和 25％灭幼脲对象甲成虫的防效较好，药后 3 d 的防效分别为 91.97％和 84.05％，药后 14 d 的防效分别为 70.93％和 78.03％，这 2 种药剂的速效性和持效性较好；20％氯虫苯甲酰胺在药后 5 d 的防效最大，为 54.96％，之后防效在 14 d 后降为 9.55％。

（三）象甲危害指数与千粒重的关系

象甲危害指数与千粒重呈非线性关系，但释放象甲的小区亚麻千粒重都高于对照（不放虫的小区），多项式回归方程模拟结果为 $y=-0.198\,1x^2+0.902\,9x+6.076\,6$（$R^2=0.809\,0$），随着象甲危害指数的增加，亚麻千粒重先增加后略有下降。当象甲的危害指数为 2.436 7 时，亚麻千粒重最大，达 7.100 5 g。当象甲的危害指数高于 2.504 7 时，亚麻千粒重有所下降。

（四）亚麻产量最高时的象甲种群数量模拟

象甲种群密度与小区产量、千粒重之间都存在良好的二次函数关系。象甲种群密度与产量关系为 $y=-0.005\,1x^2+0.727\,7x+86.107$（$R^2=0.881\,4$），象甲种群密度与千粒重关系为 $y=-0.000\,1x^2+0.023\,5x+6.1$（$R^2=0.914\,4$）。当象甲 4 mL^2 种群密度达到 85.6 头时，小区产量最高，为 121.532 g/m^2，当象甲 4 mL^2 种群密度达到 74.75 头时，千粒重最高，为 7.236 3 g。

根据象甲危害指数与产量回归方程计算，象甲危害指数为 2.316 2 时，小区产量最大，根据危害指数与种群密度的回归方程，4 mL^2 田间象甲为 92.23 头，危害指数为 2.513 7 时，亚麻千粒重最大，此时 4 mL^2 田间象甲为 100.01 头，与先前的分析结果基本一致。

（五）象甲危害后的亚麻组织中 5 种内源激素含量变化

在亚麻苗期、现蕾期和开花期采集象甲危害后的亚麻根、茎、叶组织，分别以正常亚麻植株作对照，采用超高效液相色谱质谱联用（UPLC‐ESI‐MS/MS）分析方法，对吲哚‐3‐乙酸（IAA）、6‐糖基氨基嘌呤（KIN）、茉莉酸（JA）、赤霉素 A3（GA3）、油菜素内酯（BR）进行定性定量检测，分析象甲危害后的亚麻组织中 5 种内源激素含量变化。试验结果表明，5 种植物内源激素在象甲危害后，在根组织、茎秆组织和叶片组织中均有所增加，其中，IAA 和 JA 在根组织和茎秆组织中的含量较正常亚麻显著增加。象甲危害后，IAA 在亚麻 3 个生育期根组织中的含量分别为 10.49、12.39、17.23ng/g，较对照分别增加了 81.80％、5.09％和 6.55％。象甲危害后，JA 在亚麻 3 个生育期根组织中的含量分别为 133.08、42.18、45.54ng/g，较对照分别增加了 287.54％、59.65％

和 115.63%。

（六）象甲危害后的亚麻根组织和茎秆组织结构观察

在亚麻苗期和现蕾期取受象甲危害的植株和未受危害的植株作组织切片观察，比较组织结构异同。

根组织结构观察的分析结果表明，在亚麻苗期和现蕾期，在相同视野 12 160 μm^2 下，象甲危害后，根组织平均细胞数量为 224.83 个和 210.00 个，未被象甲危害的根组织平均细胞数量为 339.33 个和 239.83 个；在亚麻苗期和现蕾期，象甲危害后，根组织细胞平均横截面积为 776.29 μm^2 和 745.23 μm^2，未被象甲危害的根组织细胞平均横截面积为 316.23 μm^2 和 557.07 μm^2。

茎秆组织结构观察的分析结果表明，在亚麻苗期和现蕾期，象甲危害后，茎组织皮层细胞平均面积分别为 244.88 μm^2 和 212.83 μm^2，未被象甲危害的茎组织皮层细胞平均面积分别为 146.90 μm^2 和 166.98 μm^2；在亚麻苗期和现蕾期，象甲危害后，茎组织中柱细胞平均横截面积为 317.39 μm^2 和 322.67 μm^2，未被象甲危害的茎组织中柱细胞平均横截面积为 375.87 μm^2 和 354.56 μm^2，说明茎组织中柱细胞对象甲危害的反应不显著。

三、防治方法

在苗期，用生物杀虫剂 1.3%苦参碱、1.5%除虫菊素和 1%苦皮藤素防治成虫，防治效果可达到 40%～60%。

苗期后期或现蕾前期，用内吸性杀虫剂防治幼虫。10%吡虫啉可湿性粉剂 1 000 倍液对象甲幼虫有很好的防效，经过亚麻植株残留检测，其残留期不超过 30 d，而亚麻从现蕾到成熟需要 60 d 以上，安全有效。

第三节 亚麻蚜虫的特征及综合防控技术

一、形态特征

有翅蚜体长 1.3 mm，头及前胸灰绿色，中胸背面及小盾片漆黑色，额瘤不发达。触角端部黑色，长及胸部后缘，第三节有感觉孔 7～10 个，单行纵列。复眼黑色或黑褐色。腹部深绿色，侧缘有模糊黑斑数个；腹管淡绿色，略长于尾片，端部缢缩成瓶口状。无翅蚜体长 1.5 mm，全体绿色，口吻短，长不及两中足基部；触角第三节无感觉孔；余同有翅蚜。

二、生活习性与危害

在我国亚麻主产区均有蚜虫分布，是亚麻主要害虫之一。1 年发生数代，一般在 5 月中下旬开始危害亚麻；6 月上中旬气温不断升高，蚜虫种群数量也不断增加，常出现危害高峰，可连续发生至 8 月。蚜虫群集在亚麻顶端，危害嫩叶嫩芽，使叶枝卷缩，或者植株枯萎而死。是亚麻生产上普遍发生的害虫，几乎每年都有不同程度发生，在危害比较严重的情况下，亚麻一般减产 10%～15%。

（一）蚜虫及其天敌田间消长规律

危害亚麻的蚜虫主要是亚麻蚜和无网长管蚜，其田间消长变化主要发生在亚麻的枞形期至开花期，危害高峰期出现在 6 月中下旬。亚麻田蚜虫和天敌多异瓢虫的群体密度年际间变化较大。蚜虫的发生动态和变化趋势是 5 月下旬开始出现，6 月中旬种群数量增加较快，7 月上旬达到峰值，7 月中下旬快速下降；而多异瓢虫群体密度的变化趋势与蚜虫消长变化趋势基本一致。

（二）利用天敌控制蚜虫消长变化规律

盆栽试验和实验室模拟研究结果显示，在第一组试验中，当蚜虫密度为 40～120 头/皿时，多异瓢虫捕食率为 57.5%～87.71%，并呈直线上升趋势；但当蚜虫密度增加到 160 头/皿时，多异瓢虫的捕食率则下降为 68.44%，通过模拟计算，每头多异瓢虫每天的最大蚜虫捕食量是 256 头。在第二组试验中，当蚜虫密度固定为 120 头/皿时，不同密度群体的瓢虫捕食蚜虫数量排列顺序为 1 头（100.8）＞2 头（89.0）＞3 头（76.8）＞4 头（71.0）＞5 头（69.3）。

（三）危害防治指标研究

随着蚜虫群体密度增大，亚麻单株产量明显降低，危害损失率排序：10 头/百株（8.29%）＜60 头/百株（23.11%）＜80 头/百株（33.66%）＜160 头/百株（40.72%）。利用经济允许损失水平数学模型模拟，预期亩产量为 50 kg 的经济允许损失水平为 17.46%，防治指标为 851 头/百株；预期亩产量为 100 kg 的经济允许损失水平为 6.98%，防治指标为 507 头/百株；预期亩产量为 160 kg 的经济允许损失水平为 4.37%，防治指标为 378 头/百株。

（四）化学杀虫剂对蚜虫的室内毒力测定

室内毒力测定的结果显示，25% 灭幼脲悬浮剂、4.5% 联苯菊酯水乳剂、4.5% 噻虫嗪悬浮剂、20% 氯虫苯甲酰胺悬浮剂 4 种化学杀虫剂对蚜虫的毒力活性差异较大，其中 25% 灭幼脲（LC_{50} 为 58.18 mg/L）毒力最小，其次是 20% 氯虫苯甲酰胺（LC_{50} 为 31.75 mg/L）。各药剂 LC_{50} 的大小排序为 25% 灭幼脲（LC_{50} 为 58.18 mg/L）＞20% 氯虫苯甲酰胺（LC_{50} 为 31.75 mg/L）＞4.5% 联苯菊酯（LC_{50} 为 12.61 mg/L）＞4.5% 噻虫嗪（LC_{50} 为 10.13 mg/L）。

（五）生物杀虫剂对蚜虫的室内毒力测定

室内毒力测定的结果显示，0.5% 藜芦碱、1.3% 苦参碱、1.5% 除虫菊素水乳剂、1% 苦皮藤素乳油 4 种生物杀虫剂对蚜虫的毒力活性差异较大，其中 1.5% 除虫菊素水乳剂的（LC_{50} 为 19.7 mg/L）毒力最小，其次是 1% 苦皮藤素乳油（LC_{50} 为 7.11 mg/L）。各药剂 LC_{50} 的大小排序为 1.5% 除虫菊素水乳剂（LC_{50} 为 19.7 mg/L）＞1% 苦皮藤素乳油（LC_{50} 为 7.11 mg/L）＞1.3% 苦参碱（LC_{50} 为 6.17 mg/L）＞0.5% 藜芦碱（LC_{50} 为 2.04 mg/L）。

（六）蚜虫防治方法研究

通过防治蚜虫的高效低毒化学杀虫剂和生物杀虫剂筛选、防治蚜虫的化学杀虫剂和生物杀虫剂室内毒力测定和防治蚜虫的田间药效试验，推荐防治蚜虫的化学杀虫剂首选毒死蜱（LC_{50} 为 3.514 mg/L），防效为 97.50%，稀释 1 000～1 200 倍；其次选用高效氯氰菊酯（LC_{50} 为 2.43 mg/L），防效为 95.65%，稀释 1 000～1 500 倍；或选用吡虫啉（LC_{50} 为 2.826 mg/L）。生物杀虫剂选择藜芦碱（LC_{50} 为 2.813 mg/L），防效为 85.92%，苦参碱（LC_{50} 为 2.700 mg/L），防效为 73.41%。

三、防治方法

根据蚜虫对白、粉、黄、蓝、灰颜色具有很强趋性的特点，5 月中下旬在亚麻田摆放诱虫色板，对蚜虫进行诱杀，同时可以随时掌握亚麻田间蚜虫的虫口密度和危害情况。一般每亩地摆放 10 张色板，每隔 5～10 d 更换 1 次诱虫色板。

当亚麻进入现蕾期（5 月中下旬），如发现百株亚麻蚜虫数量达到 500 头以上，可选用下列杀虫剂：毒死蜱 1 000～1 200 倍液、高效氯氰菊酯 1 000～1 500 倍液；阿维菌素乳油 2 000～3 000 倍液、啶虫脒乳油 1 500～2 000 倍液、吡虫啉可湿性粉剂，进行喷雾防治。由于蚜虫多在心叶及叶背危害，药液不易喷到，故应尽量选用兼具内吸、触杀、熏蒸作用的药剂。同一种药剂长期使用会使蚜虫产生抗药性，因此要将推荐的防治蚜虫药剂交替使用。

第四节　亚麻其他主要害虫的特征及综合防控技术

一、蓟马

（一）形态特征

蓟马成虫雌体长 1.3～1.5 mm，褐至紫褐色，头短于前胸，两颊后部收缩；腹部背面第八节后缘完整，体鬃粗短且色暗。雄虫较小且色黄。

（二）生活习性与危害

寄主植物有小麦、水稻、亚麻、糜子、豌豆、蚕豆、扁豆、大豆、马铃薯、苜蓿及豆科绿肥等20 多种植物。主要发生在旱地亚麻上，发生于亚麻的整个生育期。主要取食叶芽、嫩叶和花，轻者造成上部叶片扭曲，重者成片亚麻早枯，叶片和花干枯、早落。一般 5 月中旬开始发生，随气温升高，6 月中旬种群数量成倍增长，至 6 月下旬达全年危害高峰期。

蓟马体型微小，虫口繁多，在农田中广泛存在。除个别种捕食微体昆虫，属益虫外，多数为植食性昆虫，是农业经济昆虫的一个重要类群。蓟马在成幼期以锉吸式口器进行取食，严重危害作物心叶、嫩叶和花器，使叶片褪色、失绿、卷曲而干枯，或者造成空壳秕粒而减产。因其有体型微小、危害隐蔽的特点，常不被人们注意。

（三）防治方法

根据蓟马对白、粉、黄、蓝颜色具有很强趋性的特点，5 月中下旬在每亩亚麻田摆放 10 张色板对蓟马进行诱杀，每隔 5～10 d 更换 1 次诱虫色板。3％印楝素、0.5％藜芦碱、2.5％鱼藤酮、1％苦参碱，对蓟马都有一定防效。

利用 0.5％藜芦碱可溶性液剂 500～800 倍液、0.3％印楝素乳油 800～1 200 倍液、3.8％苦参碱可溶性液剂 750～1 000 倍液、2.5％高效氯氰菊酯乳油 1 000 倍液、20％氰戊菊酯乳油 1 200 倍液、40％毒死蜱乳油 1 000～1 500 倍液或 2.5％吡虫啉乳油 500～750 倍液，可以有效防治蓟马。

二、黏虫

（一）形态特征

黏虫成虫为黄褐色的中型蛾子，体长 19～20 mm。前翅中央有 2 个扁圆形淡黄色的斑纹及 1 个小白点，有 1 条由翅尖斜向内方的短黑线，雌蛾后翅前缘基部有翅缰 3 根，雄蛾仅 1 根，在翅的外缘还有 7 个小黑点。卵呈馒头形,初产卵呈乳白色,渐变黄色,孵化时变为黑色,有光泽,多产在枯黄的叶尖、叶背或叶鞘上,排列成行或重叠成块。

幼虫为圆筒形,长约 38 mm。头部淡褐色并有黑色的"八"字纹。身体背面有 5 条蓝黑色的纵线。有 3 对胸足,5 对腹足。蛹为枣红色,长 18～20 mm,纺锤形,有光泽,腹部第五至第七节的背面各有 1 排横列的齿状刻点,尾部有刺 4 根,以中间的 2 根最大。

(二)生活习性与危害

成虫夜间活动,对糖、酒、醋味有很强趋性,幼虫 3 龄以后生长很快,食量大增,危害作物严重。在 7 月上中旬,第二代幼虫从麦田转移到亚麻田危害,咬破茎皮或咬断蒴果的小枝梗,特别是在气候潮湿、作物生长茂密和杂草丛生的情况下危害较重。

(三)防治方法

在成虫盛发期,利用糖醋液或酸菜汤诱杀。也可用谷草诱蛾产卵,于清晨加以捕杀。

利用化学杀虫剂 2.5%氯氟氰菊酯、2.5%顺式氰戊菊酯、2.5%溴氰菊酯、4.5%高效氯氰菊酯任一种,以每亩 15～20 mL 的药液兑水 30 kg,稀释 1 500～2 000 倍液喷防;25%快杀灵乳油 25～40 mL 药液兑水 30 kg,稀释 800～1 200 倍喷防。

三、漏油虫

(一)形态特征

漏油虫成虫体长约 6 mm,褐色。翅长 14～16 mm。头腹部灰黄带白。幼虫初孵化时白色,老熟时淡红色或蜡黄色,长 6～8 mm。蛹长 5～6 mm,蛹茧有越冬茧和化蛹茧 2 种,均由丝粘土粒而成。

(二)生活习性与危害

1 年发生 1 代,以幼虫在表土中(深约 1 cm)作茧越冬。6 月上旬,幼虫破茧出土,再作茧化蛹,蛹期大约 10 d。在亚麻开花盛期,成虫发生最多。成虫盛期发生在 6 月下旬。每头雌蛾约产卵 35 粒,多产在亚麻植株中部叶片上,小部分产在蒴果萼片上。卵期 7 d,幼虫钻入蒴果危害种子,被危害蒴果的种子全部被吃光或残缺不全。幼虫老熟后在蒴果上开 1 个圆形孔爬出,落土结茧越冬。

(三)防治方法

选用早熟品种,适当提早播种和避免重茬,是减轻漏油虫危害的基本措施。

播前药剂处理土壤或收获时在堆放亚麻捆处撒毒土防治。每亩用 10%锌拌磷颗粒剂 500 g 加 37 kg 细干土或 40%辛硫磷乳油 350 g 加水稀释 10 倍,与 600 kg 细干土拌匀,堆闷 30 min 或 4%敌马粉、4.5%甲敌粉任一种 1 500 g 加 600 kg 细干土,配成毒土撒施。

在成虫产卵期,用 2.5%溴氰菊酯、4.5%高效氯氰菊酯、20%的氰戊菊酯任一种,1 000～1 200 倍液喷防或 50%杀螟松乳油 1 000～1 500 倍液、80%敌敌畏乳油 1 200～1 500 倍液喷雾。

四、苜蓿夜蛾

(一)形态特征

苜蓿夜蛾成虫体长 15 mm,展翅 32 mm。幼虫头黄色,体呈浅绿色至深肉色,有黑斑,每 5～7

个为 1 组，在中央的斑点形成倒"八"字形，可以此与黏虫区别（黏虫有正"八"字黑纹）。老熟幼虫体长约 40 mm。蛹淡褐色，末端有 2 根刚毛，位于 2 个突起上，体长 15～20 mm。

（二）生活习性与危害

主要危害亚麻、苜蓿、豆类、向日葵、马铃薯、甜菜等作物。当亚麻幼果形成后，幼虫从外面钻入蒴果危害种子。

每年约繁殖 2 代，以蛹在土壤内越冬。于 6 月间大量出现在苜蓿田间，采吮花蜜。卵散产于各种植物的叶片和花上，因此，花少营养不良，第二代成虫常不孕。幼虫除危害叶片外，常危害花蕾、果实及种子，稍有惊扰即弹跳落地。

（三）防治方法

在成虫产卵期，用 2.5％溴氰菊酯、4.5％高效氯氰菊酯、20％的氰戊菊酯任一种 1 000～1 500 倍液、25％快杀灵乳油 25～40 mL 加水 30 kg（亩用量）、40％毒死蜱乳油 25～37 g 加水 30 kg 稀释 800～1 200 倍（亩用量）、50％杀螟松乳油 1 000～1 500 倍液或 80％敌敌畏乳油 1 200～2 000 倍液喷雾。幼虫可在青果期喷雾防治。适时早收可减轻危害。

五、灰条夜蛾

（一）形态特征

灰条夜蛾成虫体长 14 mm，翅展 35 mm。下唇须褐色，头顶及胸背被黑、褐、白鳞毛覆盖。幼虫体长 35 mm，幼龄时粉绿色，并有 2 条白色气门线，气门下方常有粉红色晕斑，腹面黄绿色。蛹长 13 mm，黄褐色，翅足部分绿色。

（二）生活习性与危害

危害亚麻、马铃薯、甜菜、豌豆、玉米、高粱、向日葵、灰藜等多种作物和杂草。1 年发生 2 代，以蛹在土壤中越冬。翌年 4 月上旬，越冬成虫开始活动，出现 2 个峰期，第一峰期出现于 4 月下旬，虫量较多，第二峰期为 8 月中旬，虫量较少，以后陆续发生，至 10 月绝迹。6 月上旬至 7 月上旬为第一代幼虫危害期，蛀害亚麻蒴果，第二代幼虫量较第一代少，主要危害灰条等藜科杂草，至 9 月下旬陆续老熟，入土化蛹越冬。成虫昼伏夜出，卵散产于寄主叶背，有趋糖蜜和强趋光习性。幼虫最喜食灰条等藜科杂草，有假死习性，稍有触动即卷曲落地。

（三）防治方法

6 月上中旬幼虫初龄阶段，及时喷药防治。用 2.5％溴氰菊酯、4.5％高效氯氰菊酯、20％的氰戊菊酯任一种 1 200～2 000 倍液、25％快杀灵乳油 25～40 mL 加水 30 kg（亩用量）、80％敌敌畏乳油 1 200～2 000 倍液或 50％杀螟松乳油 1 500～2 000 倍液喷防。此外，用黑光灯诱杀越冬成虫，亦有一定防效。

六、草地螟

（一）形态特征

草地螟成虫体长 8～12 mm，翅展 20～26 mm，触角丝状，前翅灰褐色，具暗褐色斑点，沿外缘有淡黄色点状条纹，翅中央稍近前缘有 1 个淡黄色斑，后翅淡灰褐色，沿外缘有 2 条波状纹。卵长约 1 mm，椭圆形，乳白色。幼虫体长 19～21 mm，头黑色，有白斑，前胸盾板黑色，有 3 条黄色纵纹，虫体黄绿或灰绿色，有明显的纵行条纹。

（二）生活习性与危害

可危害 35 科 200 多种植物，1 年发生 2～4 代，以老熟幼虫在土内吐丝作茧越冬。翌春 5 月，化蛹及羽化。成虫飞翔能力弱，喜食花蜜，初孵幼虫多集中在枝梢上结网躲藏，取食叶肉，3 龄后食量剧增，以第一代幼虫危害为主。

（三）防治方法

对危害亚麻的草地螟幼虫要在 3 龄前使用农药防治，化学药剂绿色功夫、来福灵、高效氯氰菊酯、15％阿维·毒乳油，生物药剂中农 1 号水剂、0.3％苦参素 4 号、0.3％苦参素 3 号均对草地螟具有极其显著的防治效果，持效期长。目前，草地螟对溴氰酯类农药已经产生抗药性，因此不宜用敌杀死来防治草地螟。

七、小地老虎

（一）形态特征

小地老虎成虫为一种灰褐色的中型蛾子。前翅为灰褐色，有 2 对"之"字形横纹，翅中部有黑色肾状纹，其外侧有褐色三角形纹，尖端向外与来自外缘的 2 个黑色三角形斑相对，后翅为灰白色。卵很小，馒头形，淡黄色，有光泽，表面有许多纵横交叉的隆起纹，形如棋盘。幼虫灰褐带浅黄色，体表有明显的颗粒，每个体节的背上有马蹄型的黑色斑纹，尾节的臀板为黄褐色，有 2 条深褐色的纵带。蛹为红棕色。

（二）生活习性与危害

小地老虎主要危害亚麻根部，甚至把茎咬断，造成缺苗断垄或全部吃光。一般田块的被害苗率为 6％～14％，严重田块高达 50％，每平方米有虫 36 头。

1 年发生 3 代，第一代成虫于 3 月中旬出现，第一代幼虫在 5 月上旬至 6 月下旬出现；第二代幼虫发生于 6 月下旬至 7 月下旬；第三代幼虫发生于 8 月中旬至 9 月下旬。以第一代幼虫危害亚麻。

（三）防治方法

在成虫发生期，用糖醋液诱杀，即用 2 份糖、1 份酒、4 份醋、10 份水加 80％敌敌畏乳油 50 g 或 1 500 倍液的敌百虫配制成糖醋液。也可用酒糟或带有酸甜味的其他代用品，加水、加 80％敌敌畏乳油倒在器皿内，于日落以前放在高出作物的架上或树丛上诱杀成虫。

小地老虎在 1～3 龄幼虫期的抗药性较差，并且暴露在寄主植物或地面上，是进行药剂防治的最适时期。每亩用 40％毒死蜱乳油 26～40 g 兑水 30 kg 或 2.5％溴氰菊酯、4.5％高效氯氰菊酯、20％氰戊菊酯任一种 1 500～2 000 倍液喷防；或用 50％锌硫磷乳油 50～100 g 随水灌施或拌细土 10～20 kg 或拌在适量尿素中，结合灌水撒施。田间喷药防治应根据小地老虎昼伏夜出的生活习性，在傍晚前用药，提高防效。

鲜草毒饵诱杀幼虫。用 80％敌敌畏 50 g、鲜草（灰菜、小旋花等）30～40 kg 配制成毒饵，其方法是，先把鲜草切成 5～6 cm 长，喷水湿润后，再洒敌敌畏，充分搅拌，于傍晚撒入田间，亩用量为

10～14 kg。使用毒饵时，应将田间杂草除尽，效果更好。

八、黑绒金龟子

（一）形态特征

黑绒金龟子为小型金龟子，成虫体长 7.0～8.0 mm，宽 4.5～5.0 mm，雄虫比雌虫略小；体呈卵形，前狭后宽，黑色或黑褐色，鞘翅面有天鹅绒般闪光，故有天鹅绒金龟子之称。触角赤褐色，共9 节，有时左或右 10 节，鳃片 3 节。鞘翅比前胸背板略宽，上有刻点及细毛，每翅有 9 条纵纹，外缘有少数刺毛成列。前胫外缘有 2 枚齿。胸腹部腹面黑褐色，刻点粗大，有赤褐色长毛。

幼虫体长 15.0 mm，头黄褐色，胴部乳白色，密被赤褐短毛。

蛹长 8.0 mm，黄褐色，复眼朱红色。

卵椭圆形，长 1.2 mm，光滑，乳白色。

（二）生活习性与危害

危害玉米、亚麻、高粱、甜菜、向日葵、桑、蔬菜、果树等作物和林木。主要分布在甘肃、宁夏、陕西及华北、东北等地区。1 年 1 代，以成虫在土中越冬。一般对刚出苗的亚麻进行危害，对旱地亚麻的危害比较严重。成虫在 15：00—16：00 开始出土，危害亚麻幼苗，17：00—20：00 聚集最多，20：00 以后逐渐入土，潜伏于表土层 2～5 cm 深处。5 月下旬至 6 月上旬，成虫入土，约在10 cm 深土层内产卵。幼虫以作物根及腐殖质为食，7 月下旬至 8 月间，作土穴化蛹，8 月下旬至 9 月，化为成虫在土内越冬。

（三）防治方法

1. 杀灭出土成虫

（1）喷药。根据成虫出土后几天不飞翔的习性，可在虫口密度大的田块、地埂喷施 2.5％敌杀死或 5％来福灵乳油 1 000～1 500 倍液，防治效果均在 90％以上；采用 4.5％瓢甲敌（氰戊菊酯类或氯氰菊酯类）乳油 1 500 倍液，防治效果也很好。

（2）诱杀。根据成虫先从地边危害的习性，于下午成虫活动前，将刚发叶的榆、杨树枝用 2.5％敌杀死乳油 1 000 倍或 80％敌敌畏 800 倍浸泡后放在地边，每隔 2 mL 放 1 枝，诱杀效果较好。

（3）毒土。每亩用 4％敌马粉 2.5 kg 兑干细土 60 kg 混匀后撒施。

2. 防治出土前成虫　根据黑绒金龟子在上年危害作物茬地越冬，翌年 4 月上旬集中在土表5～10 cm 的习性，在越冬田块结合播种施毒土防治。具体方法：①每亩用 40％辛硫磷乳油 0.35 kg兑水稀释 10 倍与 60 kg 细干土拌匀堆闷 30 min 后撒施；②每亩用 4％敌马粉或 4.5％甲敌粉 1.5 kg兑 60 kg 细干土或混在有机肥中，拌匀后撒施在垄沟中，先撒后播种。

九、金针虫

（一）形态特征

1. 沟金针虫　成虫体长 14～18 mm，深褐色，密生黄色细毛。前胸背板呈半球形隆起。卵近椭圆形，乳白色。幼虫金黄色，扁平，体节宽大于长，尾节两侧隆起，有 3 对锯齿状突起，尾端分叉并向上弯曲。蛹纺锤形，19～22 mm，初淡绿色后渐变成褐色。

2. 细胸金针虫　成虫体长 8～9 mm，体细长，密生暗褐色短毛，圆筒形。卵圆形，乳白色。幼虫淡黄色，细长，各节长大于宽，尾节圆锥形，背面近前缘两侧各有 1 个褐色圆斑，末端中间有 1 个红褐色小突起。蛹长 8～9 mm，初乳白色后渐变成黄色。

（二）生活习性与危害

幼虫在土中取食播下的种子、萌出的幼芽、农作物和菜苗的根部，致使作物枯萎致死，造成缺苗断垄，甚至全田毁种。

（三）防治方法

每亩用辛硫磷粉剂 0.5 kg 与细土 40～50 kg 拌匀，撒后锄地覆土；或者 4% 敌马粉 2.5 kg 兑干细土 60 kg 混匀后撒施；或者 40% 辛硫磷乳油 0.35 kg 兑水稀释 10 倍与 60 kg 细干土拌匀堆闷30 min 后撒施；或者 4% 敌马粉或 4.5% 甲敌粉 1.5 kg 兑 60 kg 细干土或混在有机肥中，拌匀后先撒后播种。

第九章

亚麻种质主要草害及综合防控技术

在亚麻田杂草研究方面，加拿大和美国研究了杂草和亚麻在土壤养分竞争能力上的差异、杂草的防治阈值等。加拿大采用保护性耕作控制杂草，除草剂使用量并未因免耕或少耕而增加；具有化感作用的植物残体覆盖大田后能有效控制杂草。研究发现，收获后的大麦、小麦和燕麦的残体均对第二年的杂草生长有抑制作用，高粱残体具有显著的控制杂草的能力，高粱根系分泌物可以抑制藜的种子萌发和幼苗生长。目前，美国约有25％的土地使用秸秆还田的方式防控杂草。加拿大、日本、韩国、埃及、泰国等国家通过轮作控制杂草。加拿大通过种植转基因抗除草剂亚麻品种防除杂草。

在国家特色油料产业技术体系（原国家胡麻产业技术体系）启动之前，我国在亚麻田杂草研究方面的报道较少。在除草剂对亚麻的安全性研究方面，宋喜蛾、董丽平等研究了除草剂对亚麻安全性的影响，董丽平等、王鑫等研究了除草肥（除草剂＋磷酸氢二铵）对亚麻的安全性及除草效果。在亚麻田除草剂筛选研究方面，已被报道的除草剂有在播前和播后进行苗前土壤处理的氟乐灵、野麦畏和地乐胺（现改名为"仲丁灵"）；在播前对出土杂草进行茎叶喷雾的草甘膦或草甘膦异丙胺盐；在苗期进行茎叶喷雾防除一年生阔叶杂草的2甲4氯钠盐，防除一年生禾本科杂草的精喹禾灵、精噁唑禾草灵、烯禾啶和精吡氟禾草灵，兼防一年生阔叶杂草与禾本科杂草的2甲4氯钠＋精喹禾灵、2甲4氯钠＋烯禾啶；防除菟丝子的野麦畏、二氯烯丹、鲁保1号生防菌和仲丁灵。在亚麻田杂草综合防除技术研究方面，从20世纪70年代便开始了对欧洲菟丝子的综合防除措施研究。在亚麻田杂草发生规律研究方面，张炳炎、王永强研究了欧洲菟丝子、亚麻菟丝子的生物学特性、传播途径和发生规律，刘宝森等研究探明了藜、反枝苋的田间发生密度与亚麻产量呈显著的负相关关系。在亚麻田杂草种类调查方面，陈卫民等调查了新疆伊犁地区亚麻田杂草种类，张玉琴等调查了甘肃庆阳地区亚麻田杂草种类。

国家特色油料产业技术体系启动（2008年）之后，亚麻草害防控岗位专家胡冠芳研究员及其团队成员在亚麻田杂草种类和群落组成、亚麻田除草剂筛选、亚麻田杂草发生危害规律、施药器械、农药喷雾助剂对灭草松防除亚麻田藜等阔叶杂草的增效作用等方面开展了深入且系统的研究，取得了预期结果。

第一节 亚麻田杂草种类和群落特征

亚麻田阔叶杂草主要有卷茎蓼、藜、小藜、灰绿藜、滨藜、刺藜、菱藜、菊叶香藜、反枝苋、凹头苋、腋花苋、萹蓄、猪殃殃、苣荬菜、苦苣菜、打碗花、田旋花、西伯利亚蓼、沙蓬、大刺儿菜、刺儿菜、蒲公英、地肤、荠菜、角茴香、龙葵、狼紫草、蒙山莴苣、碱蓬、独行菜、宽叶独行菜、猪毛菜、野薄荷、节节草、老罐草、苍耳、牻牛儿苗、圆叶锦葵、冬葵、山苦荬、野油菜、油菜、香薷、鹤虱、荞麦、苦荞麦、马齿苋、地锦、野胡萝卜、离子草、蒙古蒿、黄花蒿、小花糖芥、问荆、两栖蓼、酸模叶蓼、草地风毛菊、益母草等60余种，禾本科杂草主要有狗尾草、无芒稗、野燕麦、赖草、虎尾草、野糜子、芦苇、画眉草、马唐、白茅、牛筋草等13种，杂草群落类型在不同年份间差异较大，以6～12元群落居多，最多可达53元。

一、甘肃亚麻田杂草种类、优势种及主要群落类型

阔叶杂草种类有打碗花、卷茎蓼、油菜、荠菜、萹蓄、藜、苣荬菜、蒙山莴苣、狼紫草、杂配藜、艾蒿、曼陀罗、蒲公英、泽漆、车前、巴天酸模、齿果酸模、刺儿菜、大刺儿菜、顶羽菊、苘麻、苦苣菜、荞麦、杖藜、苍耳、野薄荷、田旋花、王不留行、猪殃殃、山苦荬、红蓼、紫花地丁、芸芥、草木樨、白花草木樨、紫花苜蓿、野枸杞、菊叶香藜、飞廉、刺藜、瓣蕊唐松草、广布野豌豆、牻牛儿苗、宝盖草、大画眉草、离蕊芥、角茴香、反枝苋、独行菜、西伯利亚蓼、播娘蒿、三齿萼野豌豆、小藜、地肤、藤长苗、风花菜、节节草、猪毛菜、圆叶锦葵、马齿苋、繁缕、黄花蒿、龙葵、野滨藜、灰绿藜、甘草、柴胡、半夏、碱蓬、野大麻、扁豆、续断菊、箭舌豌豆、鹅绒委陵菜、益母草、高山紫菀、白蒿、茵陈蒿、野苜蓿、酢浆草、酸模叶蓼、冬葵、短尾铁线莲、小蓝雪花、鹤虱、地锦、苦荞麦、问荆、野胡萝卜、尼泊尔蓼、鼬瓣花、黄芩、离子草、蛇莓、小根蒜、葎草、亚麻菟丝子、蒺藜等100余种。

禾本科杂草种类有野燕麦、赖草、芦苇、狗尾草、无芒稗、香附子、早熟禾、野糜子、画眉草、虎尾草、白草、牛筋草等14种。

优势种为卷茎蓼、藜、小藜、萹蓄、猪殃殃、苣荬菜、野燕麦、打碗花、西伯利亚蓼、狗尾草、无芒稗、大刺儿菜、刺儿菜、地肤、角茴香。

杂草群落类型为3～53元群落，以7～12元群落居多。主要群落类型为：

7元群落：卷茎蓼＋苣荬菜＋藜＋狼紫草＋萹蓄＋野燕麦＋荠菜；

8元群落：油菜＋猪殃殃＋卷茎蓼＋野燕麦＋苣荬菜＋萹蓄＋角茴香＋藜；

9元群落：卷茎蓼＋角茴香＋刺儿菜＋猪殃殃＋芦苇＋角茴香＋播娘蒿＋藜＋苣荬菜；

10元群落：野燕麦＋猪殃殃＋刺儿菜＋藜＋荠菜＋萹蓄＋角茴香＋打碗花＋紫花苜蓿＋野燕麦；

11元群落：赖草＋大刺儿菜＋打碗花＋卷茎蓼＋角茴香＋野燕麦＋油菜＋田旋花＋猪殃殃＋藜＋萹蓄；

12元群落：野燕麦＋打碗花＋卷茎蓼＋萹蓄＋藜＋猪殃殃＋油菜＋车前＋刺儿菜＋荠菜＋角茴香＋巴天酸模。

二、宁夏亚麻田杂草种类、优势种及主要群落类型

阔叶杂草种类有藜、打碗花、卷茎蓼、野大麻、刺儿菜、大刺儿菜、苣荬菜、角茴香、蒲公英、亚麻菟丝子、萹蓄、反枝苋、茵陈蒿、黄花蒿、锦葵、沙蓬、刺藜、山苦荬、独行菜、播娘蒿、鹤虱、二裂委陵菜、田旋花、车前、野西瓜苗、猪殃殃、牻牛儿苗、野胡萝卜、荠菜、益母草、牛繁缕、猪毛菜、西伯利亚蓼、狼紫草、杂配藜、三齿萼野豌豆、离蕊芥、鹅绒委陵菜、高山紫菀、雪见草、苍耳、地肤等50种。

禾本科杂草种类有无芒稗、野燕麦、赖草、野糜子、芦苇、狗尾草、虎尾草等10种。

优势种为卷茎蓼、藜、苣荬菜、灰绿藜、野燕麦、萹蓄、角茴香、刺儿菜、打碗花、田旋花、野燕麦。

杂草群落类型为7～22元群落，以7～10元群落居多。主要群落类型为：

7元群落：藜＋打碗花＋卷茎蓼＋角茴香＋野大麻＋苣荬菜＋蒲公英；

8元群落：藜＋灰绿藜＋萹蓄＋卷茎蓼＋猪殃殃＋角茴香＋打碗花＋野燕麦；

9 元群落：藜＋灰绿藜＋萹蓄＋卷茎蓼＋猪殃殃＋角茴香＋打碗花＋野燕麦＋大刺儿菜；

10 元群落：藜＋灰绿藜＋萹蓄＋卷茎蓼＋猪殃殃＋角茴香＋打碗花＋野燕麦＋大刺儿菜＋黄花蒿。

三、内蒙古亚麻田杂草种类、优势种及主要群落类型

阔叶杂草种类有萹蓄、山苦荬、反枝苋、打碗花、牻牛儿苗、苍耳、苣荬菜、刺藜、藤长苗、猪毛菜、藜、芸芥、蒲公英、圆叶锦葵、蒙山莴苣、草地风毛菊、油菜、鬼针草、车前、瓣蕊唐松草、黄花蒿、刺儿菜、卷茎蓼、野西瓜苗、角茴香、荞麦、苦荞麦、蒺藜、两栖蓼、菊叶香藜、地锦、向日葵、西伯利亚蓼、龙葵、巴天酸模、灰绿藜、草木樨、艾蒿、宽叶独行菜、独行菜、腋花苋、鹅绒藤、碱蓬、亚麻菟丝子、酸模叶蓼、田旋花、青葙、苦参、益母草、中亚滨藜、大籽蒿、苦苣菜、水棘针、香薷、野胡萝卜、冬葵、马齿苋、凹头苋、鹤虱、莨菪等 70 种。

禾本科杂草种类有无芒稗、野糜子、狗尾草、赖草、白草、芦苇、虎尾草、羊草（碱草）、画眉草、披碱草等 13 种。

优势种为无芒稗、反枝苋、芦苇、碱蓬、藜、野西瓜苗、虎尾草、巴天酸模、野糜子。

杂草群落类型为 3～27 元群落，以 5～10 元群落居多。主要群落类型为：

5 元群落：龙葵＋藜＋无芒稗＋牛筋草＋圆叶锦葵；

6 元群落：藜＋无芒稗＋野糜子＋反枝苋＋圆叶锦葵＋碱蓬；

7 元群落：龙葵＋藜＋猪毛菜＋苣荬菜＋田旋花＋无芒稗＋牻牛儿苗；

8 元群落：藜＋无芒稗＋野糜子＋苣荬菜＋萹蓄＋芦苇＋打碗花＋西伯利亚蓼；

9 元群落：藜＋苣荬菜＋卷茎蓼＋冬葵＋角茴香＋刺儿菜＋反枝苋＋无芒稗＋狗尾草；

10 元群落：反枝苋＋藜＋刺藜＋菊叶香藜＋虎尾草＋无芒稗＋油菜＋向日葵＋蒺藜＋萹蓄。

四、河北亚麻田杂草种类、优势种及主要群落类型

阔叶杂草种类有刺儿菜、藜、苍耳、苣荬菜、碱蓬、猪毛菜、紫花苜蓿、卷茎蓼、苦荞麦、荞麦、委陵菜、油菜、两栖蓼、蒙古蒿、地肤、车前、龙葵、蒙山莴苣、打碗花、香薷、巴天酸模、反枝苋、问荆、萹蓄、酸模叶蓼、香附子、野大豆、红蓼、野胡萝卜、草地风毛菊、圆叶锦葵、野西瓜苗、牻牛儿苗、广布野豌豆、刺藜、灰绿藜、风花菜、西伯利亚蓼、蒲公英、独行菜、篱打碗花、角茴香、点地梅、播娘蒿、大籽蒿、艾蒿、鹤虱、山苦荬、黄花蒿、草木樨、鹅绒委陵菜、三齿萼野豌豆、野薄荷、披针叶黄华、藤长苗、锦葵、夏至草、青葙等 70 种。

禾本科杂草种类有狗尾草、白草、芦苇、无芒稗、羊草（碱草）、野糜子、野燕麦、画眉草、虎尾草、马唐、裸燕麦、大画眉草等 15 种。

优势种为藜、无芒稗、野糜子、狗尾草、酸模叶蓼、芦苇、苦荞麦、苣荬菜、问荆、萹蓄、白草、刺儿菜、反枝苋、刺藜、角茴香、碱蓬、卷茎蓼。

杂草群落类型为 3～29 元群落，以 7～12 元群落居多。主要群落类型为：

7 元群落：狗尾草＋野糜子＋碱蓬＋苦荞麦＋披碱草＋油菜＋卷茎蓼；

8 元群落：藜＋苣荬菜＋苦荞麦＋萹蓄＋卷茎蓼＋野燕麦＋猪毛菜＋草地风毛菊；

9 元群落：苦荞麦＋卷茎蓼＋藜＋萹蓄＋苣荬菜＋狗尾草＋刺藜＋草地风毛菊＋野燕麦；

10 元群落：萹蓄＋狗尾草＋藜＋苣荬菜＋苦荞麦＋刺藜＋卷茎蓼＋野燕麦＋猪毛菜＋草地风毛菊；

11 元群落：狗尾草＋萹蓄＋藜＋苣荬菜＋苦荞麦＋野糜子＋刺藜＋卷茎蓼＋草地风毛菊＋苍

耳＋田旋花；

12 元群落：藜＋苣荬菜＋刺藜＋狗尾草＋苦荞麦＋萹蓄＋卷茎蓼＋野糜子＋草地风毛菊＋猪毛菜＋田旋花＋野燕麦。

五、山西亚麻田杂草种类、优势种及主要群落类型

阔叶杂草种类有藜、刺藜、大刺儿菜、牤牛儿苗、蒺藜、灰绿藜、卷茎蓼、打碗花、田旋花、碱蓬、酸模叶蓼、节节草、沙蓬、刺儿菜、苍耳、苦苣菜、苣荬菜、山苦荬、葡枝委陵菜、西伯利亚蓼、草地风毛菊、藤长苗、亚麻菟丝子、地肤、芸芥、蒙古蒿、黄花蒿、狼紫草、车前、反枝苋、圆叶锦葵、鹤虱、油菜、短尾铁线莲、草木樨、紫花苜蓿、艾蒿、问荆、朝天委陵菜、密花香薷、红蓼、猪毛菜、马齿苋、地梢瓜、播娘蒿、牛繁缕、甘草、鹅绒藤、青葙、野滨藜、荠菜、独行菜、角茴香、白蒿、半夏、瓣蕊唐松草、地锦、野胡萝卜、荞麦、苦荞麦、野西瓜苗、蒙山莴苣等 70 种。

禾本科杂草种类有芦苇、无芒稗、狗尾草、野燕麦、白茅、野糜子、牛筋草、马唐、狗牙根、虎尾草、赖草、看麦娘等 15 种。

优势种为无芒稗、苣荬菜、卷茎蓼、野胡萝卜、藜、刺藜、狗尾草、苦苣菜、节节草、瓣蕊唐松草、反枝苋、野糜子、野燕麦、蒙山莴苣。

杂草群落类型为 5～27 元群落，以 6～12 元群落居多。主要群落类型为：

6 元群落：马唐＋无芒稗＋藜＋看麦娘＋反枝苋＋荠菜；

7 元群落：藜＋赖草＋打碗花＋狗尾草＋无芒稗＋苍耳＋甘草；

8 元群落：狗尾草＋无芒稗＋赖草＋打碗花＋芦苇＋苍耳＋甘草＋白草；

9 元群落：白草＋篱打碗花＋野糜子＋打碗花＋狗尾草＋芦苇＋苣荬菜＋刺儿菜＋无芒稗；

10 元群落：白草＋打碗花＋艾蒿＋藜＋赖草＋狗尾草＋无芒稗＋芦苇＋苍耳＋狗尾草；

11 元群落：白草＋打碗花＋狗尾草＋赖草＋艾蒿＋野糜子＋苣荬菜＋藜＋芦苇＋紫花苜蓿＋反枝苋；

12 元群落：苣荬菜＋打碗花＋无芒稗＋酸模叶蓼＋卷茎蓼＋芦苇＋碱蓬＋沙蓬＋反枝苋＋刺儿菜＋藜＋西伯利亚蓼。

六、新疆亚麻田杂草种类、优势种及主要群落类型

阔叶杂草种类有卷茎蓼、油菜、苦苣菜、刺儿菜、田旋花、藜、苣荬菜、莨菪、萹蓄、酸模叶蓼、圆叶锦葵、香薷、巴天酸模、小藜、猪殃殃、大车前、鹅绒委陵菜、反枝苋、小蓝雪花、牛繁缕、婆婆纳、野薄荷、续断菊、冬葵、马齿苋、野西瓜苗、曼陀罗、节节草、腋花苋、野大麻、黄花蒿、龙葵、紫花苜蓿、荠菜、苘麻、地锦、地肤、宝盖草、高山紫菀、凹头苋、三齿萼野豌豆、白蒿、亚麻菟丝子、蒲公英、大刺儿菜、斑种草、野胡萝卜、鼠尾草、窄叶野豌豆、广布野豌豆、苦豆子等 60 种。

禾本科杂草种类有狗尾草、无芒稗、野燕麦、雀麦、狗牙根等 7 种。

优势种为藜、无芒稗、油菜、野燕麦。

杂草群落类型为 3～22 元群落，以 6～11 元群落居多。主要群落类型为：

6 元群落：无芒稗＋藜＋卷茎蓼＋田旋花＋油菜＋刺儿菜；

7 元群落：无芒稗＋藜＋卷茎蓼＋田旋花＋油菜＋苣荬菜＋白蒿；

8 元群落：无芒稗＋藜＋卷茎蓼＋反枝苋＋油菜＋刺儿菜＋野大麻＋酸模叶蓼；

9 元群落：无芒稗＋藜＋卷茎蓼＋油菜＋刺儿菜＋苣荬菜＋节节草＋紫花苜蓿＋白蒿；

10 元群落：无芒稗＋藜＋卷茎蓼＋田旋花＋油菜＋刺儿菜＋苣荬菜＋窄叶野豌豆＋野薄荷＋苦豆子；

11 元群落：无芒稗＋藜＋卷茎蓼＋田旋花＋油菜＋刺儿菜＋苣荬菜＋窄叶野豌豆＋野燕麦＋白蒿＋苦豆子。

第二节　亚麻田杂草发生危害规律及除草剂筛选

本节探明了我国亚麻主产区，甘肃不同生态类型区、宁夏固原和内蒙古乌兰察布亚麻田杂草的发生消长规律，明确了地膜覆盖条件下亚麻田杂草的发生危害规律，播种期、播种密度对亚麻田杂草发生以及亚麻产量的影响，使用化肥或有机肥条件下亚麻田杂草的发生危害规律，不同耕作方式下亚麻田杂草的发生危害规律，不同作物茬口、轮作条件下亚麻田杂草的发生危害规律，杂草伴生时间对亚麻产量的影响，这些研究结果为制订亚麻田杂草综合治理技术体系提供了科学依据。

一、不同生态类型区亚麻田杂草发生消长规律

（一）甘肃亚麻田杂草发生消长规律

在甘肃不同生态类型区（兰州、古浪、景泰、榆中、定西、灵台、环县），亚麻田杂草从 4 月 2—7 日开始出苗，至 5 月 12—15 日全部出齐，其后杂草种类保持不变，至亚麻成熟期种类逐渐减少；杂草在 4 月 25—28 日呈现出 1 个出苗高峰，此后至亚麻成熟期平均密度逐渐降低；随着时间的推移，杂草的平均株高逐渐提高，至亚麻成熟期株高达到最高；平均鲜重也随时间的推移逐渐增加，至亚麻盛花期达到最高，此后逐渐降低。藜的平均株高和鲜重随时间的推移逐渐提高，在亚麻成熟期达到最高。野燕麦的平均株高在亚麻成熟期达到最高，平均鲜重在亚麻盛花期达到最高。根据阔叶杂草与野燕麦的发生消长规律，提出适宜防除时期，防除藜、卷茎蓼、反枝苋等阔叶杂草的适宜施药时期为 5 月 12—19 日，防除野燕麦的适宜施药时期为 4 月 28 日至 5 月 5 日。

2018 年平凉泾川高平调查结果表明，亚麻苗齐至成熟期内，藜、反枝苋、水棘针和狗尾草 4 种优势杂草的密度、株高及鲜重均随生育时期的推进有不同程度的波动。藜的密度波动幅度较大，呈"先递增后递减"态势，峰值出现在 5 月 9 日，达每 0.75 平方米 191 株，之后缓慢下降，至亚麻成熟期（7 月 29 日，下同）降至每 0.75 平方米 59 株；其株高和鲜重呈"持续递增"态势，5 月 29 日之前为缓慢递增期，之后为快速递增期，至亚麻成熟期分别增至 109.27 cm 和每 0.75 平方米 2 069.26 g。反枝苋的密度呈"先递增后递减"态势，峰值出现在 5 月 29 日，达每 0.75 平方米 97 株，之后逐渐降低，至亚麻成熟期降至每 0.75 平方米 33 株；其株高和鲜重呈"持续递增"态势，前者波动较大，5 月 29 日后较快速递增，至亚麻成熟期增至 43.53 cm，后者波动较小，至亚麻成熟期增至每 0.75 平方米 112.3 g。水棘针的密度和鲜重波动幅度小，其株高有一定程度的波动，呈"先缓慢递增再缓慢递减"态势，峰值出现在 6 月 29 日，为 24.5 cm。狗尾草的密度波动剧烈，呈"先快速递增后快速递减"态势，峰值出现在 5 月 29 日，每 0.75 平方米达 369 株，至亚麻成熟期降至每 0.75 平方米 52 株；其株高有一定程度的波动，呈"缓慢递增"态势，至亚麻成熟期达到 38.27 cm；其鲜重波动幅度小。可见，在陇东旱塬区亚麻田，藜的发生密度较大、竞争优势明显、生长势强，是主要防控对象，其最佳防控时期为 5 月 9—19 日；狗尾草发生密度最大，但其竞争力弱，株高和鲜重小，不属主要防控对象；水棘针和反枝苋发生密度较小，而且全生育期明显受亚麻胁迫，不会对亚麻生长发育产生明显影响，也不属于主要防控对象。

（二）内蒙古乌兰察布亚麻田杂草发生消长规律

2012 年调查结果表明，6 月 4—11 日乌兰察布亚麻田阔叶杂草的平均株高和鲜重均有一个突增过程，6 月 11 日的平均株高较 6 月 4 日增加了 0.88 倍，平均鲜重则增加了 1.50 倍。这表明，6 月 4 日左右是乌兰察布防除亚麻田阔叶杂草的适宜时期。

（三）宁夏固原亚麻田阔叶杂草发生消长规律

2012 年调查结果表明，5 月 26 日至 6 月 7 日固原亚麻田阔叶杂草的平均株高和鲜重均有一个突增过程，6 月 7 日的平均株高较 5 月 26 日增加了 2.53 倍，平均鲜重则增加了 4.81 倍。这表明，5 月 26 日左右是固原防除亚麻田阔叶杂草的适宜时期。

二、地膜覆盖条件下亚麻田杂草发生危害规律

2013 年兰州榆中调查结果表明，白色地膜亚麻田杂草出苗早、密度高、生长快，与亚麻幼苗争夺肥、水、光，严重影响亚麻幼苗正常生长。5 月 20 日至 6 月 14 日杂草生长快，对亚麻正常生长发育有严重影响。黑色地膜亚麻田杂草均分布在种植穴周围，密度低、生长较慢，5 月 20 日之前对亚麻幼苗生长影响不大，5 月 27 日至 6 月 20 日杂草生长快，对亚麻正常生长发育有影响。露地亚麻田杂草密度高于黑色地膜亚麻田杂草，但不及白色地膜亚麻田杂草，且生长较慢，5 月 20 日之前对亚麻幼苗生长影响不大，5 月 27 日至 6 月 14 日杂草生长快，对亚麻正常生长发育有严重影响。

黑色地膜亚麻田杂草密度低、生长较慢，前期对亚麻幼苗生长影响不大，因此可采用黑色地膜覆盖防除亚麻田杂草。以 5 月 27 日杂草株数计算，与白色地膜覆盖相比，黑色地膜覆盖的株防效可达 94.79%。由于黑色地膜亚麻田杂草均分布在种植穴周围，可采用种植穴覆土的方法防除杂草，覆盖黑色地膜结合种植穴覆土，是防除亚麻田杂草有效的物理和人工防除措施，避免了因使用除草剂造成的环境污染问题。2015 年中央 1 号文件对"加强农业生态治理"作出专门部署，强调要加强农业面源污染治理，解决农田残膜污染就是其中目标之一，要使用厚度在 0.01 mm 以上的黑色地膜，从源头上保证农田残膜可回收，以有效解决西北干旱地区的农田残膜污染问题。有条件的地方宜推广应用可降解地膜。

三、播种期、播种密度对亚麻田杂草发生以及亚麻产量的影响

研究结果表明，播种期对亚麻田杂草发生程度具有显著影响，并呈现出"播种期越晚杂草发生越轻"的趋势。在每亩 4 kg 播种量条件下，4 月 2、9、16 日播种，每平方米杂草株数分别较 3 月 26 日播种时减少 33.54%、45.49%、52.26%，总鲜重（g/m²）分别减少 23.28%、69.91%、88.76%。测产结果显示，播种期对亚麻产量有显著影响，并呈现出"播种期越晚产量越低"的趋势，3 月 26 日播种的亚麻亩产量最高，为 131.70 kg，4 月 2 日播种的亩产量（128.55 kg）与其十分接近，4 月 9、16 日播种的亩产量（117.42、96.33 kg）显著降低。由此可见，为有效减少杂草的发生，可较正常播种时间推迟 7 d（4 月 2 日前后）播种亚麻，这对亚麻产量基本无影响。兰州（甘肃中部）地区农田杂草一般在 3 月中旬开始陆续出苗，有些多年生杂草，如刺儿菜、巴天酸模、赖草、打碗花、田旋花等出苗更早，推迟播期减轻杂草发生的原理在于杂草出苗后可以通过秒地、耙糖等农事操作过程致使杂草死亡，有效降低土壤中的杂草种子库数量。

由研究结果可见，播种期对亚麻田杂草发生程度具有显著影响，并呈现出"播种期越晚杂草发生越轻"的趋势；播种期对亚麻产量也有显著影响，并呈现出"播种期越晚产量越低"的趋势。综合杂

草发生程度与亚麻产量分析，兰州（甘肃中部）地区亚麻的适宜播种期为4月2日前后，在此期间播种对亚麻产量影响不大，但可有效减轻杂草的发生程度，从而减少除草剂的使用量，有利于保护生态环境。

研究结果表明，随着亚麻播种密度的提高，亚麻田杂草的发生逐渐减轻。亩播种量为4、5、6、7、8 kg的亚麻田杂草株数分别较亩播种量为3 kg的减少11.53%、31.73%、54.81%、51.92%、65.39%，鲜重分别减少10.26%、32.28%、47.37%、60.70%、78.93%。测产结果显示，4 kg亩播种量的亩产量最高，为131.0 kg^2；其次为3 kg亩播种量，亩产量为123.8 kg，较4 kg亩播种量减产5.50%；5、6、7、8 kg亩播种量的亩产量随播种密度的提高逐渐降低，分别为120.5、104.2、73.6、62.3 kg，较4 kg亩播种量分别减产8.02%、20.46%、43.82%、52.44%。随着亚麻播种密度的提高，杂草发生量逐渐减轻而产量却逐渐降低，主要因为亚麻密度越高，倒伏越严重。

由研究结果可见，亚麻播种密度与杂草发生量关系密切，播种密度越高，杂草发生越轻，这是亚麻与杂草相互竞争的结果。亚麻播种密度对产量也有显著影响，随着播种密度的提高，杂草发生量逐渐减轻而产量却逐渐降低，主要因为亚麻密度越高，倒伏越严重。依据播种期和播种密度亚麻田杂草发生程度以及亚麻产量的影响规律分析，甘肃中部地区亚麻的适宜播种期为4月2日前后，亩播种量为4 kg。

四、使用化肥或有机肥条件下亚麻田杂草发生危害规律

2014年兰州榆中试验结果表明，施用有机肥或化肥的亚麻田杂草群落和密度差异较大。施用牛粪的亚麻田杂草总体密度为每平方米498株，较施用化肥（每平方米369株）和空白对照（每平方米349株）分别增加34.96%和42.69%，小画眉草意外变为优势种，而此种杂草在榆中多年未见发生；施用羊粪的亚麻田杂草总体密度为每平方米460株，较施用化肥（每平方米369株）和空白对照（每平方米349株）分别增加24.66%和31.81%。

总体看来，施用有机肥（特别是未充分腐熟的有机肥）可导致亚麻田杂草密度增加。有机肥因原料种类和来源不同，可致杂草群落发生显著变化。以榆中良种繁殖场试验地为例，以前从未发现有小画眉草危害，但2013年突然发现有2块地小画眉草危害十分严重，已成为优势种群，便是因为施用了牛粪。

五、不同耕作方式下亚麻田杂草发生危害规律

调查结果表明，深耕（25～30 cm）可有效防除一年生和多年生杂草，与旋耕（10～12 cm）相比，可降低60%以上的杂草密度。免耕田的杂草种类主要为越年生或多年生杂草（黄花蒿、艾蒿、播娘蒿、荠菜、苣荬菜、山苦荬、刺儿菜、委陵菜、巴天酸模、赖草等），因返青早且多数植株高大、茎叶繁茂、根系发达，对亚麻的危害更为严重。深耕防除杂草的机理在于通过深耕可将土壤表层的杂草种子埋入深层，将大量根状茎杂草翻至地面干死、冻死。

若持续免耕，杂草种子大量集中于土表，杂草发生早、密度高、危害重，但萌发整齐，利于防除。实行"间歇耕法"，即立足于免耕，隔几年进行1次深耕，是控制农田杂草的有效措施。多年生杂草较少的地块，采用浅旋耕灭茬；多年生杂草发生严重的地块，宜采用深耕灭茬。

六、不同作物茬口、轮作条件下亚麻田杂草发生危害规律

2013—2015年，调查了甘肃、内蒙古和河北亚麻主产区不同作物轮作条件下亚麻田杂草的发生

危害情况：

玉米茬：藜、卷茎蓼、马唐、狗尾草、无芒稗发生重（杂草总体密度为每平方米 28～630 株），刺儿菜轻（总体密度为每平方米 0～25 株）；

马铃薯茬：杂草发生轻（总体密度为每平方米 0～159 株）；

苦荞麦、荞麦茬：苦荞麦、荞麦发生重（总体密度为每平方米 53～840 株），特别是在苦荞麦、荞麦收获期间遇大雨或暴雨、大风、冰雹，大量的种子流落到土壤中，翌年出苗后成为严重危害亚麻的阔叶杂草；

大麦、莜麦（裸燕麦）、皮燕麦、糜子茬：大麦、莜麦、糜子发生严重（总体密度为每平方米 210～1 020 株），成为严重危害亚麻的禾本科杂草；

油菜、芸芥茬：油菜、芸芥危害重（总体密度为每平方米 40～280 株），成为严重危害亚麻的阔叶杂草；

蔬菜茬（甘蓝、大白菜、花椰菜、芹菜、西葫芦、胡萝卜等）：禾本科杂草发生轻（总体密度为每平方米 0～50 株），马齿苋、反枝苋、藜发生重（总体密度为每平方米 125～490 株）。

2015 年，同时调查了甘肃定西不同类型连作和轮作田杂草的发生危害情况：

亚麻连作田：杂草总体密度为每平方米 18～460 株；

小麦—亚麻轮作田：杂草总体密度为每平方米 26～510 株；

马铃薯—亚麻轮作田：杂草总体密度为每平方米 15～487 株；

小麦—马铃薯轮作田：杂草总体密度为每平方米 32～570 株；

马铃薯—小麦轮作田：杂草总体密度为每平方米 13～360 株；

亚麻—小麦轮作田：杂草总体密度为每平方米 10～348 株；

亚麻—马铃薯轮作田：杂草总体密度为每平方米 8～325 株。

总体评价：定西亚麻连作、小麦—亚麻轮作、马铃薯—亚麻轮作、小麦—马铃薯轮作田杂草发生危害较重，而马铃薯—小麦轮作、亚麻—小麦轮作和亚麻—马铃薯轮作田杂草发生危害较轻，对杂草具有一定程度的抑制作用。

七、杂草伴生时间对亚麻产量的影响

2015 年甘肃兰州榆中研究结果表明，亚麻在全生育期无草（伴生 0 d）的条件下，亩产量可达 162.73 kg，在杂草伴生 10、20、30、40、50 和 60 d 的条件下，亚麻亩产量分别降至 158.65、155.03、138.61、124.62、101.80 和 72.60 kg，较 0 d 分别减产 4.08、7.70、24.12、38.11、60.93、90.13 kg，减产率分别为 2.51%、4.73%、14.82%、23.42%、37.44% 和 55.39%。杂草伴生 10、20 d 的减产幅度不大，且较平缓，为 2.51%、4.73%；伴生 30、40 d 后，产量有一个突降过程，减产幅度达 14.82%、23.42%。在全生育期有草（伴生 130 d，杂草种类为藜、卷茎蓼、反枝苋、角茴香、猪殃殃、打碗花、萹蓄、荠菜、苣荬菜、刺儿菜、无芒稗、狗尾草、野燕麦等，盛发期密度为每平方米 612 株）的条件下，亩产量仅为 30.81 kg^2，较 0 d 减产 131.92 kg，减产率为 81.07%。鉴于此，应在亚麻苗齐后 20 d 内（此期亚麻株高在 7 cm 以下）进行人工或化学除草，将产量损失降至最低。

由研究结果可见，杂草伴生时间对亚麻产量具有显著影响，伴生时间越长产量越低。杂草伴生 10、20 d，亚麻减产幅度不大，为 2.51%、4.73%；伴生 30、40 d 后，亚麻产量有一个突降过程，减产幅度为 14.82%、23.42%。亚麻田人工或化学除草的适期为亚麻苗齐后 20 d（此期亚麻株高为 7 cm 左右）内，此期除草可将产量损失降至最低。

八、亚麻田除草剂筛选研究

（一）播后苗前土壤封闭处理除草剂的筛选

筛选出播后苗前进行土壤封闭处理兼防亚麻田藜、卷茎蓼、荠菜、油菜、刺儿菜等阔叶杂草与狗尾草、无芒稗、野燕麦等禾本科杂草的6个安全高效除草剂混用组合，即丙炔噁草酮＋莠去津、丙炔噁草酮＋乙·莠、丙炔噁草酮＋甲·乙·莠、丙炔噁草酮＋精异丙甲草胺、甲·乙·莠＋精异丙甲草胺、乙·莠＋精异丙甲草胺；防除亚麻菟丝子的2种高效除草剂——仲丁灵和野麦畏。

（二）苗期茎叶喷雾除草剂的筛选

筛选出苗期进行茎叶喷雾、对亚麻安全、对阔叶杂草与禾本科杂草具优良防效的新型除草剂及其混用组合，如防除野燕麦、无芒稗、狗尾草、野糜子、虎尾草等禾本科杂草的高效氟吡甲禾灵、炔草酯、烯草酮和唑啉草酯；防除藜、卷茎蓼、反枝苋、刺儿菜、荞麦、苦荞麦、油菜、野油菜等阔叶杂草的2甲·辛酰溴、2甲·溴苯腈、辛酰溴苯腈、灭草松和混用组合苯唑草酮＋噻吩磺隆、灭草松＋噻吩磺隆；防除刺儿菜、苣荬菜、蒙山莴苣、蒲公英、艾蒿、紫花苜蓿、三齿萼野豌豆、救荒野豌豆等菊科和豆科杂草的二氯吡啶酸和二氯吡啶酸钾盐；一次用药兼防阔叶杂草与禾本科杂草的混用组合——2甲·辛酰溴或2甲·溴苯腈、辛酰溴苯腈、灭草松＋精喹禾灵或高效氟吡甲禾灵等。其中，2甲·辛酰溴、精喹禾灵、高效氟吡甲禾灵、2甲·辛酰溴或2甲·溴苯腈＋精喹禾灵或高效氟吡甲禾灵已在甘肃、新疆、宁夏、内蒙古、河北、山西等地亚麻主产区实施大面积示范推广，可有效防除亚麻田大多数阔叶杂草与禾本科杂草。

（三）防除大麦、稷、裸燕麦和皮燕麦除草剂的筛选

甘肃的大麦，内蒙古、河北、山西等地的稷（糜子）、裸燕麦（莜麦）、皮燕麦种植面积较大，大麦、稷、裸燕麦和皮燕麦收获时遗落在土壤中的种子翌年出苗后变成严重危害亚麻的杂草，目前这已成为生产中亟待解决的突出问题。鉴于此，草害防控岗位团队开展了大量的除草剂筛选试验，筛选出苗期进行茎叶喷雾防除亚麻田大麦的安全高效除草剂——高效氟吡甲禾灵、精吡氟禾草灵、烯草酮和精喹禾灵；防除稷的安全高效除草剂——唑啉草酯、高效氟吡甲禾灵、精吡氟禾草灵、烯草酮、炔草酯、精喹禾灵和烯禾啶；防除裸燕麦的安全高效除草剂——唑啉草酯、高效氟吡甲禾灵、精吡氟禾草灵、烯草酮和精喹禾灵；防除皮燕麦的安全高效除草剂——唑啉草酯、高效氟吡甲禾灵、精吡氟禾草灵、炔草酯、精喹禾灵和烯禾啶。

（四）防除多年生杂草除草剂的筛选

筛选出苗期进行茎叶喷雾防除亚麻田多年生禾本科杂草芦苇的安全高效除草剂——高效氟吡甲禾灵，涂心或滴心防除亚麻田刺儿菜、大刺儿菜、苣荬菜、蒙山莴苣、巴天酸模、齿果酸模、打碗花、田旋花、紫花苜蓿、艾蒿等多年生阔叶杂草的草甘膦异丙胺盐和氨氯吡啶酸，苗期进行茎叶喷雾防除艾蒿的二氯吡啶酸＋2甲4氯钠盐、二氯吡啶酸和灭草松。

（五）防除反枝苋除草剂的筛选

近年来甘肃、内蒙古、河北等亚麻主产区反枝苋危害逐年加重，而2甲·辛酰溴或2甲·溴苯腈因对反枝苋防效较差不能有效控制其危害，基于此，筛选出了苗期进行茎叶喷雾防除反枝苋的1种高效除草剂和5个混用组合，即苯唑草酮、2甲·辛酰溴＋灭草松、辛酰溴苯腈＋灭草松、2甲·辛酰

溴＋苯唑草酮、辛酰溴苯腈＋苯唑草酮和灭草松＋苯唑草酮，一次用药兼防反枝苋与无芒稗的1种安全高效除草剂和3个混用组合，即苯唑草酮、苯唑草酮＋2甲·辛酰溴＋精喹禾灵、苯唑草酮＋辛酰溴苯腈＋精喹禾灵和苯唑草酮＋灭草松＋精喹禾灵，有效突破了反枝苋难以防除的技术瓶颈。

（六）防除芸芥除草剂的筛选

基于山西等亚麻主产区芸芥发生危害严重的实际情况，筛选出了苗期进行茎叶喷雾防除芸芥的1种安全高效除草剂和1个混用组合，即灭草松、灭草松＋2甲·辛酰溴或2甲·溴苯腈。

第三节　亚麻田杂草综合防控技术

一、农业防除

（一）加强植物检疫

按照国务院发布的《植物检疫条例》执行，加强植物检疫执法，凭植物检疫证书方可调入亚麻种子，防止外来杂草入侵。

（二）精选种子

杂草种子混杂在作物种子中，随播种进入田间，成为农田杂草的来源之一，也是杂草传播扩散的主要途径之一。要在加强杂草种子检疫基础上，着力抓好播前选种。精选亚麻种子、提高种子纯度，是减少田间杂草发生量的重要措施。

（三）减少秸秆还田时杂草种子传播

秸秆还田是加重农田草害的因素之一。大量采用秸秆还田或收获时留高茬（低矮的杂草继续繁衍），可把大量的杂草种子留在田间。在不需要作物秸秆作燃料的地方，应提倡将秸秆切割堆制腐熟，再施入田间，既可肥田，又能减少田间杂草种子基数。

（四）土壤深翻

播种前土壤深翻30 cm左右，是防除多年生杂草的有效方法。通过深翻可将土壤表层的杂草种子埋入深层，将大量根状茎杂草翻至地面干死、冻死，减轻杂草危害。实行"间歇耕法"，即立足于免耕，隔几年进行1次深耕，是控制农田杂草的有效措施。持续免耕，会使杂草种子大量集中于土表，杂草发生早、密度高、危害重，但萌发整齐，利于防除。多年生杂草较少的地块，采用浅旋耕灭茬；多年生杂草发生严重的地块，采用深耕灭茬。

（五）合理施肥

以施用腐熟有机肥为主，氮、磷、钾和微量元素合理搭配，避免氮肥过量施用，减轻杂草危害。

（六）合理间（套）作、轮作

间（套）作是利用不同作物的生育特性，有效占据土壤和生长空间，形成作物群体优势抑草；或是利用作物间互补的优势，提高对杂草的竞争能力；或是利用植物间的化感作用，抑制杂草的生长发育，达到治草目的。此外，还能充分利用光能和空间。在沿黄灌区，亚麻间（套）作玉米、向日葵、大豆、豌豆、蚕豆等作物，可减轻杂草危害，提高种植效益。亚麻与禾本科作物（如小麦、玉米）轮作可避免菟丝子的危害。大麦、裸燕麦、皮燕麦、糜子、荞麦、苦荞麦、油菜等作物茬口不宜种植亚麻，因为遗落在土壤中的作物种子出苗后会变成严重危害亚麻的杂草。亚麻与马铃薯、蔬菜、中药材、向日葵轮作，杂草发生较轻。

（七）适期晚播

亚麻播期对杂草发生程度具有显著影响。为有效减少杂草的发生，可较正常播种时间推迟 7 d 播种亚麻，这对亚麻产量基本无影响。推迟播期减轻杂草发生的原理在于利用杂草抗逆性强、早春出苗较早的规律，在杂草出苗后通过旋耕、耙耱等农事操作致杂草死亡。

（八）合理密植

亚麻密度低，杂草发生重；密度高，杂草发生轻。合理的种植密度既可促进亚麻的生长发育，又可减轻杂草的发生危害。

（九）清除田边、沟边、地头杂草

清除田边、沟边、地头杂草，减少杂草传播扩散。浇水时，水口设置过滤网，可阻隔野燕麦、大麦、裸燕麦、皮燕麦、荞麦、苦荞麦、无芒稗、巴天酸模、齿果酸模、三齿萼野豌豆等大粒种子随水进入亚麻田，从而减轻或避免其危害。

（十）中耕除草

中耕除草是作物生长期间重要的人工除草措施。在劳动力充足的条件下，可结合亚麻苗期追肥开展此项工作。近年来，农作物中耕除草追肥机正在各地推广，与人工中耕除草相比，极大提高了工作效率，降低了生产成本。

二、物理防除

（一）覆盖黑色地膜

黑色地膜覆盖对亚麻田杂草具有十分显著的防除效果，增产效果优于白色地膜，是一种有效的免用除草剂的物理防除措施。

（二）推广一膜二年用种植模式

在甘肃中部地区推广一膜二年用种植模式：第一年覆盖黑色地膜种植全膜双垄沟播玉米，第二年免耕种植亚麻，可有效减轻一年生杂草的发生。

三、化学防除

各地生态条件不同，宜进行小区试验确定最佳剂量、明确是否有药害产生后再行示范推广。

（一）一年生阔叶杂草的防除

1. 播后苗前进行土壤封闭处理

以藜、小藜、灰绿藜、刺藜、卷茎蓼、油菜、荠菜、反枝苋等一年生阔叶杂草为优势种群的地块，每亩用 42％甲·乙·莠悬浮剂 100 mL＋96％精异丙甲草胺乳油 100 mL 或 40％乙·莠悬浮剂 100 mL＋96％精异丙甲草胺乳油 100 mL、80％丙炔噁草酮可湿性粉剂 10 g＋90％莠去津水分散粒剂 60 g、80％丙炔噁草酮可湿性粉剂 10 g＋42％甲·乙·莠悬浮剂 100 mL、80％丙炔噁草酮可湿性粉剂 10 g＋40％乙·莠悬浮剂 100 mL，兑水 45～60 kg（人工背负式电动喷雾器双圆锥雾喷头），在亚麻播种后出苗前（播种当天或第二天施药效果最好）均匀喷施于土壤表面（不需要混土处理）。

在新疆伊犁地区，每亩用 50％利谷隆可湿性粉剂 250～300 g，兑水 45～60 kg，在亚麻播种后出苗前（播种当天或第二天施药效果最好）均匀喷施于土壤表面（不需要混土处理）。车载喷雾机械兑水量为每亩 20～30 kg。

2. 苗期进行茎叶喷雾

以藜、小藜、灰绿藜、刺藜、卷茎蓼、油菜、荠菜等一年生阔叶杂草为优势种群的地块，可每亩选用 40％ 2 甲·辛酰溴乳油 100 mL 或 40％ 2 甲·溴苯腈乳油 100 mL、30％辛酰溴苯腈乳油 100 mL、80％溴苯腈可溶性粉剂 40～50 g、48％灭草松水剂 250 mL，在亚麻株高 7～10 cm 时，兑水 30～45 kg（人工背负式电动喷雾器双圆锥雾喷头），进行茎叶均匀喷雾处理。

以反枝苋为优势种群的地块，可每亩选用 40％ 2 甲·辛酰溴乳油 50 mL＋48％灭草松水剂 150 mL、30％辛酰溴苯腈乳油 50 mL＋48％灭草松水剂 150 mL、40％ 2 甲·辛酰溴乳油 50 mL＋30％苯唑草酮悬浮剂 12 mL、30％辛酰溴苯腈乳油 50 mL＋30％苯唑草酮悬浮剂 12 mL、48％灭草松水剂 150～175 mL＋30％苯唑草酮悬浮剂 12 mL，在亚麻株高 7～10 cm 时，兑水 30～45 kg（人工背负式电动喷雾器双圆锥雾喷头），进行茎叶均匀喷雾处理。

以荞麦或苦荞麦为优势种群的地块，可每亩选用 80％溴苯腈可溶性粉剂 40～45 g，兑水 30～45 kg（人工背负式电动喷雾器双圆锥雾喷头），进行茎叶均匀喷雾处理，或者定向喷洒 24％氨氯吡啶酸水剂 750～1 000 倍液，施药时期为荞麦或苦荞麦 2～4 叶期。车载喷雾机械兑水量为每亩 20～30 kg。

（二）多年生阔叶杂草的防除

1. 茎叶喷雾处理　菊科杂草（如刺儿菜、大刺儿菜、苣荬菜、蒙山莴苣、蒲公英、艾蒿、山苦荬、黄花蒿、蒙古蒿、草地风毛菊等）以及一年生或越年生杂草（如辣子草、一年蓬、苦苣菜、续断菊、鬼针草、飞廉等）或豆科杂草（如紫花苜蓿、广布野豌豆、黄花草木樨、白花草木樨等）、蓼科杂草（如卷茎蓼、西伯利亚蓼等）、车前科杂草（如车前、平车前等）发生严重的地块，在杂草全部出苗后，可选用 30％二氯吡啶酸水剂 100～120 mL 或 90％二氯吡啶酸钾盐可溶性粉剂 18～20 g，兑水 30～45 kg（人工背负式电动喷雾器双圆锥雾喷头），进行茎叶均匀喷雾处理。车载喷雾机械兑水量为每亩20～30kg。

2. 定向喷雾处理　菊科、豆科、蓼科、伞形科、车前科、堇菜科、蔷薇科、萝摩科等多年生或越年生阔叶杂草发生严重的地块，在杂草全部出苗后，可定向喷洒 24％氨氯吡啶酸水剂 750～1 000 倍液或 41％草甘膦异丙胺盐水剂 175～200 倍液、200 g/L 草铵膦水剂 50～75 倍液。注意勿将药液喷洒到亚麻上。

旋花科杂草如田旋花、打碗花、篱打碗花和藤长苗发生严重的地块，在杂草全部出苗后，可定向喷洒 56％ 2 甲 4 氯钠盐可溶性粉剂 300～400 倍液或 24％氨氯吡啶酸水剂 750～1 000 倍液、41％草甘膦异丙胺盐水剂 175～200 倍液、200 g/L 草铵膦水剂 50～75 倍液。注意勿将药液喷洒到亚麻上。

3. 涂心或滴心处理　多年生阔叶杂草发生较轻的地块，在杂草全部出苗后，可选用 24％氨氯吡啶酸水剂 750～1 000 倍液或 41％草甘膦异丙胺盐水剂 150～200 倍液、200 g/L 草铵膦水剂 50～75 倍液进行涂心或滴心处理。具体方法：将药液装在饮料瓶中，瓶口塞上海绵，挤压瓶体将药液涂抹在杂草心部；或者在喷雾器中配好药液，取掉喷头，保持低压力，使药液呈滴状流出，滴在杂草心部。

4. 利用时间差防除杂草　在干旱年份，亚麻出苗时间推迟，而多年生阔叶杂草可正常出苗，因此可在亚麻出苗前，选用 41％草甘膦异丙胺盐水剂 200～250 mL 或 200 g/L 草铵膦水剂 600～700 mL，兑水 30～45 kg，进行茎叶均匀喷雾处理。车载喷雾机械兑水量为每亩 15～20 kg。草甘膦异丙胺盐和草铵膦对亚麻出苗无影响。草铵膦的速效性介于百草枯（我国已禁用）与草甘膦之间，可用于防除对草甘膦产生抗性的杂草。本方法也适用于防除多年生禾本科杂草。

（三）一年生禾本科杂草的防除

1. 无芒稗、狗尾草、野燕麦等杂草的防除

（1）播前进行土壤封闭处理。以无芒稗、狗尾草、野燕麦、野糜子等一年生禾本科杂草为优势种群的地块，可每亩选用 48％仲丁灵乳油 200～250 mL 或 48％氟乐灵乳油 200～250 mL，兑水 45～60 kg，在土壤表面进行均匀喷雾处理。施药后应进行浅耙混土处理，防止其挥发和光解，7～10 d 后方可播种亚麻。

（2）播后苗前进行土壤封闭处理。以无芒稗、狗尾草、野燕麦、野糜子等一年生禾本科杂草为优势种群的地块，可每亩选用 72％异丙甲草胺乳油 200～250 mL 或 96％精异丙甲草胺乳油 150～200 mL、50％敌草胺可湿性粉剂 200～250 g，兑水 45～60 kg，在亚麻播种后出苗前（播种当天或第二天施药效果最好）均匀喷施于土壤表面（不需要混土处理）。

（3）苗期进行茎叶喷雾。以无芒稗、狗尾草、野燕麦、野糜子等一年生禾本科杂草为优势种群的地块，可每亩选用 10％精喹禾灵乳油 60～70 mL 或 108 g/L 高效氟吡甲禾灵乳油 70～80 mL、240 g/L 烯草酮乳油 80～90 mL、50 g/L 唑啉草酯乳油 90～100 mL、150 g/L 精吡氟禾草灵乳油 100～120 mL、15％炔草酯可湿性粉剂 40～50 g、12.5％烯禾啶乳油 200～220 mL、69 g/L 精噁唑禾草灵乳油 60～70 mL，在亚麻株高 7～10 cm 时，兑水 30～45 kg，进行茎叶均匀喷雾处理。

2. 大麦的防除　以大麦为优势种群的地块，可选用 108 g/L 高效氟吡甲禾灵乳油 80～90 mL 或 150 g/L 精吡氟禾草灵乳油 110～120 mL、240 g/L 烯草酮乳油 90～100 mL、10％精喹禾灵乳油 60～70 mL，在大麦 3～5 叶期，兑水 30～45 kg，进行茎叶均匀喷雾处理。

3. 裸燕麦（莜麦）的防除　以裸燕麦（莜麦）为优势种群的地块，可每亩选用 50 g/L 唑啉草酯乳油 90～100 mL 或 108 g/L 高效氟吡甲禾灵乳油 80～90 mL、150 g/L 精吡氟禾草灵乳油 110～120 mL、240 g/L 烯草酮乳油 90～100 mL、10％精喹禾灵乳油 70～80 mL，在裸燕麦 3～5 叶期，兑水 30～45 kg，进行茎叶均匀喷雾处理。车载喷雾机械兑水量为每亩 20～30 kg。

4. 皮燕麦的防除　以皮燕麦为优势种群的地块，可每亩选用 50 g/L 唑啉草酯乳油 90～100 mL 或 108 g/L 高效氟吡甲禾灵乳油 80～90 mL、150 g/L 精吡氟禾草灵乳油 110～120 mL、12.5％烯禾啶乳油 180～200 mL、10％精喹禾灵乳油 70～80 mL、15％炔草酯可湿性粉剂 50～60 g，在皮燕麦 3～5 叶期，兑水 30～45 kg，进行茎叶均匀喷雾处理。车载喷雾机械兑水量为每亩 20～30 kg。

（四）多年生禾本科杂草的防除

1. 芦苇的防除　在芦苇株高 20 cm 左右，可每亩选用 108 g/L 高效氟吡甲禾灵乳油 100～120 mL，兑水 30～45 kg，进行茎叶均匀喷雾处理。亚麻收获后，可选用 41％草甘膦异丙胺盐水剂 250～300 mL 或 200 g/L 草铵膦水剂 600～700 mL，兑水 30～45 kg，进行茎叶均匀喷雾处理。

2. 赖草、白草、白茅、狗牙根的防除　亚麻收获后，可每亩选用 41％草甘膦异丙胺盐水剂 250～300mL 或 200 g/L 草铵膦水剂 600～700 mL，兑水 30～45 kg，进行茎叶均匀喷雾处理。车载喷雾机械兑水量为每亩 20～30 kg。

3. 利用时间差防除杂草　同"（二）多年生阔叶杂草的防除"中"4. 利用时间差防除杂草"。

（五）一年生阔叶杂草与禾本科杂草的兼防

1. 播后苗前进行土壤封闭处理　同"（一）一年生阔叶杂草的防除"中"1. 播后苗前进行土壤封闭处理"。

2. 苗期茎叶喷雾　一年生阔叶杂草与禾本科杂草均发生严重的地块，可以将防除一年生阔叶杂草的除草剂，如40％2甲·辛酰溴乳油等，与防除一年生禾本科杂草的除草剂，如10％精喹禾灵乳油等，按各自剂量混用，在亚麻株高7～10 cm时，每亩兑水30～45 kg，进行茎叶均匀喷雾处理，一次用药兼防阔叶杂草与禾本科杂草。

（六）菟丝子的防除

在菟丝子发生严重的地块，可每亩选用48％仲丁灵乳油275～300 mL或40％野麦畏乳油250～270 mL，兑水45～60 kg，在亚麻播种后当天或第二天进行播后苗前土壤封闭处理。施药后应浅耙混土，防止药剂挥发和光解，确保防效。

四、除草剂残留对亚麻的影响

（一）2甲·辛酰溴等5种除草剂对后茬作物的安全性

每亩选用40％2甲·辛酰溴乳油100 mL或30％辛酰溴苯腈乳油100 mL、80％溴苯腈可溶性粉剂50 g、108 g/L高效氟吡甲禾灵乳油80 mL、10％精喹禾灵乳油60 mL在亚麻苗期（株高7～10 cm）进行茎叶喷雾处理，小麦、玉米、油菜、黄豆、马铃薯和亚麻6种后茬作物的出苗率、株高、鲜重和产量与对照相比，无显著差异，表明5种除草剂对6种后茬作物安全。鉴于此，在亚麻苗期施用40％2甲·辛酰溴乳油或30％辛酰溴苯腈乳油、80％溴苯腈可溶性粉剂、108 g/L高效氟吡甲禾灵乳油、10％精喹禾灵乳油不影响后茬作物种植，可根据各地生产实际灵活安排茬口。

（二）甲·乙·莠等3种除草剂对后茬作物的安全性

每亩选用42％甲·乙·莠悬浮剂225 mL或40％乙·莠悬浮剂225 mL、90％莠去津水分散粒剂90 g在播后苗前进行土壤处理，对后茬春小麦、玉米、马铃薯、春油菜、大豆、红亚麻（陇亚10号）和向日葵安全，出苗率、苗期叶色及长势、出苗后30 d的平均株高和鲜重以及产量与空白对照相比，无显著差异。但对白亚麻（张亚2号）具药害，虽对出苗率无影响，但苗期顶梢变黄、生长受抑制，平均株高和鲜重较空白对照降低5.57％、7.03％、10.47％和7.28％、11.38％、17.73％，较空白对照减产8.06％、9.82％、12.25％。总体评价：每亩用42％甲·乙·莠悬浮剂225 mL或40％乙·莠悬浮剂225 mL、90％莠去津水分散粒剂90 g在播后苗前进行土壤处理，对后茬春小麦、玉米、马铃薯、春油菜、大豆、红亚麻（陇亚10号）和向日葵安全，对白亚麻（张亚2号）具药害。鉴于此，使用甲·乙·莠或乙·莠、莠去津的亚麻田，后茬不宜种植白亚麻（张亚2号）。

（三）噻吩磺隆对后茬作物的安全性

在亚麻苗期施用高剂量噻吩磺隆（每亩35 g），后茬玉米、大豆、向日葵、荞麦、马铃薯、春油菜的相对出苗率分别达到97.36％、96.83％、97.96％、95.93％、96.68％和90.46％；施用低剂量噻吩磺隆（每亩23 g），后茬玉米、大豆、向日葵、荞麦、马铃薯、春油菜的相对出苗率分别达到98.41％、98.94％、98.98％、99.68％、98.35％和92.29％。可见，在亚麻苗期施用低剂量至高剂量噻吩磺隆，对6种后茬作物的出苗均无明显影响，相对而言，春油菜的出苗率稍低于其他作物。

在亚麻苗期施用高剂量噻吩磺隆，后茬玉米、大豆、向日葵、荞麦、马铃薯、春油菜在各调查期的株高较空白对照分别降低 0.33～1.03、0.13～0.97、0.13～1.00、0.25～0.80、0.20～0.56、1.84～2.94 cm；施用低剂量噻吩磺隆，后茬玉米、大豆、向日葵、荞麦、马铃薯、春油菜在各调查期的株高较空白对照分别降低 0.18～0.30、0.06～0.27、0.00～0.33、0.06～0.37、0.10～0.30、1.14～1.27 cm。可见，在亚麻苗期施用噻吩磺隆对后茬作物株高的影响在不同剂量间和作物间存在一定差异，其中玉米、大豆、向日葵、荞麦、马铃薯 5 种后茬作物的株高在低剂量条件下，受影响不明显，但在高剂量条件下受到一定影响；春油菜株高在低、高剂量条件下均受到较明显影响。

在亚麻苗期施用高剂量噻吩磺隆，后茬马铃薯、向日葵、玉米和大豆的产量较空白对照分别减产 1.87%、1.55%、1.45% 和 2.75%；施用低剂量噻吩磺隆，后茬马铃薯、向日葵、玉米和大豆的产量较空白对照分别减产 1.02%、0.93%、0.92% 和 0.92%。因此，在亚麻苗期施用低剂量至高剂量噻吩磺隆对马铃薯、向日葵、玉米和大豆 4 种后茬作物的产量均无明显影响，低剂量的影响更小。

从出苗率、株高以及产量影响三方面进行综合评价，亚麻苗期施用噻吩磺隆对马铃薯、向日葵、玉米、荞麦和大豆 5 种后茬作物安全，对春油菜具药害。鉴此，在亚麻苗期施用噻吩磺隆，后茬可以安排种植马铃薯、向日葵、玉米、荞麦和大豆，不宜安排种植油菜。

（四）小麦、玉米和马铃薯田常用除草剂对后茬亚麻的安全性

每亩选用小麦田常用除草剂（15%唑草酮可湿性粉剂 20 g、30 g/L 甲基二磺隆油悬浮剂 35 mL、48%麦草畏水剂 30 mL、10%双氟磺草胺可湿性粉剂 10 g、10%氟唑磺隆悬浮剂 30 mL、10%苯磺隆可湿性粉剂 20 g），玉米田常用除草剂（40 g/L 烟嘧磺隆悬浮剂 100 mL、15%噻吩磺隆可湿性粉剂 30 g、10%硝磺草酮油悬浮剂 20 mL、90%莠去津水分散粒剂 100 g），马铃薯田常用除草剂（50%利谷隆可湿性粉剂 350 g、33%二甲戊灵乳油 300 mL、70%嗪草酮可湿性粉剂 80 g、25%砜嘧磺隆水分散粒剂 8 g），在苗期进行茎叶喷雾或播后苗前进行土壤处理，后茬亚麻（红亚麻陇亚 10 号）的出苗率、叶色及长势、株高、鲜重和产量与空白对照相近或无显著差异，表明这些除草剂对后茬亚麻安全。鉴于此，按推荐剂量上限使用上述除草剂的小麦、玉米和马铃薯田，后茬可以种植亚麻（红亚麻，如种植白亚麻须做安全性测定）。

（五）高效氟吡甲禾灵和精喹禾灵在亚麻籽中的残留量

每亩选用 108 g/L 高效氟吡甲禾灵乳油 90 mL 或 10%精喹禾灵乳油 90 mL 在亚麻苗期（株高 7～10 cm）进行茎叶喷雾处理，高效氟吡甲禾灵在亚麻籽中的残留量为 0.10 mg/kg，精喹禾灵未检测出。GB 2763—2012 规定，植物油中氟吡甲禾灵和精喹禾灵最大残留限量为 1.0 mg/kg 和 0.1 mg/kg。由此可见，高效氟吡甲禾灵、精喹禾灵的残留符合国标规定的限量要求，表明在亚麻苗期施用高效氟吡甲禾灵或精喹禾灵防除亚麻田禾本科杂草对亚麻籽质量安全，是一项有效的无公害防控技术措施。

（六）2 甲·辛酰溴在亚麻籽中的残留量

每亩选用 40% 2 甲·辛酰溴乳油 100 mL、30%辛酰溴苯腈乳油 100 mL 在亚麻苗期（株高 7～10 cm）进行茎叶喷雾处理，亚麻籽中辛酰溴苯腈、2 甲·辛酰溴的残留量均未检出。表明在亚麻苗期施用 2 甲·辛酰溴或辛酰溴苯腈防除亚麻田阔叶杂草对亚麻籽质量安全，是一项有效的无公害防控技术措施。

（七）莠去津在亚麻籽中的残留量

莠去津在亚麻籽中的最终残留量小于 0.01 mg/kg，符合国际规定（最高残留限量为 0.01 mg/kg）。

表明在亚麻播种后出苗前施用90%莠去津水分散粒剂（每亩90 g）或其混剂，如乙·莠、甲·等，进行土壤处理，对亚麻籽质量安全，是一项有效的无公害防控技术措施。

（八）辛酰溴苯腈和2甲4氯在亚麻田土壤中的残留消解动态

2甲4氯施药后0 d在土壤中残留量为0.156 mg/kg，施药后3 d为0.127 mg/kg，施药后5 d为0.067 mg/kg，消解率达到57.1%，施药后60 d仍有微量，<0.01 mg/kg。辛酰溴苯腈施药后0 d在土壤中残留量为0.677 mg/kg，施药后3 d为0.013 mg/kg，消解率达到98.1%，施药后45 d后未检出，表明辛酰溴苯腈在土壤中降解很快。辛酰溴苯腈和2甲4氯在土壤中的残留消解规律与一级动力学方程不拟合，故无法计算出半衰期。

（九）莠去津在亚麻田土壤中的残留消解动态

莠去津在亚麻田土壤中的残留消解规律符合动力学一级方程 $y=0.858\,3e^{-0.036x}$，决定系数为0.871，半衰期为19 d。莠去津施药后5 d在亚麻田土壤中残留量达到最大值0.918 mg/kg，施药后21 d残留量为0.407 mg/kg，消解率达到55.7%，施药后90 d残留量为0.0168 mg/kg，消解率达到98.2%，表明莠去津在亚麻田土壤中降解速度是前期降解较快，后期降解较慢。

五、除草剂施药器械研究

筛选出了电动喷雾器圆锥雾喷头、扇形雾喷头和双圆锥雾喷头与用药量、用水量和农药喷雾助剂的最佳组合，连杆多喷头（9喷头）静电喷雾器与用药量、用水量和农药喷雾助剂的最佳组合。与背负式手动喷雾器相比，新型施药器械具有提高工效和防效、有效降低用药量（20%～30%）和用水量（33%～67%）的优点，是取代背负式手动喷雾器的理想施药器械。植保无人机防除亚麻田杂草具有省工（每亩用时2 min）、省药（降低用药量50%）、省水（每亩2L）、安全、高效的优点，是防除亚麻田杂草的新型高效施药器械。

（一）使用圆锥雾喷头防除亚麻田藜、卷茎蓼等阔叶杂草的最佳组合

圆锥雾喷头＋亩用水30 kg＋40%2甲·辛酰溴乳油亩用药70 mL＋农药喷雾助剂有机硅（0.1%喷液量）或烷基多糖苷（0.1%喷液量）、甲酯化植物油（0.2%喷液量）、脂肪醇甲酯乙氧基化物（0.025%喷液量）、十二烷基二甲基甜菜碱（0.05%喷液量）、青皮桔油（0.1%喷液量）。

（二）使用扇形雾喷头防除亚麻田藜、卷茎蓼等阔叶杂草的最佳组合

扇形雾喷头＋亩用水30 kg＋40%2甲·辛酰溴乳油亩用药80 mL＋农药喷雾助剂（上述6种喷雾助剂中的任意1种）。

（三）使用双圆锥雾喷头（F型喷头）防除亚麻田藜、卷茎蓼等阔叶杂草的最佳组合

双圆锥雾喷头（F型喷头）＋亩用水45 kg＋40%2甲·辛酰溴乳油亩用药80 mL＋农药喷雾助剂（上述6种喷雾助剂中的任意1种）。

（四）使用连杆多喷头（9喷头）静电喷雾器防除亚麻田藜、卷茎蓼等阔叶杂草的最佳组合

亩用水15 kg＋48%灭草松水剂亩用药200 mL＋农药喷雾助剂（上述6种喷雾助剂中的任意1种）。

（五）植保无人机喷施除草剂防除亚麻田杂草的最佳作业参数

飞行高度 1.5 m（距离地面）、飞行速度 3.5 m/s、亩喷液量 2 kg、常规用量 50% 用药量、飞防专用助剂"迈飞" 1.5% 喷液量。

第十章

亚麻种质栽培技术

第一节　亚麻栽培技术研究概况

20 世纪 70 年代以来，我国在亚麻栽培技术研究方面取得了显著的成效，并从单一学科、单项措施研究向多学科、综合配套技术体系方面发展。国家特色油料产业技术体系成立（2008 年）以来，高玉红、严兴初等围绕提高单产、改善品质、提高水肥利用率、增强抗逆性、降低成本、提高效益、实现绿色环保等方面的问题，对亚麻轮作倒茬、间作套种、水分运筹、养分管理、高产高效抗逆栽培生理等进行了系统研究，从土壤微生态、生理生化、碳氮代谢等方面阐明了亚麻产量低而不稳的生态学和生理学原因以及亚麻与环境条件之间的关系，明确了亚麻需水需肥规律、肥水管理策略，提出了"以保苗增密、氮磷调水、补钾防倒、配施生物有机肥增粒增重增质"为关键的亚麻提质增效综合调控技术并大面积应用于生产，显著提高了亚麻产量，降低了生产成本。

一、合理轮作模式研究

高玉红等开展了不同亚麻频率的轮作模式研究，结果表明：亚麻与小麦、马铃薯轮作提高了 0～60 cm 土层土壤有机碳、全氮和有效磷含量，但明显降低了该土层土壤全磷含量。相较于轮作前和连作，轮作将 0～60 cm 土层土壤有机碳含量分别提高了 23.69％和 19.94％，其中 25％亚麻频率（小麦—马铃薯—小麦—亚麻）处理的提高幅度最大。与轮作和休闲相比，连作显著降低了 0～60 cm 土层土壤全氮含量，其全氮分解速率高达每年每公顷 0.91 mg，同时提高了该土层土壤铵态氮含量，降低了 60 cm 以下土层硝态氮含量。相较于连作和休闲，轮作使 0～60 cm 土层全氮分解速率降低了 73.04％和 103.43％，显著降低了 0～30 cm 土层土壤全磷含量，提高了该土层土壤有效磷含量，尤以 50％亚麻频率（马铃薯—亚麻—亚麻—小麦）处理的变化幅度为最大。

亚麻与小麦、马铃薯轮作能提高 0～10 cm 土层土壤脲酶和过氧化氢酶活性、0～30 cm 土层土壤微生物量碳含量、微生物熵和微生物生物量碳/氮比，但明显降低了 0～30 cm 土层土壤微生物量氮含量。与轮作前、休闲和亚麻连作相比，轮作使 0～10 cm 土层土壤脲酶活性分别提高 437.65％、682.86％和 34.27％。亚麻连作的 10～30 cm 土层土壤脲酶活性最高，较轮作前和休闲分别高出 581.04％和 59.95％。轮作的 0～30 cm 土层土壤微生物碳含量较休闲和亚麻连作明显提高 12.38％～70.46％。与轮作和休闲相比，连作显著提高了 0～30 cm 土层土壤微生物氮含量，降低了土壤微生物生物量碳/氮比。

合理轮作模式研究结果表明，轮作系统的土壤细菌中存在 25 个门，其中变形菌门 *Proteobacteria*、放线菌门 *Actinobacteria*、酸酐菌门 *Acidobacteria*、芽单胞菌门 *Gemmatimonadetes* 和拟杆菌门

Bacteroidetes 的序列总数占全部序列的 88.90％，为优势种群。与轮作前和休闲相比，轮作和连作均显著提高了土壤细菌多样性，且随着年份的推进，*Kaistobacter* 属、斯科曼氏球菌属 *Skermanella*、甲基杆菌属 *Methylobacterium* 的丰度逐年降低，而贫养杆菌属 *Modestobacter*、*Leatzea* 属、硝化螺旋菌属 *Nitrospira* 的丰度逐年增加。亚麻连作显著提高了节杆菌属 *Arthrobacter*、*Kaistobacter* 属和贫养杆菌属 *Modestobacter* 的丰度。

轮作模式会显著影响土壤真菌种群结构，优势种群在轮作、连作和休闲田中发生了变化。亚麻与小麦、马铃薯轮作可降低有害菌的丰度，亚麻连作明显提高多种有害真菌和少数有益真菌的丰度。与轮作前相比，轮作明显降低了镰刀菌属 *Fusarium* 和耐冷菌属 *Geomyces* 的丰度。与连作相比，轮作明显降低了人参锈腐病的病原菌 *Cylindrocarpon destructans*、亡革菌属 *Thanatephorus* 和绿僵菌属 *Metarhizium* 的丰度。

对不同亚麻轮作系统土壤团聚体结构的研究结果表明，休闲、不同轮作序列和低亚麻频率显著增加了 0～30 cm 土层＜0.25 mm 粒级的土壤团聚体含量。从 0～30 cm 土壤团聚体质量分数可以看出，轮作序列对土壤团聚体的影响主要表现在 0.25～0.50 mm 团聚体上。25％亚麻处理下 0.25～0.50 mm 和 0.50～1.00 mm 团聚体含量均显著低于其他处理，分别占团聚体总量的 10％和 3％左右。0.25～0.50 mm 团聚体含量表现为休闲较 25％ 亚麻处理显著高 48.18％，50％ 亚麻和 100％亚麻处理分别较 25％ 亚麻处理显著高出 1 和 2 倍。0～30 cm 土层≤0.50 mm 土壤团聚体含量主要受亚麻在轮作序列中所占频率的影响。

轮作序列对 0～10 cm 土层土壤总有机碳含量影响最为显著，且呈表层富集现象，各轮作序列下不同土层间均以休闲处理下土壤总有机碳含量最高。总有机碳和土壤颗粒有机碳含量随亚麻频率的增加呈下降趋势。土壤颗粒有机碳含量表现为 25％亚麻≈休闲＞50％亚麻＞100％亚麻。25％亚麻处理下土壤有机碳含量较连作显著增加 4.80％～5.95％。50％亚麻处理下亚麻位置对土壤有机碳影响显著，且轮作（亚麻—小麦—马铃薯—亚麻）显著高于两茬连作（小麦—马铃薯—亚麻—亚麻）。0～60 cm 土层土壤有机碳含量表现为休闲＞播前≈25％亚麻＞50％亚麻＞100％亚麻。与播前、休闲、轮作相比，连作显著降低土壤微生物碳/氮比，50％亚麻轮作序列和土层深度对土壤有机碳和微生物量的互作效应显著。综合来看，休闲可以显著改善土壤理化性状，25％亚麻频率的轮作序列利于保持土壤团聚体稳定性，增加土壤总有机碳、土壤有机碳和土壤颗粒碳含量，而 50％亚麻轮作序列能够提高土壤微生物量和微生物碳/氮比。表明，25％亚麻频率的轮作序列可维持土壤有机碳的稳定性，是旱地亚麻比较理想的轮作序列。

就亚麻产量而言，马铃薯茬口的产量比小麦茬口高 16.92％。在试验条件下，轮作系统中亚麻出现频率越高，对小麦和马铃薯的增产作用越大。亚麻、小麦、马铃薯轮作年均产量较连作提高了 770～9 705 kg/hm²。马铃薯—亚麻—小麦—亚麻处理的作物年平均产量最高，比其他处理提高了 1 100～9 706 kg/hm²。50％亚麻处理的年均产量最高，与亚麻连作和 25％亚麻处理相比，高出 144～3 596 kg/hm²。

二、亚麻需肥规律研究

亚麻是需肥较多且不耐高氮的作物，合理施肥对于亚麻高产至关重要。亚麻虽为耐瘠薄作物，但其实际需肥量较禾本科作物大。亚麻生育期短，需肥集中，主要从土壤里摄取氮、磷、钾 3 种大量元素及钙、锰、锌、铜、硼等多种微量元素。亚麻的需肥规律与生长发育进程密切相关，高玉红等带领团队开展了亚麻需肥规律研究，结果显示，氮素吸收速度在苗期较慢，进入枞形期以后明显增快，总体呈现出双驼峰形，其吸收峰分别出现在出苗后 35～45 d（快速生长期）和出苗后 52～62 d（开花初期）。枞行期的磷吸收量仅占全生育期吸收量的 8.3％，吸收高峰出现在现蕾期至开花期。钾素吸收速度前期较缓，呈单峰曲线，顶峰出现在植株快速生长期，即出苗后的 35～45 d，前期吸收的钾素主要分布于茎秆，而氮、磷营养主要储存于籽实中。

（一）亚麻需氮规律

亚麻喜氮但不耐高氮，可以通过少量多次施入氮的方式来提高亚麻的籽粒产量。亚麻生育期中，氮素累积量在盛花期达到高峰，施氮利于亚麻对氮素养分的吸收，进而提高籽粒产量。一定范围内施氮提高了营养器官氮素转移量、转移率和对籽粒的贡献率，若超过这个范围，则会阻碍亚麻氮素的再分配和转运及后期营养器官向生殖器官的再转运效率，导致减产。出苗至枞形期，亚麻的氮素吸收强度较低；枞形期至现蕾期，吸收强度逐渐增加；现蕾以后又逐渐降低，直至成熟。亚麻植株吸收氮素最快的生育时期是现蕾期，亚麻植株营养生长与生殖生长并进的时期是氮素营养吸收强度最大的时期，最大时可以达到 5 kg/（m²·d）。亚麻植株氮素积累量增长最快的时期是现蕾期，与氮素吸收强度最大时期相一致。可见，吸收强度的大小决定了积累量的增长幅度。现蕾期的氮素积累量比枞形期增加了 1.93～2.39 倍。亚麻籽粒中 47.10%～57.66% 的氮素来源于叶，22.46%～30.94% 的氮素来源于茎，从土壤中吸收的氮素占 21.00%～30.48%。施氮可以促进亚麻干物质积累进程，但氮肥含量过高或过低均不利于亚麻成熟期干物质的累积。

亚麻干物质最高积累速率出现在盛花期，施氮可以提高苗期至盛花期亚麻干物质积累速率，降低青果期至成熟期干物质积累速率。施氮使得亚麻干物质积累速率高峰提前达到。苗期，叶片干物质分配比最高，随施氮量的增加分配比增大。苗期叶片干物质分配比逐渐降低，茎秆干物质分配比逐渐加大，随施氮量的增大变化趋势增强；盛花期，高氮水平促使叶片早衰，进而影响光合作用和干物质积累总量；现蕾期，追施部分氮素，可促进青果期叶片和花果干物质分配比保持一定的优势，为增加干物质积累量创造有利条件。施氮对长生育期亚麻品种干物质分配最终结果无明显影响，对短生育期品种干物质分配影响较大，会造成短生育期品种干物质向茎叶的分配增多，减少向果实的分配。特别是在高氮条件下，易造成短生育期品种徒长，影响其从营养生长向生殖生长的转换。

氮肥施用量影响着亚麻不同生育阶段的时长，出苗—开花期天数、出苗—成熟期天数和灌浆天数随氮肥施用量的不同而不同。出苗—开花期的天数，随施氮量增加而减少，籽粒灌浆时间随氮肥用量的增加而增加。与不施肥相比，低氮、中氮和高氮水平下，灌浆时间分别延长 1.96%、3.92% 和 11.8%。施氮与不施氮相比，出苗至开花天数平均提前了 2.56%；出苗至成熟天数，2 年平均增加了 1.51%。

施氮可明显提高亚麻单株有效蒴果数量、千粒重和产量，但每果粒数无显著变化。氮肥农学利用效率随氮肥施用量的增加而降低，与亚麻单位面积产量、单株干物质质量呈显著正相关。在种植密度为每公顷 7.50×10⁶ 粒条件下，施氮可显著提高亚麻单位面积产量。基于试验区土壤养分状况，河北张家口和内蒙古鄂尔多斯试验区的最优施氮量分别为 90.0 kg/hm² 和 36.8 kg/hm²，可提高亚麻产量 30.84% 和 16.84%，氮肥施用量 150 kg/hm² 是旱地亚麻高产节肥的最佳施肥处理。

（二）亚麻需磷规律

磷作为作物生长所需要的主要营养元素，对作物生长发育具有重要的影响。施磷有效地促进了亚麻植株地上部干物质的积累，对苗期和枞形期亚麻叶片和茎秆干物质积累均具有促进作用。现蕾期花蕾、茎秆、叶片以及植株地上部干物质日增量均随施磷量增加显著增加。在盛花期和成熟期，蒴果干物质日增量逐渐提高，叶片干物质日增量呈现负增长态势，随施磷量增加变幅加大。在亚麻营养生长时期，施磷的作用以促进茎秆和叶片干物质积累为主。进入生殖生长阶段后，以促进蒴果及籽粒干物质积累为主。盛花期是亚麻干物质积累速度最快的时期，其次为成熟期和现蕾期。磷是植物体内移动性相对较大的营养元素之一，其移动量取决于作物生长发育阶段和供磷状况。

施磷提高了苗期、枞形期亚麻叶片干物质分配比。随着亚麻生育进程推进，施磷促进了盛花期茎秆干物质分配比的增加，达到全生育期最大值。施磷保证了现蕾期叶片功能的延续，促进了营养物质向籽粒的输送。成熟期亚麻蒴果干物质分配比随施磷量的增加而增大，施磷有效地提高了亚麻籽粒质量。

施磷显著增加了亚麻植株地上部磷素积累总量，随施磷量增加，磷素积累量增幅加大。各器官磷素积累表现为籽粒磷素积累量最大，茎秆次之，再次是叶片，蒴果皮磷素积累量最小。施磷导致各器官磷素分配比发生变化，籽粒磷素分配比随施磷量增加呈减少趋势，不同施磷量对茎秆、叶片磷素分配比产生的影响不同。

亚麻植株地上部磷累积量随施磷量增加而增加；亚麻植株干物质积累量亦随施磷量增加而增加，但高磷水平的亚麻植株干物质积累量增幅低于中磷水平。施磷显著提高了亚麻茎秆、蒴果皮的干物质积累量和籽粒产量，随施磷量增加增幅加大。施磷显著提高了亚麻收获指数，中磷水平的亚麻收获指数增幅最大。茎秆干物质积累总量与籽粒产量的关联度最大，蒴果皮次之，叶片最小。

适当施用磷肥，不仅能够提高亚麻产量，而且使磷肥具有较高的肥料利用率，有效防止磷肥损失以及因施磷过量而带来的环境问题。不同施磷水平下，亚麻磷肥利用率发生不同程度的变化。中磷水平下，施用磷肥的效果最优，转化为经济产量的能力最强。收获时，高磷水平下亚麻籽粒产量最高，中磷水平下亚麻收获指数最高。高磷水平下，磷肥的农学利用率、生理利用率和偏生产力显著降低。综合考虑产量、磷肥农学利用率及环境污染等因素，乌兰察布亚麻施磷量 99.36 kg/hm² 为宜。

不同施磷量只是改变了亚麻不同生育阶段的养分累积量，总趋势基本一致。亚麻苗期有一定时间的缓慢生长阶段，有限的生长速率限制了养分的作用，因而苗期累积量较少；在籽实期和成熟期，茎和叶片中磷日增量发生大幅度变化，主要原因在于在籽实期，籽粒急剧生长，大量养分向籽粒转移；在成熟期，籽粒生长趋于稳定，对养分需求减缓，磷素较多地滞留于营养器官（茎）中，茎中磷日增量升高。

养分的吸收、同化与转运直接影响作物的生长和发育，从而影响产量。了解养分吸收动态变化规律，有助于采取有效措施调控作物生长发育、提高产量。在亚麻中，磷的转运来自叶片，随着施磷量的增加，磷素的转运量、转运效率及在籽粒中的比例都降低，所以施用过量的磷不利于磷素向籽粒转运。施磷 75 kg/hm² 时，磷素的转运量、转运率及对籽粒的贡献率均最大。

肥料用量和施肥时期是施肥技术的核心，也是影响磷肥利用率的重要因素。从积累百分率来看，亚麻植株在生殖生长后期的籽实期和成熟期积累了全生育期磷累积量的 60.05%～70.30%，在盛花期、籽实期和成熟期的累积量占了全生育期的 79.02%～92.17%。综合考虑肥料的时效性，在施肥技术上，除基肥应适当施磷，以满足生育前期需磷外，在现蕾前追施磷肥也是十分必要的。

磷肥可显著增加亚麻的籽粒产量，随着施磷量的增加，作物产量增加，但当施磷量达一定值，作物产量增加幅度不显著，施磷亚麻产量较不施磷的增加 13.09%～31.46%。研究表明，亚麻植株磷素表观利用率随施磷量的增加而降低，中磷处理时最高；施磷量较高时，磷素农学效率随施磷量的增加而下降，中磷处理时最高。这说明，磷肥的过量施用是导致磷肥利用率下降的重要原因之一。磷肥过量施用使得土壤中残留了大量的磷，不仅浪费资源，而且对地下和地上水体构成威胁，污染环境。合理、适量地施用磷肥，既可保证农业生产持续发展，又可减少农业系统中磷素的流失，提高磷肥利用效率。

综上，建议亚麻栽培中磷肥的施用，由基施改为播前基施、现蕾期追施；结合亚麻产量、磷肥表观利用效率及磷肥农学效率，在乌兰察布同等肥力土壤条件下，施磷（P₂O₅）量以 75 kg/hm² 为宜。

（三）亚麻需钾规律

不同施钾量影响亚麻各生育阶段钾素养分积累，但变化趋势基本一致。在枞形期，因亚麻经历较长时间缓慢生长阶段，限制了对养分的吸收，钾素积累量最少，全株钾素平均积累量占整个生育期的2.69%～7.69%；分茎期前，钾素积累主要集中在叶片；在分茎至开花期，集中于叶和茎；籽实期到成熟期，籽粒的钾积累量迅速上升，但茎秆中的钾含量仍然很大。

根、茎和叶都是亚麻进行钾转运的主要器官，较不施钾处理，根、茎、叶中钾素转运量在低钾、中钾与高钾处理下均不同程度地增加，表明施钾促进了营养器官中储藏的钾素向籽粒转运。不同施钾处理间进行比较发现，中钾处理下根、茎和叶的钾素转运量较低钾处理分别增加19.28%～21.31%、26.34%～53.36%和15.87%～56.32%，较高钾处理分别增加−0.16%～70.11%、−4.98%～68.48%和7.35%～45.71%，表明中钾处理有利于促进营养器官所积累钾素向籽粒的转运，这可能是由于亚麻群体在开花到成熟阶段随钾肥用量增大，吸钾数量和强度在减少，但"库"的需求拉力和钾移动性强，植株会利用根、茎、叶中储存的钾素来满足充实籽粒的生理代谢需求。根、茎、叶等营养器官对籽粒钾素的贡献率分别为6.71%～14.12%、11.24%～23.97%和17.26%～50.83%，可见叶对亚麻籽粒钾素积累的贡献较根和茎大。

随着亚麻生长发育进程的推进，吸收的钾素在各营养器官内的分配因植株生长中心的转移而发生变化。在开花前，由于器官的迅速建成，钾素在根中的分配率以分茎期至现蕾期最高，为23.41%～35.89%；在茎中以现蕾期至开花期最高，为30.95%～55.86%；在叶片中以枞形期至分茎期最高，为52.44%～71.41%。而后，随着生育期的推进而逐渐下降。到成熟期，随叶片的衰老和脱落，钾素在叶片中的分配率下降到7.91%～18.34%。可见，钾素在根、茎、叶中的分配表现为先增后降的趋势。钾素在蒴果皮中的分配率由开花期至籽实期的18.01%～29.52%，下降到成熟期的9.73%～20.62%；而在籽粒中的分配率由开花期至籽实期的15.18%～18.24%开始逐渐增大，到成熟期达到最大，为28.76%～38.54%。

现蕾期后，亚麻开始营养生长与生殖生长并进阶级，需要吸收大量养分满足生长。因此，从现蕾期开始，根、茎、叶器官之间钾素分配趋于均衡，并且其钾素积累高峰因施钾量的不同而出现在不同的生育阶段。各处理间进行比较发现，中钾处理下亚麻根、茎和叶中钾素的分配率较低，而籽粒中钾素的分配率较高，较不施钾、低钾和高钾处理，钾素在籽粒中的分配率在成熟期的增幅分别为16.57%～31.20%、1.08%～26.80%和0.46%～13.93%。开花期以后，随着蒴果皮和籽粒中钾素积累量的增加，分配到营养器官中的钾素逐渐减少，在开花至籽实期，蒴果皮中钾素的积累量较籽粒中的大，而在成熟期，分配到蒴果皮中的钾素明显减少，籽粒中的钾素分配量达到最大。

开花期是亚麻进行钾素转运分配的关键时期。根、茎和叶是钾素转运的主要器官，叶的转运率最大。不同施钾水平下，亚麻钾素转运分配存在差异，其中中钾处理下各器官转运分配能力强，尤其是在茎和叶中钾素合成和积累得较多。

不同施钾水平下亚麻各生育期单株干物质总积累量呈"先升后降"的变化趋势，且在施K_2O 37.5 kg/hm² 水平下干物质总积累量最大，较不施钾、施K_2O 18.75 kg/hm² 和施K_2O 56.25 kg/hm² 分别高出10.41%～42.93%、8.24%～35.78%、7.34%～31.71%。茎与叶是进行干物质积累的主要器官，其干物质积累量分别占全株干物质总量的29.85%～37.24%、32.11%～56.78%。

营养器官中的干物质积累、分配与转移量决定作物籽粒产量。而开花后营养器官中的同化产物在籽粒产量中所占的比例，能反映同化产物的运输状况。研究表明，亚麻的盛花期至籽实期是籽粒产量形成的关键时期，叶片与茎秆是向籽粒（库）提供同化物的主要"源"。在现蕾期，干物质在叶、茎中的分配率分别为23.12%～29.92%和61.17%～72.76%；在籽实期，分别下降到8.35%～14.09%和42.67%～49.33%，转运到籽粒中的干物质量为全株的4.11%～15.58%。

籽粒产量的形成是在特定栽培措施下，源、库相互作用、相互制约的结果，协调好源、库关系，促进物质向库器官分配是提高产量的关键。各器官中，主茎的干物质输出最多，转运率高达11.23%～33.37%，叶片次之。各处理的花后茎秆干物质分配率随着生育进程呈下降趋势，表明在灌浆过程中，茎中储藏的同化物逐渐向籽粒库转运。籽粒积累的干物质在整个灌浆过程中呈增加趋势，说明在盛花期后，籽粒是活性最高的库。开花后，亚麻叶、茎等营养器官中积累的干物质不同程度地向生殖器官转移。其中，茎的干物质输出最多，其转运量为 $0.24 \sim 0.29$ g，移动率为 $21.36\% \sim 23.77\%$，转运率为 $11.23\% \sim 33.37\%$，移动率较叶高 $11.85\% \sim 27.23\%$，对籽粒的贡献最大。施 K_2O 37.5 kg/hm² 处理下，亚麻叶片的转运量为 $0.10 \sim 0.14$ g，分别高出不施钾、施 K_2O 18.75 kg/hm² 和施 K_2O 56.25 kg/hm² 处理 $13.15\% \sim 36.30\%$、$11.22\% \sim 30.81\%$ 和 $10.41\% \sim 29.20\%$。茎秆、果皮在绿色时，也具有合成和积累同化产物的能力，并随着籽粒的灌浆逐渐将所储备的部分同化物转移到籽粒中。施 K_2O 18.75 kg/hm²、施 K_2O 37.5 kg/hm² 和施 K_2O 56.25 kg/hm² 处理下，单株亚麻果皮干物质转运量分别为 $0.02 \sim 0.04$、$0.02 \sim 0.07$ 和 $0.02 \sim 0.04$ g，分别高出不施钾 $4.37\% \sim 9.10\%$、$3.78\% \sim 8.51\%$ 和 $2.07\% \sim 10.99\%$。施 K_2O 37.5 kg/hm² 处理下，果皮的转运量为 $0.07 \sim 0.22$ g，移动率为 $16.78\% \sim 19.76\%$，转运率为 $8.51\% \sim 22.37\%$。

不同施钾处理对亚麻籽粒产量构成因素影响较大，施 K_2O 37.5 kg/hm² 处理下，单株有效蒴果数达到 16.70 个，显著高于其他处理 $0.06\% \sim 12.79\%$。在亚麻的高产栽培中，可通过调节种植密度和施钾量，在获得较高籽粒产量的同时提高钾素利用率。盛花期至籽实期是亚麻植株生物产量和籽粒"库"形成的关键时期，叶和茎是籽粒充实的主要源器官，对籽粒产量的贡献最大。不同施钾水平下，亚麻干物质积累和转运存在着显著差异，其中中钾处理下各器官干物质积累和转运能力强，尤其是茎的干物质合成和积累较多，具有较充足的"源"，后期转运量和转运率高。因此，结合亚麻产量、钾肥农学利用率、钾肥偏生产力及钾肥吸收利用率，综合考虑内蒙古中西部的生态环境、土壤肥力及品种特性差异，在同等肥力土壤条件下，亚麻的钾肥适宜用量为 37.5 kg/hm²（K_2O）。

三、亚麻需水规律研究

不同灌水定额和灌溉时间下，土壤水分由于受不同时期降水、温度、土壤蒸发强度、作物需水量等的影响，表现出随时间和土层深度的变化而变化的特点。在亚麻苗期，$0 \sim 10$ cm 土层土壤含水量随时间呈小幅增长趋势，尤以灌水 2 100 m³/hm² 处理的含水量最高，高达 18.87%，灌水 1 200 m³/hm² 处理的含水量最低。$0 \sim 40$ cm 土层土壤含水量随土层加深开始出现不同程度的上升，各处理变化趋势基本相似。在 $60 \sim 100$ cm，各处理土壤含水量的变化趋势各异，2 400 m³/hm² 处理土壤含水量随土层深度的增加而增加，3 300 m³/hm² 处理的土壤含水量最高，高达 21.92%，灌水 1 500 m³/hm² 处理的土壤含水量降幅最大，较灌水 3 000 m³/hm² 处理降低了 3.40%。由此可知，苗期土壤水分主要集中在 $30 \sim 60$ cm 土层，而表层土壤含水量较低。

在盛花期 $0 \sim 20$ cm 土层，灌水 2 400 m³/hm² 和灌水 1 800 m³/hm² 处理下土壤含水量随土层深度先增加后降低，分别降低到 13.17% 和 13.59%，而后又呈现上升趋势。在 $20 \sim 60$ cm 土层，灌水 1 200 m³/hm²（现蕾期）、灌水 1 200 m³/hm²（盛花期）、灌水 1 800 m³/hm²（分茎期 600 m³/hm²、现蕾期 600 m³/hm²、盛花期 600 m³/hm²）三个处理土壤含水量随土层深度呈下降趋势，降低幅度高达 2.46%。在 $60 \sim 100$ cm 土层，灌水 2 400 m³/hm²（分茎期 800 m³/hm²、现蕾期 800 m³/hm²、盛花期 800 m³/hm²）处理土壤含水量呈上升趋势，升高了 1.89%，而其他各处理均呈下降趋势。

在现蕾期，灌水 1 200 m³/hm² 处理的土壤含水量最高，高达 22.07%。在 $15 \sim 60$ cm 土层，土壤含水量随时间增长呈上升趋势，且各处理变化趋势基本相似。在 $60 \sim 100$ cm 土层，枞形期的土壤含水量最低，灌水 3 000 m³/hm²（分茎期 900 m³/hm²、现蕾期 1 200 m³/hm²、盛花期 900 m³/hm²）处理土壤含水量随时间增长下降趋势最快，降低至 17.27%。在 $10 \sim 15$ cm 土层，灌水 2 700 m³/hm²（分茎期 900 m³/hm²、现蕾期 900 m³/hm²、盛花期 900 m³/hm²）处理的土壤含水量最高，高达 16.33%，而灌水 1 800 m³/hm²（分茎期 900 m³/hm²、盛花期 900 m³/hm²）处理的土壤含水量最低，为 9.16%。在 20~60 cm 土层，1 800 m³/hm² 处理的土壤含水量最低，此后又随土层深度逐渐上升，灌水 1 800 m³/hm²（分茎期 900 m³/hm²、盛花期 900 m³/hm²）处理土壤含水量变化趋势比较平缓。在 60~80 cm 土层，各处理的水分在这一土层较集中，但随着土层的加深，除灌水 1 800 m³/hm²（分茎期 1 200 m³/hm²、盛花期 600 m³/hm²）处理，其他各处理土壤含水量又开始下降。

在盛花期 0~120 cm 土层，灌水 900 m³/hm²（分茎期）、灌水 1 200 m³/hm²（分茎期）处理土壤含水量低，明显低于其他处理，而灌水 2 100 m³/hm²（分茎期 900 m³/hm²、盛花期 1 200 m³/hm²）处理的土壤含水量最大；在 0~40 cm 土层，灌水 2 700 m³/hm²（分茎期 900 m³/hm²、现蕾期 900 m³/hm²、盛花期 900 m³/hm²）、灌水 3 000 m³/hm²（分茎期 900 m³/hm²、现蕾期 1 200 m³/hm²、盛花期 900 m³/hm²）处理土壤含水量均高于其他处理；40~160 cm 土层，灌水 2 100 m³/hm²（分茎期 900 m³/hm²、盛花期 1 200 m³/hm²）、灌水 2 400 m³/hm²（分茎期 900 m³/hm²、现蕾期 900 m³/hm²、盛花期 600 m³/hm²）、灌水 2 700 m³/hm²（分茎期 900 m³/hm²、现蕾期 900 m³/hm²、盛花期 900 m³/hm²）、灌水 3 000 m³/hm²（分茎期 900 m³/hm²、现蕾期 1 200 m³/hm²、盛花期 900 m³/hm²）处理的土壤含水量随土层深度的加深呈增加趋势，并且高于其他处理。随着灌水量增加，滞留在土壤中的水分也在随土层深度逐渐增加。减少灌溉量可以提高亚麻对土壤储水的吸收利用，降低农田总耗水量，从而更有效地增加灌溉水分利用效率。

土壤储水的消耗量为亚麻播前土壤储水量与成熟收获后土壤储水量之差，其值的正负或大小反映了亚麻生长期间对水分的消耗和降水、灌溉等过程对土壤水分的补充。亚麻全生育期 0~100 cm 土壤深度内，播前至枞形期亚麻处于自然生长状态，但并不是生长最旺盛时期，所以对土壤水分的消耗比较低，各灌水处理的平均土壤储水变化量均小于 0；枞形期至现蕾期，土壤储水变化量都有所提高，因为此时亚麻生长比较旺盛，耗水量也在增大，1 800 m³/hm²（分茎期 1 200 m³/hm²、盛花期 600 m³/hm²）和 3 300 m³/hm²（分茎期 1 200 m³/hm²、现蕾期 1 200 m³/hm²、盛花期 900 m²/hm²）处理的储水变化量均大于 0，而 2 700 m³/hm²（分茎期 1 200 m³/hm²、现蕾期 900 m³/hm²、盛花期 600 m³/hm²）处理的储水变化量小于 0。现蕾期至盛花期是亚麻土壤储水量变化最大的阶段，与上一个阶段相比，土壤储水变化量显著增加。说明，在亚麻生长急需水分的时期，灌水能使亚麻耗水量增加，有利于亚麻的生长发育。

土壤储水消耗量随灌溉定额增加呈单峰状趋势，在灌溉定额 2 100 m³/hm² 时最大，可满足亚麻生长发育的需求，继续增加灌溉量则不利于亚麻土壤储水消耗量的增加，易造成水资源浪费，不利于节水目标的实现。

不同灌溉水平下，亚麻总耗水量随着灌水量的增加而增加。与对照相比，不同灌水处理的耗水量显著增加了 33.75%~56.98%，而降雨量和土壤储水消耗量占总耗水量的比例分别降低了 23.59~36.30% 和 43.45%~83.44%，达到了显著差异水平，表明在不灌水条件下，亚麻生长主要消耗降水和土壤水。不同处理的土壤总耗水量及灌水量占总耗水量的百分比均随灌水量的增大而增加，而降水和土壤储水所占比例则呈下降趋势。表明增加灌水量显著促进了亚麻对灌溉水的吸收利用，明显降低了亚麻对降水和土壤储水的吸收利用。氮与灌水的交互作用对成熟期土壤储水量、生长季土壤水分变化和生长季蒸发有显著影响。氮显著影响成熟期土壤储水量、休耕期蒸散量、生长季土壤储水变化量和全年土壤储水变化量。平均而言，不施氮处理的休耕期蒸散量比施氮 60 kg/hm² 和施氮 120 kg/hm² 处理显著提高了 13.67% 和 19.18%，不灌水处理比灌水 1 200 m³/hm² 和灌水 1 800 m³/hm² 处理显著提高了 50.48% 和 81.99%。在高施氮水平下，土壤水分全年变化量随灌水量的增加而增加，在相同施氮水平下，灌水增加了亚麻籽粒产量，而在灌水 1 200 m³/hm² 水平下，高施氮量降低了亚麻籽粒产量。

四、前景与展望

伴随时代发展和人民生活水平提高，市场对亚麻栽培需求将由量转为质，亚麻籽、亚麻油等产品逐渐走进千家万户，市场对有机和绿色食品的需求在不断增加，这将进一步促进亚麻种植从部分传统耕作向绿色有机种植转变。

在国家推进主要农作物全程全面农业机械化契机下，亚麻种植模式也将面临从传统人工收获向机械化收获转变的机遇。亚麻机械收获中茎秆缠绕、含杂高问题的基本解决以及适宜丘陵山地亚麻联合收割机的研制成功，为逐步实现亚麻全程机械化提供了技术保障。

新的机遇面临新的挑战。目前，关于亚麻机械化栽培技术的研究较为薄弱，在高效施肥、精量机播、苗期管理等前期过程，高效追肥、节水等中期管理，保叶防衰、抗倒伏、延迟机收等后期管理环节，还需要进一步深入研究，从而为全面实现亚麻全程机械化构建技术支撑。

第二节　亚麻栽培技术

一、选地与耕作

（一）地块选择

种植前，详细调研上茬作物生长情况和田间施肥量，判定耕地肥力状态，以此为依据确定肥料种类和施肥量，结合田间肥力测定合理施肥，对于耐瘠薄亚麻获得高产具有重要意义。

选用中上等肥力且4～5年内未种植亚麻，平整、无盐碱斑块，杂草较少，水地选择排灌便利的土地。伏耕或秋深耕25 cm以上，一般用于亚麻种植的地块应在秋季进行深耕续墒，以积蓄充足的水分，翌年早春解冻后及时耙耱整地，使土壤细碎、地面平整、上松下实，以利防旱保墒，为亚麻生长创造良好条件。

（二）合理轮作

不同茬口对亚麻出苗率、产量、品质均有影响，豆茬、麦茬等都是亚麻的良好茬口。前茬作物会带走土壤中部分营养成分，并且土壤中残留的植株体、根际微生物及伴随作物发生的杂草、病虫害对土壤有很大的影响，因此，轮作倒茬既可减轻病虫危害也可改善土壤的营养条件。亚麻忌连作（即第二年仍然在同一块地上种植亚麻）或迎茬（隔年种植，即在同一块地的第二年种植其他作物，而第三年又种亚麻，茬口相迎），连作或迎茬易引起严重的病害和杂草，同时使土壤养分比例失调，降低土壤肥力，造成减产。据相关资料，连作较轮作减产35％～50％，并且轮作地块中发生立枯病的面积仅占总面积5％，连作地块高达60％。因此，因地制宜，选好亚麻的前茬十分重要，前茬以大豆、玉米、小麦为宜。荞麦茬亚麻植株矮小，叶片黄，产量低，因此荞麦茬后不适宜种植亚麻。亚麻枯萎病、立枯病病原菌在土壤中能存活5～6年，因此，亚麻轮作的周期应在5年以上。

（三）精细整地

亚麻为直根系作物，主根入土可达1.0～1.2 m，因此亚麻对土壤要求比较严格，种植亚麻时应选择地势平坦、土层深厚、保肥力强、排水良好的地块。亚麻种子小，胚根柔嫩，幼芽、子叶顶土力弱，因此播种时不宜太深且发芽期需充足水分。整地质量直接影响亚麻出苗，因此，不论哪种土壤都应实行精细整地，保持土壤疏松平整、保墒，以利于亚麻保苗。必须在前茬作物收获后及时耕翻，耕深在20 cm以上，随耕随耱，早春顶凌耙耱保墒。内蒙古地区春季多风少雨，十年九旱，根据不同前茬，整好地、保住墒，提高整地质量对防旱保苗有着重要的意义。

（四）施足基肥

施肥以施有机肥为主，配合施用化学肥料以进一步提高单产。有机肥中含有多种营养元素，能够改良土壤，施肥是保证亚麻正常生长发育的根本措施之一，应于播前秋翻整地时一次性施入土壤。底肥的施用应结合土壤肥力测定结果进行，做到配方施肥。根据《现代农业科技》的研究，每生产亚麻籽 100 kg，需要从土壤中吸收纯氮 6 kg、磷肥（P_2O_5）2 kg、钾肥（K_2O）4 kg。有条件的地方，一般每亩施有机肥 1 000～2 000 kg、尿素 12 kg、磷酸二铵 13 kg，施肥的方式为集中沟施。根据《中国农技推广》，以每亩配施尿素 15 kg、磷酸二铵 15 kg、硫酸钾 6 kg 最佳。

二、播种

保证单位面积有合理而足够的苗（株）数是提高单产、增加总产的中心环节。春旱、晚霜冻以及病虫草害都会影响单位面积有效株数。为达到保苗增株目的，应保证种子质量，合理密植，选择合适的播种工具、播种方式，生产中应注意以下几个方面。

（一）精选良种

良种是增产的首要条件。合适的品种和高质量的种子是保证高产的基础。生产用种必须具有种子饱满、纯度高（≥97.0%）、发芽率高（≥90%）、净度高（≥96.0%）、种子含水量≤9.0%、无病虫、杂质少等特点，同时要采用上年收获的种子。亚麻播种前及时对种子进行晒种处理 1～2 d，以提高发芽率。亚麻是自花授粉作物，天然异交率低，利于保留种子优良特性，不提倡使用自留种，若不能做到每年换种，应至少每 2 年换 1 次种，若连续播种自留的种子 3 年以上，易出现出苗不整齐、长势较弱、品质下降、减产严重的现象。因此，要建立种子田，采用先进的科学技术进行管理，成熟后及时收获、脱粒、晒干、入库保存，做到单收、单打、单存，以保证种子质量。

各地应因地制宜，依据本地区的生态条件、地力水平、种植模式等，选择适合本地区种植的品种。在内蒙古干旱和半干旱地区，应选择抗旱性好、抗病、丰产、抗倒伏能力较强的优良品种，如轮选 2 号和内亚 9 号等品种。

亚麻苗期的主要病害有炭疽病、立枯病、枯萎病，播种前用种子质量 0.2% 的 50% 福美双可湿性粉剂拌种，进行病害防治。

（二）播种工具选择

良好的播种工具是保证亚麻适期播种、提高播种质量的必要条件。各地依据当地的经济条件及耕作习惯，选择适当的播种机械。耧播或机播（行距 20 cm），也可实行宽窄行种植（宽行 33 cm，窄行 10 cm）。亚麻顶土力弱，要掌握好播种深度，俗话说，"深谷子浅糜子，亚麻种在浮皮子"，一般墒情较好时播深 2～3 cm，墒情差时播深 3～4 cm，播种过深会影响出苗。若采用牵引五行播种机播种，亩播量为 2.8 kg，行距 25 cm，播深 3 cm 左右，覆土厚度一致，播后碾压，以保证播种质量。黏重土壤在播后遇雨雪天气易形成板结层，须及时耙耱，破除板结，以利出苗，防止造成缺苗现象。

（三）适时早播

亚麻适时播种技术是一项通过调整播种时间进而调控产量的重要技术，亚麻播期对营养生长、生殖生长以及产量有重要影响。亚麻种子发芽的最低温度为 1～3 ℃，最适温度为 20～25 ℃。适宜播种期为平均气温 2 ℃ 的春季，5～10 cm 土层土壤温度在 5 ℃ 左右即可播种，播种愈迟，气温愈高，产量愈低，因此应根据当年气候条件适时早播。

适时早播能有效防止亚麻受到晚霜危害，并可充分利用土壤解冻后的返浆水，提高出苗率。给植株提供充足的营养生长时间，有利于根系发育，进而提高其抗旱能力，为后期亚麻的开花结果创造良好的条件。俗话说，"土旺种亚麻，七股八个杈；立夏种亚麻，秋后常开花"，充分体现了适时早播的好处。

播种不宜过早，地温偏低，影响种子发芽和出苗，如遇"倒春寒"天气，易造成大面积烂苗、死苗，在快速生长期遇到"掐脖旱"会造成减产。播种亦不宜过迟，出苗到开花期间正处于高温多雨季节，营养生长和生殖生长交织进行，地上部的生长比地下部快，扎根浅，抗旱能力差，特别是在现蕾开花期间，易受旱减产；同时，植株生育期缩短，不利于干物质的形成和积累，容易贪青、倒伏，导致花果数减少，产量降低。

亚麻幼苗刚出土时不耐冻，$-2\ ℃$就会发生冻害，但2对真叶后，能忍受地面最低温度$-5\ ℃$的低温。因此，应该依据当地当年气象条件确定适宜的播期。在内蒙古阴山南麓地区于4月中下旬播种，阴山北麓于5月上旬播种。

（四）合理密植

亚麻植株矮小，株形紧凑，叶片上举，为密植作物，应合理密植，若种植过密易引起倒伏减产。具体播量应根据千粒重、发芽率、净度和土壤墒情等而定。一般情况下，旱坡地亩播量为 $2.0\sim3.0\ kg$，亩保苗20万～25万株；二阴地亩播量为 $3.5\sim4.0\ kg$，亩保苗25万～30万株；灌区亩播量为 $4.0\sim5.0\ kg$，亩保苗30万～40万株。

合理密植是获得亚麻高产的重要措施之一。于播种10～20 d亚麻出苗后，进行出苗率调查，估算田间苗数。每块地取5个以上样点，样点均匀分布，每样点 $1\ m^2$，统计每样点的苗数，利用样点平均苗数估算地块苗数。根据田间苗数的数量选择适宜的田间管理措施，若田间苗数低于上述范围，则可以适当增施肥料，增加分茎；若田间苗数高于上述范围，则应控制肥水，降低株高，防止后期倒伏；若每亩田间苗数高于40万株，则可以通过间苗等措施减少田间苗数。

三、田间管理

（一）合理施肥

有机肥料亦称"农家肥料"，凡以有机物质（含有碳元素的化合物）作为肥料的均称为有机肥料。化学肥料是指用化学合成方法生产的肥料，包括氮肥、磷肥、钾肥、复合肥。农业生产中大量使用化肥，会带来诸如农产品品质下降、土壤板结、污染水源等生产生态问题，解决这些问题最根本的办法就是减少化肥的使用量，增加有机肥的使用，提高土壤有机质含量与土壤肥力。水地随播种分层施用种肥每亩施磷酸二铵 5 kg、尿素 2.5 kg；旱地随播种分层施用种肥每亩施磷酸二铵 3～5 kg、尿素 1 kg。

（二）适当追肥

现蕾到盛花期是亚麻的需肥临界期，在施足基肥的基础上及时追肥，追肥以氮肥为主，在亚麻枞形期追肥最适。追肥按照时期分为两种，一是提苗肥，结合第一次灌水每亩追施尿素 5 kg 左右，应小水细灌以免冲坏亚麻幼苗；二是攻蕾肥，亚麻刚要现蕾时，结合第二次灌水每亩追施尿素 8～10 kg，满足植株在营养生长和生殖生长并进时期对水分和养分的需求，以促进分枝，多开花，多结蒴果。若亚麻苗长势旺盛不缺肥，攻蕾肥可以少施或不施。追肥过晚，特别是氮肥追施过晚，容易导致植株贪青晚熟，造成减产。

（三）灌水

根据亚麻需水特点，一般在苗高 6～10 cm 时灌第一次水；现蕾到开花前灌第二次水，以满足植株迅速生长和开花结果对水分的需求；沙壤土保水能力差的局部地区，可以根据天气情况在生育期增加 1 次灌水。亚麻开花后，根据天气情况确定是否需要浇水，如遇干旱造成土壤出现龟裂，应浅浇水，同时防止倒伏，以免造成减产。在亚麻开花末期至成熟期避免灌水，灌水易增加成熟缓慢、植株倒伏的风险。

（四）中耕

亚麻生育期间，一般中耕锄草 2 次。第一次在枞形期（苗高 10～12 cm）进行，浅中耕 3～5 cm 为宜，但要锄细锄尽，使土壤表层疏松，这样既可避免杂草与幼苗争夺水肥，又能促进幼苗生长。第二次在现蕾时进行，宜深中耕，但注意不可伤及根系，中耕深度应达 10 cm 左右，此时深锄可促进根系发育，扩大根系吸收范围，利于吸收土壤中更多的水分和养分。

第十一章

亚麻种质资源表型评价研究概况

    我国科研工作者对大量亚麻种质资源进行了农艺性状的评价研究，并建立了亚麻种质资源数据库、亚麻种质资源共性描述数据库及中期库管理数据库等数据库，为种质资源的利用提供了依据。此外，还进行了分类研究，根据熟期、感光性、抗性、株高等性状将资源分为不同类型。在亚麻种质资源研究的早期，主要是对国内外收集的大量亚麻种质资源进行农艺性状、产量性状、品质性状、抗逆性、抗病性鉴定及综合评价，筛选出大量高纤、优纤、种子高产、早熟、大粒、抗旱、抗倒及抗病的优异种质资源材料。近年来，越来越多的研究开始关注亚麻资源的系统性分析和鉴定，在开展农艺性状鉴定的同时，对大量的亚麻资源进行主成分和系统聚类分析，从而更高效、更精准地挑选出综合农艺性状优良的材料作为优异基因资源进一步开发利用。除了正常亚麻可育资源以外，我国还拥有核不育亚麻资源，以及一些不同花形和花色、多胚性种子、多子房室种子等特异种质。其中，核不育亚麻材料具有花粉败育彻底、育性稳定、不育株标记性状明显等特点，并已有研究发现核不育亚麻可能由2对非等位基因控制，并且为双显性基因。因此，该材料已成为亚麻育种最为珍贵的资源。甘肃省农业科学院目前已获得了应用前景广阔的温光敏亚麻雄性核不育材料。亚麻资源的评价鉴定研究为种质的利用奠定了基础，一些优异种质资源已被直接应用于生产中。

    随着亚麻种质资源的日益丰富，其分类及鉴定工作已成为亚麻育种过程中的关键环节。亢鲁毅等对464份国内外亚麻种质资源进行了农艺性状、产量性状、抗逆性鉴定及综合评价，筛选出早熟资源261份、种子产量较高的资源137份、抗逆性强资源60份。杜光辉等对从国外引进的74份亚麻种质资源进行了农艺性状、产量性状、抗倒伏性等方面的观测和评价，筛选出早熟资源2份、单株种子产量高的资源3份、长势较好的资源7份。赵利等对甘肃的亚麻地方品种种质资源进行了品质分析，筛选出粗脂肪酸含量在40%以上的品种4份，油酸含量大于35%的品种4份，亚麻酸含量55%以上的品种11份，必需脂肪酸（亚麻酸和亚油酸）含量67%以上的品种4份。李建增等对从荷兰和加拿大引进的45份亚麻的17个表型性状进行了多样性分析，认为千粒重、单株生产力、种子产量、蒴果数、粗脂肪含量和α-亚麻酸含量等性状具有丰富的遗传多样性。张丽丽等对从俄罗斯引进的20份亚麻品种的农艺性状进行了评价，结果表明单株蒴果数、单株粒重和主茎分枝数对亚麻产量的影响较大。欧巧明等对336份亚麻品种的农艺性状进行了鉴定与评价，认为株高、单株粒重、主茎分枝数、单株分茎数、单株果粒数等农艺性状可作为选择育种材料的标准。王利民等以256份亚麻资源为研究对象，分析了农艺性状和品质性状之间的相关性，发现千粒重大、单株蒴果数多、分茎数少有利于提高亚麻含油率和油酸含量。赵利等对46份亚麻资源进行了粗脂肪酸、脂肪酸和木酚素含量的测定分析，结果表明木酚素含量与亚麻酸含量正相关，亚麻酸含量和亚油酸含量负相关。张炜等在旱地条件下对12份亚麻农艺性状进行了评价，认为影响亚麻单产的主要因素是单株蒴果数和果粒数。邓欣等对535份亚麻资源农艺性状和产量进行了多重分析，结果表明种子产量与千粒重、单株蒴果数、主茎分枝数、全生育日数等农艺性状正相关。张辉等对显性核不育亚麻种质资源进行了聚类分析，建立了核心种质库。以上研究为亚麻种质表型鉴定提供了科学依据。

    近年来，内蒙古农业大学和内蒙古自治区农牧业科学院在国家省部级项目的支持下对大量亚麻种质样本进行了表现型鉴定与评价，构建了核心种质库，并对其进行多年多点表型鉴定，获得了精准的表型数据，为亚麻种质创新和利用提供了基础。

第一节　亚麻种质多样性评价

一、401份亚麻种质的表型评价

（一）材料

通过整理亚麻种质库内亚麻编目入库资源，确定以401份亚麻种质资源为试验材料，其中136份为从国外引进的种质资源材料，从美国、加拿大、俄罗斯、法国、匈牙利、荷兰、土耳其、印度、巴基斯坦、日本等国家引进；265份为国内品种，由内蒙古、河北、山西、新疆、宁夏、甘肃等地的育种单位提供。

（二）方法

参试种质材料种植于内蒙古自治区农牧业科学院试验田，采用随机区组设计，每份材料种植3行，行长1 mL。每份资源随机取20株，参考《亚麻种质资源描述规范和数据标准》采集数据。农艺性状组测定项目包括株高、工艺长度、分枝数、单株蒴果数、每果粒数、千粒重和单株粒重，品质性状组测定项目包括含油率、木酚素含量、亚麻酸含量、亚油酸含量、硬脂酸含量、油酸含量和棕榈酸含量。品质分析采用DA7200型近红外分析仪进行。采用SPSS 19.0和Excel 2013完成相关分析和主成分分析。表型遗传多样性采用香农-威纳遗传多样性指数来衡量。

（三）结果与分析

1. 亚麻表型性状的多样性分析

401份亚麻种质资源14个表型性状变异系数为4.52%～39.54%，平均值为17.88%；遗传多样性指数为1.691～2.930，平均值为2.133（表11-1）。14个表型性状中，7个农艺性状变异系数为14.64%～39.54%，遗传多样性指数为1.691～2.079。农艺性状可归类为营养器官和产量2个部分。营养器官部分包括株高、工艺长度、分枝数3个性状，其中分枝数的变异系数最大，为26.93%，变幅为1.50～9.00个。产量部分包括单株蒴果数、每果粒数、千粒重、单株粒重4个性状，其中单株粒重变异系数最高，为39.54%，变幅为0.27～2.90 g。

7个品质性状变异系数为4.52%～19.97%，遗传多样性指数为2.047～2.930。品质性状分为脂肪酸组成、木酚素含量和含油率3个部分。脂肪酸组成包括亚麻酸含量、亚油酸含量、硬脂酸含量、油酸含量、棕榈酸含量5个性状，其中硬脂酸含量的变异系数最大，为15.56%，变幅为3.83%～8.77%。木酚素含量的变异系数为19.97%，变幅为3.52～14.68 mg。含油率变异系数为4.52%，变幅为29.59%～40.18%。各表型性状指标均存在较大的变异，变异系数排序为单株粒重＞单株蒴果数＞分枝数＞工艺长度＞千粒重＞木酚素含量＞每果粒数＞硬脂酸含量＞株高＞油酸含量＞棕榈酸含量＞亚油酸含量＞亚麻酸含量＞含油率（表11-1），说明单株粒重的离散程度较大，稳定性较差；而含油率离散程度较小，稳定性较好。亚麻种质资源表型性状的遗传多样性指数均较大，平均遗传多样性指数为2.133，其中油酸含量的多样性指数最大，达到2.930；其次为硬脂酸含量的多样性指数，达到2.423；单株蒴果数的多样性指数最小，为1.691；遗传多样性指数排序为油酸含量＞硬脂酸含量＞木酚素含量＞含油率＞千粒重＞亚麻酸含量＞工艺长度＞株高＞棕榈酸含量＞亚油酸含量＞分枝数＞单株粒重＞每果粒数＞单株蒴果数。综上所述，供试亚麻种质间表型性状差异较大，表现出丰富的遗传多样性，并且改良潜力较大，可为亚麻育种提供优异的种质基础。

表 11-1　401 份亚麻种质表型性状的遗传多样性分析

性状	最小值	最大值	均值	变异系数/%	遗传多样性指数
株高/cm	33.00	81.20	58.64	14.64	2.068
工艺长度/cm	12.00	59.10	35.02	25.47	2.079
分枝数/个	1.50	9.00	3.20	26.93	1.956
单株蒴果数/个	2.50	57.00	17.30	30.68	1.691
每果粒数/粒	1.01	16.60	8.11	18.78	1.818
千粒重/g	1.00	10.80	6.25	21.69	2.191
单株粒重/g	0.27	2.90	0.84	39.54	1.937
含油率/%	29.59	40.18	35.91	4.52	2.205
亚麻酸含量/%	33.42	56.58	46.94	7.42	2.181
亚油酸含量/%	2.89	14.65	12.44	7.58	2.047
硬脂酸含量/%	3.83	8.77	5.99	15.56	2.423
油酸含量/%	21.46	36.42	28.24	8.83	2.930
棕榈酸含量/%	2.48	7.92	6.18	8.68	2.061
木酚素含量/mg	3.52	14.68	6.89	19.97	2.274
均值				17.88	2.133

2. 亚麻表型性状的相关性分析

401 份亚麻种质 14 个表型性状之间的相关性分析表明，21 对农艺性状组合中有 6 对性状间呈极显著正相关，有 5 对性状呈极显著负相关（表 11-2），株高与工艺长度、单株蒴果数、每果粒数之间均呈极显著正相关，其中，与工艺长度间的相关系数达到了 0.86，明显大于与其他性状间的相关系数，说明工艺长度与株高紧密关联。株高与千粒重呈极显著负相关，表明千粒重随株高的增高而降低。工艺长度与千粒重、单株粒重间呈极显著负相关，与每果粒数间显著正相关。分枝数与单株蒴果数、单株粒重间均呈极显著正相关，相关系数分别为 0.55 和 0.53，说明亚麻分枝数与单株蒴果数和单株粒重密切相关。每果粒数与单株粒重间呈显著正相关，与千粒重间呈极显著负相关，说明随着每果粒数增多，单株粒重增大，千粒重降低。

表 11-2　亚麻 7 个农艺性状间的相关系数

性状	株高	工艺长度	分枝数	单株蒴果数	每果粒数	千粒重	单株粒重
株高	1						
工艺长度	0.86**	1					
分枝数	0.07	−0.03	1				
单株蒴果数	0.21**	−0.04	0.55**	1			
每果粒数	0.20**	0.11*	0.03	0.10*	1		
千粒重	−0.42**	−0.43**	−0.01	−0.15**	−0.30**	1	
单株粒重	0.01	−0.18**	0.53**	0.71**	0.13*	0.03	1

注：** 表示在 0.01 水平显著相关，* 表示在 0.05 水平显著相关。下同。

21 对品质性状组合中有 6 对性状间呈极显著正相关，有 11 对性状间呈极显著负相关，含油率与木酚素含量和亚油酸含量极显著正相关，与硬脂酸含量、油酸含量、棕榈酸含量极显著负相关（表 11-3），说明随着含油率的提高，木酚素含量和亚油酸含量提高，硬脂酸含量、油酸含量和棕榈酸含量降低。木酚素含量与亚麻酸含量极显著正相关，相关系数达到了 0.59，明显大于与其他性状间的相关系数，反映了在一定范围内，亚麻品种（系）亚麻酸含量与木酚素含量存在正相关性。木酚素含量与硬脂酸含量、油酸含量和棕榈酸含量极显著负相关，与亚油酸含量显著负相关。亚麻酸含量与硬脂酸含量、油酸含量和棕榈酸含量极显著负相关，其中亚麻酸含量与油酸含量的相关系数为 -0.92，说明亚麻酸含量随油酸含量增大而降低。亚油酸含量与硬脂酸含量、棕榈酸含量极显著负相关，相关系数分别为 -0.54 和 -0.17。硬脂酸含量与油酸含量、棕榈酸含量极显著正相关，油酸含量与棕榈酸含量极显著正相关。从相关性来看，单株粒重与工艺长度、分枝数、单株蒴果数、每果粒数关系更加密切，而单株蒴果数与其他农艺性状的相关程度较高，除与工艺长度有较弱的负相关外，与其他农艺性状的相关性都达到了显著水平；含油率与亚麻酸含量正相关，且与亚油酸含量、木酚素含量的相关性达到了极显著水平。因此，用单株蒴果数可以表征亚麻农艺性状，用含油率可以衡量亚麻品质性状，将单株蒴果数和含油率高的植株作为选育良种首要指标。

表 11-3 亚麻 7 个品质性状之间的相关系数

性状	含油率	木酚素含量	亚麻酸含量	亚油酸含量	硬脂酸含量	油酸含量	棕榈酸含量
含油率	1						
木酚素含量	0.20**	1					
亚麻酸含量	0.03	0.59**	1				
亚油酸含量	0.52**	-0.12*	-0.03	1			
硬脂酸含量	-0.34**	-0.17**	-0.50**	-0.54**	1		
油酸含量	-0.14**	-0.52**	-0.92**	-0.02	0.35**	1	
棕榈酸含量	-0.48**	-0.46**	-0.46**	-0.17**	0.51**	0.25**	1

3. 亚麻种质资源表型性状主成分分析

从表 11-4 可以看出，前 8 个主成分累积贡献率达到 90.618%，说明 14 个表型性状的绝大部分信息可由这前 8 个主成分来概括。第一主成分特征值为 4.052，贡献率为 28.945%，影响最大的性状是亚麻酸含量（0.728 4），其次是株高（0.665 1）、工艺长度（0.626 1）、木酚素含量（0.526 7），因此将第一主成分称为亚麻酸含量因子。增大第一主成分值，可以使株高和工艺长度增大，亚麻酸和木酚素含量增加，而第一主成分的分量中千粒重、硬脂酸含量、油酸含量、棕榈酸含量的负荷量均为负值，说明，从以产量为目标的亚麻育种角度考虑，第一主成分特征值不宜过大。

第二主成分特征值为 2.276，贡献率为 16.254%，影响最大的性状是单株粒重（0.837 5），其次是单株蒴果数（0.781 3）、分枝数（0.761 6），木酚素含量、亚麻酸含量、硬脂酸含量、棕榈酸含量及工艺长度的负荷量均为负值，因此将第二主成分称为单株粒重因子，随着单株粒重的增大，单株蒴果数和分枝数增多，而脂肪酸含量降低，说明在亚麻品质育种中，第二主成分特征值不宜过大。

第三主成分特征值为 1.896，贡献率为 13.544%，影响最大的性状是亚油酸含量（0.570 3），其次是油酸含量（0.557 1）、工艺长度（0.501 4），所以将第三主成分称为亚油酸含量因子，由第三主成分的分量值可以看出，亚麻酸含量、木酚素含量、分枝数、单株蒴果数、每果粒数、千粒重、单株粒重、硬脂酸含量的负荷量为负值，说明亚油酸和油酸含量越大，则亚麻产量相关性状指标越低。

第四主成分特征值为 1.369，贡献率为 9.780%，影响最大的性状是株高（0.435 1），其次是工艺长度、棕榈酸含量、每果粒数，因此将第四主成分称为株高因子，说明株高与工艺长度和每果粒数正相关，但与千粒重、含油率、木酚素含量、亚油酸含量负相关。第五、六、七、八主成分特征值

（0.983、0.865、0.740、0.506）和贡献率（7.019%、6.178%、5.283%、3.615%）较小，第五、第六主成分影响最大的性状是工艺长度（0.299 1）和木酚素含量（0.390 8），第七、第八主成分影响最大的性状是千粒重（0.436 7）和分枝数（0.565 9），千粒重和分枝数都与产量有关，属于产量因子。总之，主成分分析将 14 个表型性状简化为 8 个主成分，即亚麻酸含量、单株粒重、亚油酸含量、株高、工艺长度、木酚素含量、千粒重、分枝数，所提供的信息量占全部信息量的 90.618%。

表 11-4 前 8 个主成分的负荷量、特征值、贡献率和累积贡献率

性状	主成分 1	主成分 2	主成分 3	主成分 4	主成分 5	主成分 6	主成分 7	主成分 8
特征值	4.052	2.276	1.896	1.369	0.983	0.865	0.740	0.506
贡献率%	28.945	16.254	13.544	9.780	7.019	6.178	5.283	3.615
累计贡献率%	28.945	45.198	58.742	68.522	75.542	81.720	87.003	90.618
株高	0.665 1	0.009 4	0.394 8	0.435 1	0.276 8	0.142 1	0.236 3	−0.056 3
工艺长度	0.626 1	−0.183 1	0.501 4	0.345 3	0.299 1	0.164 1	0.178 2	0.043 3
分枝数	0.123 5	0.761 6	−0.129 0	0.111 0	0.165 7	0.031 9	−0.118 4	0.565 9
单株蒴果数	0.305 8	0.781 3	−0.273 9	0.161 0	0.093 1	−0.006 8	−0.029 0	−0.246 7
每果粒数	0.341 0	0.086 4	−0.006 6	0.213 5	−0.803 8	0.074 1	0.388 0	0.140 7
千粒重	−0.617 0	0.067 1	−0.152 9	−0.383 2	0.296 5	0.020 8	0.436 7	0.126 2
单株粒重	0.065 2	0.837 5	−0.270 8	0.112 9	−0.017 5	−0.021 8	0.116 8	−0.254 9
含油率	0.428 5	0.240 3	0.231 3	−0.703 4	0.011 0	0.228 2	0.207 5	−0.098 9
木酚素含量	0.526 7	−0.239 3	−0.517 3	−0.141 9	0.074 2	0.390 8	0.071 7	0.064 2
亚麻酸含量	0.728 4	−0.303 1	−0.537 1	0.034 9	0.051 9	−0.247 1	−0.010 0	0.037 6
亚油酸含量	0.395 3	0.251 7	0.570 1	−0.422 3	−0.042 6	−0.376 2	0.083 2	0.058 8
硬脂酸含量	−0.783 3	−0.040 5	−0.224 9	0.131 4	0.060 4	0.327 4	0.245 9	−0.019 0
油酸含量	−0.610 9	0.257 3	0.557 1	0.077 9	−0.148 3	0.350 9	−0.244 4	−0.007 7
棕榈酸含量	−0.687 7	−0.003 8	0.069 6	0.315 3	0.102 2	−0.415 5	0.326 8	−0.001 0

（四）讨论与结论

基于表型数据，统计分析了 401 份亚麻种质资源的表型变异，结果表明 14 个表型性状的表型变异系数和遗传多样性指数均较大，但是两者的变化规律却不一致，表型变异系数中单株粒重的变异系数最大，含油率变异系数最小，而表型遗传多样性指数中油酸含量的多样性指数最大，单株蒴果数的多样性指数最小。表型性状变异系数反映了某性状数据的离散程度，其大小与性状的变异程度呈正相关，变异系数越大表明性状的变异程度越大。遗传多样性信息指数是反映种质资源间多样性的一个重要指标，值越高，表明表型性状的多样性越丰富，表型性状多样性指数受性状分组数和组内个体分布均匀程度影响。变异系数与多样性指数之间没有直接相关性，仅为反映种质资源多样性的一些指标。

表型性状相关性分析结果表明，单株粒重与工艺长度、分枝数、单株蒴果数、每果粒数关系更加密切，而单株蒴果数与其他农艺性状的相关程度较高，除与工艺长度有较弱的负相关外，与其他农艺性状的相关性都达到了显著水平，此结果与陈英等研究结果相符，即单株粒重与主茎分枝数、单株有效蒴果数关系密切。棕榈酸含量与其他品质性状的相关性都达到了极显著水平，但与赵利等人的亚麻

酸含量与其他品质性状（除粗脂肪酸含量）的相关性都达到了极显著水平研究结论存在较大差异，可能与供试品种（系）存在一定关系，需要在后续工作中进行深入研究。14 个表型性状的前 8 个主成分累积贡献率达到 90.618%，能基本代表 14 个性状所含有的信息。这 8 个主成分可归为两类：产量因子（株高、工艺长度、单株粒重、千粒重、分枝数）和品质因子（亚麻酸含量、亚油酸含量、木酚素含量）。尽管产量因子和品质因子可用几个表型性状来衡量，但由于每个表型性状反映目标因子的权重不同，其作用程度也不同，单个性状与目标因子之间存在直接关联或间接关联。

二、230 份亚麻种质的多样性分析

（一）材料与方法

以 230 份亚麻材料为研究对象，其中 111 份为国内材料，分别来自于山西、内蒙古、宁夏、河北、新疆、甘肃等地，119 份为国外材料，分别来自加拿大、美国、阿根廷、法国、俄罗斯、匈牙利、伊朗、荷兰等地。所有亚麻材料于 2018 年 4 月 23 日种植在内蒙古自治区农牧业科学院试验田中，并于 2018 年 8 月 31 日收获，统计所有亚麻品种的表型性状。

于 2018 年 4 月将选好的 230 份亚麻材料种植于内蒙古自治区农牧业科学院的试验田中，采用随机分组方法，每份亚麻材料重复种植 3 份，每份行长约 1 mL。亚麻成熟后，记录全生育日数，然后从亚麻试验区中部随机取样 20 株，测定农艺性状，包括全生育日数、工艺长度、株高、单株蒴果数、每果粒数、单株粒重、千粒重、分枝数 8 项数据。品质性状测定包括粗脂肪含量、亚麻酸含量、硬脂酸含量、亚油酸含量、油酸含量和棕榈酸含量 6 项数据。品质性状测定采用 DA7200 型近红外分析仪进行。将所有数据记录在 Excel 表格中。

（二）结果分析

1. 亚麻表型性状的遗传多样性分析

230 份亚麻材料 14 个表型性状的变异系数为 2.79～25.10，平均变异系数为 13.65，遗传多样性指数较为平均，数值在 2.48～2.81，平均值为 2.72（表 11-5）。在 14 个表型性状中，变异系数最小的性状是全生育日数，为 2.79；变异系数最大的是单株粒重，为 25.10；遗传多样性指数最小的性状是单株粒重，为 2.48，最大的是全生育日数，为 2.81。14 个表型性状可分为 8 个农艺性状和 6 个品质性状。农艺性状包括全生育日数、单株粒重、株高、工艺长度、每果粒数、分枝数、单株蒴果数、千粒重，变异系数为 2.79～25.10，遗传多样性指数为 2.48～2.81，其中全生育日数变异系数最小，单株粒重最大，遗传多样性指数正相反。品质性状包括亚麻酸含量、亚油酸含量、硬脂酸含量、油酸含量、棕榈酸含量、粗脂肪含量，变异系数为 7.39～22.67，遗传多样性指数为 2.66～2.80，其中粗脂肪含量变异系数最小，硬脂酸含量最大。综合来看，14 个亚麻表型性状的变异系数按从小到大排序是全生育日数＜粗脂肪含量＜亚麻酸含量＜每果粒数＜株高＜亚油酸含量＜分枝数＜工艺长度＜千粒重＜棕榈酸含量＜单株蒴果数＜油酸含量＜硬脂酸含量＜单株粒重，说明单株粒重离散度最高，稳定性与其他几个性状相比最低；全生育日数的离散度最低，说明其稳定性最好。亚麻表型性状的遗传多样性指数较高，最高的是全生育日数，为 2.81，最低的是单株粒重，数值也达到 2.48。14 个表型性状的遗传多样性数值按从小到大排序是单株粒重＜千粒重＜硬脂酸含量＜单株蒴果数＝油酸含量＜棕榈酸含量＜工艺长度＝分枝数＜亚油酸含量＝株高＝每果粒数＜亚麻酸含量＜粗脂肪含量＜全生育日数，说明这几个表型性状的遗传多样性都较好，适合用于种质资源的开发。综合变异系数和遗传多样性这两项来看，230 份亚麻具有品质改良基础，可以为后续的亚麻资源开发和良种选育奠定基础，并且这 230 份亚麻材料遗传多样性较为丰富、稳定，可以作为关联分析的材料。

表 11-5　230 份亚麻材料表型性状的遗传多样性分析

表型性状	最小值	最大值	均值	标准差	变异系数/%	遗传多样性指数
株高/cm	37.85	76.39	57.60	5.92	10.28	2.78
工艺长度/cm	17.92	50.04	34.83	4.57	13.12	2.76
分枝数/个	2.89	5.18	3.98	0.49	12.40	2.76
单株蒴果数/个	8.96	27.13	15.92	2.73	17.15	2.72
每果粒数/粒	3.68	7.95	6.24	0.64	10.27	2.78
千粒重/g	3.84	8.65	5.84	0.85	14.63	2.55
单株粒重/g	0.24	0.99	0.57	0.14	25.10	2.48
全生育日数/d	96	112	104.81	2.92	2.79	2.81
亚麻酸含量/%	39.35	65.29	49.67	4.54	9.14	2.80
亚油酸含量/%	11.30	20.20	16.24	1.91	11.74	2.78
硬脂酸含量/%	3.65	13.96	7.82	1.77	22.67	2.66
油酸含量/%	6.52	32.68	20.26	3.66	18.08	2.72
棕榈酸含量/%	3.00	6.27	4.45	0.72	16.28	2.74
粗脂肪含量/%	35.51	43.21	39.01	2.88	7.39	2.80
均值					13.65	2.72

2. 亚麻表型性状的相关性分析

SPSS 软件分析表明，230 份亚麻种质资源 8 个农艺性状的 28 个组合中 15 对组合呈极显著正相关，2 对组合呈极显著负相关，1 对组合呈显著正相关（表 11-6）。15 对极显著正相关的组合分别是全生育日数与株高、全生育日数与工艺长度、株高与工艺长度、分枝数与全生育日数、分枝数与株高、分枝数与工艺长度、单株蒴果数与分枝数、每果粒数与工艺长度、每果粒数与单株蒴果数、千粒重与分枝数、单株粒重与全生育日数、单株粒重与分枝数、单株粒重与单株蒴果数、单株粒重与每果粒数、单株粒重与千粒重。其中，工艺长度与株高的相关性最大，数值高达 0.825，明显比与其他性状间的相关性数值高，说明株高与工艺长度之间有内在关联性，工艺长度越大，株高越高。28 对组合中，千粒重与株高、工艺长度呈负相关，千粒重与工艺长度的相关系数达到 −0.213，大于千粒重与株高的负相关程度，说明千粒重越大，工艺长度和株高越小。每果粒数与分枝数显著相关，相关系数为 0.169，明显低于其他几对极显著相关的组合，说明每果粒数与分枝数的相关性不是很大。分枝数与其他 7 个农艺性状之间都呈现出较大的正相关性，说明分枝数是亚麻农艺性状中最重要的一项，直接影响另外 7 个性状，可以用分枝数来衡量农艺性状。

表 11-6　亚麻 8 个农艺性状间的相关系数

性状	全生育日数	株高	工艺长度	分枝数	单株蒴果数	每果粒数	千粒重	单株粒重
全生育日数	1							
株高	0.201**	1						
工艺长度	0.209**	0.825**	1					
分枝数	0.232**	0.258**	0.237**	1				
单株蒴果数	0.095	0.085	0.042	0.538**	1			
每果粒数	0.037	0.075	0.233**	0.169**	0.234**	1		
千粒重	0.085	−0.173**	−0.213**	0.206**	0.019	−0.070	1	
单株粒重	0.202**	0.056	0.083	0.525**	0.659**	0.473**	0.422**	1

在 15 对亚麻品质性状的组合中有 7 对组合呈极显著正相关，2 对组合呈显著正相关，2 对组合呈极显著负相关（表 11-7）。9 对正相关的组合中，油酸含量与棕榈酸含量、棕榈酸含量与粗脂肪含量、亚油酸含量与粗脂肪含量、亚油酸含量与硬脂酸含量、亚麻酸含量与粗脂肪含量、亚麻酸含量与棕榈酸含量、亚麻酸含量与亚油酸含量是有极显著正相关性的，其中粗脂肪含量与亚麻酸含量的相关性最大，相关系数为 0.669，其次是棕榈酸含量与粗脂肪含量，相关系数为 0.483，这两对组合的相关性明显大于其他几对组合，说明粗脂肪含量越高，亚麻酸和棕榈酸的含量就越高。9 对正相关的组合中，有 2 对组合的相关性弱，分别是油酸含量与粗脂肪含量、亚油酸含量与棕榈酸含量。硬脂酸含量与棕榈酸含量、亚麻酸含量与油酸含量呈显著负相关，其相关系数分别达到了 -0.429 和 -0.191，说明在一定范围内硬脂酸含量和亚麻酸含量越高，棕榈酸含量和油酸含量越少。综上所述，油酸含量与其他几个品质性状都有显著正相关性或负相关性，因此油酸含量可以作为优质育种的指示指标。在亚麻种质资源研发过程中，应选择分枝数多和含油率高的种子来进行育种。

表 11-7　亚麻 6 个品质性状之间的相关系数

性状	粗脂肪含量	棕榈酸含量	油酸含量	硬脂酸含量	亚油酸含量	亚麻酸含量
粗脂肪含量	1					
棕榈酸含量	0.483**	1				
油酸含量	0.388*	0.360**	1			
硬脂酸含量	0.106	-0.429**	0.054	1		
亚油酸含量	0.273**	0.147*	-0.03	0.394**	1	
亚麻酸含量	0.669**	0.308**	-0.191**	-0.031	0.395**	1

3. 亚麻表型性状的主成分分析

根据表 11-8 可以看出 7 个主成分的特征值分别为 3.170、2.446、2.079、1.419、1.125、0.875、0.837，贡献率分别是 22.645%、17.468%、14.850%、10.136%、8.033%、6.253%、5.979%，累计贡献率达到 85.364%，说明 24 个亚麻性状主要可以分为 7 个成分。主成分 1 影响最大的性状是单株粒重（0.760），其次是分枝数（0.676）、单株蒴果数（0.641）和棕榈酸含量（0.533），硬脂酸含量和亚油酸含量的负荷量为负数，说明主成分 1 可以称为单株粒重因子，如果要增加亚麻产量应该增加主成分 1 的特征值，但是同时硬脂酸和亚油酸的含量会下降。主成分 2 的贡献率是 17.468%，特征值为 2.466，影响最大的性状是亚油酸含量（0.816），其次是工艺长度（0.536）和株高（0.516），因此主成分 2 称为亚油酸含量因子。在主成分 2 中，全生育日数、分枝数、单株蒴果数、千粒重、单株粒重、油酸含量的负荷量均为负值，由此可见，如果主成分 2 的特征值变大则会降低亚麻的产量。主成分 3 的特征值为 2.079，影响最大的性状是粗脂肪含量（0.834），其次是油酸含量（0.549）、棕榈酸含量（0.395），所以主成分 3 可称为粗脂肪含量因子，增加其特征值能提高亚麻的含油率，如果以提高含油率为育种目标，应考虑主成分 3 的特征值。全生育日数、分枝数、株高、工艺长度、每果粒数的负荷量在主成分 3 中为负值，因此主成分 3 特征值上升，农艺性状数值会下降。主成分 4 特征值 1.419，贡献率为 10.136%，影响最大的性状是油酸含量（0.619），其次是棕榈酸含量（0.415）和全生育日数（0.321），所以主成分 4 称为油酸含量因子。如果以油酸含量高为育种目标，可以考虑增大主成分 4 的特征值。主成分 5 的特征值是 1.125，贡献率为 8.033%，主要影响硬脂酸含量（0.549）、分枝数（0.403）和全生育日数（0.311），因此，主成分 5 应称为硬脂酸含量因子。因此，想要在育种时提高硬脂酸含量的同时增加分枝数，应增大主成分 5 特征值。主成分 6 和主成分 7 的特征值均小于 1，贡献率也较小（6.253%、5.979%），影响最大的性状是硬脂酸含量

（0.412）、千粒重（0.300）。综合来看，7 个主成分中只有主成分 1 和主成分 7 是产量因子，占总量的 28.624%，其他 5 个主成分都是含油率因子，占总量的 56.74%。

表 11 - 8　亚麻 14 个表型性状的主成分分析

项目和性状	主成分 1	主成分 2	主成分 3	主成分 4	主成分 5	主成分 6	主成分 7
特征值	3.170	2.446	2.079	1.419	1.125	0.875	0.837
贡献率/%	22.645	17.468	14.850	10.136	8.033	6.253	5.979
累计贡献率/%	22.645	22.645	54.963	65.099	73.132	79.385	85.364
全生育日数	0.356	−0.079	−0.207	0.321	0.311	0.070	0.113
株高	0.463	0.516	−0.457	0.289	0.254	0.168	−0.004
工艺长度	0.465	0.536	−0.500	0.212	0.171	0.262	−0.184
分枝数	0.676	−0.193	−0.082	−0.139	0.403	0.197	0.108
单株蒴果数	0.641	−0.167	0.027	−0.500	0.110	0.131	−0.216
每果粒数	0.514	0.032	−0.055	−0.258	−0.494	0.283	0.007
千粒重	0.185	−0.696	0.234	0.208	0.248	−0.378	0.300
单株粒重	0.760	−0.439	0.073	−0.255	0.028	−0.500	−0.086
粗脂肪含量	0.376	0.226	0.834	0.012	0.099	−0.044	0.290
棕榈酸含量	0.533	0.264	0.395	0.415	−0.334	−0.059	0.236
油酸含量	0.048	−0.185	0.549	0.619	0.091	−0.178	0.064
硬脂酸含量	−0.556	0.097	0.308	−0.302	0.548	0.412	0.178
亚麻酸含量	−0.581	0.092	0.354	−0.301	0.412	0.321	0.187
亚油酸含量	−0.152	0.816	0.250	−0.149	0.155	−0.055	−0.628

第二节　亚麻种质资源表型多年多点评价

　　近几年，我国各地区亚麻育种科研机构陆续报道了基于表型性状的遗传多样性评价。云南省农业科学院经济作物研究所李建增等对从荷兰和加拿大引进的 45 份油用亚麻的 17 个表型性状进行了多样性分析，认为千粒重、单株种子量、种子产量、蒴果数、粗脂肪含量和 α-亚麻酸含量等性状具有丰富的遗传多样性。张家口市农业科学院张丽丽等对从俄罗斯引进的 20 份亚麻品种的农艺性状进行了评价，表明单株蒴果数、单株粒重和主茎分枝数对亚麻产量的影响较大。甘肃省农业科学院欧巧明等对 336 份油用亚麻品种的农艺性状进行了鉴定与评价，认为株高、单株粒重、主茎分枝数、单株分茎数、单株果粒数等农艺性状可以作为选择育种材料的标准。王利民等以 256 份亚麻资源为研究对象，分析了农艺性状和品质性状之间的相关性，发现千粒重大、单株蒴果数多、分茎数少有利于提高亚麻含油率和油酸含量。赵利等对 46 份亚麻资源进行了粗脂肪酸含量、脂肪酸含量和木酚素含量的测定，分析表明木酚素含量与亚麻酸含量正相关，亚麻酸含量与亚油酸含量之间负相关。黑龙江省科学院李秋芝等对 300 份纤维亚麻农艺性状进行了评价，筛选出了具有特异性状（株型好、整齐度好、工艺长度长）的资源 20 份。宁夏农林科学院张炜等在旱地条件下对 12 份亚麻资源的农艺性状进行了评价，认为影响亚麻单产的主要因素是单株蒴果数和果粒数。中国农业科学院邓欣等对 535 份亚麻资源农艺性状和产量的多重分析表明，种子产量与千粒重、株蒴果数、主茎分枝数、全生育日数等农艺性状正相关。以上研究表明，亚麻农艺性状和品质性状均具有丰富的遗传多样性，但是表型性状受环境影响较大，不同环境不同年份采集的数据差异显著，因此，进行亚麻种质资源表型鉴定时，一般采集多年多点的表型数据来揭示表型变异，更准确地为亚麻育种提供科学基础。

一、材料与方法

（一）试验材料

269 份亚麻种质材料来自 21 个国家，其中国内外品种各占 50%。国内品种主要来自内蒙古（33份）、河北（15 份）、山西（14 份）、甘肃（42 份）、新疆（8 份）、宁夏（12 份）。国外品种主要来自美国（21 份）、加拿大（19 份）、阿根廷（8 份）、荷兰（21 份）、匈牙利（19 份）、法国（12 份）、俄罗斯（6 份）、巴基斯坦（13 份）、伊朗（6 份）以及埃及、印度、波兰、摩洛哥、新西兰、阿富汗、土耳其、奥地利、乌拉圭、罗马尼亚、西德等其他国家（20 份）。各地区种质资源占实验群体比例见图 11 - 1。

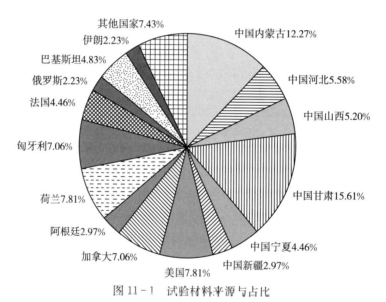

图 11 - 1 试验材料来源与占比

（二）田间试验及性状调查方法

2017 年，269 份亚麻种质被种植于新疆伊犁伊宁以及内蒙古呼和浩特、乌兰察布集宁、锡林郭勒太仆寺四个产区，物候条件、播种和收获时间见表 11 - 9。采用随机区组设计，重复 3 次，种植 3 行，每行种 400 粒种子，行长 2.0 mL，行距 20 cm。按照常规的田间管理方法进行管理。同时，在生育期内对四个地区的气温、降水量和日照时数等气象因子进行记录。

参考《亚麻种质资源描述规范和数据标准》，在亚麻生理成熟后，从试验小区中部随机取样 20株，测定株高、工艺长度、单株蒴果数、每果粒数、单株粒重、种子千粒重、分枝数；田间记录出苗期、成熟期，并计算全生育日数。用 DA7200 近红外分析仪检测亚麻种子品质性状。

表 11-9 四个种植区的地理位置、气候条件

试点名称	海拔/m	东经	北纬	年降雨量/mm	日照时长/h	播种时期	收获时期
呼和浩特	1 056	111°48′	40°49′	410	3 000	4 月末	8 中旬
太仆寺	1 600	115°10′	41°35′	350	2 937	5 月中旬	9 月初
集宁	1 417	113°10′	40°01″	384	3 130	5 月中旬	9 月初
伊宁	670	81°12′	43°47′	417	2 890	3 月末	7 月末

(三) 表型数据分析方法

对亚麻表型性状数据分布是否偏移正态的估计用偏度、峰度和夏皮罗-威尔克检验进行。正态性检验用 SAS 9.2 软件包中 Proc Capability 和 Proc Univariate 检验正态分布及参数，绘制正态分布拟合图。

统计分析表型性状的样本平均数及 95% 可靠性的置信区间、标准差、变异系数、极差。采用 SAS 统计分析软件的 Procmeans 模块进行统计分析，采用 SAS 软件的一般线性模型（GLM）进行方差分析（Two-way ANOVA）。

广义遗传力（h^2）计算：分析群体内所有性状的表型变异是否主要由基因型控制以及遗传稳定性。

二、结果与分析

(一) 产量相关性状的表型统计学分析

在四个生态点种植 269 份亚麻品种（系），进行田间调查和室内考种，获得 8 个产量相关性状（全生育日数、株高、工艺长度、分枝数、单株蒴果数、每果粒数、千粒重、单株粒重）的表型数据。从表 11-10 可见，亚麻产量相关性状存在广泛的表型变异，其中，单株粒重变异系数最大（24.33%），分布范围为 0.24～0.99 g，其平均值为 0.57 g；全生育日数变异系数最小（2.66%），分布范围为 96.00～112.00 d，其平均值为 104.90 d。8 个性状按表型变异系数排序依次为单株粒重＞单株蒴果数＞千粒重＞工艺长度＞分枝数＞株高＞每果粒数＞全生育日数。从正态分布检验结果发现，8 个产量相关表型数据均呈现正态分布的趋势，特别是株高和工艺长度为显著的正态分布（图 11-2），表明亚麻产量相关性状主要由基因型控制。

表 11-10 亚麻 8 个产量相关性状的表型变异分析

性状	最小值	最大值	平均值	变异系数/%
全生育日数/d	96.00	112.00	104.90	2.66
株高/cm	37.85	86.71	57.45	10.32
工艺长度/cm	17.92	59.24	34.71	13.56
分枝数/个	2.89	5.18	3.99	11.91
单株蒴果数/个	8.96	27.13	16.03	16.96
每果粒数/粒	3.68	7.95	6.25	10.17
千粒重/g	3.84	8.65	5.86	14.15
单株粒重/g	0.24	0.99	0.57	24.33

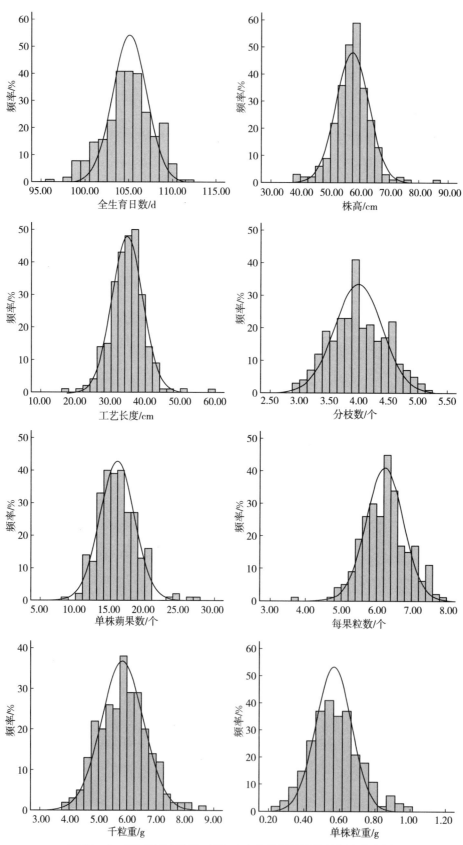

图11-2 269份亚麻品种（系）8个产量相关性状的频率直方图

对产量相关性状进行统计分析，结果表明，在呼和浩特（HS）、乌兰察布集宁（JN）、锡林郭勒太仆寺（XM）、新疆伊犁（XJ）四个环境下，该群体千粒重的广义遗传力最高，达到了 83.78%，其表型变异分别表现为 5.59 g±0.95 g、5.60 g±1.03 g、5.73 g±1.11 g、6.53 g±1.02 g；工艺长度的广义遗传力最低，为 52.38%，其表型变异分别表现为 28.64 cm±4.91 cm、23.45 cm±4.63 cm、48.69 cm±6.79 cm、39.09 cm±8.83 cm。8 个性状按广义遗传力排序依次为千粒重＞每果粒数＞单株粒重＞株高＞全生育日数＞单株蒴果数＞分枝数＞工艺长度（表 11-11）。方差分析显示，基因型、环境型及基因和环境互作型对四个环境下的 8 个产量相关性状均影响显著（$P<0.001$）。以上数据说明，尽管基因型和环境型有显著的相互作用，但所有产量相关性状的广义遗传力均在 52.38% 以上。

表 11-11　四个不同环境下 8 个产量相关性状的统计学描述

性状	环境	最小值	最大值	平均值	标准差	变异系数/%	广义遗传力/%
全生育日数/d	HS	70.00	110.00	96.43	5.76	5.98	
	JN	75.00	120.00	108.06	6.12	5.67	
	XM	85.00	117.00	107.81	5.31	4.93	57.35
	XJ	104.00	110.00	107.09	1.70	1.59	
株高/cm	HS	38.55	94.65	62.87	7.49	11.91	
	JN	24.40	68.20	47.12	6.85	14.54	
	XM	39.50	88.00	58.03	6.89	11.88	62.50
	XJ	34.05	98.90	61.44	8.80	14.32	
工艺长度/cm	HS	13.47	49.70	28.64	4.91	17.13	
	JN	12.20	39.20	23.45	4.63	19.76	
	XM	24.40	76.40	48.69	6.79	13.95	52.38
	XJ	18.20	77.35	39.09	8.83	22.59	
分枝数/个	HS	2.10	4.80	3.41	0.47	13.68	
	JN	2.00	7.90	4.20	1.02	24.18	
	XM	1.60	8.00	4.89	0.98	20.09	55.12
	XJ	1.40	6.70	3.51	0.95	26.96	
单株蒴果数/个	HS	10.45	22.75	15.86	2.16	13.61	
	JN	4.20	37.20	15.99	5.92	37.04	
	XM	3.30	42.00	16.85	5.91	35.10	55.94
	XJ	2.14	37.40	15.49	4.96	32.04	
每果粒数/粒	HS	2.83	9.29	5.61	1.06	18.81	
	JN	1.40	7.40	5.48	0.81	14.80	
	XM	1.39	8.44	6.43	0.88	13.73	67.33
	XJ	0.64	11.50	7.59	1.24	16.41	
千粒重/g	HS	2.60	8.20	5.59	0.95	16.96	
	JN	1.70	8.50	5.60	1.03	18.38	
	XM	3.03	9.60	5.73	1.11	19.43	83.78
	XJ	4.18	9.55	6.53	1.02	15.61	
单株粒重/g	HS	0.16	1.10	0.49	0.15	29.48	
	JN	0.11	1.35	0.51	0.23	45.11	
	XM	0.13	1.84	0.64	0.28	43.31	64.51
	XJ	0.10	1.75	0.67	0.27	39.92	

（二）产量相关性状的相关性分析

对四个环境下 8 个产量相关性状的相关性分析结果表明，28 个性状组合中有 17 个组合的相关系数达到极显著水平（$P<0.01$），特别是全生育日数与株高、工艺长度、分枝数、单株粒重之间均呈极显著相关，相关系数分别为 0.225、0.221、0.226、0.184；株高与工艺长度、分枝数、千粒重呈极显著相关，相关系数分别为 0.835、0.225、−0.173；工艺长度与分枝数、每果粒数、千粒重呈极显著相关，相关系数分别为 0.197、0.225、−0.207；分枝数与单株蒴果数、千粒重、单株粒重之间呈极显著相关，相关系数分别为 0.550、0.194、0.530；单株蒴果数与每果粒数、单株粒重之间呈极显著相关，相关系数分别为 0.202、0.679；每果粒数和单株粒重之间呈极显著相关，相关系数为 0.439；千粒重和单株粒重之间呈极显著相关，相关系数为 0.413（表 11 - 12）。除了株高和工艺长度以外，单株粒重与其他性状之间均呈极显著正相关，千粒重与株高、工艺长度呈极显著负相关，说明株高和工艺长度对提高亚麻产量不利，育种家们在育种过程中应综合考虑性状之间的相关性。从基因互作角度分析，某个基因的一因多效性可能导致产量相关性状之间的极显著水平。

表 11 - 12　亚麻 8 个产量相关性状的相关性分析

性状	全生育日数	株高	工艺长度	分枝数	单株蒴果数	每果粒数	千粒重	单株粒重
全生育日数	1							
株高	0.225**	1						
工艺长度	0.221**	0.835**	1					
分枝数	0.226**	0.225**	0.197**	1				
单株蒴果数	0.077	0.036	−0.007	0.550**	1			
每果粒数	0.056	0.095	0.225**	0.155*	0.202**	1		
千粒重	0.087	−0.173**	−0.207**	0.194**	0.032	−0.095	1	
单株粒重	0.184**	0.021	0.035	0.530**	0.679**	0.439**	0.413**	1

（三）品质相关性状的表型统计学分析

通过近红外分析仪检测 269 份亚麻品种（系）的 6 个品质相关性状（粗脂肪含量、棕榈酸含量、油酸含量、硬脂酸含量、亚油酸含量、亚麻酸含量），并对四个环境的品质数据进行统计分析，结果表明，亚麻品质相关性状存在广泛的表型变异，其中硬脂酸含量变异系数最大（21.04%），分布范围为 3.65%～13.96%，其平均值为 7.87%；粗脂肪含量变异系数最小（3.16%），分布范围为 35.51%～43.21%，其平均值为 39.17%。6 个品质相关性状按变异系数排序依次为硬脂酸含量＞油酸含量＞棕榈酸含量＞亚油酸含量＞亚麻酸含量＞粗脂肪含量（表 11 - 13）。由正态分布检验结果发现，6 个品质相关性状的表型数据均呈正太分布的趋势，其中油酸含量和亚油酸含量为显著的正态分布（图 11 - 3），表明亚麻品质相关性状主要由基因型控制。

表 11 - 13　亚麻 6 个品质相关性状的表型变异分析

性状	最小值	最大值	均值	变异系数/%
粗脂肪含量/%	35.51	43.21	39.17	3.16
棕榈酸含量/%	3.00	6.27	4.47	14.67
油酸含量/%	6.52	32.68	20.28	16.69
硬脂酸含量/%	3.65	13.96	7.87	21.04

（续）

性状	最小值	最大值	均值	变异系数/%
亚油酸含量/%	11.30	20.20	16.33	9.30
亚麻酸含量/%	39.35	65.29	49.85	6.06

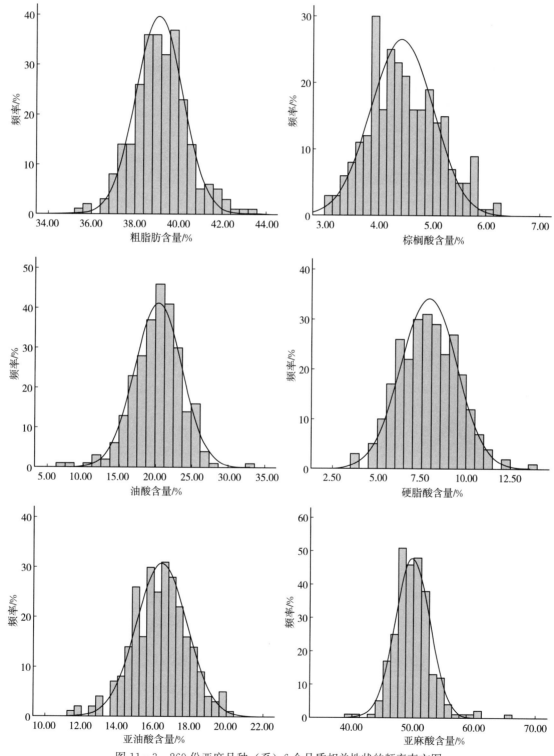

图 11-3　269 份亚麻品种（系）6 个品质相关性状的频率直方图

对四个环境下品质相关性状进行统计分析，结果表明，在不同环境下，该群体亚麻酸含量的广义遗传力最高，达到了 85.91%，其表型变异分别表现为 44.44%±3.81%、48.37%±3.92%、58.12%±3.11%、49.16%±3.87%；硬脂酸含量的广义遗传力最低，为 63.25%。其表型变异分别表现为 9.21%±2.89%、6.63%±2.35%、7.29%±2.16%、8.23%±3.41%。6 个性状按广义遗传力排序依次为亚麻酸含量＞粗脂肪含量＞亚油酸含量＞油酸含量＞棕榈酸含量＞硬脂酸含量（表11-14）。方差分析显示，基因型、环境型和基因与环境互作型对四个环境下 6 个品质相关性状均影响显著（$P<0.001$）。以上数据说明，尽管基因型和环境型有显著的相互作用，但所有品质相关性状的广义遗传力均在 63.25% 以上。

表 11-14　四个不同环境下 6 个品质相关性状的统计学描述

性状	环境	最小值	最大值	平均值	标准差	变异系数%	广义遗传力/%
粗脂肪含量%	HS	33.65	41.18	37.40	1.31	3.51	
	JN	32.47	43.87	39.16	1.60	4.07	83.87
	XM	34.51	44.46	40.11	1.70	4.23	
	XJ	35.50	52.40	40.13	1.60	3.98	
棕榈酸含量%	HS	1.93	7.03	3.97	1.17	29.55	
	JN	2.11	7.43	4.99	1.02	20.48	64.32
	XM	2.21	6.29	4.40	0.73	16.52	
	XJ	1.93	7.03	3.97	1.17	29.55	
油酸含量%	HS	5.33	42.34	24.23	5.76	23.78	
	JN	9.20	36.11	22.91	4.07	17.75	67.37
	XM	0.88	33.18	13.51	5.34	39.49	
	XJ	5.40	34.65	20.17	5.80	28.75	
硬脂酸含量%	HS	3.08	15.56	9.21	2.89	31.42	
	JN	1.55	12.09	6.63	2.35	35.37	63.25
	XM	1.03	12.82	7.29	2.16	29.62	
	XJ	1.71	28.66	8.23	3.41	41.38	
亚油酸含量%	HS	11.74	22.14	15.91	1.57	9.85	
	JN	10.21	22.25	16.33	1.89	11.58	73.53
	XM	2.88	26.34	17.20	2.86	16.63	
	XJ	2.14	22.55	15.91	2.25	14.13	
亚麻酸含量%	HS	30.42	59.36	44.44	3.81	8.57	
	JN	29.19	64.01	48.37	3.92	8.09	85.91
	XM	46.44	69.25	58.12	3.11	5.34	
	XJ	38.30	68.52	49.16	3.87	7.87	

（四）品质相关性状的相关性分析

对品质相关性状的相关性分析结果表明，15 个性状组合中有 9 个组合的相关系数达到极显著水平（$P<0.01$），其中粗脂肪含量与棕榈酸含量呈极显著正相关，相关系数为 0.284；棕榈酸含量与油酸含量呈极显著正相关，相关系数为 0.260；硬脂酸含量与亚油酸含量呈极显著正相关，相关系数为 0.279；粗脂肪含量与硬脂酸含量、亚油酸含量呈极显著负相关，相关系数分别为 -0.362、-0.634；

棕榈酸含量与硬脂酸含量呈极显著负相关，相关系数为－0.640；油酸含量与亚油酸含量、亚麻酸含量呈极显著负相关，相关系数分别为－0.291、－0.696；硬脂酸含量与亚麻酸含量呈极显著负相关，相关系数为－0.355（表11-15）。说明，随着粗脂肪含量的提高，棕榈酸含量提高，而硬脂酸、亚油酸含量降低；随着油酸、硬脂酸含量的提高，亚麻酸含量降低。因此，育种家们在亚麻品质育种中，可以选择低硬脂酸含量品种作为亲本，进行杂交获得高含油率或高亚麻酸含量的新品种。

表 11-15　亚麻 6 个品质相关性状的相关性分析

	粗脂肪含量	棕榈酸含量	油酸含量	硬脂酸含量	亚油酸含量	亚麻酸含量
粗脂肪含量	1					
棕榈酸含量	0.284**	1				
油酸含量	0.141*	0.260**	1			
硬脂酸含量	－0.362**	－0.640**	－0.085	1		
亚油酸含量	－0.634**	－0.106	－0.291**	0.279**	1	
亚麻酸含量	0.071	－0.003	－0.696**	－0.355**	－0.014	1

三、讨论

植物种质资源表型分析，对于提供多样化育种亲本、扩大品种遗传基础、挖掘有效等位基因等方面来说，是非常重要的。表型性状能直接反映作物的生长发育情况，是基因和环境互作的表现形式。植物基因比较稳定，因此作物在不同自然环境中产生表型差异主要是环境差异导致的。随着种质资源表型组学研究的迅速发展，基于作物表型关联分析的研究日益增多。种质资源表型数据的准确性直接影响种质创新，为了降低环境对植物表型数据产生的影响，应该在不同环境下鉴定表型数据。本研究对四个不同环境下的表型数据进行了统计分析。在产量相关性状的调查中，为了减少人为误差，对四个单位的人员进行统一培训，制订统一标准。品质性状检测为收获考种之后在实验室进行，由同一个人使用同一个仪器测定。在四个地区的整个生长期，均未发生病害或大面倒伏现象，因此除了环境影响外，其他因素影响较小。

亚麻农艺性状与产量之间的相关性研究报道较多，从研究结果来看，亚麻产量相关性状主要有株高、工艺长度、分枝数、单株蒴果数、每果粒数、单株粒重、千粒重、全生育日数等数量性状，品质相关性状主要是脂肪酸成分，包括棕榈酸含量、硬脂酸含量、油酸含量、亚油酸含量和亚麻酸含量。本研究测定了以上 14 个表型性状，进行了统计学分析。结果表明，亚麻产量和品质相关性状存在广泛的表型变异，其中单株粒重变异系数最大（24.33%），全生育日数变异系数最小（2.66%）。产量相关性状按表型变异系数排序依次为单株粒重＞单株蒴果数＞千粒重＞工艺长度＞分枝数＞株高＞每果粒数＞全生育日数，品质相关性状按表型变异系数排序依次为硬脂酸含量＞油酸含量＞棕榈酸含量＞亚油酸含量＞亚麻酸含量＞粗脂肪含量，14 个表型性状均呈现正态分布的趋势。亚麻酸含量的广义遗传力最大，达到了 85.91%，工艺长度的广义遗传力最小，为 52.38%。产量相关性状按广义遗传力排序依次为千粒重＞每果粒数＞单株粒重＞株高＞全生育日数＞单株蒴果数＞分枝数＞工艺长度，品质相关性状按广义遗传力排序依次为亚麻酸含量＞粗脂肪含量＞亚油酸含量＞油酸含量＞棕榈酸含量＞硬脂酸含量。产量相关性状的相关性分析表明，除了株高和工艺长度以外，单株粒重与其他性状之间均呈极显著正相关，千粒重与株高、工艺长度呈极显著负相关；品质相关性状的相关性分析表明，粗脂肪含量与棕榈酸含量呈正相关，而与硬脂酸含量、亚油酸含量呈负相关；油酸含量、硬脂酸含量与亚麻酸含量呈负相关。

269 份亚麻种质群体的表型性状存在广泛的表型变异，均呈现正态分布的趋势。所有性状的广义遗传力在 50% 以上，说明该群体遗传多样性丰富，尽管基因型和环境型之间有显著的相互作用，但所有性状主要由基因型控制。遗传相关性分析进一步揭示了性状之间的关联度，数量性状相关性较复杂，一般由同一个基因或多个基因控制。该关联群体的产量相关性状之间大部分呈显著正相关，而品质相关性状之间较多显著负相关。

在作物表型组学中，表型鉴定技术远远落后于基因组测序技术。要提高表型鉴定技术，首先要对作物的生物学特征进行深入了解，制订统一的检测标准和方法；其次要研究、开发相关的表型检测系统。目前，针对水稻已经开发出了田间或室内表型检测系统，但对于亚麻，除了用于品质检测的近红外分析仪外，没有其他的表型检测仪器。在亚麻考种中，产量相关农艺性状的测定耗时长、误差大、工作量大，对于千百个种质资源来说，考种更是艰难的过程。想要减轻亚麻考种困难，对于部分农艺性状必须使用仪器来测定，如研发亚麻种子计数器，获得每果粒数、千粒重等指标，大幅度减少人工数粒的时间并提高精确度；测定株高时，用红外测距仪可以减少人为误差。近年来，随着高通量测序技术迅速发展，对作物表型的研究不断深入，然而，要实现亚麻表型鉴定技术的自动化仍存在很多困难，需要诸多专家共同努力。

四、结论

亚麻 8 个产量相关性状按表型变异系数排序依次为单株粒重＞单株蒴果数＞千粒重＞工艺长度＞分枝数＞株高＞每果粒数＞全生育日数，按广义遗传力排序依次为千粒重＞每果粒数＞单株粒重＞株高＞全生育日数＞单株蒴果数＞分枝数＞工艺长度；从正态分布检验结果发现，所选关联群体的 8 个产量相关表型数据均呈现正态分布的趋势，特别是株高和工艺长度为显著的正态分布，表明亚麻产量相关性状主要由基因型控制。产量相关性状之间的相关性分析表明，除了株高和工艺长度以外，单株粒重与其他性状之间均呈极显著正相关，千粒重与株高、工艺长度呈极显著负相关，说明株高和工艺长度对提高亚麻产量不利，育种家们在育种过程中应综合考虑性状之间的相关性。

亚麻 6 个品质相关性状按表型变异系数排序依次为硬脂酸含量＞油酸含量＞棕榈酸含量＞亚油酸含量＞亚麻酸含量＞粗脂肪含量，按广义遗传力排序依次为亚麻酸含量＞粗脂肪含量＞亚油酸含量＞油酸含量＞棕榈酸含量＞硬脂酸含量；从正态分布检验结果发现，所选关联群体的 6 个品质相关表型数据均呈现正态分布的趋势，特别是油酸含量和亚油酸含量为显著的正态分布，表明亚麻品质相关性状主要由基因型控制。对品质相关性状的相关性分析结果表明，随着粗脂肪含量的提高，棕榈酸含量提高，而硬脂酸含量、亚油酸含量降低；随着油酸含量、硬脂酸含量的提高，亚麻酸含量降低。因此，育种家们在亚麻品质育种中，可以选择低硬脂酸含量品种作为亲本，进行杂交获得高含油率或高亚麻酸含量的新品种。

第三节　油用亚麻种质主要品质和农艺性状的变异分析

前人研究认为亚麻种质的品质和农艺性状具有丰富的遗传多样性，但研究材料主要为纤维亚麻，油用亚麻样品较少且未在多年多点进行系统研究。对作物种质资源品质和农艺性状的精准测定与评价是种质创新的关键环节，而作物品质和农艺性状易受生产习惯和环境影响，一般要在多个环境下重复检测表现型才能获得精准的表型数据。

一、材料与方法

（一）实验材料

供试材料为 253 份油用亚麻种质，其中国内种质 128 份，国外种质 125 份。

（二）实验方法

253 份材料种植于内蒙古呼和浩特（HO）、乌兰察布集宁（JN）、锡林郭勒太仆寺（XM）三个油用亚麻主产区，物候条件、播种和收获时间见表 11 - 16。位于呼和浩特的内蒙古自治区农牧业科学院试验田土质较好，肥力中等，土壤有机质含量为 22.73 g/kg，全氮含量为 2.35 g/kg，有效磷含量为 9.52 mg/kg，速效钾含量为 142.88 mg/kg，pH 8.34；位于集宁的乌兰察布市农业科学院试验田土质较好，肥力中等，土壤有机质含量为 22.68 g/kg，全氮含量为 2.15 g/kg，有效磷含量为 8.51 mg/kg，速效钾含量为 166.88 mg/kg，pH 8.30；位于太仆寺的锡林郭勒盟农业科学院试验田土质较好，肥力中等，土壤有机质含量为 22.78 g/kg，全氮含量为 2.45 g/kg，全磷含量为 0.21%，有效磷含量为 8.85 mg/kg，速效钾含量为 155.9 mg/kg，pH 8.18。均采用随机区组设计，3 次重复，每份种质材料种植 3 行，每行种 150 粒种子，行长 2.0 m，行距 20.0 cm，均采取常规田间管理方法进行管理。参考《亚麻种质资源描述规范和数据标准》，田间记录出苗期、成熟期，并计算全生育日数；亚麻生理成熟后，从试验小区中部随机取样 20 株，测定株高、工艺长度、单株蒴果数、每果粒数、单株粒重、千粒重、分枝数。品质相关性状包括棕榈酸含量、硬脂酸含量、油酸含量、亚油酸含量、亚麻酸含量和粗脂肪含量 6 个性状，品质相关性状检测用 DA7200 型近红外分析仪进行。

表 11 - 16　三个种植环境的地理位置、气候条件

试点名称	海拔/m	东经	北纬	年降雨量/mm	日照时长/h	播种期	收获期
呼和浩特	1 056	111°48′	40°49′	410	3 000	4 月末	8 中旬
太仆寺	1 600	115°10′	41°35′	350	2 937	5 月中旬	9 月初
集宁	1 417	113°10′	40°01″	384	3 130	5 月中旬	9 月初

（三）数据分析

采用 Excel 进行数据的统计分析。采用 SPSS 19.0 进行相关性分析和主成分分析。

广义遗传力（h^2）计算：分析群体内所有性状的表型变异是否主要由基因型控制以及遗传稳定性。

二、结果与分析

（一）农艺性状的变异分析

三个环境下油用亚麻农艺性状的变异分析结果表明，全生育日数在太仆寺环境中最长（112.51 d±1.81 d），呼和浩特环境中最短（108.53 d±1.66 d），三个环境平均全生育日数为 110.40 d；千粒重在集宁地区最高（5.94 g±0.57 g），其次为呼和浩特地区（5.63 g±0.29 g）；每果粒数在呼和浩特地区最多（5.56 粒±0.57 粒），其次为集宁地区（5.52 粒±0.85 粒）；单株蒴果数在呼和浩特地区最多（16.90 个±2.20 个），其次为集宁地区（16.03 个±2.96 个）；单株粒重在集宁地区最大（0.55 g±0.27 g），其次为呼和浩特地区（0.53 g±0.19 g）。8 个农艺性状的变异系数为5.66%～42.65%，其中全生育日数的变异系数最小（5.66%），单株粒重的变异系数最大（42.65%）。在三个环境下，千粒重的广义遗传力最大（72.98%），工艺长度的广义遗传力最小（50.56%），8 个农艺性状按广义遗传力排序依次为千粒重＞每果粒数＞株高＞单株粒重＞全生育日数＞单株蒴果数＞分枝数＞工艺长度（表 11 - 17）。

表 11 - 17　三个不同环境下油用亚麻 8 个农艺性状的统计学描述

性状	环境	最小值	最大值	平均值	变异系数/%	广义遗传力/%
全生育日数/d	HO	72.00	116.00	108.53±1.66c	6.18	
	JN	74.00	118.00	110.16±1.34b	5.17	59.54
	XM	78.00	121.00	112.51±1.81a	5.63	
株高/cm	HO	37.15	88.12	59.37±6.79a	10.31	
	JN	35.40	79.45	53.35±7.45b	13.14	61.34
	XM	38.40	86.00	57.03±6.45c	11.32	
工艺长度/cm	HO	14.27	47.73	27.66±4.65a	18.13	
	JN	13.20	38.45	22.47±4.43b	19.34	50.56
	XM	12.40	35.34	21.58±6.45b	17.31	
分枝数/个	HO	2.10	6.90	3.81±0.97b	19.68	
	JN	2.00	7.45	4.10±1.12ab	22.18	53.45
	XM	1.80	7.00	4.38±1.32a	21.09	
单株蒴果数/个	HO	13.5	42.78	16.90±2.20a	33.63	
	JN	14.25	37.23	16.03±2.96ab	37.06	56.14
	XM	13.35	35.03	15.89±2.95b	35.12	
每果粒数/粒	HO	2.88	9.32	5.65±0.57a	16.83	
	JN	1.45	7.43	5.52±0.85a	14.82	66.53
	XM	1.44	6.47	5.47±0.92a	13.75	
千粒重/g	HO	2.65	8.23	5.63±0.29a	16.98	
	JN	2.75	8.53	5.94±0.57a	18.4	72.98
	XM	2.08	8.13	5.17±0.55a	19.45	
单株粒重/g	HO	0.21	1.63	0.53±0.19ab	39.5	
	JN	0.16	1.38	0.55±0.27a	45.13	60.34
	XM	0.18	1.37	0.48±0.32b	43.33	

（二）农艺性状的相关性分析

28 对产量相关性状组合中有 14 对性状间呈极显著正相关，有 2 对性状间呈极显著负相关（表 11 - 18），全生育日数与株高、工艺长度、分枝数、单株粒重之间均呈极显著正相关，其中与分枝数的相关系数最大，为 0.232；株高与工艺长度、分枝数之间均呈极显著正相关，其中与工艺长度的相关系数最大，为 0.825，明显大于与其他性状间的相关系数；分枝数与单株蒴果数、单株粒重、千粒重之间均呈极显著正相关，其中与单株蒴果数的相关系数最大，为 0.538。单株蒴果数与每果粒数、单株粒重之间均呈极显著正相关，其中与单株粒重的相关系数最大，为 0.659，说明单株蒴果数增多，可以提高单株粒重。单株粒重与每果粒数、千粒重之间均呈极显著正相关，表明提高每果粒数或千粒重，均可以提高亚麻单株粒重。

表 11 - 18　油用亚麻 8 个农艺性状间的相关系数

性状	全生育日数	株高	工艺长度	分枝数	单株蒴果数	每果粒数	单株粒重	千粒重
全生育日数	1							
株高	0.201**	1						
工艺长度	0.209**	0.825**	1					
分枝数	0.232**	0.258**	0.237	1				
单株蒴果数	0.095	0.085	0.042	0.538**	1			
每果粒数	0.037	0.075	0.233**	0.169*	0.234**	1		
单株粒重	0.202**	0.056	0.083	0.525**	0.659**	0.473**	1	
千粒重	0.085	−0.173**	−0.213**	0.206**	0.019	−0.070	0.422**	1

（三）品质相关性状的变异分析

三个环境下 230 份亚麻种质的 6 个品质相关性状的统计分析结果表明（表 11 - 19），粗脂肪含量在太仆寺环境中最大（39.53%），其次为集宁（38.62%），三个环境平均粗脂肪含量为 38.21%；亚麻酸含量在太仆寺环境中最大（53.45%），其次为呼和浩特（48.65%）；亚油酸含量在集宁环境中最大（16.41%），其次为呼和浩特（15.89%）；油酸含量在呼和浩特地区最大（24.03%），其次为太仆寺（23.64%）；棕榈酸含量在集宁环境中最大（5.09%），其次为呼和浩特（4.07%）；硬脂酸含量在呼和浩特环境中最大（8.31%），其次为太仆寺（7.19%）。5 种脂肪酸含量、粗脂肪含量的变异系数为 4.10%～30.14%，粗脂肪含量的变异系数最小（4.10%），5 种脂肪酸中亚麻酸含量的变异系数最小（8.16%），硬脂酸含量的变异系数最大（30.84%），6 个品质相关性状按变异系数排序依次为硬脂酸含量＞棕榈酸含量＞油酸含量＞亚油酸含量＞亚麻酸含量＞粗脂肪含量。在三个环境下，亚麻酸含量的广义遗传力最大（79.11%），硬脂酸含量的广义遗传力最小（50.56%），6 个品质相关性状按广义遗传力排序依次为亚麻酸含量＞粗脂肪含量＞亚油酸含量＞油酸含量＞棕榈酸含量＞硬脂酸含量。

表 11 - 19　三个不同环境下 6 个品质相关性状的统计学描述

性状	环境	最小值	最大值	平均	变异系数/%	广义遗传力/%
粗脂肪含量/%	HO	32.25	40.45	36.50±1.21c	3.81	
	JN	31.23	42.23	38.62±1.74b	4.17	77.72
	XM	33.32	43.78	39.53±1.72a	4.33	
棕榈酸含量/%	HO	1.93	7.33	4.07±1.27b	28.55	
	JN	2.11	7.63	5.09±1.12a	27.48	62.92
	XJ	1.93	7.23	3.87±1.27b	27.55	
油酸含量/%	HO	5.33	36.34	24.03±5.36a	20.78	
	JN	7.10	35.41	22.89±4.17b	18.75	63.78
	XM	6.88	33.18	23.64±5.5ab	19.49	
硬脂酸含量/%	HO	2.08	14.26	8.31±2.67a	30.02	
	JN	1.85	12.89	6.53±2.46b	32.61	61.36
	XM	1.43	12.82	7.19±2.28ab	29.89	

（续）

性状	环境	最小值	最大值	平均	变异系数/%	广义遗传力/%
亚油酸含量/%	HO	11.81	22.21	15.89±1.67a	10.75	69.21
	JN	11.45	22.31	16.41±1.79a	11.41	
	XM	10.08	24.04	15.10±2.96a	12.12	
亚麻酸含量/%	HO	30.89	59.56	44.14±3.73c	8.67	79.11
	JN	29.43	63.01	48.65±3.82b	8.15	
	XM	36.44	68.25	53.45±3.31a	7.67	

（四）品质相关性状的相关性分析

15 对品质相关性状组合中有 6 对性状间呈极显著正相关（表 11-20），有 3 对性状间呈极显著负相关，粗脂肪含量与棕榈酸含量、亚油酸含量及亚麻酸含量呈极显著正相关，其中与亚麻酸含量的相关系数最大，为 0.669。亚麻酸含量与棕榈酸含量呈极显著正相关（0.308），与油酸含量、亚油酸含量呈极显著负相关。亚油酸含量与硬脂酸含量呈极显著正相关（0.394），硬脂酸脱氢成为油酸，再脱氢成为亚油酸，因此硬脂酸含量提高，亚油酸含量也随之提高。棕榈酸含量与油酸含量呈极显著正相关（0.360），与硬脂酸含量呈极显著负相关（−0.429）。从相关性来看，粗脂肪含量与除了硬脂酸含量外的其他 4 种脂肪酸含量均呈显著正相关。

表 11-20　油用亚麻 6 个品质性状之间的相关系数

性状	棕榈酸含量	硬脂酸含量	油酸含量	亚油酸含量	亚麻酸含量	粗脂肪含量
棕榈酸含量	1					
硬脂酸含量	−0.429**	1				
油酸含量	0.360**	0.054	1			
亚油酸含量	0.147*	0.394**	−0.03	1		
亚麻酸含量	0.308**	−0.031	−0.191**	−0.395**	1	
粗脂肪含量	0.483**	0.106	0.388*	0.273**	0.669**	1

（五）产量和品质相关性状的主成分分析

主成分分析结果（表 11-21）显示，共提取出 7 个主成分，7 个主成分的累计贡献率为 85.364%，说明 14 个表型性状的绝大部分信息可由这前 7 个主成分来概括。第一主成分的贡献率为 22.645%，单株粒重、分枝数、单株蒴果数和棕榈酸含量的荷载较高，因此第一主成分由这些性状组成。第二主成分的贡献率为 17.468%，由亚油酸含量、亚麻酸含量、工艺长度和株高等性状综合反映。第三主成分的贡献率为 14.85%，主要由粗脂肪含量、油酸含量、亚麻酸含量和棕榈酸含量等性状决定。第四主成分贡献率为 10.136%，主要由绝对值较高的油酸含量、棕榈酸含量和全生育日数决定。第五主成分的贡献率为 8.033%，主要由硬脂酸含量、分枝数和全生育日数组成。第六、第七主成分的贡献率较小，分别为 6.253% 和 5.979%，影响最大的性状分别为硬脂酸含量和千粒重。综合来看，7个主成分中只有第一和第七主成分为产量因子，占总量的28.624%，其他5个主成分均为含油率因子，占总量的56.740%。

表 11-21 油用亚麻 14 个表型性状的主成分分析

项目和性状	主成分 1	主成分 2	主成分 3	主成分 4	主成分 5	主成分 6	主成分 7
特征值	3.170	2.446	2.079	1.419	1.125	0.875	0.837
贡献率/%	22.645	17.468	14.850	10.136	8.033	6.253	5.979
累计贡献/%	22.645	40.113	54.963	65.099	73.132	79.385	85.364
全生育日数	0.356	−0.079	−0.207	0.321	0.311	0.070	0.113
株高	0.463	0.516	−0.457	0.289	0.254	0.168	−0.004
工艺长度	0.465	0.536	−0.500	0.212	0.171	0.262	−0.184
分枝数	0.676	−0.193	−0.082	−0.139	0.403	0.197	0.108
单株蒴果数	0.641	−0.167	0.027	−0.500	0.110	0.131	−0.216
每果粒数	0.514	0.032	−0.055	−0.258	−0.494	0.283	0.007
单株粒重	0.760	−0.439	0.073	−0.255	0.028	−0.500	−0.086
千粒重	0.185	−0.696	0.234	0.208	0.248	−0.378	0.300
粗脂肪含量	0.367	0.226	0.834	0.012	0.099	−0.044	0.290
棕榈酸含量	0.533	0.264	0.395	0.415	−0.334	−0.059	0.236
硬脂酸含量	−0.556	0.097	0.308	−0.302	0.548	0.412	0.178
油酸含量	0.048	−0.185	0.549	0.619	0.091	−0.178	0.064
亚油酸含量	−0.152	0.816	0.250	−0.149	0.155	−0.055	−0.628
亚麻酸含量	0.327	0.560	0.442	−0.274	0.002	0.186	0.252

（六）油用亚麻种质的聚类分析

将253份亚麻种质划分为四大类群，分别表示为A、B、C、D群（图11-4）。A群包括85份亚麻种质，其中国内品种71份，占该群体的83.52%，该群分为2个亚群，第一个亚群A-Ⅰ包括45份种质，主要来自内蒙古（13份）、河北（11份）、山西（10份）等我国华北地区，占第一亚群的75.56%；第二个亚群A-Ⅱ包括40份亚麻种质，主要来自甘肃（15份）、宁夏（11份）、新疆（8份）等我国西北地区，占第二亚群的85.00%。B群包括74份亚麻种质，其中国内种质47份，占该群体63.51%，国外种质27份，主要来自美国（16份）和加拿大（11份）。C群包括65份种质，主要来自匈牙利（16份）、荷兰（16份）、法国（12份）、波兰（3份）等欧洲国家地区，占该群体的72.31%。D群包括29份种质，主要来自巴基斯坦（10份）、伊朗（6份）、印度（2份）等亚洲国家地区，占该群体的62.07%。从4个类群的聚类结果来看，A和B群主要是国内种质，又可以分为中国华北群体和西北群体；C和D群主要为国外种质，又可以分为欧洲群体和亚洲（除中国）群体。以上结果说明，253份亚麻种质能按地理来源分开，但也有部分种质被聚到了其他地理来源的类群中。

图 11-4 253 份亚麻聚类图

三、讨论

    油用亚麻种质资源包括品种、品系、遗传材料和野生近缘植物的变种材料，是油用亚麻种业健康发展的物质基础。开展油用亚麻种质资源的鉴定与评价对亚麻种质创新具有重要意义。赵利、张丽丽、刘栋、曲志华、郭栋良、伊六喜等诸多学者对亚麻种质的农艺性状和品质性状进行了大量研究，为亚麻种质的开发利用提供了有力支撑，但是不同学者使用的种质材料、样本数目、鉴定环境的条件以及表型检测方法等差异导致研究结果有所不同，特别是对农艺性状的评价存在不同的结论。因此，要对油用亚麻种质资源表型性状进行多年多点的精准鉴定，为油用亚麻种质收集、保存和利用提供基础。本研究以 253 份油用亚麻种质为研究对象，种植于内蒙古呼和浩特、乌兰察布集宁、锡林郭勒太仆寺三个环境，重复检测品质和农艺性状。这三个地区为内蒙古油用亚麻主产区，占全自治区油用亚麻种植面积的 90% 以上。253 份油用亚麻种质在三个环境中的表现型有差异，说明本研究检测的 14

个品质和农艺性状易受环境影响，属于数量性状，因此，后期选择优良亲本时应综合考虑，因地制宜，选择适合当地培育新品种的亲本材料。该研究结果为在内蒙古地区进行油用亚麻种质的繁育以及品种选育提供了科学依据。

本研究对 253 份亚麻种质品质和农艺性状进行了三个环境的重复检测，筛选出农艺性状综合表现较好的种质 8 份，即内亚 9 号、陇亚 10 号、坝亚 13 号、宁亚 17 号、晋亚 7 号、坝选 3 号、轮选 2 号、伊亚 4 号；粗脂肪含量较高（40％以上）的种质 6 份，即伊亚 4 号、宁亚 6 号、张亚 1 号、Macbeth、轮选 3 号、AC Lightning；亚麻酸含量较高（60％以上）的种质 8 份，即 Drane、临泽白、晋亚 5 号、轮选 1 号、陇亚 6 号、NORTHDAK509、EGYPT65、R43。以上种质为油用亚麻新品种选育时筛选亲本提供了科学依据。

从"十一五"开始，我国从美国、加拿大、俄罗斯、英国、法国、匈牙利、巴基斯坦、印度等 10 多个国家引进亚麻种质 2 000 余份，部分种质在我国种植 10 余年，在多次种植繁育过程中，很可能发生了变异，导致表型性状产生变化。因此，对来自国内外的油用亚麻种质混合群体进行亲缘关系的聚类分析，对亚麻种质的收集、保存具有重要意义。本研究对 253 份油用亚麻种质 14 个性状的表型数据进行的聚类分析结果表明，国内种质和国外种质基本能分开，国内种质可以分为华北和西北群体，国外种质可以分为欧洲和亚洲（除了中国）群体。表明，不同地理来源油用亚麻种质的表现型有一定的差异。该结果与本书作者所在课题组前期对 161 份亚麻种质 SRAP 标记的遗传多样性分析结果基本一致，说明，通过多环境下重复检测获得的表型性状数据有一定的说服力，可以对油用亚麻种质进行亲缘关系的分析。从不同类群油用亚麻种质的表现来看，国内油用亚麻种质的产量相关性状（单株蒴果数、单株粒重、千粒重）的均值大于国外种质，但是国外种质的亚麻酸含量、亚油酸含量、油酸含量均值高于国内种质，说明如果是以提高产量为目的的育种，可以从国内种质中筛选亲本；如果是以高值化为目的的育种，可以从国外种质中选择亲本；也可以从国内外种质中合理选择亲本，在提高产量的同时，提高不饱和脂肪酸含量。然而，为了更好地服务油用亚麻种质创新，这些实验结果还需要使用高端精密仪器设备进行多年多点的测定与评估。

第四节　亚麻种子产量与主要农艺性状的多重分析

亚麻种质资源是亚麻种质创新和现代亚麻种业可持续发展的物质基础。目前，关于亚麻种质资源产量与农艺性状之间多重分析研究的报道较少。然而，对种质的主要农艺性状进行相关性研究，对种质资源的收集、保存、分类、鉴定以及育种来说，是非常必要的。具有不同遗传背景的地方品种在长期的杂交选育过程中，形成了丰富、独特的种质资源。在亚麻育种中，选配组合随机性大、亚麻遗传基础狭窄等因素造成亚麻育种效率不高、杂种优势不明显，进而导致国内亚麻品种产量低、品质差。本节用多重分析方法研究内蒙古自治区农牧业科学院收集保存的部分亚麻种质资源主要农艺性状之间相关性，为今后的亚麻生产应用研究提供基础。

一、材料与方法

（一）材料

供试材料为内蒙古自治区农牧业科学院亚麻课题组近几年育成品种和从加拿大、匈牙利、美国、俄罗斯等国家引进的 343 份亚麻种质材料，其中国内品种 311 份，国外引进品种 32 份。

（二）方法

2015年3月，收集种子并进行编号，4月25日种植于内蒙古自治区农牧业科学院试验基地，每份材料随机种植在3 m² 小区中。5月3日开始调查出苗率，6月中旬调查开花期，收获时每份资源每个小区随机调查20株。参考《亚麻种质资源描述规范和数据标准》，共调查整理了9个产量相关的农艺性状，包括：株高（x_1）、工艺长度（x_2）、分枝数（x_3）、单株蒴果数（x_4）、每果粒数（x_5）、千粒重（x_6）、开花日数（x_7）、全生育日数（x_8）和种子产量（y）。数据处理上，采用SPSS 19.0和Excel 2013完成相关性分析和通径分析。遗传多样性用香农-威纳遗传多样性指数来衡量，将所有数量化性状，按照0.5标准差为1个级别，划分为10个级别，其中1级$<\overline{X}-2$ s，$\overline{X}-2$ s≤2级$<\overline{X}-1.5$ s，$\overline{X}-1.5$ s≤3级$<\overline{X}-1$ s，$\overline{X}-1$ s≤4级$<\overline{X}-0.5$ s，$\overline{X}-0.5$ s≤5级$<\overline{X}$，$\overline{X}$≤6级$<\overline{X}\overline{X}+0.5$ s，$\overline{X}+0.5$ s≤7级$<\overline{X}+1$ s，$\overline{X}+1$ s≤8级$<\overline{X}+1.5$ s，$\overline{X}+1.5$ s≤9级$<\overline{X}+2$ s，10级≥$\overline{X}+2$ s，并分别赋值（1～10），多样性指数的计算公式为$H'=-\sum P_i \times \ln P_i$，其中$P_i$为某性状第$i$个级别出现的频率。

二、结果与分析

（一）农艺性状参数计量

从表11-22可见，考察的9个数量农艺性状的变异系数在3.83%～24.93%，平均为16.77%。其中开花日数变异系数最小，为3.83%，工艺长度和分枝数的变异系数较高，分别达到24.93%和22.84%，说明在工艺长度和分枝数上具有较大的选择潜力。从9个农艺性状的香农-威纳遗传多样性指数来看，343份亚麻品种蕴含着丰富的遗传多样性，平均遗传多样性指数为1.97，其中种子产量多样性指数最大，达到2.09；株高和工艺长度多样性指数相同，达到2.07，多样性指数最小的是开花日数，只有1.79。

表11-22 亚麻品种农艺性状遗传多样性及变异情况

性状	均值	标准差	全距	极小值	极大值	变异系数/%	多样性指数
株高/cm	57.69	8.23	48.20	33.00	81.20	14.23	2.07
工艺长度/cm	34.23	8.53	47.10	12.00	59.10	24.93	2.07
分枝数/个	3.14	0.72	5.59	1.91	7.50	22.84	1.98
单株蒴果数/个	16.71	3.57	23.00	11.00	34.00	21.36	1.86
每果粒数/粒	8.08	1.34	9.77	4.73	14.50	16.53	2.02
千粒重/g	6.43	1.26	8.80	2.00	10.80	19.64	2.04
开花日数/d	44.91	1.72	6.00	41.00	47.00	3.83	1.79
全生育日数/d	96.31	4.28	19.00	83.00	102.00	4.44	1.80
种子产量/（kg/hm²）	814.27	187.82	906.30	381.60	1 287.90	23.07	2.09
均值						16.77	1.97

（二）相关性分析

用SPSS 19.0分析343份亚麻品种农艺性状之间的相关性，分析结果显示（表11-23），亚麻种子产量（y）与单株蒴果数（x_4）、分枝数（x_3）和工艺长度（x_2）呈极显著相关关系（$P<0.01$），

其中与单株蒴果数（$r=0.776$）和分枝数（$r=0.776$）为正相关关系，与工艺长度（$r=-0.222$）为负相关关系；株高（x_1）与工艺长度（x_2）呈极显著正相关关系（$P<0.01$），相关系数为0.865；开花日数（x_7）与全生育日数（x_8）呈显著正相关关系（$P<0.05$），相关系数为0.766。通过相关性分析，对种子产量与8个农艺性状的相关性进行排序：单株蒴果数（x_4）＞分枝数（x_3）＞千粒重（x_6）＞每果粒数（x_5）＞开花日数（x_7）＞全生育日数（x_8）＞株高（x_1）＞工艺长度（x_2），其中株高（x_1）与亚麻产量（y）呈负相关，相关系数为-0.042。

表 11 - 23　亚麻种子产量与农艺性状的相关性分析

	y	x_1	x_2	x_3	x_4	x_5	x_6	x_7	x_8
y	1								
x_1	-0.042	1							
x_2	-0.222^{**}	0.865^{**}	1						
x_3	0.372^{**}	0.001	-0.033	1					
x_4	0.776^{**}	0.183	-0.023	0.364	1				
x_5	0.141	0.194	0.134	0.015	0.196	1			
x_6	0.158	-0.425	-0.437	0.051	-0.122	-0.331	1		
x_7	0.136	0.449	0.393	0.043	0.243	0.169	-0.39	1	
x_8	0.114	0.314	0.247	-0.012	0.169	0.117	-0.226	0.766^*	1

（三）多元回归分析

对亚麻种子产量实施正态性检验，其夏皮罗-威尔克统计量为0.993，显著水平为$P=0.101>0.05$（表11-24），服从正态分布，可进行多元回归分析。以株高（x_1）、工艺长度（x_2）、分枝数（x_3）、单株蒴果数（x_4）、每果粒数（x_5）、千粒重（x_6）、开花日数（x_7）、全生育日数（x_8）为自变量，建立了多元回归方程：$y=-723.536\ 569+43.14\ x_4+37.06\ x_5+109.26\ x_6$。方程意义为：当单株蒴果数（$x_4$）、每果粒数（$x_5$）、千粒重（$x_6$）量中单株蒴果数（$x_4$）和每果粒数（$x_5$）2个自变量的值固定不变时，种子产量随着千粒重（$x_6$）的增加而提高，亚麻种子产量（$y$）与千粒重（$x_6$）之间的系数为109.26；每果粒数（$x_5$）和千粒重（$x_6$）取值固定时，种子产量（$y$）随单株蒴果数（$x_4$）每增加1个单位而提高43.14单位；单株蒴果数（x_4）和千粒重（x_6）取值不变时，每果粒数（x_5）每增加1个单位，种子产量（y）增加37.06单位。3个自变量单株蒴果数（x_4）、每果粒数（x_5）、千粒重（x_6）对亚麻种子产量（y）的决定系数为0.921 7，总影响达到92.17%以上。结构方程的F值为13.185，达到极显著差异水平（$P=0.003<0.01$），说明建立的回归方程是可靠的，3个自变量能反映种子产量变化。

表 11 - 24　夏皮罗-威尔克正态性检验

性状	统计量	自由度	显著性
种子产量	0.993	343	0.101

（四）通径分析

种子产量（y）与株高（x_1）、工艺长度（x_2）、分枝数（x_3）、单株蒴果数（x_4）、每果粒数（x_5）、千粒重（x_6）、开花日数（x_7）和全生育日数（x_8）之间的直接作用和间接作用可通过通径分析得知，按直接通径系数排序为单株蒴果数（x_4）＞千粒重（x_6）＞工艺长度（x_2）＞开花日数

（x_7）＞每果粒数（x_5）＞分枝数（x_3）＞株高（x_1）＞全生育日数（x_8）。

结果表明（表 11-25），直接通径系数最大的是亚麻单株蒴果数（x_4），通径系数 P 为 0.742，相当于单株蒴果数每增加 1 个标准单位亚麻产量（y）增加 0.742 个标准单位。单株蒴果数（x_4）间接受千粒重（x_6）和株高（x_1）的负作用（$P=-0.030$，$P=-0.007$），但与直接作用相比作用较小；通过其他性状对种子产量产生正效应影响，但作用均较小，说明，在亚麻育种工作中，要提高种子产量（y），应首先考虑单株蒴果数（x_4）的直接作用，单株蒴果数（x_4）数量直接能反映一个品种的产量高低。

除了单株蒴果数（x_4）外，直接作用较强的性状是千粒重（x_6），直接通径系数为 0.244，间接作用主要通过单株蒴果数（x_4）、每果粒数（x_5）、开花日数（x_7）、全生育日数（x_8）等性状表现负向影响，但间接作用均较小（$P=-0.091$，$P=-0.027$，$P=-0.035$ 和 $P=-0.001$），通过株高（x_1）、工艺长度（x_2）、分枝数（x_3）表现正效应影响（$P=0.016$，$P=0.048$，$P=0.004$）。由此可见，千粒重（x_6）对种子产量（y）的影响以直接作用为主。

工艺长度（x_2）表现为负效应，直接通径系数为 -0.110，所以工艺长度（x_2）越长，亚麻种子产量（y）越低。工艺长度（x_2）通过每果粒数（x_5）、开花日数（x_7）、全生育日数（x_8）表现正向间接作用，间接通径系数分别为 0.011、0.036 和 0.001。通过株高（x_1）、分枝数（x_3）、单株蒴果数（x_4）和千粒重（x_6）对亚麻种子产量（y）表现负向间接作用，间接通径系数分别为 -0.033、-0.003、-0.018、-0.107。而且，负向间接作用比正向间接作用大，说明工艺长度（x_2）对亚麻种子产量（y）的影响以负向间接作用为主。

开花日数（x_7）对亚麻种子产量（y）的直接通径系数为 0.090，通过单株蒴果数（x_4）表现最大间接作用，$P=0.180$。株高（x_1）、分枝数（x_3）、每果粒数（x_5）、全生育日数（x_8）对种子产量（y）的直接通径系数分别为 -0.038、0.081、0.082 和 0.005，通过单株蒴果数（x_4）表现的间接通径系数分别为 0.136、0.270、0.145、0.125。株高（x_1）、全生育日数（x_8）、分枝数（x_3）、每果粒数（x_5）的直接作用相对较小，主要通过对单株蒴果数（x_4）的间接作用对种子产量产生影响，其中分枝数（x_3）和开花日数（x_7）通过单株蒴果数（x_4）表现的间接影响较大，间接通径系数为 0.270 和 0.180。通过亚麻产量与相关农艺性状之间的通径分析结果来看，单株蒴果数（x_4）是亚麻高产品种育种中关键的农艺性状，选择单株蒴果数（x_4）多的单株进行授粉杂交可以获得产量高的新品种。同时，也不能忽视其他农艺性状的间接作用，特别是对分枝数（x_3）和开花日数（x_7）的选择。

表 11-25 亚麻产量与主要农艺性状的通径分析

性状	相关系数	直接作用	$x_1{\rightarrow}y$	$x_2{\rightarrow}y$	$x_3{\rightarrow}y$	$x_4{\rightarrow}y$	$x_5{\rightarrow}y$	$x_6{\rightarrow}y$	$x_7{\rightarrow}y$	$x_8{\rightarrow}y$
x_1	-0.042	-0.038		-0.094	0.001	0.136	0.016	-0.104	0.040	0.002
x_2	-0.222	-0.110	-0.033		-0.003	-0.018	0.011	-0.107	0.036	0.001
x_3	0.372	0.081	-0.001	0.003		0.270	0.001	0.012	0.004	-0.001
x_4	0.776	0.742	-0.007	0.002	0.029		0.015	-0.030	0.022	0.001
x_5	0.141	0.082	-0.007	-0.014	0.001	0.145		-0.081	0.015	0.001
x_6	0.158	0.244	0.016	0.048	0.004	-0.091	-0.027		-0.035	-0.001
x_7	0.136	0.090	-0.017	-0.043	0.003	0.180	0.013	-0.095		0.004
x_8	0.114	0.005	-0.012	-0.027	-0.001	0.125	0.009	-0.055	0.069	

三、讨论与结论

目前，亚麻育种面临的挑战之一是如何提高亚麻种子产量，而亚麻种子产量与多项农艺性状之间存在相关性。近年来，关于纤维亚麻纤维产量与农艺性状之间相关性分析的报道较多，但关于油用亚麻种子产量与农艺性状之间的相关性研究较少，并且涉及的性状及样本都较少，缺乏代表性。本研究对343份品种的产量相关农艺性状进行多元回归分析，结果表明，单株蒴果数、每果粒数、千粒重对种子产量的总影响达到了92.17%以上，能较好地预测种子产量的变化，通过剩余因子计算通径系数，$P_e=0.279\ 8$，P_e值表明相关分析和回归分析结果可靠。除了单株蒴果数、每果粒数、千粒重外，种子产量还受其他农艺性状的影响。亚麻种子产量相关的农艺性状会产生直接影响和间接影响。因此，有必要利用通径分析进一步揭示其相关性。结果表明，单株蒴果数对亚麻种子产量的直接作用最大（$P=0.742$），相关系数最高（$r=0.776$），而且其他农艺性状通过单株蒴果数对种子产量产生较大的间接影响。因此，单株蒴果数为种子产量的主要决定性状，应作为亚麻高产品种选育最主要的指标。千粒重对种子产量的影响以直接作用为主，直接通径系数为0.244，通过其他农艺性状对种子产量表现的正向和负向间接作用均较小。工艺长度对种子产量的直接作用表现为负向（$P=-0.110$），相关系数为负（$r=-0.222$），表示随着工艺长度的延长，亚麻其他农艺性状的表现可能被逐渐消减，进而影响亚麻种子产量的提升。分枝数和开花日数通过单株蒴果数对种子产量表现的间接影响较大，间接通径系数为0.270和0.180。因此，在以提高亚麻产量为目的的育种过程中，要将单株蒴果数作为重点选择的农艺性状，同时还要考虑工艺长度影响。

第五节 亚麻杂交群体的表现型评价

一、材料与方法

（一）植物材料

试验所用亲本为亚麻纯合自交系 R43 和 LH-89（由内蒙古农业大学李心文教授提供），两个亲本性状差异大，母本 R43 的生育期比父本 LH-89 长 1 周左右；R43 的花为白色，种皮为浅黄色，LH-89 的花为蓝色，种皮为褐色；R43 的植株较高，LH-89 的植株较矮；R43 为高亚麻酸低亚油酸品系，LH-89 为高亚油酸低亚麻酸品系（表 11-26、表 11-27、图 11-5）。

表 11-26 杂交亲本农艺性状表型

亲本	株高/cm	工艺长度/cm	分枝数/个	单株蒴果数/个	每果粒数/粒	单株粒重/g	千粒重/g	生育期/d	花色	种皮颜色
LH-89	79.70	60.70	3.30	23.70	6.88	1.08	6.60	98	蓝色	褐色
R43	88.90	65.20	2.80	21.60	8.15	1.00	5.68	105	白色	浅黄色

表 11-27 杂交亲本粗脂肪和脂肪酸组成

单位：%

亲本	棕榈酸含量	硬脂酸含量	油酸含量	亚油酸含量	亚麻酸含量	粗脂肪含量
LH-89	6.61	2.43	20.06	53.42	17.48	42.93
R43	6.51	1.64	19.42	14.79	57.64	44.30

图 11-5　亲本种子形态

（二）试验设计

试验地点为内蒙古自治区农牧业科学院试验地。2013 年，以 LH-89 为父本，R43 为母本，杂交获得 F_1。2014 年，种植 F_1，经自交后得到 F_2。2015 年，将 F_2 和两份亲本一起种植，从 F_2 中随机选取 100 株作为 F_2 构图群体。2016 年，将随机选取的 $F_{2:3}$ 株系按株行种植，随机区组设置，3 次重复，每个重复种植 1 行，行长 1 mL，行距 20 cm。

（三）试验方法

对于 F_1 的性状调查，采用 5 点取样法，每点随机选取 20 株，单株单收，整株收获，20 株的平均值作为一个重复的性状值。收获后，对 F_1 的株高、工艺长度、分枝数、单株蒴果数、每果粒数、千粒重、单株粒重等性状进行室内考种，同时测定粗脂肪含量和脂肪酸组成。

对于 $F_{2:3}$ 株系的性状调查，从株行中部随机选取 20 株，单株单收，整株收获，20 株的平均值作为一个重复的性状值。收获后，对 $F_{2:3}$ 株系的株高、工艺长度、分枝数、单株蒴果数、每果粒数、千粒重、单株粒重等性状进行室内考种，同时测定粗脂肪含量和脂肪酸组成。

（四）表型数据的方差分析、相关性分析和遗传力估算

采用 SPSS 22 软件，对农艺、品质性状数据进行方差和性状间相关性分析。绘制性状频率分布图。进行广义遗传力的估算。

二、结果与分析

（一）F_1 表型分析

父本的花（蓝色）对母本的花（白色）显性，F_1 花色全为蓝色。方差分析显示，株高、工艺长度、分枝数、单株蒴果数、每果粒数、千粒重、单株粒重、粗脂肪含量、脂肪酸含量等性状的表型一致，不存在显著差异。F_1 没有出现性状分离，杂交亲本都是纯合的。

（二）$F_{2:3}$ 株系性状表型频率分析

利用 SPSS 22 对 $F_{2:3}$ 株系农艺性状表型频率分布进行分析，从图 11-6 看出，单株粒重、单株蒴

果数等性状的表型频率呈偏正态分布，这些性状受少数几个主效基因的控制，表型差异大；株高、工艺长度、分枝数、每果粒数、千粒重等性状的表型频率呈正态分布，这些性状受多基因控制，表型差异小。所有农艺性状都出现超亲分离现象，株高超低亲分离。

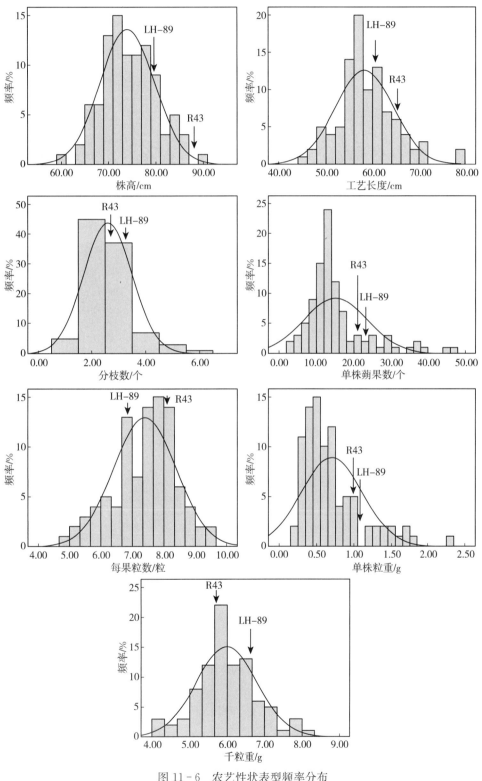

图 11-6　农艺性状表型频率分布

注：箭头表明亲本值，下同。

（三）$F_{2:3}$株系粗脂肪含量和脂肪酸组成表型频率分布

利用 SPSS 22 对粗脂肪含量和脂肪酸组成等性状表型频率分布进行分析，从图 11-7 看出，亚油酸含量、亚麻酸含量、硬脂酸含量的表型频率呈偏正态分布，这些性状受少数几个主效基因的控制，表型差异大；棕榈酸含量、油酸含量和粗脂肪含量的表型频率呈正态分布，这些性状受多基因控制，表型差异小。粗脂肪含量和脂肪酸组成都出现超亲分离现象，其中亚油酸含量、粗脂肪含量超高亲分离，亚麻酸含量超低亲分离。

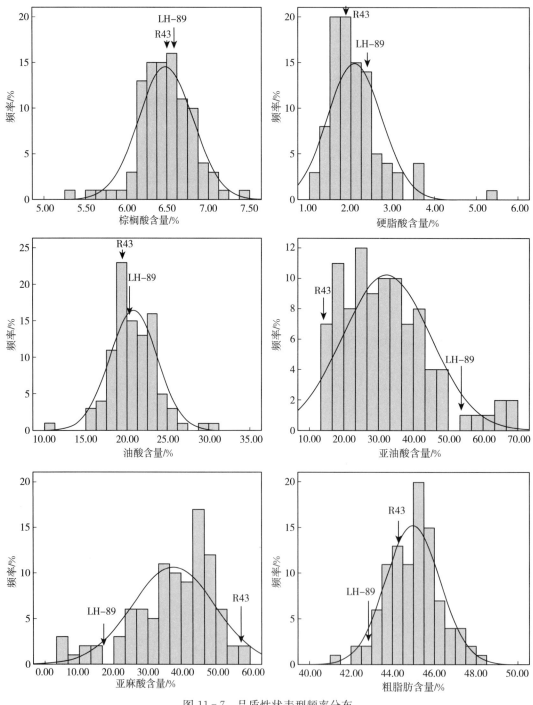

图 11-7　品质性状表型频率分布

（四）$F_{2:3}$株系表型性状方差分析

对株高等7个农艺性状的方差、标准差、变异系数等数据进行统计分析（表11-28），发现单株粒重、单株蒴果数的变异系数最大，分别达到59%、56%，分枝数的变异系数达到34%，这些性状离散程度高，性状分离频率高，能很好地用于估算标记与性状的相关关系，有利于性状的数量性状基因位点（QTL）定位。

表11-28　$F_{2:3}$株系农艺性状数据方差分析

表型性状	平均	方差	标准差	最小值	最大值	变异系数/%
株高/cm	73.99	33.08	5.75	60.00	90.00	8
工艺长度/cm	58.21	38.64	6.22	45.00	79.00	11
分枝数/个	2.60	0.80	0.90	1.00	6.00	34
单株蒴果数/个	15.07	72.30	8.50	3.00	47.00	56
每果粒数/粒	7.39	0.97	0.99	4.71	9.62	13
单株粒重/g	0.70	0.17	0.40	0.20	2.30	59
千粒重/g	5.99	0.65	0.80	4.17	8.11	14

（五）$F_{2:3}$株系粗脂肪含量和脂肪酸组成的方差分析

对脂肪酸组成（棕榈酸含量、硬脂酸含量、油酸含量、亚油酸含量和亚麻酸含量）和粗脂肪含量的方差、标准差、变异系数等数据进行统计分析（表11-29），发现硬脂酸含量、亚麻酸含量、亚油酸含量的变异系数最大，分别达到31%、32%和39%，这些性状离散程度高，性状分离可能性高，能很好地用于估算标记与性状的相关关系，有利于性状的QTL定位。

表11-29　$F_{2:3}$群体品质性状数据方差分析

表型性状	平均	方差	标准差	最小值	最大值	变异系数/%
棕榈酸含量/%	6.48	0.11	0.33	5.37	7.48	5
硬脂酸含量/%	2.09	0.42	0.65	1.16	5.42	31
油酸含量/%	20.82	8.65	2.94	11.04	30.46	14
亚油酸含量/%	32.23	158.90	12.61	13.82	68.34	39
亚麻酸含量/%	37.57	146.60	12.10	4.01	57.55	32
粗脂肪含量/%	44.96	1.68	1.30	41.21	48.00	3

（六）$F_{2:3}$株系农艺品质性状相关性分析

性状间的相关性结果（表11-30）显示，农艺性状中有7组达到极显著正相关关系，3组达到极显著负相关关系；品质性状中有1组达到极显著正相关关系，4组达到极显著负相关关系，1组达到显著负相关关系。

株高与工艺长度、分枝数、单株蒴果数、单株粒重呈极显著正相关；分枝数与单株蒴果数、单株粒重呈极显著正相关；单株蒴果数与单株粒重呈极显著正相关；工艺长度与分枝数、单株蒴果数、单株粒重呈极显著负相关。符合产量构成因子间的相互关系。

棕榈酸含量与亚油酸含量呈极显著正相关，与硬脂酸含量、亚麻酸含量呈极显著负相关；亚油酸含量与亚麻酸含量呈极显著负相关；油酸含量与亚油酸含量呈显著负相关。从棕榈酸到亚麻酸的代谢过程（棕榈酸—硬脂酸—油酸—亚油酸—亚麻酸）判断，5种脂肪酸的相关关系符合它们的代谢关系，验证了试验的准确性。

表 11 - 30 性状之间的相关性分析

	株高	工艺长度	分枝数	单株蒴果数	每果粒数	单株粒重	千粒重	棕榈酸含量	硬脂酸含量	油酸含量	亚油酸含量	亚麻酸含量	粗脂肪含量
株高	1												
工艺长度	0.495**	1											
分枝数	0.398**	-0.368**	1										
单株蒴果数	0.464**	-0.361**	0.778**	1									
每果粒数	0.004	-0.056	0.134	0.090	1								
单株粒重	0.432**	-0.306**	0.724**	0.947**	0.260*	1							
千粒重	0.006	0.006	0.037	0.025	0.067	0.208*	1						
棕榈酸含量								1					
硬脂酸含量								-0.348**	1				
油酸含量								-0.148	-0.072	1			
亚油酸含量								0.295**	-0.029	-0.254*	1		
亚麻酸含量								-0.283**	-0.015	0.048	-0.958**	1	
粗脂肪含量								-0.081	-0.044	-0.311**	-0.145	0.251	1

（七）F$_{2:3}$株系性状遗传力分析

株高、工艺长度的遗传力最高，分别为 80% 和 72%；单株蒴果数遗传力为 66%；分枝数、每果粒数遗传力分别为 54% 和 51%，处于中等水平；单株粒重和千粒重的遗传力最低（表 11-31）。从表 11-32 看出，亚油酸含量和亚麻酸含量遗传力最高，分别为 88% 和 86%；硬脂酸含量和油酸含量的遗传力分别为 76%、78%；粗脂肪含量和棕榈酸含量的遗传力分别为 55%、64%，整体上比农艺性状的遗传力高。

表 11-31　农艺性状的广义遗传力

性状	F$_{2:3}$方差	F$_1$方差	广义遗传力/%
株高/cm	33.08	6.79	80
工艺长度/cm	38.64	10.78	72
分枝数/个	0.80	0.37	54
单株蒴果数/个	72.30	24.58	66
每果粒数/粒	0.97	0.48	51
单株粒重/g	0.17	0.09	47
千粒重/g	0.65	0.37	43

表 11-32　粗脂肪含量和脂肪酸组成广义遗传力

性状	F$_{2:3}$方差	F$_1$方差	广义遗传力/%
棕榈酸含量/%	0.11	0.04	64
硬脂酸含量/%	0.42	0.10	76
油酸含量/%	8.65	1.93	78
亚油酸含量/%	158.90	19.76	88
亚麻酸含量/%	146.60	20.05	86
粗脂肪含量/%	1.68	0.76	55

三、讨论

QTL 定位能力依赖于表型变异值的大小：表型变异值越小，所需要的后代数量越多。采用传统的 QTL 定位方法定位遗传标记附近的 QTL 时，牵涉到对杂交后代表型均值的比较，需要在不同平均值间估算出在一个 QTL 区域 B 等位基因取代 A 等位基因的表型效应，即交换重组的表型效应。再运用生物统计估算出遗传标记与数量性状位点的关联关系。QTL 检测的关键是对性状表型与标记基因型之间关联关系的统计分析。

本试验以 R43 和 LH-89 为亲本构建 F$_2$ 构图群体，这两个品系在性状方面存在差异，特别是亚油酸含量和亚麻酸含量差异大，其 F$_2$ 出现了较大的表型分离，性状的充分分离有利于遗传图谱的构建和 QTL 的定位。影响 QTL 定位准确性的因素有遗传力、基因数量、基因相互作用、基因的分布、非遗传因子、分离群体类型、群体大小、基因组大小、标记数量及密度等。本研究中，亚油酸含量和亚麻酸含量的遗传力最高；分枝数、每果粒数、粗脂肪含量、棕榈酸含量的遗传力处于中等水平；株高、工艺长度、单株蒴果数、硬脂酸含量、油酸含量的遗传力处于中等偏上水平；单株粒重和千粒重的遗传力最低。亚麻粗脂肪含量和脂肪酸组成相关性状的遗传力都高于农艺性状的遗传力，与 Kumar 等的试验结果一致。

第十二章

亚麻种质资源基因型评价研究概况

分子标记是在 DNA 水平上检测物种之间的基因型差异，能很好地反映种质资源的遗传多样性。在亚麻分子标记开发和遗传研究方面，1993 年，Gorman 等首次在亚麻的资源研究中应用分子标记技术，开发了多态性同工酶检测系统，但这种生物化学标记在数量和应用上都有其局限性。随后，研究者们广泛应用扩增片段长度多态性（AFLP）、随机扩增多态性 DNA（RAPD）、相关序列扩增多态性（SRAP）、简单重复序列（SSR）、单核苷酸多态性（SNP）标记研究亚麻资源多样性。

AFLP 标记以 cDNA 或 DNA 为模板，用限制性内切酶和特定引物扩增获得不同基因条带，进行种间遗传多样性分析。李明等利用 7 对 AFLP 引物分析了 85 份亚麻品种的遗传多样性和亲缘关系，认为栽培品种和野生种条带差异明显，胡麻比纤维亚麻有更丰富的遗传多样性。李丹丹用 7 对 AFLP 引物分析了 80 份胡麻资源的遗传多样性，扩增出 160 个多态性条带，将供试材料分为 4 个类群。薄天岳等首次用 48 个 $EcoR$ I /Mse I 引物组合，对高抗枯萎病亚麻品种晋亚 7 号与高感枯萎病品种晋亚 1 号两个亲本及其 F_2 代的抗病和感病基因池进行 AFLP 分析，共扩增出约 3 300 个可分辨的条带，其中 3 个为稳定的差异。之后，用 F_2 代分离群体，对 3 个特异条带与目的基因的遗传连锁性进行分析，发现特异条带 AG/CAG 与暂定名为 $FuJ7$（t）的抗枯萎病基因紧密连锁，二者之间的遗传距离为 5.2cM。将 AG/CAG 片段回收、克隆和测序，又成功地将其转化为特定序列扩增（SCAR）标记，可以更加方便地用于对 $FuJ7$（t）基因的分子检测和辅助选择。Everaert 等以不同类型的亚麻品种为研究对象，利用 AFLP 标记分析了种间和种内的遗传多样性和亲缘关系，结果表明新品种和老品种种内之间的遗传多样性丰富。Chandrawati 等对 45 份亚麻资源进行 AFLP 标记分析，筛选出了 16 对特异性引物，扩增出了 1 142 个条带，其中 1 129 为多态性条带。

RAPD 分子标记是指设计随机引物扩增出不同的基因片段，进行品种（品系）之间的基因型差异分析。用 RAPD 分子标记对加拿大 2 800 个亚麻品种进行的分子特征分析研究表明：使用 RAPD 标记或大量的统计方法来分析亚麻种质特性都是有效的。亚麻的 RAPD 变异一般是很低的，在当地品种和野生品种之间的变异较大，在纤维亚麻中也检测到比胡麻更多的变异。目前，已知的 RAPD 变异支持了 $L. angustifolium$ 是栽培亚麻祖先这一假说。以 RAPD 为基础的聚类揭示了 3 个亚麻品种主产地：非洲、中东/印度半岛、其余世界各地，这一结论也支持了 Vavilov 关于亚麻起源的早期假说。经过观察发现，亚麻远缘杂交率很低（只有＜3％）；Yong-Bi Fu 对 2 727 份亚麻品种（品系）进行 RAPD 分析，筛选出了 16 个 RAPD 引物，每个引物平均扩增出 149 个条带，结果表明 84.2％亚麻品种可聚类到国别或区域，仅有 15.8％亚麻品种的聚类超出国别或区域范畴。Axel Diederichsen 等采用 RAPD 标记对 3 101 份亚麻品种进行鉴定和评价，结果表明供试材料间遗传变异不大。T. H. S. AbouEl-Nasr 等用 9 个 RAPD 引物分析 3 种不同类型亚麻的遗传多样性，扩增得到 124 个位点，53 个为多态性位点，聚类为两大类。Arpna Kumari 等对 28 个亚麻品种进行 RAPD 标记的遗传多样性研究，筛选出了 27 个引物，平均多态性信息量为 0.385，扩增得到 130 个位点，聚类分析结果显示，供试材料被分为三类。薄天岳等用 520 个 10 碱基随机引物对从美国引进的含有亚麻抗锈病基因 M1、M2、M3、M4 和 M5 的 5 个近等基因系材料及其轮回亲本 Bison 进行 RAPD 标记分析，其中 2 个引物 OPA18 和 OPCO6 在含有 M4 基因的 NM4 材料中稳定地扩增出特异的 DNA 片段。用 Bison 与 NM4 杂交产生的 F$_2$ 代分离群体进行的遗传连锁性分析表明，RAPD 标记 OPA18 与 M4 基因紧密连锁，二者之间的遗传距离为 2.1cM。将 OPA18 片段回收、克隆和测序，可成功地将其转化为稳定性好、特异性强的 SCAR 标记。根据以上研究结果，RAPD 分子标记在亚麻种质资源研究中被广泛应用，获得了一定的成果。

SRAP 标记是 Li 等研究发现的显性分子标记，由上下游引物组成，上游引物为依据外显子区域设计的 17 个核苷酸序列，下游引物为根据内含子区域设计的 18 个核苷酸序列。通过上游引物和下游引物随机组合扩增不同的基因片段来分析物种的遗传多样性。刘仙俊利用 21 对 SRAP 引物对 148 个大麦 DH 单株的标记基因进行检测，发现大多数 SRAP 位点在大麦 DH 群体中的分布符合 1∶1 的孟德尔分离比例，并且为纯合位点。基于 SRAP-PCR 分子标记的聚类分析，田建平把供试的苦丁茶冬青分为两大类，为苦丁茶冬青的基因型分类提供了可靠的科学依据。H. F. Linskens 利用 SRAP 分子标记技术构建了油菜的指纹图谱，对 BoGLS-ALK 基因进行定位。顾晓燕等人利用 SRAP 标记，对来自亚洲的 84 份老芒麦种质的遗传多样性和遗传关系进行分析，发现地理来源不同的类群之间具有明显的区别，在不同的地理环境中具有不同的适应性。李秀等人通过 SRAP 分析，把 51 份生姜种质分为 3 个大类，9 个亚类，同一类的生姜多来源于相同或相近的区域。刘倩、戴志刚等人利用 15 对 SRAP 核心引物组合的 36 条谱带构建了一套来自不同国家和地区的 127 份红麻栽培种唯一的分子身份证。玉苏甫·阿不力题甫采用 SRAP 分子标记技术，对新疆现有的 95 份梨品种的遗传多样性进行分析，用 14 对引物扩增获得 163 个清晰条带，其中 160 个条带表现为多态性条带，多态性比例为 98.16％，同时，采用多次聚类分组法进行梨核心种质构建。黄玉仙利用 SRAP 标记和简单重复间序列（ISSR）标记构建了 90 份山药种质资源的指纹图谱，并且建立起 90 份山药种质资源的遗传关系树状图。郝荣楷用 21 对 SRAP 引物分析了 96 份亚麻资源的遗传多样性，扩增得到 128 个多态性位点，将供试材料分为 4 个类群。安泽山等利用 19 对多态性引物分析 58 份亚麻品种的遗传多样性，扩增出 105 个多态性条带，平均多态性信息量为 0.47，结果表明国内外品种之间遗传差异明显。吴建忠等利用 71 对 SRAP 引物构建了亚麻遗传连锁图谱。

SSR 标记由随机重复的短核苷酸序列组成，SSR 引物设计可从表达序列标签（EST）或全基因组序列中发掘。Ragupathy 等从亚麻基因组中开发鉴定了 4 064 个 SSR 引物，这些 SSR 引物的开发为亚麻资源遗传多样性分析和优异基因挖掘奠定了基础。张倩等利用 90 对 SSR 引物分析了 17 个亚麻资源的遗传多样性，获得了 170 个多态性条带，聚类到 5 个类群。张丽丽等用 14 对 SSR 引物检测了杂交种的真实性，结果显示，1 份杂交种与亲本之间有亲子关系。Soto-Cerda 等对 60 份亚麻品种进行了 SSR 分析，筛选出 83 个 SSR 引物，平均多态性信息量为 0.385。

对亚麻 SNP 标记的研究处于起步阶段，随着三代测序技术的不断完善，SNP 标记在作物研究中已被广泛应用。SNP 标记是指在全基因组范围内检测单核苷酸变异。2012 年，Kumar 等对 8 个不同基因型的亚麻材料进行基因组重测序，并以 CDC Bethune 基因组序列为参照，共发现了 55 465 个 SNP，其中约 1/4 位于基因内部，84％的 SNP 标记属于单一的基因型，13％属于任意两个基因型。加拿大构建了由 770 个 SSR 引物组成的 15 个连锁群，从 96 个品种测试中发现了 190 万个 SNP，构建了高密度 SNP 连锁群，鉴定了千粒重的 3 个 QTL，对脂肪酸生物合成和次生代谢基因进行了鉴定分析。

近年来，内蒙古农业大学和内蒙古自治区农牧业科学院亚麻课题组针对大样本亚麻种质进行基因型评价，筛选出了大量特异性较好的分子标记，为亚麻种质遗传多样性评价以及分子标记辅助育种提供了科学依据。

第一节　基于 SRAP 标记的亚麻种质评价

一、633 份亚麻种质的多样性评价

（一）试验材料

供试材料为 633 份亚麻种质资源材料，于 2016 年 4 月 20 日在内蒙古自治区农牧业科学院亚麻育种试验田播种，按照常规的田间管理方法进行管理。用于引物筛选的 8 份材料在花色、叶形、株高等形态性状上有差异。

（二）SRAP 引物

根据 Li 和 Quiros 等提出的 SRAP 引物设计原则，设计上游引物 21 条，下游引物 24 条，由南京金斯瑞生物公司合成，其名称和序列见表 12 - 1 和表 12 - 2。

表 12 - 1　上游引物名称及引物序列

引物名称	引物序列	引物名称	引物序列
M1	TGAGTCCAAACCGGATA	M12	TGAGTCCAAACCGGAAA
M2	TGAGTCCAAACCGGAGC	M13	TGAGTCCAAACCGGAAC
M3	TGAGTCCAAACCGGAAT	M14	TGAGTCCAAACCGGAGA
M4	TGAGTCCAAACCGGACC	M15	TGAGTCCAAACCGGAAG
M5	TGAGTCCAAACCGGAAG	M16	TGAGTCCAAACCGGTAG
M6	TGAGTCCAAACCGGATG	M17	TGAGTCCAAACCGGCAT
M7	TGAGTCCAAACCGGACT	M18	TGAGTCCAAACCGGTCT
M8	TGAGTCCAAACCGGTGA	M19	TGAGTCCAAACCGGTAA
M9	TGAGTCCAAACCGGACA	M20	TGAGTCCAAACCGGTCC
M10	TGAGTCCAAACCGGACG	M21	TGAGTCCAAACCGGTGC
M11	TGAGTCCAAACCGGAGG		

表 12 - 2　下游引物名称及引物序列

引物名称	引物序列	引物名称	引物序列
E1	GACTGCGTACGAATTAAT	E8	GACTGCGTACGAATTACT
E2	GACTGCGTACGAATTTGC	E9	GACTGCGTACGAATTCAA
E3	GACTGCGTACGAATTGAC	E10	GACTGCGTACGAATTCAC
E4	GACTGCGTACGAATTTGA	E11	GACTGCGTACGAATTCAG
E5	GACTGCGTACGAATTAAC	E12	GACTGCGTACGAATTCTC
E6	GACTGCGTACGAATTGCA	E13	GACTGCGTACGAATTCTG
E7	GACTGCGTACGAATTGTA	E14	GACTGCGTACGAATTCTT

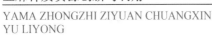
（续）

引物名称	引物序列	引物名称	引物序列
E15	GACTGCGTACGAATTGAT	E20	GACTGCGTACGAATTAGC
E16	GACTGCGTACGAATTGTC	E21	GACTGCGTACGAATTACG
E17	GACTGCGTACGAATTCGA	E22	GACTGCGTACGAATTCAT
E19	GACTGCGTACGAATTCCT	E24	GACTGCGTACGAATTTAG

（三）DNA 的提取

用 2% 十六烷基三甲基溴化铵（CTAB）提取 DNA，参照 Tanksley 提出的实验方法进行并加以改进。

（四）SRAP-PCR 反应体系及条件的优化

本试验对 2×Taq Master Mix 的用量、DNA 模板量、引物量进行筛选，扩增程序在郝荣楷已发表的 SRAP-PCR 扩增程序基础上进行优化。以提取的供试材料基因组 DNA 为模板，利用已筛选好的 SRAP 引物进行 PCR 扩增，PCR 产物用 2.5% 琼脂糖凝胶电泳进行检测。将所得的电泳图谱进行条带统计，条带清晰记作 1，条带不清晰或者缺失记作 0，将所有引物对应的特异性结果记录在 Excel 表格中。按照公式多态性比率＝（扩增多态性片段条数/总扩增片段数）×100%，计算各引物组合扩增产物的多态性比率。利用 DPS 软件计算遗传相似系数，运用类平均聚类对其进行聚类分析。

（五）研究结果

1. SRAP-PCR 反应体系及条件的优化

在 SRAP-PCR 扩增系统中，经过体系优化，找到最适应本试验的反应体系：2×Taq Master Mix 7.5 μL，DNA 模板 3 μL，上下游引物各 1 μL。优化后的反应程序：94 ℃，5 min；94 ℃，1 min，35 ℃，1 min，72 ℃，1 min，5 个循环；94 ℃，30 s，55 ℃，30 s，72 ℃，30 s，25 个循环；72 ℃，5 min；4 ℃保存。

根据上述试验方案确定 SRAP-PCR 最佳反应体系和反应程序，用 8 份不同亚麻种质资源材料对由 21 条上游引物和 24 条下游引物组成的 504 个引物组合进行筛选，选择多态性稳定的引物组合，用于亚麻种质资源的遗传多样性研究。

2. 核心种质库的建立　对 633 份亚麻种质资源品质性状数据进行聚类分析，在每一个类群中，通过随机取样和选择遗传距离最大的一个品种，结合抽取候选核心品种，然后将特殊的亚麻种质材料加入其中，构建了由 149 个亚麻种质资源组成的初级核心种质库。

二、401 份亚麻种质的多样性评价

（一）材料

通过整理内蒙古自治区农牧业科学院亚麻种质库内亚麻编目入库资源，确定以 401 份亚麻种质资源为试验材料，其中 136 份为从国外引进的种质资源材料，从美国、加拿大、俄罗斯、法国、匈牙利、荷兰、土耳其、印度、巴基斯坦、日本等国家引进；265 份为国内品种，由内蒙古、河北、山西、新疆、宁夏、甘肃等育种单位提供。

供试的 401 份种质播种出苗后，取 0.1 g 新鲜嫩叶子，参照 Stewart 等提出的 CTAB 法提取基因组 DNA，用 Thermo 公司的 Nano Drop 2000 核酸蛋白测定仪检测 DNA 的纯度和浓度。按照 Li 等建立的引物设计原理，设计了 21 个正向引物和 28 个反向引物，随机组合成 588 对引物，由南京金斯瑞生物科技有限公司合成。本研究优化后的反应体系：$2 \times$ Taq Master Mix（含染料）12.5 μL，10 μmol/L 正、反向引物各 0.5 μL，20ng/μL 模板 1.5 μL，加 ddH$_2$O 至 25 μL。PCR 扩增程序：94 ℃，5 mim；94 ℃，1 mim，35 ℃，1 mim，72 ℃，1 mim，5 个循环；94 ℃，1 mim，50 ℃，1 mim，72 ℃，1 mim，35 个循环；72 ℃，10 mim；4 ℃ 保存。PCR 产物用 6％ 非变性聚丙烯酰胺凝胶电泳分离，恒功率 80W 电泳 2 h，采用银染法显色。用内蒙古内亚 5 号和 H919、山西晋亚 7 号、甘肃陇亚 11 号和山丹白、新疆莎车早熟种红、河北坝选 3 号和张亚 2 号、美国棕和加拿大大黄 10 个具有代表性的亚麻品种为材料，对 588 对 SRAP 引物进行筛选。16 个正向引物和 15 个反向引物（表 12-3）随机组合检测后，选出了 26 对条带清晰、稳定性好、多态性高的引物，对 401 份亚麻种质资源检测基因型差异。

表 12-3 部分供试 SRAP 引物序列

正向引物名称	引物序列（5′→3′）	反向引物名称	引物序列（5′→3′）
M1	5′- TGAGTCCAAACCGGATA -3′	E1	5′- GACTGCGTACGAATTAAT -3′
M3	5′- TGAGTCCAAACCGGAAT -3′	E2	5′- GACTGCGTACGAATTTGC -3′
M4	5′- TGAGTCCAAACCGGACC -3′	E3	5′- GACTGCGTACGAATTGAC -3′
M5	5′- TGAGTCCAAACCGGATG -3′	E4	5′- GACTGCGTACGAATTTGA -3′
M6	5′- TGAGTCCAAACCGGATG -3′	E5	5′- GACTGCGTACGAATTAAC -3′
M7	5′- TGAGTCCAAACCGGACT -3′	E6	5′- GACTGCGTACGAATTGCA -3′
M9	5′- TGAGTCCAAACCGGACA -3′	E7	5′- GACTGCGTACGAATTGTA -3′
M10	5′- TGAGTCCAAACCGGACG -3′	E15	5′- GACTGCGTACGAATTGAT -3′
M11	5′- TGAGTCCAAACCGGAGG -3′	E8	5′- GACTGCGTACGAATTACT -3′
M12	5′- TGAGTCCAAACCGGAAA -3′	E9	5′- GACTGCGTACGAATTCAA -3′
M13	5′- TGAGTCCAAACCGGAAC -3′	E10	5′- GACTGCGTACGAATTCAC -3′
M14	5′- TGAGTCCAAACCGGAGA -3′	E13	5′- GACTGCGTACGAATTCTG -3′
M15	5′- TGAGTCCAAACCGGAAG -3′	E16	5′- GACTGCGTACGAATTGTC -3′
M17	5′- TGAGTCCAAACCGGCAT -3′	E17	5′- GACTGCGTACGAATTCGA -3′
M20	5′- TGAGTCCAAACCGGTCC -3′	E20	5′- GACTGCGTACGAATTAGC -3′
M21	5′- TGAGTCCAAACCGGTGC -3′		

（二）基因型数据处理

根据 DNA Marker 1500 记录多态性条带。对在相同迁移位置上出现的带赋值 1，无带赋值 0，生成由 1 和 0 组成的原始矩阵。用 Excel 2003、CONVERT 和 POPGEN 1.32 软件计算总条带数、多态性条带数、多态性条带百分率、多态性信息含量、每个位点的有效等位基因数（N_e）、遗传距离（GD）和 Nei's 基因多样性指数（H）、香浓信息指数（I）等遗传相关参数。用 NTSYS 2.10 软件进行非加权成对算术平均法（UPGMA）聚类分析。

（三）SRAP 分析结果

1. 种质多样性分析

26 对核心引物在 401 份材料中扩增出 385 个条带，其中为 234 个为多态性条带，多态性比率为 60.78%。每对引物的扩增多态位点变幅为 5～14 个，平均 9.00 个。M15E7 扩增的多态性位点最多，M11E6 的扩增多态性位点最少（表 12-4）。M14E2 引物对部分亚麻品种（系）的扩增结果见图12-1。观测的等位基因数为 2.00 个，每个位点的平均有效等位基因数为 1.58 个，每对引物的多态性信息量（PIC）为 0.51～0.76，平均 0.60，本试验引用的所有引物组合均为高多态性（PIC>0.5）。用 POP-GEN 软件计算了 401 份亚麻资源的有效等位基因数（$N_e = 1.584\ 7$）、香浓信息指数（$I = 0.523\ 5$）、Nei's基因多样性指数（$H = 0.347\ 9$）。说明本试验供试材料在物种水平上遗传多样性丰富。

表 12-4　26 对 SRAP 引物组合对 401 份亚麻品种的扩增结果

引物名称	总位点数/个	多态性位点数/个	多态性位点百分比/%	有效等位基因数/个	引物多态性信息量
M9E1	14	7	50.00	1.57	0.51
M11E6	12	5	41.66	1.39	0.53
M3E10	17	12	70.58	1.41	0.58
M14E2	16	10	62.50	1.90	0.57
M5E7	15	8	53.33	1.64	0.56
M7E17	13	8	61.53	1.56	0.56
M11E13	12	6	50.00	1.65	0.52
M20E3	14	9	64.28	1.61	0.53
M13E15	16	9	56.25	1.32	0.74
M13E20	14	8	57.14	1.53	0.62
M14E1	13	8	61.53	1.54	0.57
M12E16	15	11	73.33	1.12	0.64
M6E20	18	10	55.55	1.59	0.65
M10E17	19	11	57.89	1.88	0.71
M17E15	12	8	66.67	1.62	0.73
M20E2	18	13	72.22	1.04	0.76
M21E1	17	11	64.70	1.98	0.51
M15E7	19	14	73.68	1.96	0.53
M6E8	14	9	64.28	1.52	0.64
M1E17	16	10	62.50	1.31	0.62
M15E15	14	8	57.14	1.99	0.61
M9E15	13	7	53.84	1.37	0.55
M17E5	15	9	60.00	1.66	0.52
M4E4	14	10	71.42	1.67	0.65
M13E9	13	6	46.15	1.58	0.60
M15E4	12	7	58.33	1.62	0.61
平均值	14.81	9.00	60.25	1.58	0.60
总计	385	234	1 566.50	41.03	15.62

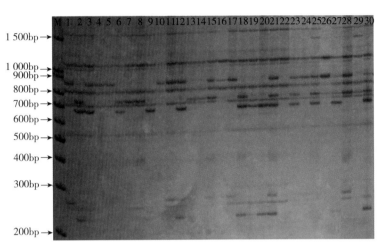

图 12-1　引物对 M14E2 在亚麻中的扩增产物

注：标记（Marker）为 DL 1500；1～30 依次为 30 份亚麻样品。

401 份亚麻品种（系）的 UPGMA 聚类分析结果显示，在遗传相似系数 0.295 处，可将亚麻资源分为两大类：第一类包括 265 份品种，其中国内品种 224 份，国外品种 41 份，国内品种占 84.53%；第二类包括 136 个品种，其中国外品种 123 份，国内品种 13 份，国外品种占 90.44%。说明，国内外品种基本能被分开，遗传差异较大，亲缘关系较远。在遗传相似系数 0.375 处，可将亚麻资源分为 7 个亚类（表 12-5），Ⅰ亚类包括 127 份品种，其中内蒙古 89 份，占 70.07%；Ⅱ亚类包括 53 份品种，其中河北 18 份，山西 13 份，河北和山西的品种占 58.49%；Ⅲ亚类包括 80 份品种，其中甘肃 27 份，宁夏 13 份，新疆 7 份，三个地区的品种占 58.75%；Ⅳ亚类包括 40 份品种，其中美国 25 份，占 62.50%；Ⅴ亚类包括 40 个品种，其中加拿大 26 份，占 65.00%；Ⅵ亚类包括 27 份品种，其中土耳其、印度、巴基斯坦、日本等亚洲国家（除了中国）23 份品种，占 85.19%；Ⅶ亚类包括 34 份品种，其中俄罗斯、匈牙利、法国、荷兰等欧洲国家 24 份，占 70.59%。国内外 80% 以上的品种基本能被分开，说明国内外品种的遗传差异较大，亲缘关系较远。7 个亚群中，70% 以上来源地相同或相近的亚麻品种聚成一类，说明其遗传多样性受地理影响较大。但不同地理来源的亚麻品种之间相互交错分布，其原因是：从外地引进的品种受环境影响，在适应环境过程中减少了遗传差异，致使不同地理来源的品种被归入同类群；另外，多年来不同育种者使用少数几个骨干亲本选育新品种，造成相同地区来源的品种被归入不同类群。

表 12-5　401 份亚麻种质聚类分析结果

类群代码		种质资源数	来源及名称
A	A-Ⅰ	127	内蒙古（内亚 5 号、内亚 6 号、集宁 2 号、集宁 1 号、内亚 9 号、H921、H922、内亚 2 号、H920、H919、H315-1、种 37、种 5、种 94、种 27、种 167、305-1、305-2、C449、283-1、283-2、285-1、C1、C8、C9、C4、H96、H116、H122、H133、C11、C3、281-1、281-2、C15、种 109、种 8、H151、H158、H174、285-2、300、301、303-1、H177、H185、H187、H188、乌 17 号、乌 13 号、乌 44 号、乌 53 号、乌 33 号、乌 41 号、乌 19 号、乌 42 号、C2、C18、C56-1、C56-2、C19、种 19、种 6、C7、C5、H315-2、H318、C6、C29、H428、H445、H446、D117、C10、H319、H322、H330、C13、C14、H470、C68-1、C64-2、C24、C25、种 55、种 7、种 67、种 46、种 90）、新疆（库车、伊亚 4 号）、加拿大（NorMan、Oct-89、Jul-83）、美国（NORTHDAK、OMEGA、美国棕、A14）、土耳其（P.I.171701、Nov-88）、甘肃（陇亚 7 号、康东 1、灵台五星、F-13-9、F-13-10、F-13-11、F-13-34、F-13-35、F-13-36、F-13-37）、宁夏（静宁红胡麻）、匈牙利（匈牙利 4 号、匈牙利 5 号）、俄罗斯（苏 70、苏 71、苏 72）、荷兰（TAMMES、TYPE11、HUMPATA）、法国（LINAGROSSES）、河北（810、94-66、95-65、96-64、97-62、98-8Z、99-9Z）

（续）

类群代码	种质资源数	来源及名称
A	A-Ⅱ	53	山西（晋亚8号、晋亚6号、晋亚5号、晋亚9号、晋亚7号、晋亚2号、晋亚4号、晋亚1号、晋亚11号、同亚8号、同亚11号、同白亚1号、同亚9号），河北（坝亚1号、坝810、坝选3号、坝亚12号、坝亚6号、坝亚7号、坝亚11号、坝亚13号、坝亚12号、坝亚14号、坝亚15号、坝亚10号、张亚1号、张亚2号、159、坝亚3号、ABA10、硼0.6），甘肃（F-13-1、F-13-2、F-13-3、F-13-4、F-13-5、F-13-19、F-13-20、天亚5号），内蒙古（轮选1号、71-164、72-165、73-315、74-313、75-308、76-316、77-314、蒙亚6号、C14），新疆（伊亚3号、81A350），美国（CI300*355），法国（Ocean），巴基斯坦（TY21）
	A-Ⅲ	80	甘肃（定亚23号、天亚1号、陇亚7号、皋兰白、民勤胡麻、陇亚10号、陇亚1号、陇亚11号、陇亚杂1号、陇亚5号、定亚13号、山丹白、天亚6号、定亚11号、定亚12号、天亚2号、天亚3号、陇亚杂2号、陇亚9号、陇亚8号、陇亚4号、陇亚6号、临夏白胡麻、线胡麻、清水老胡麻、低角胡麻、东乡白），宁夏（宁亚17号、宁亚2号、宁亚15号、宁亚6号、宁亚7号、宁亚11号、宁亚14号、平罗红、静宁选2号、固亚5号、固亚7号、宁亚16号、宁亚19号），新疆（95205、莎车胡麻、莎车早熟种红、伊97042、伊尖44-53、Y1-6、伊利胡麻），内蒙古（NM-15-4、NM-15-3、12-F-3、NM-15-2、12-F-2、NM-15-5、NM-15-1、NM-15-6、NM-15-8、12-F-8、NM-15-10、C15、C16、内亚油1号），美国（LAPLATA、D40-8、A16、A18），加拿大（MONISTON、加拿大大棕），土耳其（P.I.171700），河北（坝亚1号、坝亚3号、硼2、K6、15-91、16-105、C64-2），加拿大（Cyprus、BETHUE），山西（644、77-1、146）
B	B-Ⅳ	40	美国（ARGEN、TINE、MINNESOTA、VRVGY、NORTHDAK、WADA、AVDN、B.GoLDEN、TALLPINK、CI1499Efh、PALE、MIMIB15、CFRESBR、A1、A2、A5、A7、A8、A10、A12、A15、A19、A3、A4、A6），甘肃（F-13-26），内蒙古（轮选2号、13-SX53、12-F-3、13-SX12、C16、C23），山西（雁杂10号、14-95），加拿大（Vimy、ACWatson），河北（92-67、93-63、92-69、93-68）
	B-Ⅴ	40	加拿大〔ACMcDuff、Norlin、ACLinora、3209、Viking、CDCBethune、CAN、CRYSTAL、BLANC、Raja、ACLightning、ACMacBet、ACHanley、ACEmerson、ACCarnduff、CristaFiber、加拿大大黄、ROCKRT、NorMan、Macbeth、Flanders、808、2031（C4）、2085（C4）、2078（C4）、E1747〕，甘肃（庆阳胡麻、F-13-17、F-13-18），内蒙古（内亚7号、15QS8、13-SX124、13-SX19、13-SX54），新疆（新18），美国（OTTAWA、Deeppink、ARGENTINE、A11、A13）
	B-Ⅵ	27	亚洲（除了中国）国家（P.I.177451、MILAS、P.I.172964、P.I.171701、CAWNPORE、TY21、TY58、Type25、P.I.1181058、CN19015、P.I.183322、NO.483、ARMAS、K-5409、N.P.24、P.I.171703、R.I.178973、P.I.171702、NO841、NO.547、NorMan、STS、P.I.1193），甘肃（F-13-21、F-13-22、F-13-24），内蒙古（内蒙红）
	B-Ⅶ	34	欧洲国家（DEHISCINT、CI2824Russ、ROSSIANINTRO、TAMMES、PI91.031、Radisson、TAMMES、TYPE11、HERCULESE、Line548-01、Line629-01、Line657-01、CI637Russ、LINAGROSSES、Ethiopial、CN101363、HUMPATA、CN101362、Diane、匈牙利3号、200618-3、10446146、9ALE、13LVE），甘肃（定亚5号、F-13-6、F-13-7、F-13-8、F-13-12、F-13-13），内蒙古（华德小胡麻、蒙亚1号、C414），土耳其（P.I.171704）

2. 不同地理来源亚麻资源群的遗传多样性分析

为进一步分析不同地理来源亚麻资源的遗传多样性，将401份亚麻品种（系）按照地理位置分7组，将品种较少的国家或地区合并至与其地理位置相近的国家或地区，即印度、日本、巴基斯坦、土耳其合并为亚洲群体；俄罗斯、匈牙利、法国和荷兰合并为欧洲群体。从表12-6可以看出，群体水平上有效等位基因数变化范围为1.458 9～1.565 7，平均值为1.510 5；香浓信息指数变化范围为0.425 6～0.510 4，平均值为0.464 4；Nei's基因多样性指数变化范围为0.276 4～0.337 5，平均值为 0.305 4。各群体按多样性指数排序由高到低依次为加拿大群体＞中国内蒙古群体＞中国华北群体＞欧洲群体＞中国西北群体＞亚洲群体＞美国群体，这表明加拿大群体遗传多样性最高，美国群体遗传多样性最低。从表 12-7 可以看出，各群体间的遗传相似系数为 0.856 6～0.960 1，遗传相似系数均达到显著水平（$P<0.05$）（表 12-7 上角）。遗传距离为 0.043 9～0.154 8，亚洲（除了中国）群体和中国华北群体的遗传距离最远，为 0.154 8；而中国华北群体和中国西北群体的遗传距离最近，为 0.043 9（表 12-7 下角）。

表 12-6　不同地理来源亚麻种质资源的多样性分析

来源区域	种质资源数	有效等位基因数	Nei′s 基因多样性指数	香浓信息指数
中国内蒙古	127	1.541 3	0.323 6	0.491 0
中国华北	55	1.511 9	0.307 8	0.469 9
中国西北	83	1.491 1	0.299 1	0.456 6
美国	39	1.458 9	0.276 4	0.425 6
加拿大	36	1.565 7	0.337 5	0.510 4
亚洲	27	1.494 8	0.292 2	0.440 6
欧洲	34	1.510 0	0.301 7	0.457 1
平均值		1.510 5	0.305 4	0.464 4

表 12-7　亚麻资源群体间的 Nei′s 基因多样性指数（上角）和遗传距离（下角）

群体来源	中国内蒙古	中国华北	中国西北	美国	加拿大	亚洲	欧洲
中国内蒙古		0.938 9*	0.936 0*	0.898 0*	0.943 9*	0.886 5*	0.922 2*
中国华北	0.063 0		0.957 0*	0.913 6*	0.914 8*	0.856 6*	0.950 9*
中国西北	0.066 1	0.043 9		0.904 8*	0.938 8*	0.857 7*	0.941 8*
美国	0.107 6	0.090 4	0.100 1		0.944 0*	0.960 1*	0.952 7*
加拿大	0.057 8	0.089 1	0.063 0	0.057 6		0.934 3*	0.923 6*
亚洲	0.120 5	0.154 8	0.153 5	0.040 8	0.068 0		0.920 7*
欧洲	0.081 0	0.050 4	0.059 9	0.048 4	0.079 5	0.082 6	

从不同地理来源亚麻种质资源群聚类分析结果（图 12-2）可以看出，亚麻资源群体在遗传相似

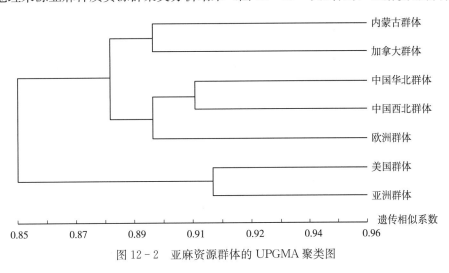

图 12-2　亚麻资源群体的 UPGMA 聚类图

系数 0.880 处聚成 2 类，其中，第一类由中国内蒙古、加拿大、中国华北、中国西北、欧洲群体组成；第二类由美国和亚洲（除了中国）群体组成。在遗传相似系数 0.895 处聚成 3 类，第一类由中国内蒙古和加拿大群体组成，第二类由中国华北、中国西北和欧洲群体组成，第三类由美国和亚洲（除了中国）群体组成。

（四）讨论

本研究利用 SRAP 标记，在物种水平和群体水平上分析了 401 份亚麻资源的遗传多样性，结果显示，引物多态性比率为 60.78%，平均每对引物组合有 9.00 个多态性位点。引物多态性比率结果高于邓欣等和何东锋等用 RAPD 标记研究亚麻时获得的多态比率结果（21.48%、38.00%），表明 SRAP 分子标记是分析亚麻种质资源遗传多样性和亲缘关系的有效方法；多态性位点结果明显高于安泽山和郝荣楷等的多态性位点研究结果（5.4 和 5.5），但低于陈芸和查美琴等在石榴和枸杞上的研究结果（12.13 和 22）。这暗示了物种和样本集规模与引物多态性之间存在关联。UPGMA 聚类分析结果显示，国内外品种（系）基本能被分开，说明国内外种质资源遗传差异较大，可以利用从国外引进的种质资源拓宽国内亚麻种质资源遗传多样性。在 7 个亚群中，大部分来源地相同的亚麻品种（系）聚成一类，说明亚麻种质资源遗传多样性受地理影响较大。这与安泽山等对 58 份亚麻品种遗传多样性的研究结果基本一致。

三、161 份亚麻种质多样性评价

（一）材料

以 161 份亚麻种质资源为试验材料，种于内蒙古自治区农牧业科学院试验田。出苗后，取 0.1 g 新鲜嫩叶子置于 −80 ℃ 冰箱中保存备用。供试的 161 份亚麻品种（系）名称及来源信息见表 12-8。

表 12-8 161 份亚麻品种（系）名称及来源

来源		序号及名称		
中国华北地区	河北	1. 坝亚 3 号 2. 坝亚 6 号 3. 坝亚 7 号	4. 坝选 3 号 5. 坝 810	6. 坝亚 11 号 7. 坝亚 9 号
	山西	8. 晋亚 1 号 9. 晋亚 6 号	10. 晋亚 5 号 11. 雁农 1 号	12. 晋业 7 号
	内蒙古	13. 内亚 5 号 14. 内亚 6 号 15. 华德小胡麻 16. 内亚油 1 号 17. 内蒙红 18. 集宁 2 号	19. 集宁 1 号 20. 内亚 9 号 21. H921 22. H922 23. 轮选 1 号	24. 轮选 2 号 25. 内亚 7 号 26. 内亚 2 号 27. H920 28. H919
中国西北地区	新疆	29. 莎车早熟种红 30. 莎车胡麻 31. 95205 32. 库车	33. 新 18 34. 伊 97042 35. 伊尖 44-53 36. 伊亚 4 号	37. 伊亚 3 号 38. Y1-6 39. 伊利胡麻

（续）

来源		序号及名称		
中国西北地区	宁夏	40. 宁亚6号 41. 宁亚7号 42. 81A350 43. 宁亚15号 44. 宁亚19号 45. 平罗红	46. 静宁红胡麻 47. 宁亚17号 48. 宁亚14号 49. 宁亚16号 50. 宁亚2号 51. 宁亚12号	52. 静宁选2号 53. 固亚5号 54. 固亚7号 55. 宁亚10号 56. 宁亚11号
	甘肃	57. 定亚23号 58. 天亚1号 59. 天亚5号 60. 庆阳胡麻 61. 陇亚7号 62. 皋兰白 63. 民勤胡麻	64. 定亚5号 65. 灵台五星 66. 陇亚10号 67. 陇亚1号 68. 陇亚11号 69. 陇亚杂1号 70. 陇亚5号	71. 康东1 72. 定亚13号 73. 山丹白 74. 天亚6号 75. 定亚11号 76. 天亚2号 77. 天亚3号
美洲	加拿大	78. ACMcDuff 79. Norlin 80. ACLinora 81. Cyprus. 3209 82. Viking 83. CDCBethune 84. LAPLATA 85. CAN 86. CRYSTAL	87. BLANC 88. Raja 89. ACLightning 90. ACMacBet 91. ACHanley 92. ACEmerson 93. ACWatson 94. ACCarnduff 95. CristaFiber	96. 加拿大大大棕 97. 加拿大大大黄 98. ROCKRT 99. NorMan 100. Macbeth 101. Vimy 102. Flanders 103. BETHUE
	美国	104. ARGEN 105. TINE 106. MINNESOTA 107. ARGENTINE 108. VRVGY 109. NORTHDAK 110. Deeppink	111. MONISTON 112. CI300 * 355 113. WADA 114. AVDN 115. B. GoLDEN 116. OMEGA 117. TALLPINK	118. CI1499Efh 119. PALE 120. OTTAWA 121. MIMI（B15） 122. CFRESBR 123. 美国棕
欧洲	俄罗斯、法国、匈牙利、荷兰	124. DEHISCINT 125. CI2824Russ 126. ROSSIANINTRO 127. TAMMES 128. PI91. 031 129. Radisson 130. TAMMESTYPE11	131. Ocean 132. HERCULESE 133. Line548 - 01 134. Line629 - 01 135. Line657 - 01 136. CI637Russ	137. LINAGROSSES 138. Ethiopial 139. CN101363 140. HUMPATA 141. CN101362 142. Diane

（续）

来源		序号及名称		
亚洲 （除中国以外）	土耳其、印度、巴基斯坦、日本	143. P. I. 177451 144. MILAS 145. P. I. 172964 146. P. I. 171700 147. P. I. 171701 148. CAWNPORE 149. TY21	150. TY58 151. Type25 152. P. I. 1181058 153. CN19015 154. P. I. 183322 155. NO. 483	156. ARMAS 157. K-5409 158. P. I. 171704 159. N. P. 24 160. P. I. 171703 161. R. I. 178973

（二）方法

1. 样品基因组 DNA 的提取　取出于-80 ℃保存的样品，用高通量组织研磨仪研磨破碎，参照 Stewart 等提出的 CTAB 法提取基因组 DNA，用 Thermo 公司的 Nano Drop 2000 核酸蛋白测定仪检测 DNA 的纯度和浓度。

2. SRAP-PCR 扩增及检测　按照 Li 等建立的引物设计原理，设计了 21 个正向引物和 28 个反向引物，随机组成 588 对引物。本研究优化后的反应体系：$2\times$Taq Master Mix（含染料）12.5 μL、10 μmol/L 正、反向引物各 0.5 μL，20ng/μL 模板 1.5 μL，加 ddH$_2$O 至 25 μL。PCR 扩增程序：94 ℃，5 min；94 ℃，1 min，35 ℃，1 min，72 ℃，1 min，5 个循环；94 ℃，1 min，50 ℃，1 min，72 ℃，1 min，35 个循环；72 ℃，10 min；4 ℃保存。产物用 6%非变性聚丙烯酰胺凝胶电泳分离，恒功率 80W 电泳 2 h，采用银染法显色。

3. 多态性 SRAP 引物筛选　用内蒙古内亚 5 号和 H919、山西晋亚 7 号、甘肃陇亚 11 号和山丹白、新疆莎车早熟种红、河北坝选 3 号和坝亚 12 号、美国棕和加拿大大黄 10 个具有代表性的亚麻品种为材料，对 588 对 SRAP 引物进行筛选。选出了 20 对条带清晰、稳定性好、多态性高的引物。

4. 数据分析　根据 DNA Marker 1500 记录多态性条带。对在相同迁移位置上出现的带赋值 1，无带赋值 0，生成由 1 和 0 组成的原始矩阵。用 Excel 2003、CONVERT 和 POPGEN 1.32 软件计算总条带数、多态性条带数、多态性条带百分率、多态性信息含量、每个位点的有效等位基因数（N_e）、遗传距离（GD）和 Nei's 遗传相似系数（H）、香浓信息指数（I）等遗传相关参数。根据 Nei's 遗传相似系数，用 NTSYS 2.10、POWERMARKER 3.25 和 MEGA 6.0 软件进行非加权成对算术平均法（UPGMA）聚类分析，获得聚类图。

（三）结果与分析

1. 引物多态性分析

由表 12-9 可以看出，20 对引物在 161 份材料中扩增出 307 个条带，其中，192 个多态性条带，多态性比率为 62.54%。每对引物的扩增位点变幅为 12～19 个，总位点数平均 15.35 个，平均 9.60 个多态性位点。M15E7 扩增的多态性位点最多，M11E13 的扩增多态性位点最少。M14E2 引物对部分亚麻品种（系）的扩增结果见图 12-3。观测的等位基因数为 2.00 个，每个位点的平均有效等位基因数为 1.58 个，每对引物的多态性信息量（PIC）为 0.51～0.76，平均为 0.61，本试验引用的所有引物组合均为高多态性（$PIC>0.5$）。结果表明 SRAP 引物能够很好地反映供试亚麻品种（系）的遗传多样性。

表 12-9　采用的 20 对 SRAP 引物组合对 161 份亚麻品种的扩增结果

引物名称	引物序列（5′→3′）	总位点数/个	多态性位点数/个	多态性位点百分比/%	有效等位基因数/个	PIC
M15E4	M15：TGAGTCCAAACCGGAAG E4：GACTGCGTACGAATTTGA	14	8	57.14	1.99	0.61
M9E15	M9：TGAGTCCAAACCGGACA E15：GACTGCGTACGAATTGAT	13	7	53.85	1.37	0.55
M17E5	M17：TGAGTCCAAACCGGCAT E5：GACTGCGTACGAATTAAC	15	9	60.00	1.66	0.52
M4E4	M4：TGAGTCCAAACCGGACC E4：GACTGCGTACGAATTTGA	14	10	71.43	1.67	0.65
M3E10	M3：TGAGTCCAAACCGGAAT E10：GACTGCGTACGAATTCAC	17	12	70.59	1.41	0.58
M12E16	M12：TGAGTCCAAACCGGAAA E16：GACTGCGTACGAATTGTC	15	11	73.33	1.12	0.64
M7E17	M7：TGAGTCCAAACCGGACT E17：GACTGCGTACGAATTCGA	13	8	61.54	1.56	0.56
M11E13	M11：TGAGTCCAAACCGGAGG E13：GACTGCGTACGAATTCTG	12	6	50.00	1.65	0.52
M13E15	M13：TGAGTCCAAACCGGAAC E15：GACTGCGTACGAATTGAT	16	9	56.25	1.32	0.74
M13E20	M13：TGAGTCCAAACCGGAAC E20：GACTGCGTACGAATTAGC	14	8	57.14	1.53	0.62
M14E2	M14：TGAGTCCAAACCGGAGA E2：GACTGCGTACGAATTTGC	16	10	62.50	1.90	0.57
M5E7	M5：TGAGTCCAAACCGGAAG E7：GACTGCGTACGAATTGTA	15	8	53.33	1.64	0.56
M6E20	M6：TGAGTCCAAACCGGATG E20：GACTGCGTACGAATTAGC	18	10	55.56	1.59	0.65
M10E17	M10：TGAGTCCAAACCGGACG E17：GACTGCGTACGAATTCGA	19	11	57.89	1.88	0.71
M17E15	M17：TGAGTCCAAACCGGCAT E15：GACTGCGTACGAATTGAT	12	8	66.67	1.62	0.73
M20E2	M20：TGAGTCCAAACCGGTCC E2：GACTGCGTACGAATTTGC	18	13	72.22	1.04	0.76
M21E1	M21：TGAGTCCAAACCGGTGC E1：GACTGCGTACGAATTAAT	17	11	64.71	1.98	0.51
M15E7	M15：TGAGTCCAAACCGGAAG E7：GACTGCGTACGAATTGTA	19	14	73.68	1.96	0.53
M6E8	M6：TGAGTCCAAACCGGATG E8：GACTGCGTACGAATTACT	14	9	64.29	1.52	0.64

（续）

引物名称	引物序列（5′→3′）	总位点数/个	多态性位点数/个	多态性位点百分比/%	有效等位基因数/个	PIC
M1E17	M1：TGAGTCCAAACCGGATA E17：GACTGCGTACGAATTCGA	16	10	62.23	1.31	0.62
平均值		15.35	9.6	62.23	1.59	0.61
总计		307	192	1 244.55	31.72	12.27

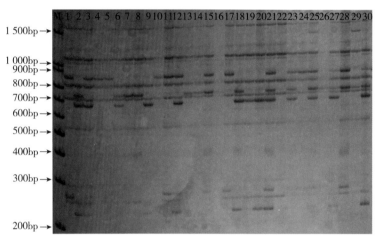

图 12-3 引物对 M14E2 在亚麻中的扩增产物

注：Marker 为 DL1500；1～30 依次为 30 份胡麻样品，顺序同表 12-9。

2. 亚麻种质的遗传多样分析

基于基因型数据，计算了 161 份亚麻资源的有效等位基因数（N_e）、香浓信息指数（I）、Nei′s 遗传相似系数（H）等遗传参数。结果如下：$N_e=1.582\,0$，$I=0.521\,1$，$H=0.346\,5$，说明本试验供试材料在物种水平上遗传多样性丰富。

UPGMA 聚类分析结果显示，在遗传相似系数 0.335 5 处，可将亚麻资源分为 2 大类：第一类包括 77 个品种，其中国内品种 65 个，国外品种 13 个，国内品种占 84.42%；第二类包括 84 个品种，其中国外品种 71 个，国内品种 13 个，国外品种占 84.52%。说明国内外品种基本能被分开，遗传差异较大，亲缘关系较远（图 12-4）。

在遗传相似系数 0.455 0 处，可将亚麻资源分为 5 个亚类。用不同颜色标记不同地理来源的亚麻种质。将中国华北地区、中国西北地区、美洲、欧洲、亚洲（除了中国）来源的亚麻种质分别标记为绿色、蓝色、紫色、橙色和黄色。Ⅰ亚类包括 28 个品种，其中内蒙古 10 个品种，河北 6 个品种，山西 4 个品种，国外 8 个品种；Ⅱ亚类包括 49 个品种，其中新疆 7 个品种，宁夏 16 个品种，甘肃 15 个品种，国外 11 个品种；Ⅲ亚类包括 46 个品种，其中加拿大 22 个品种，美国 15 个品种，中国 7 个品种，欧亚国家（除了中国）2 个品种；Ⅳ亚类包括 19 个品种，其中俄罗斯、匈牙利、法国、荷兰等欧洲国家 14 个品种，中国 4 个品种，亚洲（除了中国）国家 1 个品种；Ⅴ亚类包括 19 个品种，其中土耳其、印度、巴基斯坦、日本等亚洲国家（除了中国）14 个品种，中国 2 个品种，美国 1 个品种，欧洲国家 2 个品种。

在相似系数 0.500 0 处，Ⅰ亚类分为 3 个部分，第一部分由河北的坝亚系列 5 个品种，甘肃天亚 5 号，内蒙古轮选 1 号等 7 个品种聚到一类，其中河北品种占 71.43%；第二部分由山西晋亚系列 4 个品种，美国 CI300 * 355 等 5 个品种聚到一类，其中山西品种占 80%；第三部分由内蒙古内亚 5

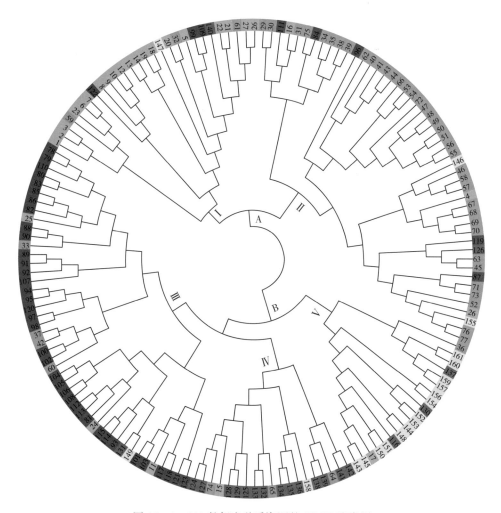

图 12-4　161 份胡麻种质资源的 SRAP 聚类图

注：A 为第一类群，B 为第二类群，Ⅰ、Ⅱ、Ⅲ、Ⅳ、Ⅴ分别代表 5 个亚群；1～161 材料编号同表 12-8。

号、内亚 6 号、集宁 1 号、集宁 2 号、轮选 3 号、H919、H920、H921、H922，河北坝 810，甘肃陇亚 7 号，新疆库车，加拿大 NorMan，美国 NORTHDAK，荷兰 HUMPATA、土耳其 P. I. 171701 等 16 个品种聚到一类，其中内蒙古品种占 56.25%。

在相似系数 0.542 0 处，Ⅱ亚类分为 3 个部分，第一部分由新疆的莎车早熟种红、莎车亚麻、95205、伊 97042、伊尖 44-53、YI-6、伊利亚麻，内蒙古内亚油 1 号，甘肃定亚 17 号，宁夏静宁选 2 号，加拿大 LAPLATA、美国 MONISTON 等 12 个品种聚到一类，其中新疆的亚麻品种占 58.33%；第二部分由宁夏宁亚系列 11 个品种、固亚 5 号、固亚 7 号，加拿大大棕，甘肃皋兰白、陇亚 10 号、定亚 13 号等 17 个品种聚到一类，其中宁夏亚麻品种占 76.47%；第三部分由甘肃的天亚系列 4 个品种、陇亚系列 4 个品种、定亚 23 号、民勤胡麻、山丹白品种，土耳其 P. I. 171700，宁夏的平罗红、静宁红胡麻，河北坝选 3 号，美国 PALE，俄罗斯 ROSSIANINTRO，加拿大 BLANC，内蒙古内亚 2 号，印度 NO. 483 等 20 个品种聚到一类，其中甘肃品种占 55.00%。

在相似系数 0.545 0 处，Ⅲ亚类分为 2 个部分，第一部分由加拿大的 18 个品种，内蒙古内亚 7 号，新疆新 18、伊亚 3 号，宁夏 81A350，甘肃庆阳胡麻，美国 Deeppink、ARGENTINE、OTTA-WA 等 26 个品种聚到一类，其中加拿大品种占 69.23%；第二部分由美国的 12 个品种，内蒙古轮选 2 号，山西雁农 1 号，加拿大 Cyprus、ACWatson、Vimy、BETHUE，法国 Ocean，巴基斯坦 TY21

等 20 个品种聚到一类，其中美国品种占 60.00%。

Ⅳ亚类由俄罗斯、匈牙利、法国、荷兰等欧洲国家的 14 个品种，甘肃定亚 5 号、康乐、灵台五星，内蒙古华德小胡麻，土耳其 P.I.171704 等 19 个品种聚到一类，其中欧洲国家品种占 73.68%。

Ⅴ亚类由土耳其、印度、巴基斯坦、日本等亚洲国家的 14 个品种，内蒙古内蒙红，美国 OMEGA，荷兰 TAMMESTYPE11，法国 LINAGROSSES，新疆伊亚 4 号等 19 个品种聚类到一类，其中亚洲（除了中国）品种占 73.68%。

总之，聚到一类的品种（系）遗传关系较近，而与其他品种遗传差异较大。国内外 84% 以上的品种基本能被分开，说明国内外品种的遗传差异较大，亲缘关系较远。5 个亚群中，50% 以上来源地相同的亚麻品种聚成一类，说明其遗传多样性受地域影响较大。但不同地理来源的亚麻品种之间相互交错分布，其原因是，首先，从外地引进的品种受环境的影响，在适应环境的过程中减少了遗传差异，致使不同地理来源的品种被归入同类群；另外，多年来，育种者使用少数几个骨干亲本选育新品种，造成相同地理来源的品种被归入不同类群。

3. 不同地理来源亚麻资源群的遗传多样性分析

为进一步分析不同地理来源亚麻资源的遗传多样性，将 161 份亚麻品种（系）按照地理位置分组，并将品种较少的国家或地区合并至与其地理位置相近的国家或地区，即印度、日本、巴基斯坦、土耳其合并为亚洲群体；俄罗斯、匈牙利、法国和荷兰合并为欧洲群体。从表 12 - 10 可以看出，群体水平上有效等位基因数变化范围为 1.385 4～1.569 3，平均值为 1.491 1；香浓信息指数变化范围为 0.342 3～0.501 6，平均值为 0.431 1；Nei's 遗传相似系数变化范围为 0.226 2～0.333 1，平均值为 0.286 3；各群体按多样性指数排序由高到低依次为中国西北群体＞中国华北群体＞美洲群体＞亚洲群体＞欧洲群体，这表明国内群体的遗传多样性高于国外群体的遗传多样性，其中中国西北群体遗传多样性最高，欧洲群体遗传多样性最低。各群体间的遗传相似系数为 0.844 9～0.954 5，遗传相似系数均达到显著水平（$P<0.05$，表 12 - 11 上角）。遗传距离为 0.046 6～0.168 5，亚洲群体（除了中国）和欧洲群体的遗传相似系数最低，为 0.844 9，遗传距离最远；而美洲群体和欧洲群体的遗传相似系数最高，为 0.954 5，遗传距离最近（表 12 - 11 下角）。

表 12 - 10　不同地理来源亚麻种质资源的多样性分析

来源区域	品种数目	有效等位基因数	Nei's 遗传相似系数	香浓信息指数
中国华北	28	1.550 8	0.323 2	0.488 0
中国西北	49	1.569 3	0.333 1	0.501 6
美洲	46	1.499 5	0.295 7	0.444 6
欧洲	19	1.450 9	0.253 7	0.379 0
亚洲	19	1.385 4	0.226 2	0.342 3
平均值		1.491 1	0.286 3	0.431 1

表 12 - 11　亚麻资源群体间的 Nei's 遗传相似系数（上角）和遗传距离（下角）

群体来源	中国华北	中国西北	美洲	欧洲	亚洲
中国华北		0.946 2*	0.945 1*	0.921 5*	0.876 5*
中国西北	0.055 3		0.908*	0.863 2*	0.898 7*
美洲	0.056 5	0.096 5		0.954 5*	0.894 4*
欧洲	0.081 7	0.147 1	0.046 6		0.844 9*
亚洲	0.131 8	0.106 8	0.111 6	0.168 5	

4. 不同地理来源亚麻资源群聚类分析

从不同地理来源亚麻种质资源群聚类分析结果（图 12-5）可以看出，亚麻资源群体在遗传相似系数 0.885 0 处聚成两类，其中，第一类由中国和亚洲（除了中国）群体组成；第二类由美洲和欧洲群体组成。在遗传相似系数 0.922 1 处聚成三类，第一类由中国群体组成，第二类由亚洲（除了中国）群体组成，第三类由美洲和欧洲群体组成。为了更清晰地揭示亚麻种质之间的遗传分化关系，构建 161 份亚麻品种（系）的二维主成分坐标图（图 12-6），结果显示，主成分的累计解释变异为 62.32%，基本能反映亚麻品种之间的亲缘关系信息，主成分分析结果支持亚麻种质资源聚类分析结果，体现了群体之间的地理格局。从群体间遗传相似系数的三维分布（图 12-7）可以看出，离中心位置距离最远的是亚洲群体，欧洲群体最近，其次为中国华北群体、美洲群体和中国西北群体，美洲群体与欧洲群体之间的距离较近。

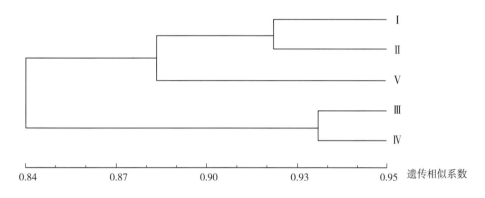

图 12-5　亚麻资源群体的 UPGMA 聚类图

注：Ⅰ为中国华北群体，Ⅱ为中国西北群体，Ⅲ为美洲群体，Ⅳ为欧洲群体，Ⅴ为亚洲群体。

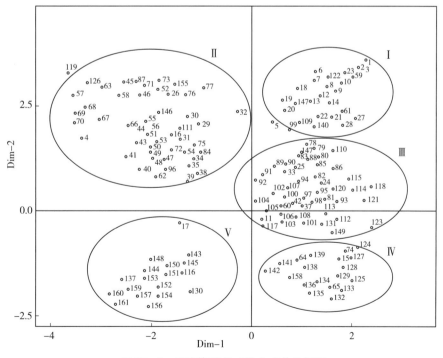

图 12-6　亚麻资源的二维主成分坐标图

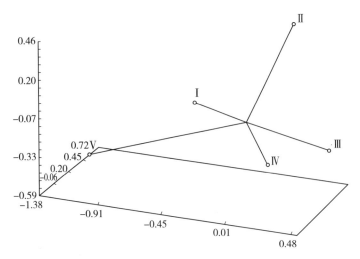

图 12 - 7　亚麻资源群分布三维图

（四）讨论

基于 SRAP 分子标记技术，在物种和群体水平上分析了 161 份亚麻种质资源的遗传多样性和亲缘关系。研究结果显示，引物多态性比率为 62.54%，平均每对引物组合有 9.60 个多态性位点。引物多态性比率结果高于邓欣、李明、杜光辉等分别用 RAPD、AFLP、ISSR 标记研究亚麻时获得的多态性比率结果（21.48%、60.90% 和 61.1%），这表明 SRAP 分子标记是分析亚麻种质资源遗传多样性和亲缘关系的有效方法。多态性位点结果明显高于安泽山和郝荣楷等的多态性位点研究结果（5.4 和 5.5），但低于陈芸和查美琴等关于石榴和枸杞的研究结果（12.13 和 22），这暗示了物种和样本集规模与引物多态性存在关联。

对 161 份亚麻种质资源的 UPGMA 聚类分析结果显示，国内外品种（系）基本能被分开，说明国内外种质资源遗传差异较大，亲缘关系较远，可以利用从国外引进的种质资源来拓宽国内亚麻种质资源的遗传多样性。在 5 个亚群中，大部分来源地相同的亚麻品种（系）聚成一类，说明亚麻种质资源遗传多样性受地域影响较大。但由于长期以来国内外种质的交流与合作，在一定程度上减少了不同地区品种间的基因型差异，部分品种之间相互交错分布，这与安泽山等关于 58 份亚麻品种的遗传多样性研究结果基本一致。

由于亚麻是自花授粉植物，其遗传变异受花粉扩散方式的限制，因此可以选择遗传差异较大的亲本，用人工授粉的方法进行杂交，以拓宽亚麻遗传变异。本研究发现，美国 PALE、MONISTON、CI300 * 355 和 NORTHDAK，加拿大 NorMan、LAPLATA、BLANC 和加拿大大棕，土耳其 P. I. 171701、P. I. 171700，荷兰 HUMPATA，俄罗斯 ROSSIANINTRO，印度 NO. 483 等 13 个品种与中国国内品种聚到一类，说明这些国外品种与国内品种亲缘关系较近。国内品种在不同主产区之间也存在相互交错分布的现象，比如，甘肃天亚 5 号和内蒙古轮选 1 号与河北亚麻品种聚到一类；河北坝 810，甘肃陇亚 7 号，新疆库车与内蒙古亚麻品种聚到一类；内蒙古内亚油 1 号，甘肃定亚 17 号，宁夏静宁选 2 号与新疆的亚麻品种聚到一类；甘肃皋兰白、陇亚 10 号、定亚 13 号与宁夏的亚麻品种聚到一类；宁夏的平罗红、静宁红胡麻、静宁选 2 号、河北坝选 3 号，内蒙古内亚 2 号与甘肃的亚麻品种聚到一类。此结果为亚麻育种中的亲本选择提供了重要的参考信息和材料。然而，为了更好地服务亚麻育种，这些试验结果还需要多年多点的大田试验来进一步鉴定与评估。

亚麻是一种古老的栽培作物，亚麻的栽培历史可以追溯到 2 000 多年以前。对于亚麻起源地争议较大，《德国经济植物志》中认为亚洲是亚麻起源地，也有学者认为亚麻起源于亚洲西部及欧洲东南部。王达等对油用亚麻起源进行了研究，认为中国亚麻栽培种由野生种变化而来，不是传入的，中国是油用亚麻的起源地。虽然关于油用亚麻起源看法得到了一定的试验证实，但是，这些研究主要是形态上的鉴定，因所使用的物种不同而结果不一致，缺乏遗传相关数据支持，从而产生了不同的结论。本研究在分子水平上分析了亚洲、欧洲和美洲亚麻的遗传多样性和亲缘关系，研究表明，中国西北群体和华北群体的遗传多样性最高，并且目前在中国西北和华北地区普遍分布着野生亚麻。根据来源于起源地的种质资源遗传变异丰富、遗传多样性水平高的观点，本研究结果支持"中国是亚麻起源地之一"这一观点。亚洲（除了中国）群体与其他群体的遗传距离远，遗传多样性较丰富，另外，Vavilov 等对亚洲和欧洲的 1 000 份亚麻资源进行了研究，认为油用亚麻起源地是西南亚的印度、土耳其、阿富汗等国家。因此，可以推测西南亚是亚麻的次生起源地。

第二节　基于 SSR 标记的亚麻种质评价

如何提高亚麻产量和品质，为亚麻的育种与遗传多样性提供技术支持，一直以来困扰着我国亚麻育种工作者。目前，已经发表的论文大部分是对亚麻表型性状的统计学分析，大部分对亚麻种质资源和遗传多样性的分析都是采用 SRAP、AFLP 等分子标记进行的，极少见亚麻农艺和品质相关性状与分子标记的关联分析。基于分子标记的关联分析需要大量已开发的分子标记来进行物种基因组标记，但是亚麻的 SSR 分子标记是基于 PCR 的一种分子标记手段，需要根据微卫星两端的短序列来开发 SSR 引物。最近几年，加拿大的科学家才开发出大量关于亚麻 SSR 分子标记的引物，为亚麻 SSR 分子标记的关联分析奠定了基础。本研究通过 SSR 分子标记的手段结合亚麻的农艺和品质性状，对 230 份来自全国各地以及国外的亚麻材料进行种质资源遗传分析、群体结构分析和关联分析，以期找到具有优良产量和品质性状的亚麻种质资源，为亚麻杂交育种提供理论基础。

一、材料与方法

本文以 230 份亚麻材料为研究对象，其中 111 份为国内材料，分别来自山西、内蒙古、宁夏、河北、新疆、甘肃等地，119 份为国外材料，分别来自加拿大、美国、阿根廷、法国、俄罗斯、匈牙利、伊朗、荷兰等地。所有亚麻材料于 2018 年 4 月 23 日种植于内蒙古自治区农牧业科学院试验田中，并于 2018 年 8 月 31 日收获，统计所有亚麻品种的表型性状。在亚麻未开花时，采集亚麻幼嫩的叶片 2.0 g，置于 1.5 mL 的离心管中保存，用于 DNA 的提取。

230 份亚麻种质材料播种出苗后，取 2.0 g 的亚麻嫩叶子，参照 Stewart 等提出的 CTAB 法提取基因组 DNA，用琼脂糖凝胶电泳检测是否提取成功。

查阅文献，根据已经公开发表的亚麻 SSR 标记，共找到 248 对引物的序列信息并交由生物公司合成。用遗传背景差距较大的 8 个亚麻品种，分别是 FRANCE317（法国）、山丹白（甘肃）、NORTHDAK505（美国）、RUSSIA6（俄罗斯）、坝亚 7 号（河北）、轮选 1 号（内蒙古）、晋亚 2 号（山西）、Hungary141（匈牙利）对合成的 SSR 引物进行差异性检测，筛选出多态性和清晰度较好的 SSR 引物，这是对引物的第一次筛选。之后进行第二次引物筛选，一共选出 30 对条带清晰、多态性好的引物。

（一）SSR－PCR 反应体系的优化

20 μL 的 SSR－PCR 体系：2×Taq Master Mix（含染料）10 μL，10 μmol/L 上下游引物各 0.5 μL，20 ng/μL DNA 模板 5 μL，ddH₂O 4 μL。PCR 扩增程序：94 ℃，5 min；94 ℃，1 min，56 ℃，

1 min，72 ℃，1 min，35 个循环；72 ℃，10 min；4 ℃保存。扩增的 PCR 产物用 6%的变性聚丙烯酰胺凝胶进行电泳分离，电泳时的功率为 70W，电泳时间 1.5 h 左右，采用银染法显色。

DNA 变性聚丙烯酰胺凝胶电泳的操作流程如下。

（1）处理玻璃板。先用洗洁精和清水清洗玻璃板，自然晾干。再用擦镜纸蘸取无水乙醇擦拭长、短板 2~3 遍，待干后用亲和硅烷擦拭长板 2~3 遍，短板用剥离硅烷擦拭 1~2 遍，擦完静置 10 min。

（2）制备浓度合适的凝胶。根据要分离的 DNA 片段大小选择浓度合适的凝胶，一般 4%~8%的凝胶较为合适。灌胶时，将 70 mL 的 6%凝胶导入胶桶中，加 350 mL 过硫酸铵（APS）和 70 mL 四甲基乙二胺（TEMED），上下颠倒混匀。将长玻璃板水平放置于垫板上，再将封条放置于长玻璃板两侧，上面盖短玻璃板。将配好的凝胶沿短板凹陷处灌进两块玻璃板中间，注意不能让气泡随凝胶进入玻璃板缝隙中。灌胶完毕，插入梳子，在玻璃板两侧各夹 3 枚夹子，在梳子上也夹 3 枚夹子，注意夹子位置不能超过梳子和封条的边缘。在室温下静置 3 h 以上。

（3）电泳。凝胶凝固后，将玻璃板上的夹子去掉，拔出梳子，将外围的胶用清水洗掉。组装电泳装置，将玻璃板短板朝向内侧放置于电泳槽内，加入 1×TBE 缓冲液，至缓冲液完全覆盖住样品孔隙，用针筒吸取缓冲液反复冲洗样品孔，直至无气泡或杂质。然后打开电源，固定功率 70W 预电泳 30 min 以上。预电泳结束后，在 PCR 扩增过的 DNA 样品中加 4 mL 的变性剂，放进 PCR 仪中 95 ℃加热 5 min。结束预电泳后，将变性过的 DNA 样品用移液枪打进样品孔中（上样量为 5 mL），注意在上样前用针筒吸取缓冲液将上样孔吹打一遍。之后 70W 恒功率电泳大约 1.5 h 直至带型分开。

（4）染色。银染：关闭电源开关，拿出玻璃板，将玻璃板的长短板分开，将长板放进在摇床上摇动的银染液中染色 10~15 min。漂洗：将长胶板从银染液中取出，放进蒸馏水中漂洗约 5 s。显影：漂洗后将胶板放至显影液中，在摇床上摇动显影液，直到胶板上的带型完全显现，大概需要 10 min。固定：将带型完整的胶板，放进固定液中进行固定，时间为 2 min。漂洗：拿出胶板，放进蒸馏水中 2 min。

（5）干胶。将胶板放在避风干燥处自然干燥。

（6）带型统计。

（二）分子标记数据处理方法

根据 DNA Maker 大小，记录条带大小和有无。在相同迁移位置上有条带出现的记为 1，没有条带则记为 0，组成只有条带大小及 1 和 0 的数据。用 Excel 2010 计算条带总数、多态性条带数、多态性条带占比；用 POPGEN 1.32 软件计算有效等位基因数、引物多态性信息含量（PIC）等遗传相关参数。引物 PIC 用以下公式计算：

$$PIC = 1 - \sum p_{ij}^2$$

式中，P_{ij} 是指 SSR 引物 i 的第 j 个等位基因出现的频率。

用 NTSYS 2.10 软件进行基于 Nei's 遗传距离构建的非加权组平均法（UPGMA），对统计的条带进行聚类分析。

（三）群体结构分析方法

用 Structure 2.3 软件估测群体结构，用基于数学模型的亚群划分群体，计算每份亚麻材料的 Q 值。Q 值代表的是某个亚麻材料的基因组变异来自第 N 个群体的概率。在 Structure 2.3 软件中，设置 K 值为 2~10，Lengthofburn－inperiod 设置为 10 000，重复次数设置为 3。得出结果后，根据 ΔK 值曲线确定群体结构。

二、结果与分析

（一）SSR 分子标记的遗传多样性分析

用 FRANCE 317、山丹白、NORTHDAK505、RUSSIA 6、坝亚 7 号、轮选 1 号、晋亚 2 号、Hungary 141 等 8 个亚麻材料对 254 对 SSR 引物进行初步筛选，筛选出条带清晰、多态性好的引物。初步选出 43 对多态性较好的引物，再将这 43 对引物在 230 份亚麻材料中进行二次筛选，总共选出 30 对多态性较好、扩增条带较稳定的引物。30 对 SSR 引物在 230 份亚麻材料中一共扩增出 365 个条带，平均每对引物扩增出 12.17 个条带（表 12-12）。30 对引物平均多态性位点占比高达 99.76%，有效等位基因数在 1.216 8～1.832 0，平均有效等位基因数为 1.443 2，引物多态性信息含量为 0.248 9～0.625 7，平均值为 0.427 9，*PIC* 值最大的 SSR 引物是 Lua37，最小的是引物 Lua69。说明这 30 对引物有较高的多态性，能提供丰富的遗传多样性信息。

表 12-12　30 对 SSR 引物在 230 份亚麻材料中的扩增结果

引物名称	扩增位点数/个	多态性位点数/个	多态性位点百分比/%	有效等位基因数/个	引物 *PIC*
Lub4	7	7	100	1.405 3	0.425 3
Lub13	11	11	100	1.416 2	0.408 5
Lua37	11	11	100	1.823 0	0.625 7
Lua69	8	8	100	1.199 1	0.248 9
Lua83B	13	13	100	1.620 7	0.544 0
Lua125a	12	12	100	1.216 8	0.276 5
Lu146	15	15	100	1.485 2	0.476 5
Lu176	9	9	100	1.328 4	0.378 8
Lu203a	13	13	100	1.549 9	0.505 9
Lu263	10	10	100	1.363 3	0.384 1
Lu266	6	6	100	1.483 4	0.481 9
Lu273	12	12	100	1.281 3	0.354 8
Lu291	18	18	100	1.326 4	0.363 8
Lu316	17	17	100	1.380 4	0.387 8
Lu330	10	10	100	1.551 5	0.490 4
Lu400	13	13	100	1.321 6	0.342 3
Lu422	9	9	100	1.752 6	0.611 7
Lu462	19	19	100	1.461 7	0.442 2
Lu465	14	14	92.86	1.508 0	0.454 5
Lu511	10	10	100	1.391 0	0.392 7
Lu554	5	5	100	1.574 1	0.499 8

（续）

引物名称	扩增位点数/个	多态性位点数/个	多态性位点百分比/%	有效等位基因数/个	引物PIC
Lu598	15	15	100	1.477 9	0.410 5
Lu661	11	11	100	1.227 6	0.289 6
Lu747	14	14	100	1.402 0	0.418 3
Lu765B	14	14	100	1.455 8	0.432 0
Lu771	10	10	100	1.308 3	0.334 0
Lu785	14	14	100	1.392 7	0.399 7
Lu787	14	14	100	1.617 8	0.536 4
Lu840	16	16	100	1.488 4	0.462 5
Lu849	15	15	100	1.486 5	0.457 1
平均值	12.17	12.13	99.76	1.443 2	0.428 7

（二）230份亚麻材料的相似性分析和聚类分析

230份亚麻材料间的相似系数分布频率如图12-8所示，相似系数为0.655~0.912，平均相似系数为0.786，相似系数主要集中在0.70~0.86，频率为96.52%。230份材料中，Hungary140和坝亚15号相似系数最小，是0.655，Hungary140亚麻种子来自匈牙利，坝亚15号种子来自中国河北，说明这两个材料的亲缘关系较远；相似系数最大的是来自荷兰的CFRESBR105和CFRESBR103，为0.912，说明这两份亚麻种质资源亲缘关系较近。230份亚麻材料经过NTSYS软件聚类分析后可分为5个群体（表12-13）。

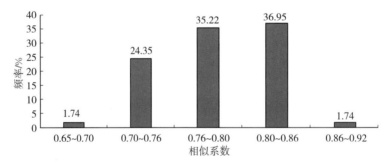

图12-8 材料间成对相似系数分布

表12-13 230份亚麻材料聚类分析结果

类群代码	材料数	材料名称
X-I	54	坝亚15号、轮选2号、BGOLDXREDWING44X3、坝亚13号、PALE（BLVE）、同亚8号、西礼白、山丹白、尧甸白胡麻、康乐1、张亚2号、同亚11号、晋亚8号、伊亚3号、TY58、坝810、晋亚2号、天亚6号、坝亚11号、黄胡麻、同亚9号、H920、定亚15号、陇亚8号、宁亚14号、定西17、灵台五星、宁亚15号、静宁选2号、库车、东乡白、坝亚1号、天水市老胡麻、线胡麻、TY21、宁亚2号、H919、礼县底脚、天水线、尚义详、伊亚4号、内亚6号、坝亚7号、MIMI B15、宁亚21号、Diane、VIRING、宁亚6号、清亚1号、东乡红2号、张亚1号、CHAURRAOLA、陇亚杂1号、Crista Fiber

（续）

类群代码	材料数	材料名称
X-Ⅱ	3	C0-89、晋亚6号、AC Lightning
X-Ⅲ	58	沙县、崇礼小、集宁2号、雁农1号、PALE、天亚5号、VIMY、内亚油1号、莎车早熟种红、内蒙红、喀拉沁、临汾白胡麻、天水渭南、定西红、临泽白、皋兰白、后旗普通、礼县、OTTAWA、LINA GRDSSES、集宁1号、定亚9号、天亚1号、宁亚17号、华德大粒高杆、乌拉特中后旗3号、民勤胡麻、华德小胡麻、宁亚19号、静宁红胡麻、MACBETH、ARTEN TINE、DEHISLINTL CREPIIAN、轮选3号、雁杂10号、晋亚4号、坝68-1-542、陇亚4号、定亚5号、雁北7532-4、陇亚1号（J）、晋亚1号、莎车胡麻、陇亚13号（J）、AC EMERSON、陇亚10号、晋亚7号、平罗红、晋亚11号、CI637PI91037 RUSSIA、AC HANLEY、AC MCDUFF、CI2824 USSR-1、CI1499PI194000、CDC ARRAS、NOR MAN、CDC BETHIMC、10446146
X-Ⅳ	67	May-11、宁亚7号、MONTANA7、MONTANA19、RUSSIA6、RUSSIA5、MINNESOTA61、临河17号、河北大粒6号、安西红胡麻、灵台转那、AC Linora、临夏白、MONTANA16、MINNESOTA8、MINNESOTA9、R43、坝亚12号、AC EMERSON、伊尖44-53、CFRESBR115、内亚7号、轮选1号、晋亚5号、多伦小胡麻、克山1号、CFRESBR106、15-566加拿大、NORTHDAK509、CFRESBR94、NORTHDAK517、CFRESBR108、NORTHDAK514、NORTHDAK518、CFRESBR105、CFRESBR103、NORTHDAK505、CFRESBR95、CFRESBR107、坝亚6号、15-519、匈牙利3号、新18、15-510 ROSSIANINTRD、NORTHDAK512、CFRESBR91、CFRESBR96、陇亚11号、定亚18号、NORTHDAK510、NORTHDAK507、陇亚6号、天亚9号、庆阳老、多伦大胡麻、宁亚11号、CFRESBR111、CFRESBR99、CFRESBR1088、CFRESBR1077、CFRESBR1076、CFRESBR1067、CFRESBR1091、CFRESBR21101、CFRESBR1082、CFRESBR1089、AC Carnduff、G7
X-Ⅴ	48	CFRESBR1095、Hungary 140、ARGENTINA597、Hungary 138、FRANCE308、Hungary 137、Hungary 145、Hungary 147、ARGENTINA592、Hungary 141、Hungary 150、Hungary 249、Hungary 248、Hungary 245、IRAN185、IRAN187、IRAN159、Hungary 243、IRAN191、IRAN184、PAKISTAN161、ARGENTINA591、Hungary 240、PAKISTAN169、PAKISTAN160、Hungary 247、ARGENTINA600、FRANCE293、Hungary 241、ARGENTINA589、PAKISTAN177、ARGENTINA594、PAKISTAN165、PAKISTAN172、PAKISTAN170、PAKISTAN164、ARGENTINA595、FRANCE313、FRANCE317、FRANCE291、FRANCE314、PAKISTAN181、FRANCE316、FRANCE319、FRANCE295、Hungary 244、Hungary 250、IRAN157

　　230份亚麻材料按照UPGMA聚类分析在遗传相似系数0.66处可以分为5个种群（图12-9）。种群1（X-Ⅰ）包括54份亚麻材料，国内品种（44份）占81.5%，国外品种10份。国内品种来自河北、新疆、内蒙古、甘肃等地，国外品种来自美国、加拿大等地。种群2（X-Ⅱ）只有3个品种，分别来自加拿大、山西和内蒙古。种群3（X-Ⅲ）有58份材料，其中41份为国内材料，占总数的70.7%，国外品种17份。41份国内材料分别来自甘肃、内蒙古、宁夏等地，国外品种则来自美国、加拿大、俄罗斯等地。种群4（X-Ⅳ）共67份材料，其中19份为国内材料，48份为国外材料，国外材料占71.6%。国外材料主要来自荷兰、加拿大、美国等国家，国内材料来自新疆、山西等地。种群5（X-Ⅴ）共48份材料，全部是国外品种，主要来自匈牙利，巴基斯坦、法国、伊朗4个国家。UPGMA聚类结果表明，国内亚麻品质和国外亚麻品质之间存在较大遗传差异，除少部分国内外杂交品种，绝大部分亚麻品种还保持着较纯的基因。同时可以发现，在近几年的培育下，国内地方品种基因不纯，几乎都存在杂交现象，种群1、2、3、4都以国内品种为主；而且没有单一地方品种大量集中于某一种群。因此，亚麻下一步育种重心应放在国内外品种杂交选育上。

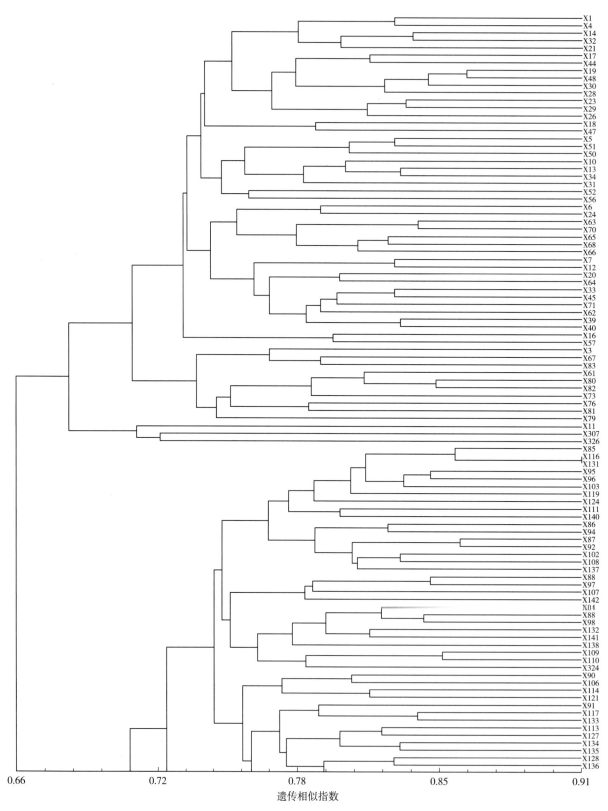

图 12 - 9　230 份亚麻材料的进化树

（三）Structure 群体结构分析

利用 Structure 软件对 230 份亚麻材料进行群体结构分析。设置 K 值为 2～10，循环次数为 3，依据 Evanno 等提出的方法，根据 K 值得出折线图，确定最佳 K 值，即种群数。如图 12 - 10，当 $K=4$ 时，ΔK 的值出现显著峰值，所以 230 份亚麻材料可分为 4 个种群，种群 1 和种群 3 都是 57 个材料，种群 2 为 60 个材料，种群 4 为 56 个材料。从图 12 - 11 可以看出，4 个种群的图谱颜色都少量掺杂其他杂色，说明种群基因并不纯粹，有些在同一种群的亚麻可能与其他种群的亚麻杂交并携带了其他种群的基因。这与通过 UPGMA 聚类分析得出的种群划分比较相近，更加证明了 230 份亚麻材料的结构分布情况。图 12 - 12 是根据群体结构作出的三角图，从图中我们能清楚地看到每一个亚麻小群体之间的距离及其分布情况，这是对种群划分更加细化的表达方式。

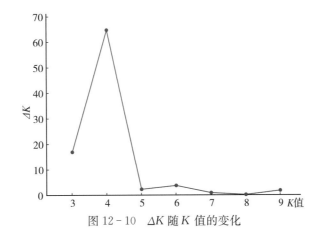

图 12 - 10　ΔK 随 K 值的变化

图 12 - 11　230 份亚麻材料群体结构分析

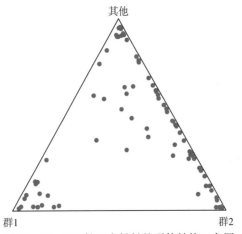

图 12 - 12　230 份亚麻材料的群体结构三角图

第三节　基于 SNP 标记的亚麻种质多样性分析

本研究拟对 269 份亚麻自然群体进行全基因组重测序，对各样品的 SNP 遗传变异信息进行检测。基于这些 SNP 信息，进行群体的遗传多样性分析；通过进化树、PCA 和群体结构等分析方法，探究主要亚麻群体间的遗传结构特征及进化关系。为引进亚麻种质资源、扩大其遗传变异和利用其杂种优势等提供参考价值，最终为亚麻遗传改良和新品种选育奠定基础。

一、材料与方法

（一）材料

供试试验材料为从 401 份核心种质中筛选出的具有地方代表性的 169 份亚麻品种（系）和从国外引进的 100 份种质资源，来自 21 个国家，其中国内品种主要来自内蒙古、河北、山西、甘肃、新疆、宁夏，国外品种主要来自美国、加拿大、阿根廷、荷兰、匈牙利、法国、俄罗斯、巴基斯坦、伊朗、埃及、印度、波兰、摩洛哥、新西兰、阿富汗、土耳其、奥地利、乌拉圭、罗马尼亚、德国等国家。

（二）样品 DNA 的提取

用植物基因组 DNA 提取试剂盒提取供试材料的基因组 DNA。试剂盒购自天根生化科技有限公司，货号为 DP305 - 02（50 次）。具体操作步骤如图 12 - 13。

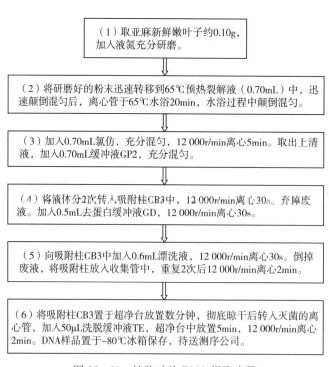

（1）取亚麻新鲜嫩叶子约0.10g，加入液氮充分研磨。

（2）将研磨好的粉末迅速转移到65℃预热裂解液（0.70mL）中，迅速颠倒混匀后，离心管于65℃水浴20min，水浴过程中颠倒混匀。

（3）加入0.70mL氯仿，充分混匀，12 000r/min离心5min。取出上清液，加入0.70mL缓冲液GP2，充分混匀。

（4）将液体分2次转入吸附柱CB3中，12 000r/min离心30s，弃掉废液。加入0.5mL去蛋白缓冲液GD，12 000r/min离心30s。

（5）向吸附柱CB3中加入0.6mL漂洗液，12 000r/min离心30s。倒掉废液，将吸附柱放入收集管中，重复2次后12 000r/min离心2min。

（6）将吸附柱CB3置于超净台放置数分钟，彻底晾干后转入灭菌的离心管，加入50μL洗脱缓冲液TE，超净台中放置5min，12 000r/min离心2min。DNA样品置于-80℃冰箱保存，待送测序公司。

图 12 - 13　植物叶片 DNA 提取步骤

（三）文库构建

检测合格的 DNA 样品通过 Covaris 破碎机随机打断成长度为 350 bp 的片段，采用试剂盒 Tru Sep Library Construction Kit 进行建库，DNA 片段经末端修复、加 ploy A 尾巴、加测序接头、纯化、PCR 扩增等步骤完成整个文库制备。

（四）上机测序

文库构建完成后，先使用 Qubit 2.0 进行初步定量，稀释文库至 1 ng/μL，随后使用 Agilent 2100 对文库的 insertsize 进行检测，insertsize 符合预期后，使用 qPCR 方法对文库的有效浓度进行准确定量（文库有效浓度＞2 nmol/L），以保证文库质量。库检合格后，将不同文库按照有效浓度及目标下机数据量的需求混合（pooling）后进行 Illumina Hiseq PE 150 测序。

（五）SNP 标记的检测方法

Illumina HiSeq 测序得到的原始图像数据经转化，成为序列数据，然而原始测序数据中会包含接头信息、低质量碱基、未测出的碱基等干扰信息，将其去除，得到有效数据。通过 BWA 软件，将有效的高质量测序数据与已公布的亚麻（*Linum usitatissimum*）基因组序列（http：//phytozome. jgi. doe. gov/）进行比对。样本比对率反映了样本测序数据与参考基因组的相似性，覆盖深度和覆盖度能够直接反映测序数据的均一性及与参考序列的同源性。采用 SAMTOOLS 软件进行群体 SNP 的检测。利用贝叶斯模型检测群体中的多态性位点，对获得的 SNPs 进行过滤（测序深度过滤，Minor allele frequency＞0.01，Callrate＞90%），以获得高质量的 SNPs。用 ANNOVAR 软件对检测出的基因变异进行功能注释。

（六）遗传多样性及群体分层分析方法

由于在不同的亚群间，某些稳定的等位基因频率不同，导致将两个亚群混合进行关联分析时，假阳性结果产生。所以先进行群体分层分析，包括系统进化树和主成分分析，得到的个体 SNPs 可以用于计算种群之间的距离。两个个体 i 和 j 之间的 p-距离通过如下公式计算：

$$D_{ij} = \frac{1}{L} \sum_{I=1}^{L} d_{ij}^{(1)}$$

式中，L 为高质量 SNPs 区域长度，在位置 1 上的等位基因为 A/C，那么

$$d_{ij}^{(1)} \begin{cases} 0, & \text{如果两个个体的基因型是 AA 和 AA,} \\ 0.5, & \text{如果两个个体的基因型是 AA 和 AC,} \\ 0.5, & \text{如果两个个体的基因型是 AC 和 AC,} \\ 1, & \text{如果两个个体的基因型是 AS 和 CC.} \end{cases}$$

运用 TreeBeST（http：//treesoft. sourceforge. net/treebest. shtml）软件计算距离矩阵，以此为基础，使用邻接法（neighbor-joining methods）构建进化树。基于个体基因组 SNP 差异程度，将个体按主成分聚类成不同的亚群。使用软件 GCTA（http：//cnsgenomics. com/software/gcta/pca.html）完成主成分分析，从中获得各个样本的主成分值。

（七）连锁不平衡分析方法

连锁不平衡（LD）的水平可以决定关联分析的精度、所选标记的数目。LD 衰减越快，GWAS 分析所需的标记密度越大，与目标性状表型变异关联的显著性位点离功能基因位点距离越近，即定位的精度越高。用 VCFtools（v0.1.12b）软件计算等位基因的相关系数（r^2）。

二、结果与分析

(一) 重测序数据分析与质量评估

检测合格的 DNA 样品（无降解、无污染、100～200 ng/μL）通过 Covaris 破碎机被随机打断成 301～390 bp 的片段，通过加测序接头、A 尾和经末端修复、纯化、PCR 等步骤构建为由 431～520 bp 片段组成的文库（图 12-14）。

对 269 份亚麻品种进行 Hiseq 测序得到了 1.372 3Tb 的原始序列数据（raw data），平均每个样品 5.10Gb，除掉接头信息、低质量碱基和未测出的碱基（图 12-15），共获得了 1.368 4Tb 的有效序列数据（Clean data），获得率为 99.72%，平均每个样品 5.09Gb。错误率在 1% 以下（Q20）的碱基所占的百分比为 94.91%～98.17%，平均值为 97.26%。错误率在 0.1% 以下（Q30）的碱基所占的百分比为 88.18～94.45%，平均值为 92.56%。碱基 G/C 含量所占的比例为 37.84%～40.02%，平均值为 38.57%（图 12-16），占 NCBI 上公布的全基因组 G/C 含量的 94.32%。269 份亚麻材料的有效测序数据与 JGI 版本亚麻参考基因组（318 250 901 bp）之间的平均比对率为 96.32%，对基因组的平均测序深度为 12.55，平均覆盖度为 95.25%。表明，试验材料与参考基因组的相似度达到了重测序分析的要求，同时具有很高的覆盖度深度和覆盖度。

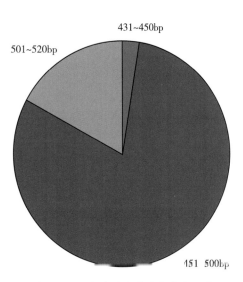

图 12-14 文库片段大小与分布比率

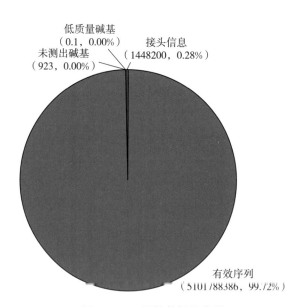

图 12-15 原始数据的分类

采用 SAMTOOLS 软件对参考基因组进行比对，获得 3 480 291 个 SNP。利用贝叶斯模型检测群体中的多态性位点，对获得的 SNPs 进行过滤（deep≥4，miss<0.2，MAF>0.01），得到 1 069 106 个 SNP，分布在 4 037 个 Scaffold 上，平均密度为每千碱基 2.87 个 SNP。利用 Lastz 软件对 NCBI 上公布的（https：//www.ncbi.nlm.nih.gov/nuccore? LinkName）15 对染色体基因序列与 4 037 个 Scaffold 序列进行比对，结果表明 15 对染色体上分布了 751 个 Scaffold，分布 Scaffold 最多的是 8 号染色体（73 个），其次为 1 号染色体（67 个），具体染色体名称和比对上的 Scaffold 总个数见表12-14。

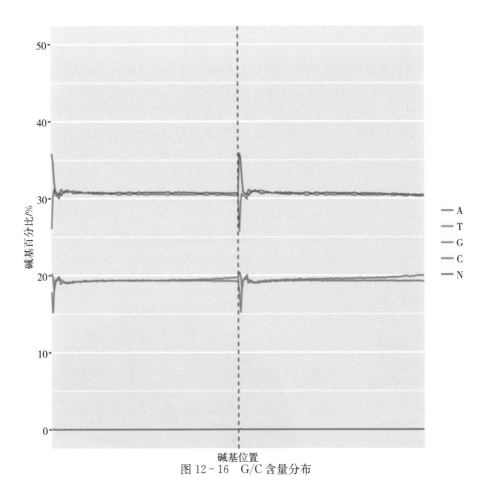

图 12-16 G/C 含量分布

表 12-14 染色体与 Scaffold 比对结果

染色体序号	染色体名称	染色体长度	比对区段长度	Scaffold 个数
Lu1	CP027619.1	29 425 369	25 890 242	67
Lu2	CP027626.1	25 730 386	21 976 824	60
Lu3	CP027627.1	26 636 119	24 361 537	60
Lu4	CP027628.1	19 927 942	18 336 258	44
Lu5	CP027629.1	17 699 753	17 098 417	42
Lu6	CP027630.1	18 078 158	17 059 169	44
Lu7	CP027631.1	18 299 719	16 714 526	54
Lu8	CP027632.1	23 785 339	21 140 584	73
Lu9	CP027633.1	22 091 576	20 043 787	59
Lu10	CP027620.1	18 203 127	17 515 883	34
Lu11	CP027621.1	19 887 771	18 918 659	37
Lu12	CP027622.1	20 889 232	20 057 682	34
Lu13	CP027623.1	20 483 506	19 330 780	48
Lu14	CP027624.1	19 392 306	17 674 820	55
Lu15	CP027625.1	15 636 771	14 150 486	40

（二）遗传进化分析

基于269份亚麻基因组重测序获得的SNP位点构建了邻接法进化树。从聚类图结果看，不同地理来源的亚麻品种交叉分布（图12-17），因此，该群体按地理来源分群不明显。对聚到一类的品种（系）的形态特征进行比对后发现，其花冠形状基本符合基因型数据的聚类结果。按花冠形状将269份亚麻种质分成4个群体，即漏斗形、五角星形、碟形和轮形。第一群体包括47个品种，其中43个为漏斗形，占91.49%，命名为漏斗形群体。此群体中，国内种质占65.95%（31个），其中甘肃的安西红亚麻、定亚18号、庆阳老等品种以外的14个品种基本聚到一类；新疆的4个种质中，伊尖44-53、莎车胡麻、莎车早熟种红3个品种聚到一类，河北的崇礼小和河北大粒6号2个品种聚到一类；内蒙古集宁的后旗普通胡麻和集宁1号聚到一类，其他4个内蒙古品种和宁夏的2个品种交叉分布。第二群体包括117个品种，其中104个品种的花冠形状为五角星形，占88.89%，命名为五角星形群体。此群体中，89.73%的品种来自国外，其中加拿大（18个）、美国（14个）和阿根廷（7个）、乌拉圭（1个）等美洲国家的品种占35.04%，荷兰（16个）、匈牙利（14个）、法国（6个）、俄罗斯（3个）、土耳其（1个）、波兰（1个）、奥地利（1个）等欧洲国家的品种占35.89%，巴基斯坦（8个）、伊朗（4个）、埃及（4个）、印度（2个）、阿富汗（1个）等亚（非）洲国家的品种占18.80%，国内品种包括内蒙古（9个）、甘肃（2个）、河北（2个）、黑龙江（1个）等地区的14个品种。第三群体包括93个品种，其中81个品种的花冠形状为碟形，占87.10%，命名为碟形群体。该群体中，84.94%的品种来自国内，其中甘肃23个、内蒙古17个、河北11个、宁夏10个、山西14个、新疆4个，国外品种分别来自荷兰（2个）、匈牙利（4个）及美国、加拿大、罗马尼亚、法国、俄罗斯、土耳其、德国、巴基斯坦等国家（各1个）。第四群体包括12个品种，除美国的MINNESOTA9以外的11个品种花冠形状为轮形，占91.67%，命名为轮形群体。此群体中，除了内蒙古的乌17号来自国内，其他11个品种分别来自美国（3个）、法国（3个）、荷兰（3个）、匈牙利（1个）、巴基斯坦（1个）。

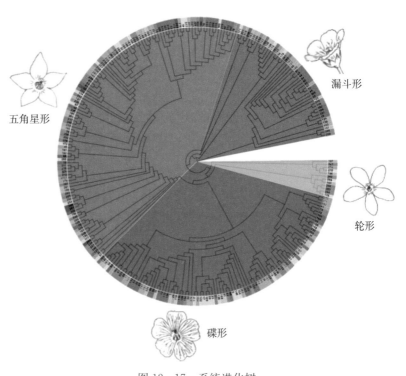

图12-17　系统进化树

为了进一步分析不同地理来源亚麻品种之间的分类和进化，将地理来源相近的国家和地区合并为一组，共分为5个地区，即内蒙古、河北、山西等地区合并为中国华北，用紫色标注；甘肃、新疆、宁夏等地区合并为中国西北，用蓝色标注；美国、加拿大、阿根廷等国家合并为美洲，用灰色标注；荷兰、匈牙利、法国、俄罗斯、土耳其、罗马尼亚、德国等国家合并为欧洲，用黄色标注；巴基斯坦、埃及、印度、阿富汗等国家合并为亚（非）洲，用绿色标注。对5个地理来源品种在漏斗形、五角星形、碟形和轮形群体中的分布进行分析，结果表明，中国西北品种主要集中在漏斗形和碟形群体中，中国华北品种主要集中在碟形群体中，欧洲和亚（非）洲品种主要集中在五角星群体中（图12-18）。

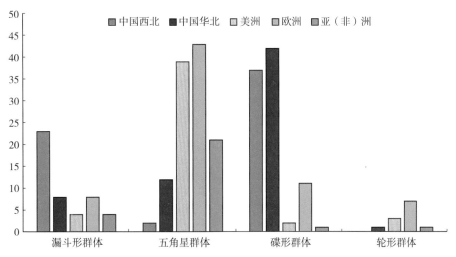

图12-18　不同地理来源亚麻种质资源的分布

　　总体来看，国内外品种基本能被分开，国外品种主要集中在五角星形和轮形群体中，占整个国外品种的86.56%。国内品种主要集中在漏斗形和碟形群体中，占整个国内种质的81.48%。这说明，国外品种的花冠形状主要为五角星形和轮形，以五角星形为主；国内品种的花冠形状主要为漏斗形和碟形，以碟形为主。在五角星形群体中，加拿大、美国、阿根廷等美洲国家的品种比较集中，荷兰和匈牙利的品种基本聚到了同一个亚群；在碟形群体中，甘肃、宁夏、新疆等中国西北地区的品种基本聚到一个亚群，内蒙古、河北、山西等中国华北地区的品种多与其他地区品种交叉分布。总之，聚到一类的品种（系）遗传关系较近，而与其他品种遗传差异较大。4个群体中，87%以上花冠形状相同的亚麻品系聚成一类，因此，可以推断亚麻花冠形状是与地理来源和育种目标紧密关联的一种表型性状。不同地理来源的亚麻品种之间相互交错分布，其原因有两个方面：首先，从外地引进的品种受环境的影响，在适应环境的过程中减少了遗传差异，导致不同地理来源的品种被归入同类群；另外，多年来育种者使用少数几个骨干亲本选育新品种，造成相同地区来源的品种被归入不同类群。

　　（三）群体结构分析

　　采用PLINK（http：//pngu.mgh.harvard.edu/～purcell/plink/）和Admixture软件构建群体遗传结构和群体世系信息。将269份品种的群体结构分群数K值设置为2～12，进行Structure分析，并对进化树结果进行互补验证，种质之间的交叉验证错误率ΔK最小时$K=9$，说明最佳分群K值为9，即269份品种（系）可分为9个群（图12-19）。第一群（POP1）包括25份品种，其中10份品种的遗传背景较纯，其他品种含有多种遗传成分，属于混合型。第二群（POP2）包括14份品种，其中3份品种的遗传背景较纯，其他品种均为混合型。第三群（POP3）包括45份品种，其中9份品种的遗传背景较纯，其他品种为混合型。第四群（POP4）包括39份品种，其中7份品种的遗传背景较纯。第五群（POP5）包括19份品种，其中4份品种的遗传背景较纯。第六群（POP6）包括40份品种，其中6份品种的遗传背景比较纯。第七群（POP7）、第八群（POP8）和第九群（POP9）分别包括16份（2份品种的遗传背景较纯）、49份（未有遗传背景较纯的品种）和22份（5份品种的遗传背景较纯）。

　　按地理来源对亚麻品种的分布进行分析，发现中国华北地区和西北地区、美洲、欧洲、亚（非）

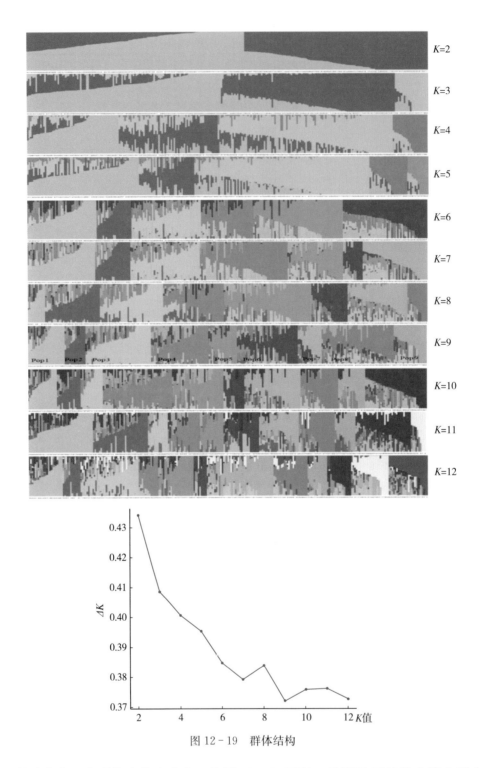

图 12 - 19　群体结构

洲 5 个地区的品种在 9 个群体中均有分布。从图 12 - 20 可见，欧洲地区品种在第六群中分布最多（16 份），其次为第八群（13 个），在第二群、第五群和第七群群体中分布较少，均为 3 份品种。美洲地区品种在第八群中分布最多（16 个），其次为第三群（10 个），在第七群中的分布较少（1 个）。亚（非）洲地区品种在第四群中的分布最多（6 份），其次为第八群（5 份），在第一群和第二群中的分布较少，均为 1 份。中国华北品种在第三群中分布的最多（11 份），其次为第四群和第六群，均为 10 份，在第七群中的分布较少（2 份）。中国西北地区品种在第三群和第四群中分布最多（10 个），其次为第七群体（8份），在第五群中分布较少（3个）。总体来看，国内品种在9个群体中基本均匀分布，而国外群体主要分布在第六群和第八群中。269份品种在群体结构上没能按地理来源分开，其原因可能是多年来育种者使用少数几个骨干亲本选育新品种，造成相同地区来源的品种被归入不同类群。

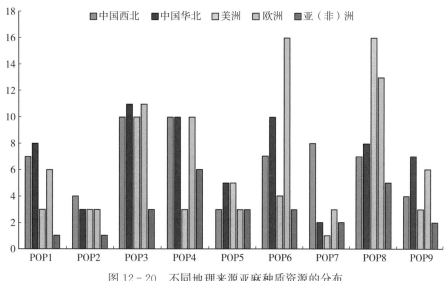

图 12-20　不同地理来源亚麻种质资源的分布

（四）主成分分析

进一步通过 GCTA 软件对 269 份亚麻品种进行基于 SNP 标记的主成分分析，结果显示，28 个国家和地区的品种，除了甘肃的 12 个品种独立居中以外，其他品种交叉分布，没有明显的地理亚群存在，与进化树聚类结果一致。主成分 1（PC1）对遗传变异的解释率为 8.24%，主成分 2（PC2）对遗传变异的解释率为 5.27%，主成分 3（PC3）对遗传变异的解释率为 2.50%（图 12-21）。将地理位置相近国家的品种合并为一个群体，分成 5 个群体进行主成分分析，结果表明，每个亚群中都存在不同地理来源的品种系。这说明，我国亚麻种质资源在引进和栽培过程中，经历了一个广泛的进化或基因交流。

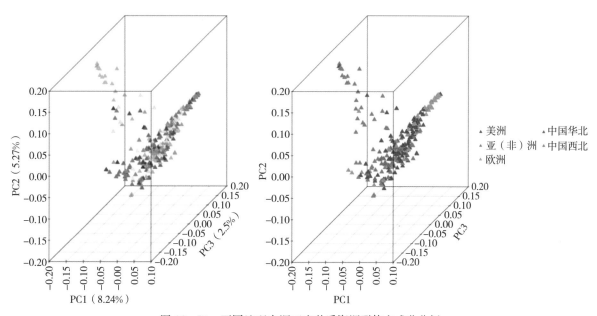

图 12-21　不同地理来源亚麻种质资源群体主成分分析

（五）连锁不平衡分析

连锁不平衡（LD）在染色体上的分布，一般用 LD 随遗传或物理距离的衰减速率来描述。用获得的 1 069 106 个 SNP 标记分析 269 份亚麻品种在全基因组水平上的 LD 状态，绘制连锁不平衡衰减图（图 12 - 22），可见连锁不平衡系数（r^2）从 0.29 衰减到 0.02，根据该群体的 LD 衰减曲线，r^2 衰退到一半时（0.14）对应的位点间距离，即 LD 衰减值，为 15kb。因此，该关联群体 LD 距离 15kb 范围内可用于后续全基因组关联分析。

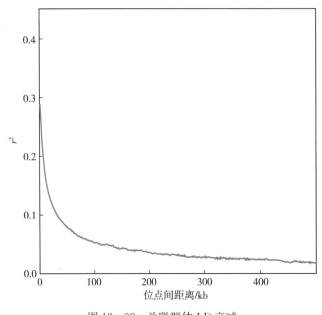

图 12 - 22　关联群体 LD 衰减

三、讨论

对 269 份亚麻品种进行重测序，获得了 1.368 4Tb 的有效序列数据，平均每个样品 5.09Gb。碱基 G/C 含量平均值为 38.57%。296 份亚麻材料的有效测序数据与参考基因组之间的平均比对率为 96.32%，对基因组的平均测序深度为 12.55，平均覆盖度为 95.25%。与参考基因组序列进行比对，鉴定了 1 069 106 个 SNP，平均密度为每千碱基 2.87 个 SNP，分布在 4 037 个 Scaffold 上，其中，751 个 Scaffold 分布在 15 对染色体上。269 份亚麻种质按花冠形状分为 4 个群体，即漏斗形（47 份种质）、五角星形（117 份种质）、碟形（93 份种质）和轮形（12 份种质）。对 5 个地理来源品种在漏斗形、五角星形、碟形和轮形群体中的分布进行分析，结果表明，中国西北品种主要集中在漏斗形和碟形群体中，中国华北品种主要集中在碟形群体中，欧洲和亚（非）洲品种主要集中在五角星群体中。将群体结构的分群数 K 值设置为 2～12，进行群体结构分析。根据种质之间的交叉验证错误率 ΔK 最小时 $K=9$，得出最佳分群 K 值为 9，即 269 份品种（系）可分为 9 个群。主成分 1（PC1）对遗传变异的解释率为 8.24%，主成分 2（PC2）对遗传变异的解释率为 5.27%，主成分 3（PC3）对遗传变异的解释率为 2.50%。对 5 个地理来源种质进行主成分分析，结果表明，每个亚群中都存在不同地理来源的品种系。连锁不平衡系数（r^2）从 0.29 衰减到 0.02，根据该群体的 LD 衰减曲线，r^2 衰退到一半时（0.14）对应的位点间距离，即 LD 衰减值，为 15kb，因此该关联群体 LD 距离 15kb 范围内可用于后续全基因组关联分析。

我国亚麻新品种选育工作从 20 世纪 50 年代开始，经历了 6 次较大范围的换种，即 60 年代初期，主要用雁农 1 号更换了部分农家品种；70 年代，主要用雁杂 10 号更换了引进品种；80 年代初期，主要用晋亚 2 号、天亚 2 号等新品种更换了雁杂 10 号；80 年代末期，陇亚 7 号、天亚 5 号、定亚 17 号、坝亚 6 号、坝亚 7 号等品种替代了天亚 2 号、内亚 2 号、晋亚 2 号、坝亚 3 号、新亚 1 号等品种；90 年代，陇亚 8 号、陇亚 9 号、天亚 6 号、坝亚 9 号、坝亚 11 号、宁亚 14 号、宁亚 15 号、宁亚 16 号、宁亚 17 号等品种替代了陇亚 7 号、天亚 5 号等品种；进入 21 世纪以来，选育了陇亚 10 号、陇亚 11 号、陇亚 12 号、内亚 5 号、轮选 1 号、轮选 2 号、轮选 3 号、晋亚 10 号、伊亚 4 号等新品种。本研究以上述品种为依据，选择内蒙古、河北、山西、甘肃、宁夏、新疆等地区的内亚系列、轮选系列、坝亚系列、晋亚系列、陇亚系列、天亚系列、定亚系列、宁亚系列、伊亚系列以及 30 年来生产上较有应用代表性的国内地方品种和国外引进品种，构建关联群体。从聚类图和主成分分析结果看，不同地理来源品种在地区上交叉分布，此结果与我国亚麻育种模式吻合，其原因有两个方面：首先，与亚麻育种途径有关，在引种鉴定法、系统选育法、杂交育种等主要的育种方法过程中，育种科研机构互相交换资源，导致不同地理来源品种聚到一类；另外，与亚麻自身的植物学特征有关，亚麻是自花授粉作物，异花授粉率不到 5%，因此新育成品种遗传信息与引进亲本高度相似。在本研究中，部分国外品种聚到一类，但国内品种在所有群体中分散分布，可以推断是因为国内育成品种亲本来源广泛，其中部分亲本为国外引进品种，比如轮选 3 号、轮选 2 号、天亚 5 号、陇亚 8 号、坝选 3 号、晋亚 7 号、晋亚 11 号、宁亚 19 号等众多品种的亲本都为国外品种。

在全基因组关联分析研究中，通常使用群体结构和连锁不平衡分析来评价关联群体的质量。群体结构分析能够提供个体的亲缘关系来源及其组成信息；通过连锁不平衡分析，可以获得物种的最小遗传单元。在本研究中，连锁不平衡系数（r^2）衰退到一半时（0.14）对应的位点间距离，即 LD 衰减值，为 15kb。不同物种 LD 衰减数值不同，亚麻的 LD 衰减数值小于栽培稻（200kb）、栽培玉米（100kb）、栽培大豆（150kb）的衰减值，而大于白菜（8kb）、拟南芥（4kb）的衰减值。

第十三章

亚麻种质主要性状的关联分析

关联分析（association analysis），又叫作连锁不平衡作图（linkage disequilibrium mapping）、关联作图（association mapping，AM）或关联研究。这种研究方式是基于连锁不平衡（LD）来鉴定试验群体内目标性状与分子标记或候选基因的遗传变异（等位基因变异）关系的分析方法。关联分析是一种用来研究群体内的基因变异与表型变化之间关系、发掘优良基因、定位变异基因以及对基因进行功能分析的基本工具。与传统的基因定位或分子生物学手段相比，关联分析主要有三个优点：第一，任何物种或群体都可以作为关联分析的研究材料，不需要专门构建用于连锁作图的物种群体；第二，可以同时鉴定同一个基因座位上的多个等位基因，包括物种进化史上发生的所有重组或变异，可鉴定遗传基础非常广泛的材料群体；第三，自然中的物种群体在经历成百上千年的进化和基因重组后，基因间的连锁不平衡衰减，定位的基因准确性更高。由此可见，关联分析弥补了之前分子生物学方法的在数量基因定位、连锁作图方面的局限性，同时简化了构建群体这一步骤，提高了基因鉴定的效率。目前，关联分析作为基因定位、连锁作图的重要手段，已成为植物种质资源评价和育种环节的重要手段。

关联分析主要包括两种策略，一种是基于全基因组扫描（genome-wide）的关联分析，另一种是基于候选基因（candidate-gene）的关联分析。全基因组关联分析（genome-wide association study，GWAS）是指在分子标记的基础上，采用合适且足量的分子标记对分布在目标物种全基因组染色体上的基因进行全面的扫描和鉴定，再利用获得的分子标记数据和群体表型数据在 TASSEL 等软件上进行关联分析。物种的全基因组扫描通常需要足够量的分布在染色体基因组上的分子标记，由此来定位与目标性状相关的基因组区域。候选基因的关联分析需要已知物种的全基因组序列，首先通过连锁分析把目标 QTL 限定在 3～5cM 以内，然后通过相应的生理生化分析和生物信息学分析初步排除大部分与目标性状无关的基因，最后对剩下的几个候选基因进行关联分析，即可快速找到与目标性状相关的候选基因。

进行全基因组的关联分析时，可通过四步来实现目标性状与分子标记的关联分析。第一步，选择合适的试验材料，应选择包含试验物种全部遗传信息的材料；第二步，全基因组分子标记扫描分析，用 SNP、RAPD、RFLP 和 SSR 等分子标记来进行基因扫描，检测并矫正试验材料间群体结构；第三步，选择并鉴定目标性状，目标性状应具有数据采集的简便性、评价的准确性、是否重要及重复性高低等特征；最后，将分子标记数据与目标性状数据使用关联分析软件进行分析。进行候选基因关联分析时，采用统计分析的方法，以基因序列为基础，挖掘与目标性状密切相关的基因。该方法主要利用候选基因的序列多态性，将其作为基因型数据，与目标性状的表型数据进行关联分析，从而确定与目标性状相关联的候选基因。有些基因对物种表型性状有决定性的影响，称为主效基因，当我们了解这些基因后可采用候选基因关联分析方法，这种方法与全基因组关联分析不同，是对已知的基因进行进一步的分析和验证。研究者们通过基因关联分析法能够了解目的基因的遗传效应、位置和基因网络等信息，进而通过分子生物学实验方法或作物育种来改良目标性状。

第一节　亚麻种质性状的 SSR 关联分析

开发与亚麻产量相关性状紧密连锁的遗传标记，对亚麻育种缩短周期、提高效率以及精准选育具有重要意义。产量相关性状易受环境影响，属于数量性状。关联分析是快速、准确定位目标性状基因的重要方法，是开发实用性分子标记的主要手段。Cloutier 等用 30 份 EST－SSR 引物对 23 份亚麻种质进行了遗传多样性分析。Wu 等采用简化基因组测序技术，在亚麻中开发出 1 574 个 SSR 标记。Choudhary 等利用 22 个 SSR 标记的 270 个多态性位点与 130 份亚麻种质的 26 个表型性状进行关联分析，获得了 95 个显著关联位点。这些结果为亚麻种质 SSR 标记研究提供了基础。内蒙古自治区农牧业科学院亚麻课题组在前期研究中对 401 份亚麻种质的表型和 SRAP 标记进行评价，构建了由 229 份亚麻核心种质组成的自然群体，在此基础上，本研究利用 30 对 SSR 引物对该核心群体进行基因型检测，挖掘与产量相关性状紧密关联的 SSR 标记，为亚麻遗传改良提供理论基础。

一、产量相关性状的关联分析

（一）试验材料

供试材料为 229 份亚麻核心种质，其中 110 份为国内种质，分别来自 6 个亚麻主产区（内蒙古占 10%、甘肃占 18%、河北占 6%、山西占 6%、宁夏占 5%、新疆占 3%），119 份为国外种质，分别来自 9 个国家（美国占 10%、荷兰占 8%、匈牙利占 8%、加拿大占 7%、法国占 5%、巴基斯坦占 5%、阿根廷占 3%、伊朗占 3%、俄罗斯占 3%）。

（二）产量相关性状的测定与分析方法

229 份亚麻种质分别种植于内蒙古呼和浩特、乌兰察布集宁、锡林郭勒太仆寺及新疆伊犁四个亚麻主产区，田间播种均采用随机区组设计，3 次重复，每份种质材料种植 3 行，行长 2.0 mL，行距 0.20 mL，每行种子 180 粒。四个地区的地理位置、物候条件、播种和收获时期见表 13－1。苗期，取 2.00 g 新鲜嫩叶子置于－80 ℃冰箱中保存备用。亚麻生理成熟后，试验小区随机取样 20 株，参考《亚麻种质资源描述规范和数据标准》，测定株高、工艺长度、单株蒴果数、每果粒数、单株粒重、种子千粒重、分枝数等性状。

表 13－1　四个种植区的地理位置、气候条件

种植区	海拔/m	东经	北纬	年降雨量/mm	日照时间/h	播种时期	收获时期
呼和浩特	1 056	111°48′	40°49′	410	3 000	4 月 28 日	8 月 20 日
太仆寺	1 600	115°10′	41°35′	350	2 937	5 月 25 日	9 月 17 日
集宁	1 417	113°10′	40°01″	384	3 130	5 月 15 日	9 月 8 日
伊犁	670	81°12′	43°47′	417	2 890	3 月 20 日	7 月 12 日

（三）亚麻 SSR-PCR 扩增

参照 Stewart 等提出的 CTAB 法提取样品基因组 DNA，检测合格之后置于－20 ℃保存备用。本研究利用课题组前期筛选获得的 30 对 SSR 引物（表 13－2），送上海生工生物工程技术服务有限公司

合成，PCR 反应体系和扩增程序与伊六喜等优化后的程序一致。扩增产物用 6%非变性聚丙烯酰胺凝胶电泳分离，恒功率 70W，电泳 1.5 h，采用银染法显色。DNA Marker 1500 条带为对照，标记种质之间基因型差异条带，标记为 0 或 1，组成一个由 1 和 0 组成的数据矩阵。用 POPGEN 1.32 计算有效等位基因数、引物多态性信息含量。用 TASSEL 5.0 对表型数据和 SSR 分子标记数据进行广义线性模型（general linear model，GLM）和混合线性模型（MLM）的关联分析。得出 P 值、表型变异解释率、关联位点以及表型效应值。

表 13－2　30 对引物序列

引物名称	序列（5'→3'）	G/C 含量/%	引物名称	序列（5'→3'）	G/C 含量/%
Lub4	TGGAAGTCAACGAGATCGAA ACAGCAGCCTCCGTGTTTAT	50.00	Lu400	GAATGGCTCCTCGAAAGATG ATTAGACGGGGAGCTTGAGG	46.40
Lub13	CGAGGATGACAATGATGACG CAGCAGCAGCATCAGGTAAA	46.63	Lu422	GTTAATCGCCCCTGAACTGA TTGCAGTTACAACAGCAGCA	55.87
Lua37	CACAGCACAGACACAGACCA GGCGGCTTTAAGAAGTGAAA	36.80	Lu462	AATGAGCACAACAACAGCAAG AGCAGCTCTGGACTTGAGGA	39.53
Lua69	CTAAACCACACCCCCATCAC AAAGTGGGGAAATTGGGCTA	50.97	Lu465	CAAGACTTGTAGGGCGGAAC CGTCGGCCTATGAGAAGAAC	56.25
Lua83B	CCCTCATTTTTCTCCTTCCA CAGGCGTTACAGTTTCCCATA	50.26	Lu511	CATTGACCTCCCATTTCACC TCAAGGAAGGCTCGTTGTTC	44.76
Lua125a	GCCTTTGGAGGGCTTAACTT ACAATCCCAACATTCCCAAA	43.72	Lu554	GGCCAAGGATATAGCACGAA TTGGACCTTAAGCCCAGATG	45.27
Lu146	AACCTGAACCAGACGAGCAT AGGTGGATCCAGCAAGCTAA	42.32	Lu598	TAGAGGCCAGCTAGCAGCA AAAAGCTTCCCTTTGGTGGT	45.54
Lu176	TCCATCCTCTGCATTTGTGA AAGACGAGTGCCCATTCCTA	42.53	Lu661	AAGACAACAACCTGGGGAAA GATTCAGCAGCCGAGAGTG	52.36
Lu203a	CCTTTTCACGCAGAGCTACC GCTTCCGTAATCCTCTTCCA	48.98	Lu747	CGGCTGAGGATTACTTGTCG TAAACTCCACTTCCCCCAAC	56.00
Lu263	GCCGAAAGTTGAAGCATAGG TGTTGCTTGTTGGCAAACTG	39.93	Lu765B	CCTCATTCCGCTCAGCAA CGAAAATGGGGAAGATGATG	47.34
Lu266	ACGACACCGGATTTATCTGC ACGTGTCCTCCACATGCTCT	50.48	Lu771	ATACTCCTCCGACGCTGATG AACCTCGAAACGAATGATGC	58.96
Lu273	CGATGATCACTGGACGGATA CATAGCTTCAAAGGCAGCAC	44.78	Lu785	CGAGGCATCATATTTTCTCTTG ATCAGCAATCAATCGCATCA	33.33
Lu291	GGAAATTCCAAGTTCCCAGT AGTTTCGCTATTCCGTCTGC	37.18	Lu787	AAGACCACCACAAGGGACAG TGAACCATAGCGATCATCACA	59.69
Lu316	TCCTCGGAAGAAGAAGACGA GAGAGGAATCATGGCGGATA	50.00	Lu840	ATTCCTTTTTGAGGGCGAGT ACAGCTGGAACTGGAGAGGA	48.82
Lu330	TCTTGTACATTGCGGCACTC GCACCAGATGAGGAAGAGGA	42.53	Lu849	CGACACAGCATTCAATGACC CAGACCTTGGGAGCTTTGGAG	50.00

（四）结果分析

使用 TASSEL 5.0 软件的广义线性模型（GLM）和混合线性模型（MLM）程序，将每份种质的 Q 值作为协变量，进行 30 个 SSR 标记与不同环境下检测到的表型数据均值的关联分析，检测与目标性状显著（$P<0.01$）关联的标记。GLM 和 MLM 的关联分析结果分别见表 13-3 和表 13-4。GLM 下，检测到了 36 个 SSR 标记，标记对性状表型变异的解释率为 1.15%（Lu146）～7.75%（Lu747），平均为 4.19%。MLM 下，检测到了 23 个 SSR 标记，标记对性状表型变异的解释率为 2.26%（Lu203a）～7.16%（Lu291），平均为 3.62%。在 GLM 和 MLM 下，单株粒重、单株蒴果数和分枝数同时检测到了 Lu203a 和 Lua125a 标记，分别分布在 12 号和 2 号染色体上。

表 13-3　亚麻产量相关性状的 GLM 关联分析

性状	标记	染色体	R^2/%	性状	标记	染色体	R^2/%
株高	Lu554	4	4.14	单株蒴果数	Lu273	10	6.92
	Lu785	11	4.44		Lu465	4	6.42
	Lu661	1	4.54		Lu661	1	6.75
	Lu511	7	4.34		Lu765B	12	7.10
单株粒重	Lu203a	12	1.65		Lu203a	12	7.25
	Lua125a	2	1.75		Lu771	1	7.15
	Lub4	15	1.55		Lu465	4	6.55
	Lua37	9	1.35		Lu400	8	6.95
	Lu146	7	1.15		Lub13	1	7.55
	Lu465	4	1.67		Lu747	3	7.75
	Lu771	1	1.75		Lua125a	2	7.53
	Lu176	5	1.57	分枝数	Lu598	6	3.25
	Lu273	10	1.65		Lu462	15	3.45
工艺长度	Lu554	4	1.26		Lua125a	2	3.75
	Lu849	13	1.31		Lu203a	12	3.25
千粒重	Lu511	7	3.42	每果粒数	Lu771	1	4.89
	Lu316	8	3.72		Lu465	4	4.69
	Lu400	8	3.52		Lu273	10	4.79

表 13-4　亚麻产量相关性状的 MLM 关联分析

性状	标记	染色体	R^2/%	性状	标记	染色体	R^2/%
分枝数	Lua125a	2	3.02	每果粒数	Lu771	1	4.29
	Lu203a	12	2.98		Lu465	4	4.24
	Lu661	1	2.91		Lu273	10	4.79
	Lu598	6	2.42	单株粒重	Lua125a	2	2.60
单株蒴果数	Lu203a	12	2.26		Lu203a	12	2.79
	Lua125a	2	2.56		Lu771	1	2.47
	Lu465	4	2.45	千粒重	Lu316	8	3.63

（续）

性状	标记	染色体	$R^2/\%$	性状	标记	染色体	$R^2/\%$
单株蒴果数	Lu400	8	2.61	千粒重	Lu511	7	3.72
	Lub13	1	2.62		Lu765B	12	3.51
株高	Lu462	15	4.12	工艺长度	Lu849	13	7.06
	Lu291	11	4.19		Lu291	11	7.16
	Lu203a	12	4.56				

（五）讨论与结论

近几年，关于亚麻 SSR 标记开发研究的报道较多，但是在这些成千上万标记中，真正应用于亚麻育种当中的标记寥寥无几，因此，对于亚麻种业发展来说，需要更多关于种质资源的表型和基因型鉴定评价，并挖掘实用性分子标记。本研究筛选出 30 对 SSR 多态性引物，共扩增出 365 条带，与亚麻 7 个产量相关性状进行关联分析，GLM 下检测到 36 个显著关联的 SSR 标记，MLM 下检测到 23 个 SSR 标记。其中，Lu203a 和 Lua125a 标记在两种模型下均关联到单株粒重、单株蒴果数和分枝数。通过与亚麻参考基因组（https：//www. ncbi. nlm. nih. gov/nuccore？ LinkName）的比对，Lu203a（CCTTTTCACGCAGAGCTACC/GCTTCCGTAATCCTCTTCCA）标记分布在 12 号染色体上，Lu125a（GCCTTTGGAGGGCTTAACTT/ACAATCCCAACATTCCCAAA）标记分布在 2 号染色体上。前人在亚麻种质的 SSR 标记研究中大量使用了这两个标记，说明后期可以利用 Lu203a 和 Lu125a 标记辅助选择对应的目标性状，为亚麻遗传改良提供便利。

二、品质相关性状的关联分析

亚麻油脂含量评价研究对亚麻品质遗传改良具有重要意义。赵利等对 116 份亚麻种质资源的油脂含量和碘价进行检测分析，初步筛选出一批高亚麻酸的优良种质。伊六喜等对 401 份亚麻种质进行表型评价，筛选出亚麻酸含量 55% 以上的品种 16 份。张琼等以 162 份亚麻重组自交系为研究材料，对粗脂肪含量和 5 种脂肪酸含量进行遗传分析，结果表明，油脂含量存在广泛变异，表现出超亲分离现象。以上研究对亚麻油脂含量评价具有一定的意义，但表型数据易受环境影响，因此，有必要进行基因型评价，并挖掘与粗脂肪含量和脂肪酸组分关联的关键遗传标记。前人已广泛利用 SSR 标记对亚麻遗传多样性和群体结构进行评价研究，Cloutier 等用 30 份 EST - SSR 引物对 23 份亚麻种质进行了遗传多样性分析；Wu 等采用简化基因组测序技术，在亚麻中开发出 1 574 个 SSR 标记；Cloudhary 等利用 22 个 SSR 标记的 270 个多态性位点与 130 份亚麻种质的 26 个表型性状进行关联分析，获得了 95 个显著关联位点。这些结果均说明，利用 SSR 标记对亚麻种质遗传多样性进行评价及关联分析具有一定可行性。本文以 230 份亚麻种质为研究对象，通过品质相关性状的 SSR 标记关联分析，获得与目标性状显著关联的 SSR 位点，为亚麻分子标记辅助选择育种提供理论基础。

（一）材料与方法

试验于 2018 年在内蒙古自治区农牧业科学院试验田（111°48′E，40°49′N）进行，海拔 1 056 mL，年降水量 410 mm，年日照时间 3 000 h。以 230 份亚麻核心种质材料为研究对象，其中 112 份为国内种质，分别来自 6 个亚麻主产区（内蒙古 23 份、甘肃 42 份、河北 14 份、山西 14 份、宁夏 12 份、新疆 7 份），118 份为国外种质，分别来自 9 个国家（美国 21 份、荷兰 18 份、匈牙利 18 份、加拿大 16 份、法国 12 份、巴基斯坦 12 份、阿根廷 7 份、伊朗 7 份、俄罗斯 7 份）。

采用随机区组设计，重复 3 次，种植 3 行，每行种 200 粒种子，行长 1.0 mL，行距 30.0 cm。按常规田管理方法进行管理。出苗后，苗期取 2.00 g 新鲜嫩叶片于－80 ℃冰箱保存备用。

待田间植株种子生理成熟后，从试验小区随机取样 20 株，用 DA7200 型近红外分析仪分别测定棕榈酸（palmatic acid，PAL）、硬脂酸（stearic acid，STE）、油酸（oleic acid，OLE）、亚油酸（linoleic acid，LIO）、亚麻酸（linolenic acid，LIN）和粗脂肪（crude fat，CF）等品质性状的含量。

取出－80 ℃保存的样品，用冷冻玻璃棒破碎，参照 Stewart 等提出的 CTAB 法提取基因组 DNA，用琼脂糖凝胶和核酸测定仪检测 DNA 的纯度和浓度。筛选出 30 对条带清晰、重复性好的引物（表 13-5），对供试材料进行基因型检测。PCR 反应体系 25.0 μL：Taq Master Mix 12.5 μL、10 μmol/L 引物 1.0 μL、40 ng DNA 模板 3.0 μL、超纯水 8.5 μL。扩增程序为 94 ℃，5 min；94 ℃，1 min，56 ℃，1 min，72 ℃，1 min，35 个循环；72 ℃，10 min；4 ℃保存。用 6% 非变性聚丙烯酰胺凝胶电泳分离产物，恒功率 70W，电泳 1.5 h，采用银染法显色。通过 DNA Marker 1500，统计 DNA 差异条带，标记为 0 或 1。

表 13-5　30 对引物序列

引物名称	序列（5′→3′）	引物名称	序列（5′→3′）
Lub4	TGGAAGTCAACGAGATCGAA ACAGCAGCCTCCGTGTTTAT	Lu400	GAATGGCTCCTCGAAAGATG ATTAGACGGGGAGCTTGAGG
Lub13	CGAGGATGACAATGATGACG CAGCAGCAGCATCAGGTAAA	Lu422	GTTAATCGCCCCTGAACTGA TTGCAGTTACAACAGCAGCA
Lua37	CACAGCACAGACACAGACCA GGCGGCTTTAAGAAGTGAAA	Lu462	AATGAGCACAACAACAGCAAG AGCAGCTCTGGACTTGAGGA
Lua69	CTAAACCACACCCCCATCAC AAAGTGGGGAAATTGGGCTA	Lu465	CAAGACTTGTAGGGCGGAAC CGTCGGCCTATGAGAAGAAC
Lua83B	CCCTCATTTTTCTCCTTCCA CAGGCGTTACAGTTTCCCATA	Lu511	CATTGACCTCCCATTTCACC TCAAGGAAGGCTCGTTGTTC
Lua125a	GCCTTTGGAGGGCTTAACTT ACAATCCCAACATTCCCAAA	Lu554	GGCCAAGGATATAGCACGAA TTGGACCTTAAGCCCAGATG
Lu146	AACCTGAACCAGACGAGCAT AGGTGGATCCAGCAAGCTAA	Lu598	TAGAGGCCAGCTAGCAGCA AAAAGCTTCCCTTTGGTGGT
Lu176	TCCATCCTCTGCATTTGTGA AAGACGAGTGCCCATTCCTA	Lu661	AAGCAACAACCTGGGGAAA GATTCAGCAGCCGAGAGTG
Lu203a	CCTTTTCACGCAGAGCTACC GCTTCCGTAATCCTCTTCCA	Lu747	CGGCTGAGGATTACTTGTCG TAAACTCCACTTCCCCCAAC
Lu263	GCCGAAAGTTGAAGCATAGG TGTTGCTTGTTGGCAAACTG	Lu765B	CCTCATTCCGCTCAGCAA CGAAAATGGGGAAGATGATG
Lu266	ACGACACCGGATTTATCTGC ACGTGTCCTCCACATGCTCT	Lu771	ATACTCCTCCGACGCTGATG AACCTCGAAACGAATGATGC
Lu273	CGATGATCACTGGACGGATA CATAGCTTCAAAGGCAGCAC	Lu785	CGAGGCATCATATTTTCTCTTG ATCAGCAATCAATCGCATCA
Lu291	GGAAAATTCCAAGTTCCCAGT AGTTTCGCTATTCCGTCTGC	Lu787	AAGACCACCACAAGGGACAG TGAACCATAGCGATCATCACA

（续）

引物名称	序列（5′→3′）	引物名称	序列（5′→3′）
Lu316	TCCTCGGAAGAAGAAGACGA GAGAGGAATCATGGCGGATA	Lu840	ATTCCTTTTTGAGGGCGAGT ACAGCTGGAACTGGAGAGGA
Lu330	TCTTGTACATTGCGGCACTC GCACCAGATGAGGAAGAGGA	Lu849	CGACACAGCATTCAATGACC CAGACCTTGGAGCTTTGGAG

（二）数据处理

表型数据分析包括最大值、最小值、均值、方差、变异系数和遗传多样性分析。表型变异系数（CV）＝标准差/平均值。用香农-威纳指数衡量表型性状的遗传多样性。用 SPSS 19.0 软件完成亚麻表型性状之间的相关性分析和主成分分析。参照 DNA 标准物，记录条带大小和有无情况。在相同迁移位置上有条带的记为 1，无条带记为 0，组成一个由 1 和 0 组成的数据矩阵。用 PopGene 1.32 软件计算有效等位基因数和引物多态性信息含量（PIC）。用 NTSYS 2.10 软件进行遗传相似性和非加权组平均法（UPGMA）聚类分析。用 Structure 2.3 软件分析群体结构，K 值设置在 2～10，"Length of burn-in period"设置为 10 000，3 次重复。根据 K 值得出折线图，确定最佳 K 值。

用 TASSEL 5.0 软件对表型数据和 SSR 基因型数据进行广义线性模型（general linear model，GLM）关联分析，得出 P 值、表型变异解释率、关联位点以及表型效应值。

（三）结果分析

以 Q 值为协变量，用 GLM 进行 365 个 SSR 多态性位点与表型数据之间的关联分析，共发现 26 个 SSR 位点与亚麻脂肪酸含量和粗脂肪含量显著关联（P 值≥5.00），其中亚油酸含量检测到的 SSR 位点最多（8 个），硬脂酸含量和棕榈酸含量检测到的 SSR 位点均是 5 个，粗脂肪含量检测到 SSR 位点 4 个，亚麻酸含量检测到的位点最少（1 个），表型变异解释率在 2.45%～3.44%（表 13-6），S342 位点在油酸含量的表型解释率最高（3.44%）。粗脂肪含量和亚油酸含量共同检测到了 S116 位点，亚油酸含量和亚麻酸含量共同检测到了 S347 位点，说明与粗脂肪含量、亚油酸含量和亚麻酸含量紧密关联的 S347 和 S116 位点，进一步验证后，可以用于开发实用性分子标记，为标记辅助选择育种提供理论基础。

表 13-6 亚麻种质品质性状与 SSR 多态性位点的关联分析

品质性状	SSR 位点	P 值	表型变异解释率/%	品质性状	SSR 位点	P 值	表型变异解释率/%
粗脂肪含量	S116	6.60	3.00	硬脂酸含量	S36	5.64	3.01
	S121	7.89	2.91		S241	6.58	2.91
	S230	9.39	2.79		S354	8.15	2.76
	S158	9.97	2.74		S83	8.41	2.73
棕榈酸含量	S190	6.89	2.72		S216	9.33	2.66
	S110	7.52	2.66	亚油酸含量	S99	6.13	3.26
	S51	7.71	2.61		S159	6.31	3.24
	S254	8.13	2.52		S167	6.49	3.22
	S60	9.39	2.45		S116	6.75	3.19
油酸含量	S342	5.20	3.44		S28	6.91	3.17
	S115	7.30	3.17		S160	7.67	3.09
	S353	8.64	3.04		S347	8.51	3.01
亚麻酸含量	S347	5.28	3.35		S304	9.84	2.9

（四）讨论

作物大多数的品质性状属于数量性状，被复杂的基因网络控制，关联分析可以用于鉴定某一群体内性状与遗传标记或候选基因间的关系，具有同时检测同座位的多个等位基因的能力。另外，关联分析还具有不需要专门构建作图群体、研究时间较少和精确性较高的优点。应用关联分析方法发掘植物数量性状基因已成为目前国际作物基因组学研究的热点之一。本研究利用 30 对 SSR 引物对 230 份亚麻核心种质进行基因型检测，共扩增出 365 个条带，与 6 个品质性状的表型数据进行关联分析，获得了 26 个显著关联的 SSR 位点，其中 S347 位点与亚麻酸含量和亚油酸含量紧密关联，S116 位点与粗脂肪含量和硬脂酸含量紧密关联。因此，可以利用 S347 和 S116 标记，开发实用性标记，用于亚麻油脂遗传改良。

三、木酚素含量的关联分析

亚麻木酚素含量与亚麻品种、种植方式、气候等因素有关，同类型亚麻在不同环境中的木酚素含量有显著差异。因此，亚麻木酚素含量与许多重要农艺性状一样属于多基因控制的数量性状，在传统育种中很难短时间选育出高木酚素含量的亚麻新品种。基于分子标记和基因 QTL 定位的标记辅助选择（MAS），实现了直接对目标性状基因型进行选择，大幅度提高了育种的选择效率，缩短了育种年限。因此，进行表型和分子标记的关联分析研究对亚麻木酚素含量的遗传改良具有重要意义。本研究以 220 份亚麻种质材料为研究对象，采用高效液相色谱法检测亚麻籽木酚素含量，与 SSR 标记基因型数据进行关联分析，获得与亚麻木酚素含量显著关联的位点，为亚麻木酚素含量遗传改良和开发利用提供科学依据。

（一）材料和方法

来自 11 个国家的 220 份亚麻核心资源材料，包括国外资源材料 104 份，国内资源材料 116 份。

2018 年，将亚麻种质材料种植于内蒙古呼和浩特和乌兰察布集宁。物候条件、播种和收获时间见表 13-7。田间播种采用随机区组设计，重复 3 次，种植 3 行，每行种 400 粒种子，行长 2.0 m，行距 20.0 cm。用常规的田间管理方法进行管理。同时，在亚麻生育期内对两个地区的气温、降水量和日照时间等气象因子进行记录。出苗后，取 0.10 g 新鲜嫩叶子于 -80 ℃ 冰箱中保存备用。种子成熟后用样品研磨机磨碎，称取 1.00 g，密封备用。

表 13-7　两个种植区的地理位置、气候条件

试点名称	海拔/m	东经	北纬	降水量/mm	日照时间/h	播种时期	收获时期
呼和浩特	1 056	111°48′	40°49′	410	3 000	4 月末	8 月中旬
集宁	1 417	113°10′	40°01″	384	3 130	5 月中旬	9 月初

取出 1.00 g 的亚麻粉，用无水乙醚浸泡 16 h，室温放置 6 h，烘干 1 h，冷却至室温，倒入 50 mL 的离心管中，加入 30 mL 的 60% 乙醇，在 50 ℃ 条件下震荡裂解 40 min，以 8 000 r/min 离心 5 min，取上清液加入 5 mL 3.6 mol/L 氢氧化钠溶液，在 40 ℃ 条件下震荡裂解 20 min，用 6 mol/L 盐酸溶液调 pH 至 5，移入茄形瓶中，49 ℃ 真空浓缩至干燥，用 40% 的甲醇溶液溶解定容至 100 mL，取出 20 mL，过滤，上机分析。色谱柱：C18 柱，250 mm×4.6 mm，柱填料粒径 5 μm。检测波长为 290nm，柱箱温度为 35 ℃，进样量为 20 μL。亚麻木酚素标准品购自上海源叶生物科技有限公司。用 SPSS 19.0 软件统计分析木酚素含量的表型数据。

取出－80 ℃保存的样品，用冷冻玻璃棒破碎，参照 Stewart 等提出的 CTAB 法提取基因组 DNA，用琼脂糖凝胶和核酸测定仪检测 DNA 的纯度和浓度。在 NCBI 下载亚麻全基因组序列信息（https：//www. ncbi. nlm. nih. gov/assembly/GCA＿000224295.2）和亚麻 EST－SSR 信息，利用 MISA 软件和 SSRIT 软件检测亚麻 SSR 引物信息。共得到 81 369 对 SSR 引物，利用 PrimerPrimier 5.0 软件默认参数（长度 120～300 bp，T_m 值 57～65 ℃，引物长度 20～25 bp）进行引物设计，在设计结果中选择 150 对 SSR 引物（由金斯瑞生物科技有限公司合成），筛选出 30 对条带清晰、重复性好的引物（表 13－8），对供试材料进行基因型检测。PCR 反应体系 25.0 μL：Taq Master Mix 12.5 μL、10 μmol/L 引物 1.0 μL、40 ng DNA 模板 3.0 μL、超纯水 8.5 μL。扩增程序为 94 ℃，5 min；94 ℃，1 min，56 ℃，1 min，72 ℃，1 min，35 个循环；72 ℃，10 min；4 ℃保存。产物用 6％非变性聚丙烯酰胺凝胶电泳分离，恒功率 70W，电泳 1.5 h，采用银染法显色。通过 DNA Marker 1500，统计 DNA 差异条带，标记为 0 或 1。

表 13－8　SSR 引物名称与序列信息

引物名称	序列（5′→3′）	引物名称	序列（5′→3′）
Lu＿b4	TGGAAGTCAACGAGATCGAA	Lu＿400	TCTTGTACATTGCGGCACTC
	ACAGCAGCCTCCGTGTTTAT		GCACCAGATGAGGAAGAGGA
Lu＿b13	CGAGGATGACAATGATGACG	Lu＿422	GAATGGCTCCTCGAAAGATG
	CAGCAGCAGCATCAGGTAAA		ATTAGACGGGGAGCTTGAGG
Lu＿a37	CACAGCACAGACACAGACCA	Lu＿462	GTTAATCGCCCCTGAACTGA
	GCTTCCGTAATCCTCTACCT		TTGCAGTTACAACAGCAGCA
Lu＿a69	CTAAACCACACCCCCATCAC	Lu＿465	AATGAGCACAACAACAGCAAG
	AAAGTGGGGAAATTGGGCTA		AGCAGCTCTGGACTTGAGGA
Lu＿83b	CCCTCATTTTTCTCCTTCCA	Lu＿511	CAAGACTTGTAGGGCGGAAC
	CAGGCGTTACAGTTTCCCATA		CGTCGGCCTATGAGAAGAAC
Lu＿125a	GCCTTTGGAGGGCTTAACTT	Lu＿554	CATTGACCTCCCATTTCACC
	ACAATCCCAACATTCCCAAA		TCAAGGAAGGCTCGTTGTTC
Lu＿146	AACCTGAACCAGACGAGCAT	Lu＿598	GGCCAAGGATATAGCACGAA
	AGGTGGATCCAGCAAGCTAA		TTGGACCTTAAGCCCAGATG
Lu＿176	TCCATCCTCTGCATTTGTGA	Lu＿661	TAGAGGCCAGCTAGCAGCA
	AAGACGAGTGCCCATTCCTA		AAAAGCTTCCCTTTGGTGGT
Lu＿203	CCTTTTCACGCAGAGCTACC	Lu＿747	AAGACAACAACCTGGGGAAA
	GCTTCCGTAATCCTCTTCCA		GATTCAGCAGCCGAGAGTG
Lu＿263	GCCGAAAGTTGAAGCATAGG	Lu＿765b	CGGCTGAGGATTACTTGTCG
	TGTTGCTTGTTGGCAAACTG		TAAACTCCACTTCCCCCAAC
Lu＿266	ACGACACCGGATTTATCTGC	Lu＿771	CCTCATTCCGCTCAGCAA
	ACGTGTCCTCCACATGCTCT		CGAAAATGGGGAAGATGATG
Lu＿273	CGATGATCACTGGACGGATA	Lu＿785	ATACTCCTCCGACGCTGATG
	CATAGCTTCAAAGGCAGCAC		AACCTGCGAAACGAATGATGC
Lu＿291	GGAAATTCCAAGTTCCCAGT	Lu＿787	CGAGGCATCATATTTTCTCTTG
	AGTTTCGCTATTCCGTCTGC		ATCAGCAATCAATCGCATCA

（续）

引物名称	序列（5′→3′）	引物名称	序列（5′→3′）
Lu_316	TCCTCGGAAGAAGAAGACGA	Lu_840	AAGACCACCACAAGGGACAG
	GAGAGGAATCATGGCGGATA		TGAACCATAGCGATCATCACA
Lu_330	TCTTGTACATTGCGGCACTC	Lu_849	ATTCCTTTTTGAGGGCGAGT
	GCACCAGATGAGGAAGAGGA		ACAGCTGGAACTGGAGAGGA

（二）关联分析

用 TASSEL 软件的广义线性模型（GLM）混合线性模型（MLM）对表型数据和基因型数据进行关联分析。将 30 对引物的 203 个多态性位点与 220 份亚麻种质的木酚素含量数据合并，得到各位点的显著性水平及其对表型变异的解释率。本研究选择的显著性水平为 $P < 0.01$。

（三）基于 SSR 标记的关联分析

30 对 SSR 引物对 220 份亚麻材料扩增出 343 个多态性位点，将其与两年两个环境条件下检测到的亚麻木酚素含量进行广义线性模型（GLM）和混合线性模型（MLM）的关联分析。GLM 分析共检测到 18 个 SSR 位点，其中 2017 年检测到 9 个位点（呼和浩特 4 个位点、集宁 5 个位点），2018 年检测到 9 个位点（呼和浩特 6 个位点、集宁 3 个位点），表型解释率为 2.07%～13.18%。MLM 分析共检测到 16 个位点，表型解释率为 3.06%～15.03%，Lu_83b 位点在 GLM（13.18%）和 MLM（15.03%）下表型解释率均较高。2017 年在两个环境中共同检测到 Lu_203 标记，其表型解释率在呼和浩特地区为 3.61%（GLM）和 3.06%（MLM），在集宁地区为 12.51%（GLM）和 11.29%（MLM）。Lu_661 标记在呼和浩特（2017 年）和集宁（2018 年）地区被共同检测到，其表型解释率在呼和浩特地区为 4.84%（GLM）和 4.58%（MLM），集宁地区为 6.95%（GLM）和 5.11%（MLM）。Lu_330 标记在集宁地区两年均被检测到，2017 年和 2018 年表型解释率分别为 4.92%（GLM）、3.18%（MLM）和 10.84%（GLM）、11.87%（MLM）。这表明，Lu_203、Lu_661 和 Lu_330 标记在不同的环境条件下均被检测到，稳定性好（表 13-9），进一步验证后，可用于开发实用性分子标记。

表 13-9 亚麻木酚素含量与 SSR 标记的关联分析

年份	环境	标记	GLM		MLM（K+Q）	
			P	表型解释率/%	P	表型解释率/%
2017 年	呼和浩特	Lu_661	0.049 3	4.84	0.042 3	4.58
		Lu_203	0.070 1	3.61	0.084 7	3.06
		Lu_b4	0.016 8	2.53	—	—
		Lu_273	0.064 2	7.32	0.059 7	7.04
	集宁	Lu_291	0.066 6	7.65	0.063 8	7.83
		Lu_316	0.099 6	12.38	0.083 0	14.12
		Lu_330	0.036 9	4.92	0.022 9	3.18
		Lu_125a	0.063 5	11.08	0.087 1	11.59
		Lu_203	0.072 5	12.51	0.086 4	11.29
2018 年	呼和浩特	Lu_83b	0.097 2	13.18	0.087 1	15.03
		Lu_422	0.044 5	5.50	0.048 1	5.39

（续）

年份	环境	标记	GLM		MLM（K+Q）	
			P	表型解释率/%	P	表型解释率/%
2018年	呼和浩特	Lu_462	0.013 4	8.92	0.024 6	5.28
		Lu_747	0.028 4	2.07	—	—
		Lu_316	0.019 1	2.75	0.015 2	4.35
		Lu_840	0.092 3	12.56	0.087 0	8.89
	集宁	Lu_765b	0.062 2	9.64	0.082 4	11.77
		Lu_661	0.036 2	6.95	0.034 1	5.11
		Lu_330	0.080 1	10.84	0.076 3	11.87

（四）讨论与结论

亚麻籽是植物木酚素的主要来源，在人体内可以转变成植物雌激素化合物，可以抑制激素敏感型癌症的发生和扩散，科学家们推荐每天食用2～4勺亚麻籽。因此，市场上迫切需要高木酚素含量的亚麻品种，但利用常规育种选育新品种的周期长，效率低。关联分析是应用基因组中分子遗传标记，进行基因水平上的对照分析或相关性分析，通过比对发现影响目标性状基因变异的一种新策略。近年来，随着亚麻参考基因组数据的公布，关于亚麻品质和产量相关性状的关联分析在国内外已有报道。但关于亚麻木酚素含量的 SSR 关联分析未见报道。王蕾等对 86 份芝麻种质的木酚素含量进行全基因组关联分析，获得了 172 个 SNP 位点。本书作者所在课题组对 269 份亚麻种质进行全基因组关联分析，获得了 13 个显著 SNP 位点和 21 个候选基因。本研究通过亚麻木酚素含量与 SSR 标记的关联分析，获得了与木酚素含量显著关联的 18 个 SSR 位点，其中 Lu_203、Lu_661 和 Lu_330 标记在不同环境条件下均被检测到，可以通过验证后用于开发实用性标记，为高木酚素含量亚麻新品种选育提供基础。以上研究为植物木酚素含量相关基因的挖掘以及高木酚素含量新品种的选育提供了依据。

第二节　亚麻种质产量性状的 SNP 关联分析

产量是亚麻育种中最重要的目标性状之一，其遗传基础复杂。解析亚麻产量及产量相关性状的遗传基础对进一步提高亚麻产量有重要意义。针对我国亚麻单产徘徊不前，而可用于产量改良的种质资源和 QTL 分子标记又相对匮乏的问题，本研究利用 269 份具有较为广泛代表性和时效性的亚麻种质群体，进行两年四个生态点产量相关性状的调查，通过 GWAS 分析，发掘与亚麻产量相关性状显著关联的 SNP 位点，获得产量相关性状的候选基因，并利用 NR、Swiss-port、KEGG、GO 等数据库进行基因功能注释。系统剖析亚麻产量形成的遗传基础，发掘优良等位基因，为亚麻育种实践提供借鉴和参考。

一、材料与方法

（一）实验材料

269 个亚麻品种。

（二）最佳线性无偏估计值（BLUP）的分析方法

于 2017 年，269 个亚麻材料被种植于内蒙古呼和浩特、乌兰察布集宁、锡林部勒太仆寺、新疆伊犁四个亚麻主产区。采集 8 个产量相关性状的表型数据，用 EXCEL 进行整理，利用 R 语言软件包 lme4 计算 BLUP 值。

（三）全基因组关联分析方法

用 GEMMA（http：//www. xzlab. org/software. html）软件的混合线性模型（Mixed Linear Model，MLM）方法，以主成分分析和亲缘关系矩阵作为协变量，进行 GWAS 分析，显著性 P 的阈值根据参考文献以及本研究获得的具体试验结果 [$-\lg$（0.05/标记数）] 来确定，$P=6.00$。用 R 语言绘制曼哈顿图和 QQ 图。根据连锁不平衡衰减距离分析结果，对显著 SNP 位点所在物理位置上下游一定区域内的候选基因进行功能注释。

二、结果与分析

用 GEMMA（http：//www. xzlab. org/software. html）软件对关联群体的基因型数据和表型数据进行关联分析，由混合线性模型（MLM）下的曼哈顿图和 QQ 图（图 13-1）可见，8 个产量相关性状的 SNP 观测值与期望值前端基本重叠，仅在末端翘起，说明群体结构和亲缘关系对关联分析产生的影响较小，假阳性概率低，得到的 SNP 位点可靠。产量相关性状的 $-\lg P$ 均大于 6（曼哈顿图中 $-\lg P=6$，8 个产量相关性状 $-\lg P$ 值分布范围为 6.24～10.65，显著 SNP 位点对表型的解释率为 8.76%～13.97%。

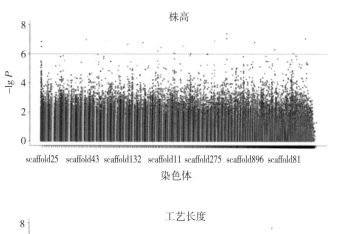
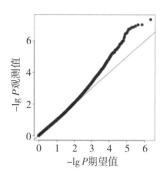
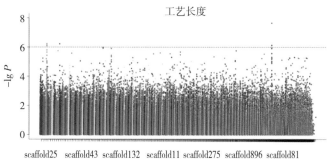

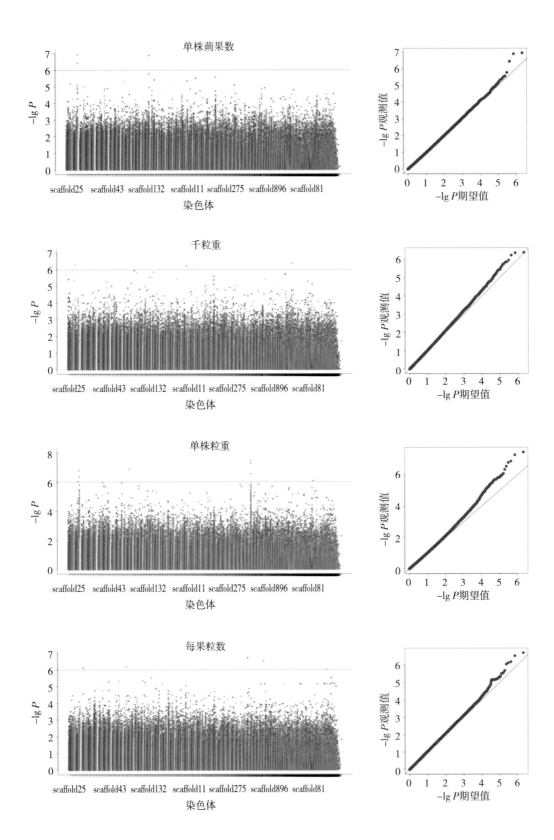

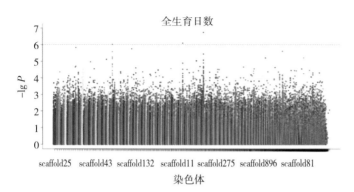
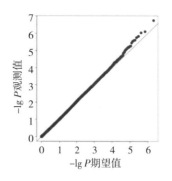

图 13-1　对产量相关性状进行关联分析的曼哈顿图和 QQ 图

（一）株高性状的关联分析

获得了 5 个显著 SNP 位点，分别为 scaffold9（SNP 位置：516785）、scaffold977（SNP 位置：291500）、scaffold297（SNP 位置：924133）、scaffold345（SNP 位置：220084）、scaffold182（SNP 位置：630023）。在株高显著关联的 SNP 位点附近共找到 14 个候选基因（表 13-10），通过 NR、Swiss-port、KEGG、GO 数据库分别注释到了 14、13、12、11 个基因。在四个不同的环境和 BLUP 下同时找到 scaffold977（SNP 位置：291500）的 2 个候选基因，分别为 *Lus10031153.g.BGIv1.0*（甘油-3-磷酸转运蛋白；细胞成分：膜的组成部分；生物过程：跨膜转运）和 *Lus1001155.g.BGIv1.0*（假设蛋白；细胞成分：高尔基体转运复合物；生物过程：细胞内蛋白质转运）。对在四个环境下同时找到的基因数目进行韦恩图分析，结果表明（图 13-2），在三个不同的环境（新疆、锡盟、集宁和呼和浩特、集宁、锡盟）和 BLUP 下同时找到 3 个基因，分别为 *Lus10034549.g.BGIv1.0*（核糖核酸酶；分子功能：核酸结合）、*Lus10034552.g.BGIv1.0*（E3 泛素蛋白连接酶；分子功能：蛋白质结合）、*Lus10006659.g.BGIv1.0*（葡聚糖内切-1,3-β-葡糖苷酶；生物过程：碳水化合物代谢过程）。在两个不同的环境（呼和浩特和新疆、锡盟和新疆、呼和浩特和锡盟、新疆和集宁）下同时找到 9 个基因，但这些在 BLUP 的关联分析中未被找到。

表 13-10　株高性状关联区域基因信息

Scaffold	基因	基因起始位置	基因终止位置	距离
	Lus10034549.g.BGIv1.0	517101	519541	−316
	Lus10034551.g.BGIv1.0	525563	525928	−8 778
scaffold977 SNP 位置：291500	*Lus10031152.g.BGIv1.0*	278776	282577	8 923
	Lus10031153.g.BGIv1.0	285074	287166	4334
	Lus10031154.g.BGIv1.0	290103	291086	414
	Lus10031155.g.BGIv1.0	292174	296017	−674
	Lus10031156.g.BGIv1.0	297301	298794	−5 801
scaffold297 SNP 位置：924133	*Lus10027115.g.BGIv1.0*	905191	911639	12 494
	Lus10027116.g.BGIv1.0	929919	930644	−5 786
	Lus10027117.g.BGIv1.0	931175	931984	−7 042
	Lus10027119.g.BGIv1.0	935807	941113	−11 674
scaffold345 SNP 位置：220084	*Lus10006659.g.BGIv1.0*	212345	213250	6 834

（续）

Scaffold	基因	基因起始位置	基因终止位置	距离
scaffold182 SNP 位置：630023	*Lus10021603*.g.BGIv1.0	628285	629639	384
	Lus10021604.g.BGIv1.0	630320	631284	−297

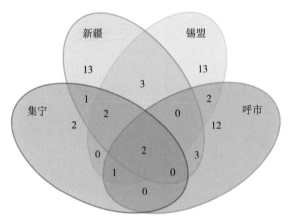

图 13 - 2　株高在四个环境下的候选基因数目韦恩图

注：呼市指内蒙古呼和浩特，锡盟指锡林郭勒太仆寺，集宁指乌兰察布集宁，新疆指新疆伊犁。余同。

（二）工艺长度性状的关联分析

获得了 4 个显著 SNP 位点，分别为 scaffold123（SNP 位置：1933585/1934089）、scaffold2404（SNP 位置：110872/111109）。通过 NR、Swiss-port、KEGG、GO 数据库分别注释到了 15、14、13、15 个候选基因。在工艺长度显著关联的 SNP 位点附近共找到了 15 个候选基因（表 13 - 11），其中在四个不同的环境和 BLUP 下同时找到 *Lus10004171*.g.BGIv1.0 基因（质体-脂质蛋白；细胞成分：叶绿体；分子功能：结构分子活性）。推断该基因通过光合作用间接调控工艺长度。在三个不同环境（新疆、锡盟、呼和浩特和呼和浩特、集宁、锡盟）和 BLUP 下同时找到 3 个基因，为 *Lus10042383*.g.BGIv1.0（分子功能：黄素腺嘌呤二核苷酸结合；生物过程：氧化还原过程）、*Lus10042385*.g.BGIv1.0（生物过程：转运；细胞成分：膜）、*Lus10042389*.g.BGIv1.0（细胞成分：膜的整合；分子功能：内质网保留序列结合）。在两个环境下（锡盟和呼和浩特、呼和浩特和新疆、锡盟和新疆、新疆和集宁）下找到 11 个基因（图 13 - 3）。

表 13 - 11　工艺长度性状关联区域候选基因信息

Scaffold	基因	基因起始位置	基因终止位置	距离
scaffold123 SNP 位置：1933585 SNP 位置：1934089	*Lus10042381*.g.BGIv1.0	1921528	1925180	8 909
	Lus10042382.g.BGIv1.0	1927159	1928841	5 248
	Lus10042383.g.BGIv1.0	1929146	1929529	4 560
	Lus10042385.g.BGIv1.0	1931033	1932198	1 891
	Lus10042386.g.BGIv1.0	1934386	1936023	−297
	Lus10042387.g.BGIv1.0	1939720	1942153	−5 631
	Lus10042388.g.BGIv1.0	1942625	1943875	−8 536
	Lus10042389.g.BGIv1.0	1943999	1946285	−9 910
	Lus10042390.g.BGIv1.0	1948833	1951251	−14 744

（续）

Scaffold	基因	基因起始位置	基因终止位置	距离
	Lusl0004165. g. BGIv1. 0	95537	96592	14 517
	Lusl0004166. g. BGIv1. 0	99575	101792	9 317
scaffold2404 SNP 位置：110872 SNP 位置：111109	*Lusl0004167*. g. BGIv1. 0	103109	105256	5 853
	Lusl0004168. g. BGIv1. 0	106624	109297	1 812
	Lusl0004170. g. BGIv1. 0	116421	117949	−5 312
	Lusl0004171. g. BGIv1. 0	122261	124528	−11 152

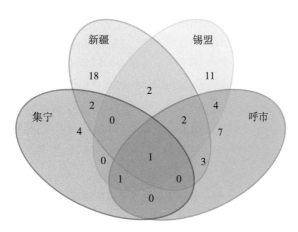

图 13 - 3   工艺长度在四个环境下的候选基因数目韦恩图

（三）分枝数性状关联分析

获得了 2 个显著 SNP 位点，分别为 scaffold31（SNP 位置：1694349/13273）。通过 NR、Swiss-port、KEGG、GO 数据库注释到了 5 个候选基因（表 13 - 12）。在四个不同的环境和 BLUP 下同时找到 *Lusl0036678*. g. BGIv1. 0 基因，该基因在 NR 数据库中被注释为微管相关蛋白，在其他数据库中未找到注释信息。在三个不同的环境（锡盟、新疆和呼和浩特）和 BLUP 下同时找到 *Lusl0036675*. g. BGIv1. 0（微管相关蛋白）基因，在两个不同的环境（集宁和呼和浩特、锡盟和集宁）下找到 5 个基因（图 13 - 4）。

表 13 - 12   分枝数性状关联区域基因信息

Scaffold	基因	基因起始位置	基因终止位置	距离
	Lusl0036675. g. BGIv1. 0	9850	11826	1 447
scaffold31 SNP 位置：1694349 SNP 位置：13273	*Lusl0036676*. g. BGIv1. 0	13474	15191	−201
	Lusl0036677. g. BGIv1. 0	16090	17635	−2 817
	Lusl0036678. g. BGIv1. 0	20876	21662	−7 603
	Lusl0036679. g. BGIv1. 0	25149	26513	−11 876

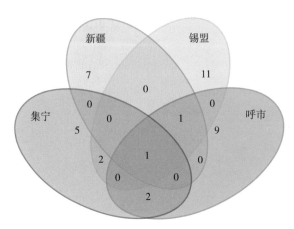

图13-4 分枝数在四个环境下的候选基因数目韦恩图

(四) 单株蒴果数性状关联分析

获得了1个显著关联的SNP位点，为scaffold462（SNP位置：594151）。在该位点附近找到了7个候选基因（表13-13），通过NR、Swiss-port、KEGG、GO数据库分别注释到了7、6、5、6个基因。在四个不同的环境和BLUP下同时找到 $Lus10037185.g.BGIv1.0$ 基因，该基因为蛋白质HGH1同系物（分子功能：DNA结合；细胞成分：核复制识别复合物；生物过程：DNA复制），在两个不同的环境（呼和浩特与锡盟、新疆、集宁）下同时找到了6个基因（图13-5）。

表13-13 单株蒴果数性状关联区域基因信息

Scaffold	基因	基因起始位置	基因终止位置	距离
	$Lus10037179.g.BGIv1.0$	580123	581966	12 185
	$Lus10037180.g.BGIv1.0$	588835	591127	3 024
scaffold462	$Lus10037181.g.BGIv1.0$	592989	594209	0
SNP 位置：594151	$Lus10037182.g.BGIv1.0$	597948	599487	−3 797
	$Lus10037183.g.BGIv1.0$	600005	601748	−5 854
	$Lus10037184.g.BGIv1.0$	602804	604576	−8 653
	$Lus10037185.g.BGIv1.0$	605409	607401	−11 258

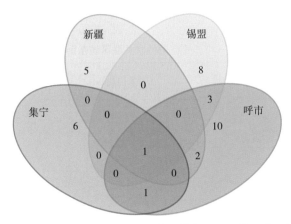

图13-5 单株蒴果数在四个环境下的候选基因数目韦恩图

（五）千粒重性状的关联分析

获得了 3 个显著 SNP 位点，分别为 scaffold261（SNP 位置：57823）、scaffold373（SNP 位置：565281）、scaffold107（SNP 位置：55172）。找到了 5 个候选基因（表 13 - 14）。在四个不同的环境和 BLUP 下同时找到 $Lus10030934.g.BGIv1.0$ 基因，在两个不同的环境和 BLUP 下同时找到 7 个基因（图 13 - 6）。通过四大数据库（NR、Swiss-port、KEGG、GO）的注释表明，$Lus10030934.g.BGIv1.0$ 基因编码端粒重复序列结合因子（细胞成分：核小体；分子功能：DNA 结合；分子功能：染色质结合；生物过程：核小体组装）。

表 13 - 14　千粒重性状关联区域基因信息

Scaffold	基因	基因起始位置	基因终止位置	距离
scaffold261 SNP 位置：57823	$Lus10030934.g.BGIv1.0$	67854	69019	−10 031
scaffold373 SNP 位置：565281	$Lus10030791.g.BGIv1.0$	560064	561765	3 516
	$Lus10030793.g.BGIv1.0$	566746	574468	−1 465
scaffold107 SNP 位置：55172	$Lus10014504.g.BGIv1.0$	45691	51076	4 096
	$Lus10014507.g.BGIv1.0$	57699	61877	−2 527

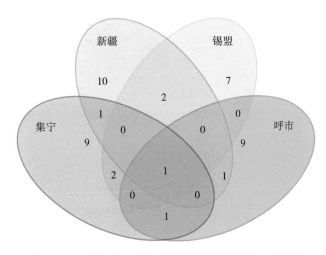

图 13 - 6　千粒重在四个环境下的候选基因数目韦恩图

（六）每果粒数性状关联分析

获得了 2 个显著 SNP 位点，分别为 scaffold1037（SNP 位置：394952）、scaffold312（SNP 位置：72968）。找到了 8 个候选基因（表 13 - 15）。通过四大数据库（NR、Swiss-port、KEGG、GO）分别注释到了 9、8、7、9 个基因。在四个不同的环境和 BLUP 下未找到基因，在三个不同的环境（新疆、锡盟、呼和浩特）和 BLUP 下同时找到 2 个基因，分别为 $Lus10011315.g.BGIv1.0$（磷酸肌醇 4 -激酶 α1；分子功能：磷酸转移酶活性，醇基作为受体；生物过程：磷脂酰肌醇磷酸化）和 $Lus10011317.g.BGIv1.0$（腺苷酸琥珀酸合成酶 2；分子功能：GTP 结合；生物过程：嘌呤核苷酸生物合成过程）。在两个不同的环境下同时找到 7 个基因（图 13 - 7）。

表 13 - 15　每果粒数性状关联区域候选基因信息

Scaffold	基因	基因起始位置	基因终止位置	距离
scaffold1037 SNP 位置：394952	*Lus10011310*.g. BGIv1.0	376969	380070	14 882
	Lus10011311.g. BGIv1.0	380558	383142	11 810
	Lus10011312.g. BGIv1.0	384000	385003	9 949
	Lus10011313.g. BGIv1.0	386362	388617	6 335
	Lus10011315.g. BGIv1.0	392223	394079	873
	Lus10011316.g. BGIv1.0	394581	395330	0
	Lus10011317.g. BGIv1.0	396312	398085	−1 360
scaffold312 SNP 位置：72968	*Lus10008833*.g. BGIv1.0	68450	69816	3 152

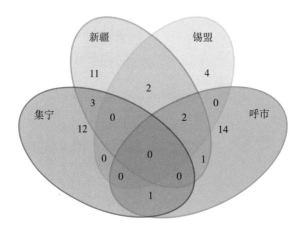

图 13 - 7　每果粒数在四个环境下的候选基因数目韦恩图

（七）单株粒重、全生育日数性状关联分析

　　分别获得了 2 个显著 SNP 位点，单株粒重的显著 SNP 位点为 scaffold31（SNP 位置：960134/964139），在四个不同的环境和 BLUP 下同时找到基因为 *Lus10036851*.g. BGIv1.0（假设蛋白；分子功能：抗转运体活性；细胞成分：膜；生物过程：跨膜转运）基因（表 13 - 16），在四个不同环境和 BLUP 下未同时找到基因（图 13 - 8）。全生育日数的显著 SNP 位点为 scaffold376（SNP 位置：38235/30001）（表 13 - 17）。通过四大数据库（NR、Swiss-port、KEGG、GO）注释找到了 2 个候选基因：*Lus10029117*.g. BGIv1.0（假设蛋白质），*Lus10029118*.g. BGIv1.0（叶绿体前体；分子功能：激酶活性；生物学过程：磷酸化），在四个不同的环境和 BLUP 下同时找到以上 2 个基因（图 13 - 9）。

表 13 - 16　单株粒重性状关联区域基因信息

Scaffold	基因	基因起始位置	基因终止位置	距离
scaffold31 SNP 位置：960134 SNP 位置：964139	*Lus10036851*.g. BGIv1.0	948927	951735	8 399

表 13 - 17　全生育日数性状关联区候选域基因信息

Scaffold	基因	基因起始位置	基因终止位置	距离
scaffold376 SNP 位置：38235	*Lus10029117*. g. BGIv1. 0	604453	605124	0
SNP 位置：30001	*Lus10029118*. g. BGIv1. 0	614120	8722	−292

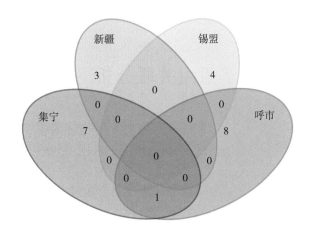

图 13 - 8　单株粒重在四个环境下的
候选基因数目韦恩图

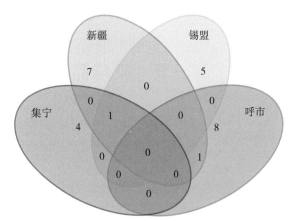

图 13 - 9　全生育日数在四个环境下的
候选基因数目韦恩图

三、讨论

在亚麻产量相关性状的关联分析中，获得了 16 个显著 SNP 位点和 57 个候选基因，在四个不同环境和 BLUP 下同时找到 9 个候选基因。通过 NR 注释到了 53 个基因，其中解旋酶、连接酶、异构酶、激酶、糖苷酶、合成酶、查尔酮合酶、磷酸酶、转化酶、去饱和酶、淀粉酶、还原酶相关基因 17 个，编码假设蛋白、转运蛋白、线粒体蛋白、转移蛋白、通道蛋白、核糖核蛋白、原纤蛋白、未知蛋白、螺旋蛋白、锌指蛋白等 33 个蛋白。通过 Swiss-port 注释到了 50 个基因，通过 KEGG 注释到了 44 个基因、通过 GO 注释到了 45 个基因。每果粒数候选基因 *Lus10011310*、千粒重候选基因 *Lus10030793* 和全生育日数候选基因 *Lus10029118* 均与叶绿体代谢相关，说明这 3 个性状与叶绿体的代谢密切相关。株高候选基因 *Lus10031154* 和工艺长度候选基因 *Lus10042382* 均与线粒体有关。株高候选基因 *Lus10006659* 和千粒重候选基因 *Lus10014507* 均为糖苷酶编码基因。推断这些性状可能受多基因控制。

亚麻是一种高度自花授粉作物，只通过常规育种方法选育新品种耗时费力，并且还受到有限的遗传资源的限制。全基因组关联分析技术可以提高亚麻育种效率，大大缩短育种年限。亚麻产量与产量相关性状的多重分析表明，单株粒重、分枝数、单株蒴果数、千粒重与种子产量正相关，而前期表型分析证明了单株粒重与分枝数、单株蒴果数、每果粒数、千粒重正相关。GWAS 分析为亚麻产量相关性状的显著 SNP 位点和候选基因挖掘提供了有效手段。本研究用重测序获得了 1 069 106 个 SNP，并将其与四个不同环境和 BLUP 下的产量相关表型数据进行基于混合线性模型的关联分析，获得了 16 个显著 SNP 位点以及 57 个候选基因，并对每个基因进行了注释，其中株高获得的 SNP 位点和基因数目最多。

作物产量相关性状受环境影响较大，在试验中尽量选取与目标性状有明显差异的个体，并且其表型的性状分布符合整个群体的分布规律，保证有足够的多态性，尽量减少环境等引起的假阳性结果。

本研究发现，在四个不同的环境和 BLUP 下同时找到株高关联的 scaffold977（SNP 位置：291500）的 2 个候选基因，其中 *Lus10031153*. g. BGIv1.0 基因编码甘油-3-磷酸转运蛋白，赵红玉等提出甘油-3-磷酸转运蛋白在水稻中提高磷的吸收和转运，从而促进水稻生长；另外 *Lus1001155*. g. BGIv1.0 基因编码高尔基体转运复合物，李好勋等研究发现高尔基体转运蛋白在小麦体内通过调控铜离子运输来调控小麦的生长。推断，这 2 个基因通过调控无机离子的吸收和运输来间接调控株高。千粒重关联的显著 SNP 位点 scaffold261（SNP 位置：57823）与谢冬伟等获得的 SNP 位点 scaffold261（SNP 位置：925068）分布在相同的 scaffold 上，说明 scaffold261 上可能有控制亚麻千粒重的相关基因。

第三节　亚麻品质相关性状的全基因组关联分析

亚麻是多用途的油料作物，其种子中富含有益于人体健康的 α-亚麻酸、亚油酸等不饱和脂肪酸。但是，对控制亚麻脂肪酸成分的数量性状位点学界还未进行深入研究。本研究拟以来自国内外的 269 份亚麻种质资源为研究对象，在脂肪酸成分（棕榈酸、硬脂酸、油酸、亚油酸和亚麻酸含量）及粗脂肪含量等品质相关性状与 SNP 标记之间进行关联分析，定位与脂肪酸成分和粗脂肪含量性状显著关联的 SNP 位点，获得亚麻品质相关性状的候选基因。研究结果将为脂肪酸成分相关基因的发掘、实用性分子标记的开发、亚麻分子标记辅助育种奠定基础。

一、材料与方法

（一）实验材料

269 份亚麻品种（系）材料。

（二）最佳线性无偏估计值（BLUP）的分析方法

于 2017 年，269 份亚麻材料被种植于内蒙古呼和浩特、乌兰察布集宁、锡林郭勒太仆寺、新疆伊犁四个亚麻主产区，采集 6 个品质相关性状的表型数据，用 EXCEL 进行整理，利用 R 语言软件包 lme4 计算 BLUP 值。

（三）全基因组关联分析方法

用 GEMMA（http：//www. xzlab. org/software. html）软件的混合线性模型（Mixed Linear Model，MLM）方法，以主成分分析和亲缘关系矩阵作为协变量，进行关联分析，显著性 P 的阈值根据参考文献以及本研究获得的具体试验结果 ［$-\lg$（0.05/标记数）］来确定，$P=6.00$。用 R 语言绘制曼哈顿图和 QQ 图。

二、结果与分析

用 GEMMA（http：//www. xzlab. org/software. html）软件对关联群体的基因型数据和表型数据进行关联分析，由混合线性模型（MLM）下的曼哈顿图和 QQ 图（图 13-10）可见，品质相关性状的 SNP 观测值与期望值前端基本重叠，仅在末端翘起（棕榈酸含量微弱），说明群体结构和亲缘关系对关联分析产生的影响较小，假阳性概率低，得到的 SNP 位点可靠。品质相关性状的 $-\lg P$ 均大于 6（曼哈顿图中$-\lg P=6$），6 个品质相关性状$-\lg P$ 值分布范围为 6.04～8.75，显著 SNP 位点对表型的解释率为 5.62%～11.04%。

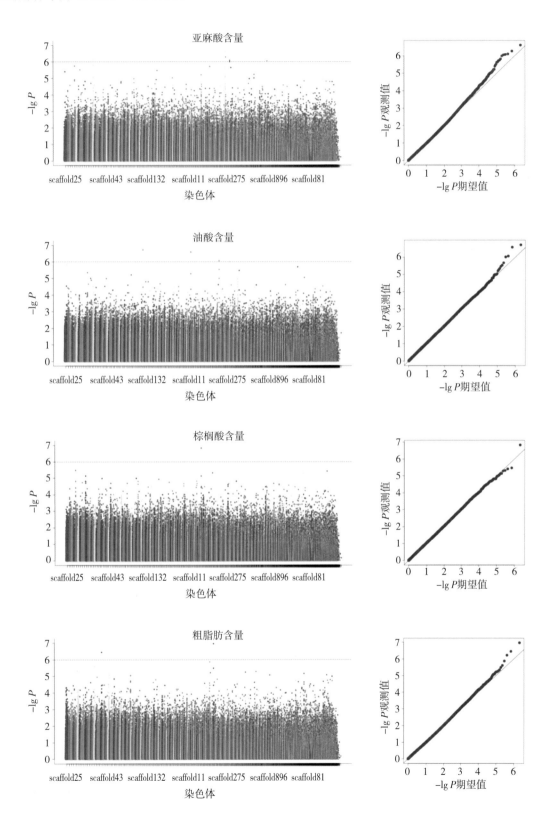

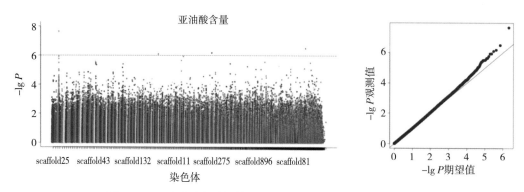

图 13 - 10　对品质相关性状进行关联分析的曼哈顿图和 QQ 图

（一）亚麻酸含量的关联分析

获得了 8 个显著 SNP 位点，分别为 scaffold86 （SNP 位置：981127）、scaffold242 （SNP 位置：110610）、scaffold313 （SNP 位置：25935）、scaffold729 （SNP 位置：255875）、scaffold51 （SNP 位置：164258）、scaffold244 （SNP 位置：33159）、scaffold931 （SNP 位置：286930）、scaffold1302 （SNP 位置：686）。在亚麻酸含量显著关联的 SNP 位点附近找到 17 个候选基因 （表 13 - 18），通过 NR、Swiss-port、KEGG、GO 数据库分别注释到了 17、14、13、13 个基因。在四个不同的环境和 BLUP 下同时找到 Lus10012820. g. BGIv1.0 （50S 核糖体蛋白；核糖体的结构成分；细胞成分：核糖体；生物过程：翻译）、Lus10008795. g. BGIv1.0 （亮氨酸拉链蛋白；分子功能：转录调节区序列特异性 DNA 结合；分子功能：DNA 结合，序列特异性 DNA 结合转录因子活性；细胞成分：细胞）和 Lus10012046. g. BGIv1.0 （含 B3 结构域的转录因子；分子功能：DNA 结合） 3 个基因。在三个不同的环境 （新疆、锡盟、集宁，呼和浩特、新疆、锡盟） 和 BLUP 下同时找到 4 个基因。在两个不同的环境 （呼和浩特和集宁、锡盟和集宁、新疆和集宁、呼和浩特和新疆） 下同时找到 9 个基因 （图 13 - 11）。

表 13 - 18　亚麻酸性状关联区域候选基因信息

Scaffold	基因	基因起始位置	基因终止位置	距离
scaffold86 SNP 位置：981127	Lus10040248. g. BGIv1.0	967003	969493	11 634
	Lus10040251. g. BGIv1.0	970205	970411	10 716
	Lus10040252. g. BGIv1.0	72642	96239	14 371
scaffold242 SNP 位置：110610	Lus10013081. g. BGIv1.0	99559	101256	9 354
	Lus10013084. g. BGIv1.0	320979	326523	0
scaffold313 SNP 位置：25935	Lus10012818. g. BGIv1.0	9356	15278	10 657
	Lus10012819. g. BGIv1.0	15779	16489	9 446
	Lus10012820. g. BGIv1.0	17135	17944	7 991
scaffold729 SNP 位置：255875	Lus10008795. g. BGIv1.0	243830	246061	9 814
	Lus10008796. g. BGIv1.0	247807	258017	0
Scaffold51 SNP 位置：164258	Lus10022606. g. BGIv1.0	22380	24740	8 419

（续）

Scaffold	基因	基因起始位置	基因终止位置	距离
scaffold244 SNP 位置：33159	*Lus10006598*.g. BGIv1.0	36963	37659	−3 804
	Lus10006599.g. BGIv1.0	37929	38900	−4 770
scaffold931 SNP 位置：286930	*Lus10012044*.g. BGIv1.0	293931	295189	−7 001
	Lus10012046.g. BGIv1.0	299511	301640	−12 581
scaffold1302 SNP 位置：686	*Lus10002063*.g. BGIv1.0	7727	9899	−7 041
	Lus10002064.g. BGIv1.0	13280	14862	−12 594

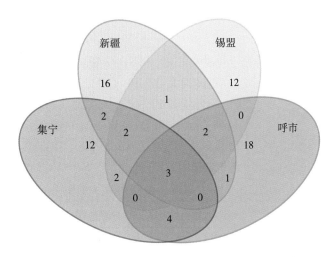

图 13-11　亚麻酸含量在四个环境下的候选基因数目韦恩图

（二）粗脂肪含量关联分析

获得了 2 个显著 SNP 位点，为 scaffold196（SNP 位置：551524/567328），找到了 3 个候选基因（表 13-19）。通过四大数据库（NR、Swiss-port、KEGG、GO）注释到了 2 个基因。在四个不同的环境和 BLUP 下同时找到 *Lus10037561*.g. BGIv1.0 基因，该基因编码苹果酸脱氢酶（分子功能：苹果酸酶活性；生物过程：苹果酸代谢过程），此酶主要参与植物三羧酸循环、呼吸作用、氮同化、脂肪酸氧化等生理代谢。在两个不同的环境下同时找到 2 个基因（图 13-12），其中 *Lus10037562*.g. BGIv1.0 基因为 G 家族成员（分子功能：核苷酸结合；分子功能：ATP 结合；细胞成分：膜），*Lus10037563*.g. BGIv1.0 基因编码酰基载体蛋白，参与酰基脂质代谢过程，说明该基因可能是控制含油率（粗脂肪含量）的主效基因。

表 13-19　粗脂肪含量性状关联区域候选基因信息

Scaffold	基因	基因起始位置	基因终止位置	距离
scaffold196 SNP 位置：551524 SNP 位置：567328	*Lus10037561*.g. BGIv1.0	536110	540089	0
	Lus10037562.g. BGIv1.0	542550	550034	−6 026
	Lus10037563.g. BGIv1.0	550543	551125	−14 019

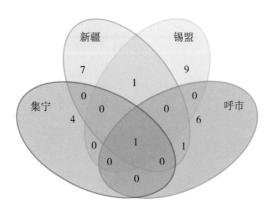

图 13 - 12　粗脂肪含量在四个环境下的候选基因数目韦恩图

（三）硬脂酸含量关联分析

获得了 3 个显著 SNP 位点，分别为 scaffold132（SNP 位置：133025）、scaffold1216（SNP 位置：172262）、scaffold11（SNP 位置：89557）。通过四大数据库（NR、Swiss-port、KEGG、GO）的注释找到 7 个候选基因（表 13 - 20）。在四个不同的环境和 BLUP 下未找到共同基因。在三个不同的环境（新疆、锡盟、呼和浩特）和 BLUP 下同时找到 Lus10027973. g. BGIv1.0 基因（细胞成分：膜的组成部分；分子功能：跨膜转运蛋白活性；生物学过程：跨膜转运）。在两个不同的环境下（锡盟和新疆、新疆和呼和浩特、锡盟和集宁）环境下分别找到 6 个基因（图 13 - 13）。Soto-Cerda 等在 390 份加拿大亚麻资源材料的基因定位研究中，同样在 scaffold1216 上发现了与硬脂酸含量相关的基因。

表 13 - 20　硬脂酸含量性状关联区域候选基因信息

Scaffold	基因	基因起始位置	基因终止位置	距离
	Lus10027971. g. BGIv1.0	117571	119475	13 550
scaffold132	Lus10027972. g. BGIv1.0	120459	122201	10 824
SNP 位置：133025	Lus10027973. g. BGIv1.0	122347	123379	9 646
	Lus10027974. g. BGIv1.0	123432	126314	6 711
scaffold1216	Lus10023431. g. BGIv1.0	151413	154089	18173
SNP 位置：172262	Lus10023432. g. BGIv1.0	162403	163978	8 284
scaffold11 SNP 位置：80557	Lus10021169. g. BGIv1.0	78506	80228	9 329

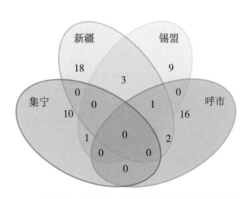

图 13 - 13　硬脂酸含量在四个环境下的候选基因数目韦恩图

(四) 油酸含量关联分析

获得了 3 个显著关联的 SNP 位点，为 scaffold199（SNP 位置：241878/243225/243225）。在该位点附近找到了 5 个候选基因（表 13-21），通过 NR、Swiss-port、KEGG、GO 数据库分别注释到了 4、5、5、4 个基因。在四个不同的环境和 BLUP 下同时找到 $Lusl0008561.g.BGIv1.0$ 基因，该基因为含有 PCI 结构域的蛋白质（分子功能：蛋白质结合），在两个环境（新疆和呼和浩特、新疆和锡盟、新疆和集宁）下同时找到 4 个基因（图 13-14）。

表 13-21　油酸含量性状关联区域候选基因信息

Scaffold	基因	基因起始位置	基因终止位置	距离
scaffold199 SNP 位置：241878 SNP 位置：243225 SNP 位置：243225	$Lusl0008561.g.BGIv1.0$	226338	229113	12 765
	$Lusl0008562.g.BGIv1.0$	236246	237703	4 175
	$Lusl0008563.g.BGIv1.0$	239099	241459	419
	$Lusl0008564.g.BGIv1.0$	243483	245026	−1 605
	$Lusl0008565.g.BGIv1.0$	246249	249539	−4 371

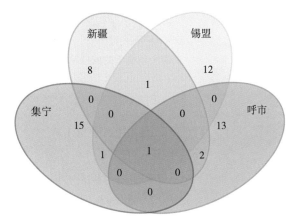

图 13-14　油酸含量在四个环境下的候选基因数目韦恩图

(五) 亚油酸含量关联分析

获得了 1 个显著关联的 SNP 位点，为 scaffold123（SNP 位置：2041205）。通过 NR、Swiss-port、KEGG、GO 数据库分别注释到了 6 个候选基因（表 13-22）。在四个不同的环境和 BLUP 下同时找到 $Lusl0042407.g.BGIv1.0$ 基因，该基因编码甲硫氨酸-S-甲基转移酶（分子功能：甲基转移酶活性；分子功能：磷酸吡哆醛结合），在锡盟、呼和浩特、新疆环境下同时找到 1 个基因。在两个环境（新疆与呼和浩特、新疆与集宁）下找到 2 个基因（图 13-15）。

表 13-22　亚油酸含量性状关联区域候选基因信息

Scaffold	基因	基因起始位置	基因终止位置	距离
scaffold123 SNP 位置：2041205	$Lusl0042407.g.BGIv1.0$	2028921	2035474	5 731
	$Lusl0042408.g.BGIv1.0$	2036392	2036967	4 238
	$Lusl0042409.g.BGIv1.0$	2040653	2048090	0

（续）

Scaffold	基因	基因起始位置	基因终止位置	距离
scaffold123 SNP 位置：2041205	*Lus10042410*.g.BGIv1.0	2048801	2050327	−7 596
	Lus10042411.g.BGIv1.0	2051356	2054496	−10 151
	Lus10042412.g.BGIv1.0	2054943	2055919	−13 738

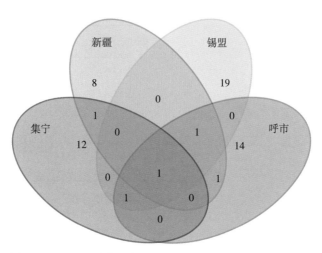

图 13-15　亚油酸含量在四个环境下的候选基因数目韦恩图

（六）棕榈酸含量关联分析

获得了 2 个显著关联的 SNP 位点，分别为 scaffold175（SNP 位置：581966/580540）。通过 NR、Swiss-port、KEGG、GO 数据库注释到了 5 个候选基因（表 13-23）。在四个不同的环境和 BLUP 下未找到共同基因（图 13-16）。在三个不同的环境和 BLUP 下同时找到 *Lus10015903*.g.BGIv1.0 基因，该基因编码蛋白质异构体（生物过程：药物跨膜转运；分子功能：逆向转运蛋白活性；细胞成分：膜；生物过程：跨膜）。在呼和浩特、锡盟、新疆环境下同时找到 *Lus10015906*.g.BGIv1.0 基因，该基因编码花青素还原酶（细胞成分：膜）。在两个环境（新疆和呼和浩特、新疆和集宁）下同时找到 2 个基因（图 13-16）。

表 13-23　棕榈酸含量性状关联区域候选基因信息

Scaffold	基因	基因起始位置	基因终止位置	距离
scaffold175 SNP 位置：581966 SNP 位置：580540	*Lus10015902*.g.BGIv1.0	569 985	571 936	10 030
	Lus10015903.g.BGIv1.0	573 690	577 295	4 671
	Lus10015904.g.BGIv1.0	581 096	582 901	0
	Lus10015905.g.BGIv1.0	582 956	583 489	−990
	Lus10015906.g.BGIv1.0	588 649	591 278	−6 683

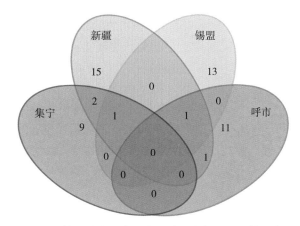

图 13-16　棕榈酸含量在四个环境下的候选基因数目韦恩图

三、讨论

在亚麻品质相关性状的关联分析中，获得了 19 个显著 SNP 位点和 43 个候选基因，在四个不同环境和 BLUP 下同时找到 6 个候选基因。通过 NR 注释到了 42 个基因，其中磷酸酶、激酶、磷酸二酯酶、羧酸氧化酶、转移酶、脱氢酶、通透酶相关基因 7 个，编码假设蛋白、转运蛋白、线粒体蛋白、结合蛋白、结构域旋蛋白、锌指蛋白等 22 个蛋白。通过 Swiss-port 注释到了 40 个基因，通过 KEGG 注释到了 36 个基因、通过 GO 注释到了 32 个基因。硬脂酸含量候选基因 *Lus10027971*、*Lus10027971* 与亚油酸含量候选基因 *Lus10042411* 和工艺长度候选基因 *Lus10042381* 的注释信息相同，即丝氨酸/苏氨酸蛋白激酶，说明该激酶可能受多基因控制。亚麻酸含量候选基因 *Lus10012820* 编码叶绿体前体，与全生育日数候选基因 *Lus10029118* 功能相同。亚麻酸含量候选基因 *Lus10022606*.g.BGIv1.0 和每果粒数候选基因 *Lus10011315* 编码产物均为磷脂酰肌醇 4-5 磷酸激酶。这说明，亚麻酸含量是受多基因控制的性状。

目前，有关亚麻品质相关基因定位方面的报道较少，主要集中在脂肪酸成分、粗脂肪含量相关 QTL 的定位方面。Cloutier 等构建了遗传连锁图谱，进行了脂肪酸成分相关 QTL 的定位分析，获得了与亚油酸、亚麻酸和棕榈酸含量相关的主效 QTL，分布在第 7、9、16 连锁群上。在第 7 连锁群上，与亚油酸、亚麻酸含量显著相关的位点与 *Fad3A* 的突变等位基因连锁；在第 16 连锁群上，与亚油酸、亚麻酸含量显著相关的位点与 *Lus206* 和 *Lus7658* 基因关联；在第 9 连锁群上，获得了 1 个与棕榈酸含量显著相关的 QTL。Soto-CerdaBJ 等用 SSR 标记对亚麻种质资源品质相关性状进行关联分析，发现与亚油酸和亚麻酸含量显著关联的位点分布在第 3、5 和 12 个连锁群上，与粗脂肪含量显著关联的位点分布在第 9 个连锁群上，没有检测出与硬脂酸、油酸含量显著关联的位点。Kumar 等用自交群体构建遗传图谱，进行品质相关基因定位分析，获得与油酸、硬脂酸含量显著关联的位点各 3 个，与亚油酸含量显著关联的位点 2 个；与棕榈酸、亚麻酸、粗脂肪含量显著关联的位点各 1 个。与油酸、亚油酸含量显著关联的位点与 *Lus5* 和 *Lus3* 基因连锁。以上研究获得的显著位点均定位在连锁群上，获得的与显著位点关联的基因信息与本研究获得的候选基因信息不同，其原因有两个方面：首先，不同研究者使用的群体和分子标记有差异，导致定位到的关联位点和候选基因不同；另外，目前公布的亚麻基因组有染色体和 scaffold 水平上的两种版本，而且染色体版本基因组还未被注释，因此，在不同的亚麻基因定位研究报道中，很难得到相同的位点或候选基因。

在本研究中，与亚麻酸、硬脂酸含量显著关联的 SNP 位点分布在 scaffold1302 和 scaffold1216

上，与谢冬微等的亚麻关联分析结果相同，说明亚麻酸、硬脂酸含量的控制基因分布在 scaffold1302 和 scaffold1216 上。本研究获得的亚麻酸含量候选基因 *Lus10022606.g.BGIv1.0* 编码磷脂酰肌醇4-5 磷酸激酶，而谢冬微等认为该基因与棕榈酸含量相关，表明 *Lus10022606.g.BGIv1.0* 基因可能是多效基因，同时控制亚麻酸、棕榈酸含量。亚麻是油料作物，获得含油率（粗脂肪含量）相关候选基因对亚麻育种研究具有重要的意义，本研究发现，粗脂肪含量候选基因 *Lus10037563.g.BGIv1.0* 编码酰基载体蛋白，参与酰基脂质代谢过程，Wang 等在油菜含油量相关基因的 GWAS 分析中同样发现了酰基脂质代谢相关基因，说明 *Lus10037563.g.BGIv1.0* 可能是控制亚麻含油率的主效基因。然而，为了更好地服务亚麻分子辅助育种，这些试验结果还需要利用转录组学、基因功能验证等方法来进一步鉴定与评估。

第四节　亚麻花和叶片相关性状的关联分析

亚麻花颜色、花冠形状、花药颜色、叶颜色、叶片形状等性状属于质量性状，不易受环境条件影响。这些质量性状与亚麻产量、品质和抗性密切相关，例如，白亚麻的亚麻酸含量一般较高，适用于保健食品开发；蓝花亚麻种皮颜色为褐色，含油率一般较高，适用于榨食用油。亚麻花的颜色多为蓝色、深蓝色、白色、淡蓝色、紫色或粉蓝色；亚麻花冠形状分为漏斗形、五角星形、碟形、轮形；花药颜色多为微黄色、浅灰色、蓝色。亚麻种子萌发、幼苗出土时，展开 1 对子叶，见到阳光后变为绿色，后期形成真叶，狭小细长，叶形一般分为线形或披针形。叶色呈浅绿色、绿色或深绿色。本研究在亚麻现蕾期和开花期，通过对花和叶相关形状进行统计分析，再结合 SNP 标记的方法，挖掘与这些性状显著关联的位点和候选基因，充分了解亚麻种质资源形态学特征和遗传多样性，为亚麻种质创新提供科学依据。

一、材料与方法

（一）实验材料

269 份亚麻品种（系）材料。

（二）材料种植与性状调查

于 2017 年，将 269 份亚麻材料种植于内蒙古自治区农牧业科学院试验田，在开花期，田间调查花色、花形、花药色、叶色、叶形等表型，用 EXCEL 进行整理，对每个性状进行数字转换。按《亚麻种质资源描述规范和数据标准》记载。

1. 花色　在开花期，每天 6：00—9：30 统计花颜色。1 为蓝色；2 为深蓝色；3 为白色；4 为淡蓝色；5 为紫色；6 为粉蓝色。

2. 花形　在开花期，每天 6：00—9：30 统计花形。2 为漏斗形；3 为五角形；4 为碟形；5 为轮形。

3. 花药色　在开花期，每天 6：00—9：30 调查花药色。1 为微黄色；3 为浅灰色；4 为蓝色。

4. 叶色　在现蕾期，每天上午调查叶色。1 为浅绿色；3 为绿色；4 为深绿色。

5. 叶形　在现蕾期，每天上午调查叶形。1 为线形；2 为披针形。

（三）数据分析

用 GEMMA（http：//www.xzlab.org/software.html）软件的混合线性模型（Mixed Linear

Model，MLM），以群体结构主成分分析和亲缘关系矩阵作为协变量，进行关联分析，显著性 P 的阈值依据参考文献以及本研究获得的具体试验结果［－lg（0.05/标记数）］来确定。用 R 语言绘制曼哈顿图和 QQ 图。

二、结果与分析

（一）花色性状关联分析

由 QQ 图可见，花色性状的 SNP 观测值与期望值前端基本重叠，仅在末端翘起，说明群体结构和亲缘关系对关联分析产生的影响较小，假阳性概率低，得到的 SNP 位点可靠（图 13-17）。曼哈顿图中虚线对应的阈值为－lg P＝6.00，在混合线性模型（MLM）下，共检测到了 3 个显著 SNP 位点，分别为 scaffold701（SNP 位置：840107）、scaffold736（SNP 位置：250888）、scaffold1639（SNP 位置：8420）（表 13-24）。通过 NR、Swiss-port、KEGG、GO 四大数据库注释到了 8 个候选基因。

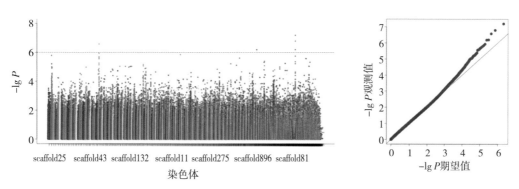

图 13-17　对花色性状进行关联分析的曼哈顿图和 QQ 图

表 13-24　花色性状关联区域候选基因信息

scaffold	SNP 位置	P 值	基因	基因起始位置	基因终止位置	距离
scaffold701	840107	6.58	*Lus10033620.g.* BGIv1.0	836514	839329	778
scaffold701	840107	6.58	*Lus10033621.g.* BGIv1.0	840215	843044	－108
scaffold701	840107	6.58	*Lus10033622.g.* BGIv1.0	844592	847124	－4 485
scaffold701	840107	6.58	*Lus10033623.g.* BGIv1.0	848947	851552	－8 840
scaffold736	250888	6.19	*Lus10007409.g.* BGIv1.0	37580	239721	11 167
scaffold1639	8420	7.19	*Lus10001971.g.* BGIv1.0	3553	3906	4 514
scaffold1639	8420	7.19	*Lus10001972.g.* BGIv1.0	4930	5676	2 744
scaffold1639	8420	7.19	*Lus10001973.g.* BGIv1.0	8743	21729	－323

（二）花冠形状关联分析

由 QQ 图可见，花冠形状的 SNP 观测值与期望值前端重叠，但在末端未翘起，因此，－lg P＝6.00 时，未检测到显著的 SNP 位点（图 13-18）。在曼哈顿图中，当红色虚线对应的阈值－lg P＝5.00 时，共检测到了 3 个显著 SNP 位点，分别为 scaffold811（SNP 位置：44136）、scaffold1370（SNP 位置：15031）、scaffold695（SNP 位置：22509）（表 13-25）。通过 NR、Swiss-port、KEGG、GO 四大数据库

注释到了 6 个基因。其中 *Lusl0000554*. g. BGIv1. 0 基因起始位置在显著 SNP 位点上，该基因编码与富含亮氨酸 PPR 基序的蛋白质有关。PPR 蛋白在植物中分布广泛，参与线粒体和叶绿体中的转录，该蛋白的缺失会影响植物表型性状。

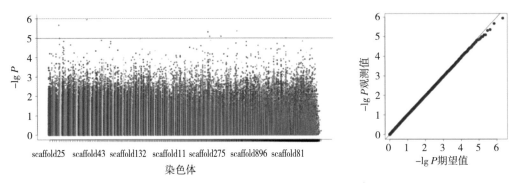

图 13 - 18　对花冠形状进行关联分析的曼哈顿图和 QQ 图

表 13 - 25　花冠形状关联区域候选基因信息

scaffold	SNP 位置	P 值	基因	基因起始位置	基因终止位置	距离
scaffold811	44136	5.78	*Lusl0001927*. g. BGIv1. 0	55327	57615	−11 191
scaffold811	44136	5.78	*Lusl0001928*. g. BGIv1. 0	61068	61706	−16 932
scaffold1370	15031	5.23	*Lusl0000553*. g. BGIv1. 0	6332	9402	5 629
scaffold1370	15031	5.23	*Lusl0000554*. g. BGIv1. 0	13937	15673	0
scaffold1370	15031	5.23	*Lusl0000555*. g. BGIv1. 0	16004	18262	−973
scaffold695	22509	5.32	*Lusl0000391*. g. BGIv1. 0	4232	20254	2 255

（三）花药色性状关联分析

由 QQ 图可见，花药色性状的 SNP 观测值从前端开始翘起，因此，当 $-\lg P = 6.00$ 时，检测到大量的显著 SNP 位点（图 13 - 19），后期无法验证候选基因功能。在曼哈顿图中，当红色虚线对应的阈值 $-\lg P = 14.00$ 时，共检测到了 1 个显著 SNP 位点，为 scaffold910（SNP 位置：31728）（表 13 - 26），通过 NR、Swiss-port、KEGG、GO 四大数据库注释到了 5 个基因。

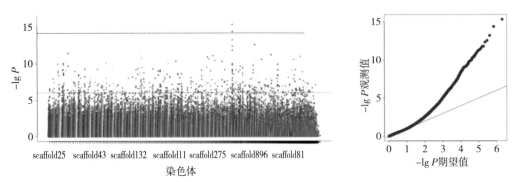

图 13 - 19　对花药色进行关联分析的曼哈顿图和 QQ 图

表 13-26   花药色关联区域候选基因信息

scaffold	SNP 位置	P 值	基因	基因起始位置	基因终止位置	距离
scaffold910	31728	15.33	*Lus10010403*.g. BGIv1.0	2889	4896	26 832
scaffold910	31728	15.33	*Lus10010404*.g. BGIv1.0	6007	7723	24 005
scaffold910	31728	15.33	*Lus10010405*.g. BGIv1.0	10257	13296	18 432
scaffold910	31728	15.33	*Lus10010406*.g. BGIv1.0	13691	15734	15 994
scaffold910	31728	15.33	*Lus10010407*.g. BGIv1.0	16030	18767	12 961

（四）叶色性状关联分析

由 QQ 图可见，叶色性状的 SNP 观测值从前端开始翘起，因此，当—lg P=6.00 时，检测到大量的显著 SNP 位点（图 13-20），后期无法验证候选基因功能。在曼哈顿图中，当红色虚线对应的阈值—lg P=12.00 时，共检测到了 1 个显著 SNP 位点，为 scaffold211（SNP 位置：69126）（表 13-27）。通过 NR、Swiss-port、KEGG、GO 四大数据库分别注释到了 4、3、1、0 个基因。

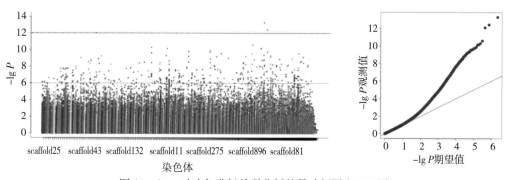

图 13-20   对叶色进行关联分析的曼哈顿图和 QQ 图

表 13-27   叶色关联区域候选基因信息

scaffold	SNP 位置	P 值	基因	基因起始位置	基因终止位置	距离
scaffold211	69126	13.26	*Lus10005598*.g. BGIv1.0	68463	69162	0
scaffold211	69126	13.26	*Lus10005599*.g. BGIv1.0	74193	74528	—5 067
scaffold211	69126	13.26	*Lus10005600*.g. BGIv1.0	74776	75201	—5 650
scaffold211	69126	13.26	*Lus10005601*.g. BGIv1.0	80771	81892	—11 645

（五）叶形性状关联分析

由 QQ 图可见，叶形性状的 SNP 观测值与期望值前端基本重叠，仅在末端翘起，因此，假阳性概率低，得到的 SNP 位点可靠（图 13-21）。在曼哈顿图中，当虚线对应的阈值—lg P=6.00 时，共检测到了 3 个显著 SNP 位点，分别为 scaffold67（SNP 位置：579267）、scaffold76（SPN 位置：1474090）、scaffold51（SNP 位置：1093344）（表 13-28）。通过 NR、Swiss-port、KEGG、GO 四大数据库注释到了 5 个基因。

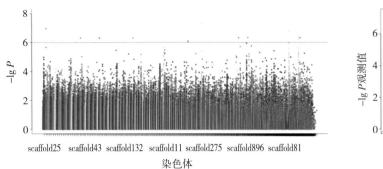

图 13-21　对叶形状进行关联分析的曼哈顿图和 QQ 图

表 13-28　叶形状关联区域候选基因信息

scaffold	SNP 位置	P 值	基因	基因起始位置	基因终止位置	距离
scaffold67	579267	6.96	Lus10042583.g.BGIv1.0	584011	585265	−4 744
scaffold67	579267	6.96	Lus10042584.g.BGIv1.0	594147	594870	−14 880
scaffold76	1474090	6.31	Lus10036142.g.BGIv1.0	1459156	1460271	13 819
scaffold76	1474090	6.31	Lus10036143.g.BGIv1.0	1460671	1461676	12 414
scaffold51	1093344	6.31	Lus10033007.g.BGIv1.0	1104520	1105271	−11 176

三、讨论

在亚麻花和叶子相关性状的关联分析中，获得了 11 个显著 SNP 位点和 28 个候选基因。通过 NR 注释到了 28 个基因，其中糖苷酶、转移酶、还原酶相关基因 3 个，编码假设蛋白、结合蛋白、结构域旋蛋白、凯氏带膜蛋白等 12 个蛋白。通过 Swiss-port 注释到了 22 个基因，通过 KEGG 注释到了 20 个基因，通过 GO 注释到了 13 个基因。花冠形状候选基因 Lus10000391 与株高候选基因 Lus10006659 的注释信息相同，即葡萄糖苷酶。说明这 2 个性状可能受葡萄糖苷酶基因调控。

亚麻花和叶片相关性状是重要的表型性状，在品种鉴别、纯度检测及杂交育种等方面具有重要意义。对亚麻花和叶子相关性状和基因型数据进行关联分析，获得控制花和叶子相关性状的候选基因，不仅有利于促进亚麻种质创新，丰富亚麻遗传标记，而且可进一步揭示亚麻花和叶子相关性状的遗传规律。柳丽等在油菜花色基因的定位研究中获得了控制花色性状的 2 个主效基因。张晓熹等在芥菜花色突变基因定位研究中发现了控制芥菜花色的候选基因 BjuB27334，该基因编码产物具有植酸酯合酶和二酰基甘油酰基转移酶活性。本研究在花色性状关联分析中未发现类似功能的编码基因，然而在亚麻花色显著 SNP 位点附近注释到了 2 个关于 ABC 转运蛋白 G 家族成员的编码基因，推断这 2 个基因为控制亚麻花色的候选基因。花药颜色显著 SNP 位点 scaffold910（SNP 位置：31728）附近的 Lus10010403.g.BGIv1.0 基因编码花青素还原酶，该酶主要参与花青素的生物合成。Han 等将苹果的花青素酶基因克隆到烟草中进行表达，结果显示，这 2 种基因能通过抑制烟草花冠中花色苷的积累，从而调节不同植物组织颜色的呈现。因此，花青素还原酶对亚麻花色苷的合成有直接调控作用，本研究认为 Lus10010403.g.BGIv1.0 基因是调控亚麻花药颜色的主效基因。

亚麻花冠形状一般分为漏斗形、五角星形、碟形、轮形 4 种，本研究中的基因型数据聚类结果显示，按花冠形状分群更容易，基本能分成 4 个亚群，说明在该关联群体花冠形状的 GWAS 分析中，群体结构对关联位点产生了一定的假阳性影响。本研究中，花颜色分为蓝色、深蓝色、淡蓝色、紫色、粉蓝色、白色 6 个颜色，其中蓝色花种质最多（152 份），占关联群体的 56.5%，深蓝、淡蓝和白色花种质分别为 53、30、26 份，紫色花种质只有 1 份。说明亚麻花颜色以蓝色为主。亚麻花除了这些颜色以外，还有一些文献报道的红色、淡红色和黄色，但在本研究的种质资源材料中未见红色的花。关于花药颜色，一般蓝色较多，本研究中 233 份种质花药色为蓝色，20 份为浅灰色，16 份为微黄色。本研究中，叶颜色分为深绿色（158 份）、绿色（98 份）、淡绿色（13 份），叶形分为线形（116）和披针形（153）。结果说明，亚麻叶子以深绿披针形为主，但是绿色和深绿色或绿色和淡绿色之间没有明确的界限，对于叶片颜色的确定，在不同时间或由不同的人来确定，都会产生一定的差异，因此应尽快实现机械化检测，以便在基因组关联分析中获得更有效的候选基因。

主要参考文献

安泽山，严兴初，党占海，等．利用 SRAP 标记分析胡麻资源遗传多样性［J］．西南农业学报，2014，27（2）：530-534.

薄天岳，杨建春，任云英，等．亚麻品种资源对枯萎病的抗性评价［J］．中国油料作物学报，2006，28（4）：470-475.

薄天岳，叶华智，王世全，等．亚麻抗锈病基因 M4 的特异分子标记［J］．遗传学报，2002，29（10）：922-927.

曹秀霞，张炜，万海霞．胡麻化学除草剂药效试验［J］．陕西农业科学，2012，58（2）：58-61.

曹彦，贾海滨，叶朝晖，等．胡麻苗期不同配方除草剂茎叶喷雾防除阔叶杂草效果的研究［J］．北方农业学报，2019，47（1）：85-90.

陈海华．亚麻籽的营养成分及开发利用［J］．中国油脂，2004，29（6）：72-75.

陈鸿山．我国胡麻育种进展及利用［J］．中国油料，1995，17（1）：78-80.

陈晶，许时婴．亚麻籽油的水酶法提取工艺的研究［J］．食品工业科技，2007，28（2）：151-154.

陈乐清，林文，丁朝中，等．分子蒸馏纯化胡麻籽油中 α-亚麻酸的研究［J］．食品工业科学，2013，34（4）：216-219.

陈元，杨基础．超临界二氧化碳萃取亚麻籽油的研究［J］．天然产物研究与开发，2001，13（3）：14-19.

崔宝玉，刘玉，阚侃，等．亚麻木酚素提取与纯化的研究进展［J］．食品研究与开发，2010，31（7）：181-184.

崔翠，周清元，王利鹃，等．亚麻种质主要农艺性状主成分分析与综合评价［J］．西南大学学报（自然科学版），2016，38（12）：10-18.

崔红艳，方子森，牛俊义．胡麻栽培技术的研究进展［J］．中国农学通报，2014，30（18）：8-13.

崔红艳，胡发龙，方子森，等．灌溉量和灌溉时期对胡麻需水特性和产量的影响［J］．核农学报，2015，29（4）：812-819.

崔振坤，杨国龙，毕艳兰．α-亚麻酸的纯化［J］．粮油加工，2007（12）：83-85.

崔政军，吴兵，令鹏，等．氮磷配施对旱地油用亚麻氮素积累分配及产量的影响［J］．甘肃农业大学学报，2015，50（5）：68-74.

党占海，张建平，余新成．温敏型雄性不育亚麻的研究［J］．作物学报，2002，28（6）：861-864.

党占海，赵蓉英，王敏，等．国际视野下胡麻研究的可视化分析［J］．中国麻业科学，2010，32（6）：305-313.

邓乾春，禹晓，许继取，等．加工工艺对亚麻籽油降脂活性的影响［J］．中国粮油学报，2012，27（3）：48-52.

邓欣．亚麻分子标记的开发及产量相关性状的关联分析［D］．北京：中国农业科学院，2013.

邓欣，陈信波，邱财生，等．我国亚麻种质资源研究与利用概述［J］．中国麻业科学，2015，37（6）：322-328.

邓欣，邱财生，陈信波，等．亚麻农艺性状与产量形成关系的多重分析［J］．西南农业学报，2014，27（2）：535-540.

狄济乐．亚麻籽作为一种功能食品来源的研究［J］．中国油脂，2002，27（4）：55-57.

丁逸．胡麻高产栽培技术措施［J］．农业与技术，2015，35（10）：96.

董娟娥，马柏林，张康健，等．杜仲籽油中 α-亚麻酸的含量及其生理功能［J］．西北林学院学报，2002，17（2）：73-75.

杜光辉．基于田间观测和 ISSR 标记技术对亚麻种质资源的分析评价［D］．昆明：云南大学，2008.

樊玉珍．胡麻高产栽培技术［J］．农业技术与装备，2018（4）：74-75.

高凤云，张辉，贾霄云，等．亚麻显性核不育相关基因的克隆及序列分析［J］．华北农学报，2011，26（5）：54-57.

高凤云，张辉，贾霄云，等．不同播种期对亚麻产量和品质的影响［J］．中国麻业科学，2014，36（3）：146-150.

高凤云，张辉，斯钦巴特尔．亚麻分子标记技术研究进展［J］．内蒙古农业科技，2006（2）：30－31，33.

高凤云，张辉，斯钦巴特尔．亚麻显性雄性核不育基因的 RAPD 标记［J］．华北农学报，2007，22（1）：129－131.

巩亮军，王瑞华．胡麻田化学除草技术［J］．山西农业（致富科技），2008（4）：41.

关虎，王振华，曹禹，等．亚麻品种主要农艺性状遗传多样性分析［J］．新疆农业科学，2011，48（11）：2035－2040.

郭景旭，李子钦，张辉，等．胡麻枯萎病生防放线菌的抗菌活性研究［J］．华北农学报，2011，26（4）：141－146.

郭景旭，张辉，李子钦，等．胡麻枯萎病生防芽孢杆菌筛选及抑菌效果研究［J］．中国油料作物学报，2011，33
（6）：598－602.

郭娜，马建富，刘栋，等．几种除草剂对旱地胡麻田阔叶杂草的防除效果［J］．农学学报，2019，9（5）：24－27.

郭永利，范丽娟．亚麻籽的保健功效和药用价值［J］．中国麻业科学，2007，29（3）：147－149.

国家胡麻产业技术体系．中国现代农业产业可持续发展战略研究：胡麻分册［M］．北京：中国农业出版社，2016.

郝冬梅，邱财生，于文静，等．亚麻 RAPD 标记分子身份证体系的构建与遗传多样性分析［J］．中国农学通报，
2011，27（5）：168－174.

何建群，陈贵荟，李靖军，等．白粉病对亚麻原茎和种子产量、质量的影响［J］．中国麻业科学，2006，28（6）：
317－321.

何建群，杨学芬．纤用型亚麻白粉病综合防治技术［J］．云南农业，2002（10）：15.

何建群，杨学芬，陈永富，等．云南宾川亚麻生产技术系列报道之七：纤用型亚麻白粉病综合防治技术初报［J］．中
国麻业，2003，25（3）：128－129.

洪兵．木酚素防治糖尿病的研究进展［J］．医药导报，2010，29（8）：1039－1042.

侯保俊，何太．大同市胡麻高产栽培技术［J］．中国农技推广，2011，27（4）：33－34.

胡冠芳，牛树君，赵峰，等．除草剂混用苗期茎叶喷雾防除胡麻田杂草与大面积应用示范［J］．中国农学通报，
2018，34（30）：140－147.

胡晓军，郭忠贤，赵毅．亚麻籽综合利用及开发前景浅析［J］．中国麻业，2002，24（5）：40－41.

黄凤洪，夏伏建，王江薇，等．亚麻油粉末油脂制备的研究［J］．中国油料作物学报，2002，24（4）：65－68.

黄文功．应用 RAPD 分析亚麻种质资源遗传多样性研究［J］．安徽农业科学，2011，39（20）：12016－12017.

黄玉兰，扬焕民．亚麻籽的营养成分及其在家禽日粮中的应用［J］．黑龙江畜牧兽医，2005（10）：32－33.

贾永，刘桂枝．胡麻田杂草综合防治技术［J］．现代农业，2004（5）：10.

姜才，伊六喜，高凤云，等．亚麻花蕾发育相关基因的表达研究［J］．华北农学报，2015，30（5）：104－107.

金晓蕾，张辉，贾霄云，等．我国亚麻品质育种现状及展望［J］．内蒙古农业科技，2014（1）：117－119.

亢鲁毅，张辉，贾霄云，等．我国亚麻种质资源研究进展［J］．内蒙古农业科技，2009（2）：77－78，119.

雷艳红．定西市安定区胡麻栽培技术［J］．现代农业科技，2014（15）：46，48.

李爱荣，胡冠芳，马建富，等．高效氟吡甲禾灵乳油对胡麻田芦苇的防效研究初报［J］．中国麻业科学，2012，34
（5）：213－215.

李爱荣，刘栋，马建富，等．冀西北油用亚麻田杂草调查及化学防控技术研究［J］．中国麻业科学，2015，37（5）：
250－253.

李丹丹．部分胡麻种质资源主要农艺性状和 AFLP 分子标记的遗传多样性分析［D］．呼和浩特：内蒙古农业大
学，2015.

李典模，高增祥．21 世纪昆虫学面临的挑战和机遇［J］．昆虫知识，2001，38（1）：1－3.

李冬梅．部分亚麻属植物遗传多样性及分子进化研究［D］．哈尔滨：东北农业大学，2009.

李广阔，王剑，王锁牢，等．新疆伊犁地区亚麻田杂草调查［J］．中国麻业，2006，28（2）：91－93.

李广阔，王锁牢，王剑，等．新疆亚麻白粉病的初步研究［J］．新疆农业科学，2007，44（5）：591－594.

李建鑫．旱地胡麻高产栽培技术［J］．青海农技推广，2012（4）：6－7.

李建增，杨若菡，吴学英，等．外引油用亚麻品种资源鉴定与评价［J］．西南农业学报，2017，30（10）：2210－2217.

李进京，王云涛，叶春雷，等．甘肃中部地区胡麻栽培技术［J］．甘肃农业科技，2015（9）：95－96.

李明．亚麻种质资源遗传多样性与亲缘关系的 AFLP 分析［J］．作物学报，2011，37（4）：635－640.

李南．亚麻籽在食品开发中的远景［J］．食品研究与开发，2001，22（12）：49－51.

李强，张辉，斯钦巴特尔，等．植物雄性育性相关基因的克隆方法［J］．内蒙古农业科技，2008（3）：21－24.

李秋芝．亚麻种质资源志［M］．北京：中国农业科学技术出版社，2019.

李秋芝，姜颖，鲁振家，等．300 份亚麻种质资源主要农艺性状的鉴定及评价［J］．中国麻业科学，2017，39（4）：172-179.

李秋芝，宋鑫玲，曹洪勋，等．100 份亚麻种质资源遗传多样性及亲缘关系的 RAPD 分析［J］．现代农业科技，2015（24）：65-67，71.

李文兵，朱媛．晋中市胡麻栽培技术［J］．农业技术与装备，2016（5）：52-53.

李英霞，武继彪，钟方晓．α-亚麻酸的研究进展［J］．中草药，2001，32（7）：667-669.

李玉奇，刘敏艳，胡冠芳，等．甘肃省景泰县胡麻田杂草发生消长规律研究［J］．江西农业学报，2012，24（5）：47-49.

李玉奇，牛树君，刘敏艳，等．除草剂对胡麻田大麦、稷（糜子）的防除效果［J］．植物保护，2014，40（1）：196-199.

李增炜．胡麻田化学除草［J］．植物保护，1989，15（3）：11.

梁慧峰．胡麻油的营养成分及其保健作用［J］．企业导报，2010（2）：243-244.

刘宝森，马铭，魏野畴．藜、反枝苋田间发生密度对胡麻产量损失估测及防治方法的研究［J］．杂草学报，1990，4（1）：35-37.

刘栋，崔政军，高玉红，等．不同轮作序列对旱地胡麻土壤有机碳稳定性的影响［J］．草业学报，2018，27（12）：45-57.

刘洪举．一种亚麻籽油的低温冷榨生产方法：200710091264.2［P］．2008-10-01.

刘丽青，王海滨，王秉铎．平鲁区胡麻高产高效标准化栽培技术［J］．农业技术与装备，2017（5）：40-41.

刘敏艳，牛树君，胡冠芳，等．4 种除草剂对胡麻田油菜、荞麦和苦荞麦的防除效果［J］．中国农学通报，2016，32（30）：176-181.

刘晓华，马玉鹏，苏存录．旱地有机胡麻栽培技术［J］．宁夏农林科技，2015（1）：17.

柳建伟，岳德成，王宗胜，等．几种除草剂对恶性杂草野艾蒿的防除效果及对胡麻生长发育的影响［J］．植物保护，2019，45（1）：206-211.

鹿保鑫，杨健，刘婷婷．亚麻胶提取工艺的研究［J］．黑龙江农业学，2007（3）：95-97.

路颖．中国亚麻种质资源研究的回顾与展望［J］．中国麻业，2000，22（1）：42-43，27.

路颖．亚麻种质资源聚类分析及核心品种抽取方法［J］．中国麻业，2005，27（2）：66-69.

路颖，关凤芝，王玉富，等．国内外亚麻种质资源的综合评价［J］．中国麻业，2002，24（4）：5-7，25.

罗俊杰，欧巧明，叶春雷，等．重要胡麻栽培品种的抗旱性综合评价及指标筛选［J］．作物学报，2014，40（7）：1259-1273.

罗素玉，李德芳，龚友才，等．麻类所麻类育种五十年［J］．中国麻业科学，2009（s1）：82-92.

吕秋实，张辉，斯钦巴特尔，等．人工诱导雄性不育的研究进展［J］．内蒙古农业科技，2011（3）：105-108，114.

吕运一．治疗病毒性肝炎、肝硬化症的药物：2003135478.5［P］．2004-03-17.

马建富，李爱荣，郭娜，等．7 种除草剂对冀北地区胡麻田莜麦的防除效果［J］．河北农业科学，2013（3）：43-45.

毛国杰，刘建华，刘进元，等．亚麻抗锈病的分子基础［J］．植物病理学报，2000，30（3）：200.

米君，李爱荣，钱合顺，等．亚麻种间杂交技术研究初报［J］．中国麻业科学，2008，30（3）：136-140.

内蒙古自治区农业科学研究所经济作物室．胡麻丰产栽培技术［M］．呼和浩特：内蒙古人民出版社，1978.

倪培德．油脂加工技术：第 2 版［M］．北京：化学工业出版社，2007.

牛保山．高寒山区胡麻栽培技术［J］．农业技术与装备，2012（7）：79-80.

牛树君，胡冠芳，刘敏艳，等．几种除草剂对胡麻田野燕麦的防除效果［J］．江苏农业科学，2011，29（4）：136-138.

牛树君，胡冠芳，张新瑞，等．2 种除草剂对胡麻田禾本科杂草的防除及其在胡麻籽中的残留测定［J］．农学学报，2017，7（1）：27-31.

牛树君，刘敏艳，李玉奇，等．几种除草剂对胡麻田裸燕麦（莜麦）、皮燕麦的防除效果［J］．植物保护，2015，41（2）：220-225.

欧巧明，叶春雷，李进京，等．油用亚麻品种资源主要性状的鉴定与评价［J］．中国油料作物学报，2017，39（5）：

623-633.

彭晓勇. 亚麻特征特性及高产栽培技术 [J]. 现代农业科技, 2008 (8): 198-199.

齐冬, 石山. 植物油来源的 ω-3 脂肪酸: α-亚麻酸 [J]. 中草药, 1992, 23 (9): 495-496, 504.

祁旭升, 王兴荣, 许军, 等. 胡麻种质资源成株期抗旱性评价 [J]. 中国农业科学, 2010, 43 (15): 3076-3087.

青海大学, 清华大学. 胡麻油中 α-亚麻酸的分离纯化方法: 03130900.3 [P]. 2004-07-24.

任果香, 文飞, 吕伟, 等. 我国胡麻栽培技术综述 [J]. 农业科技通讯, 2015 (7): 7-9.

任海伟. 精炼工艺对浸出亚麻籽油的理化特性和营养成分的影响 (英文) [J]. 食品科学, 2010, 31 (16): 122-127.

施树, 赵国华. 胡麻分离蛋白的提取工艺研究 [J]. 粮食与油脂, 2011 (1): 23-26.

史建军. 吕梁市胡麻优质高产高效栽培技术 [J]. 农业技术与装备, 2017 (3): 60, 62.

史兆辉. 定西市胡麻高产栽培技术要点 [J]. 农业科技与信息, 2014 (14): 14, 16.

斯钦巴特尔, 李强, 张辉, 等. 显性核不育亚麻可育、不育花蕾 mRNA 差异表达研究及差异片段分析 [J]. 生物技术通报, 2009 (8): 67-70.

斯钦巴特尔, 张辉, 哈斯阿古拉, 等. 亚麻中雄性不育基因同源序列 MS2-F 的克隆和表达分析 [J]. 植物生理学通讯, 2008, 44 (5): 897-902.

宋军生, 党占海, 张建平, 等. 油用亚麻品种资源农艺性状的主成分及聚类分析 [J]. 西南农业学报, 2015, 28 (2): 492-497.

粟建光, 戴志刚. 中国麻类作物种质资源及其主要性状 [M]. 北京: 中国农业出版社, 2016.

孙爱景, 刘玮. 亚麻籽功能成分提取及其应用 [J]. 粮食科技与经济, 2010, 35 (1): 44-45, 50.

孙传经, 孙云鹏, 孙明华. 药用植物油的超临界二氧化碳反向提取工艺: 200123804.3 [P]. 2001-01-24.

孙东伟, 吕兰高. 一种使用传统榨油设备生产低温压榨亚麻籽油的方法: 200710115997.5 [P]. 2008-07-30.

孙小花, 谢亚萍, 牛俊义, 等. 不同供钾水平对胡麻花后干物质转运分配及钾肥利用效率的影响 [J]. 核农学报, 2015, 29 (1): 192-201.

孙勇, 江贤君, 庹斌. 亚麻胶的应用研究 [J]. 食品工业, 2002, 23 (3): 22-23.

陶国琴, 李晨. α-亚麻酸的保健功效及应用 [J]. 食品科学, 2000, 21 (12): 140-143.

田彩平, 党占海, 张建平. 外引亚麻品种资源的聚类分析及评价 [J]. 西北农业学报, 2008, 17 (5): 200-203.

田彩平, 廖世奇. 亚麻籽木酚素抗肿瘤作用研究进展 [J]. 广东农业科学, 2010, 37 (7): 131-133.

通渭县晓铃商贸有限责任公司. 一种 α-亚麻酸的提取方法: 200710018341.1 [P]. 2009-01-07.

王金凤, 鲍欣. 旱地胡麻丰产栽培技术 [J]. 内蒙古农业科技, 2011 (4): 107.

王克胜, 胡冠芳, 李玉奇, 等. 8.8%精喹禾灵乳油对胡麻田野燕麦的防效 [J]. 甘肃农业科技, 2009 (10): 30-31.

王利民, 党占海, 张建平, 等. 胡麻农艺性状与品质性状的相关性分析 [J]. 中国农学通报, 2013, 29 (27): 88-92.

王利华, 霍贵成, 杨丽洁. 亚麻籽脂肪酸在蛋黄中的沉积效果 [J]. 中国饲料, 2002 (12): 8-9.

王明霞. α-亚麻酸的纯化和改性的研究 [D]. 北京: 中国农业科学院, 2007.

王维义. 一种健脑食品及其制备方法: 2007100706679 [P]. 2008-02-13.

王维泽. 甘肃沿黄灌区胡麻丰产栽培技术 [J]. 农业科技与信息, 2019 (2): 23-25.

王小静, 李敏权. 甘肃中部地区亚麻枯萎病病原菌及其致病性差异研究 [J]. 中国麻业科学, 2007, 29 (4): 207-211.

王映强, 赖炳森, 颜晓林, 等. 亚麻子油中脂肪酸组成分析 [J]. 药物分析杂志, 1998 (3): 176-180.

王永胜, 杨建春. 胡麻综合高产栽培技术 [J]. 内蒙古农业科技, 2011 (3): 98.

王玉富, 粟建光. 亚麻种质资源描述规范和数据标准 [M]. 北京: 中国农业出版社, 2006.

王玉灵, 胡冠芳, 牛树君, 等. 2 种除草剂对胡麻田阔叶杂草的示范效果及其在胡麻籽中的残留量检测 [J]. 安徽农业科学, 2018, 46 (28): 132-136.

王玉灵, 胡冠芳, 余海涛, 等. 胡麻不同生长时期施用除草剂对杂草的防效及胡麻的增产效果 [J]. 安徽农业科学, 2017, 45 (34): 152-154, 159.

王增平, 马瑞, 薛凤华, 等. 地下害虫无公害防治技术规程 [J]. 农业科技与信息, 2011 (7): 31.

吴兵，高玉红，高珍妮，等．施肥对旱地胡麻耗水特性和籽粒产量的影响［J］．水土保持研究，2017，24（3）：
　188－193．

吴兵，高玉红，谢亚萍，等．氮磷配施对旱地胡麻干物质积累和籽粒产量的影响［J］．核农学报，2017，31（5）：
　996－1004．

吴建忠，黄文功，康庆华，等．亚麻遗传连锁图谱的构建［J］．作物学报，2013，39（6）：1134－1139．

吴美娟，李玉林，周大捷，等．生产富含 α-亚麻酸、卵磷脂、三价铬的降糖冲剂的方法：2001120401.X［P］．
　2001－07－11．

吴素萍．亚麻籽中 α-亚麻酸的保健功能及提取技术［J］．中国酿造，2010（2）：7－11．

吴艳霞．亚麻籽及亚麻籽油［J］．西部粮油科技，1994（2）：22－23．

谢海燕．亚麻胶的提取及应用研究进展［J］．农业工程，2015，5（5）：63－64，71．

谢亚萍，李爱荣，闫志利，等．不同供磷水平对胡麻磷素养分转运分配及其磷肥效率的影响［J］．草业学报，2014，
　23（1）：158－166．

谢亚萍，牛俊义．胡麻生长发育与氮营养规律［M］．北京：中国农业科学技术出版社，2017．

谢亚萍，牛俊义，剡斌，等．种植密度和钾肥用量对胡麻产量和钾肥利用率的影响［J］．核农学报，2017，31（9）：
　1856－1863．

徐尚利．干旱山区胡麻高产栽培技术初探［J］．科技创新与生产力，2015（2）：11－13．

许维诚，李玉奇，牛树君，等．黑色地膜覆盖对胡麻田杂草的防除效果以及对胡麻的增产作用［J］．安徽农业科学，
　2015，43（24）：86，91．

薛希芳．旱地胡麻高产栽培技术［J］．种子科技，2016，34（5）：20，23．

燕鹏．水氮耦合对胡麻干物质积累和水分有效利用的研究［D］．兰州：甘肃农业大学，2016．

燕鹏，崔红艳，方子森，等．补充灌溉对土壤水分和胡麻籽粒产量的影响［J］．水土保持研究，2017，24（1）：328－
　333，341．

杨金娥，黄庆德，黄凤洪，等．冷榨亚麻籽油吸附精炼工艺研究［J］．中国油脂，2012，37（9）：19－22．

杨金娥，黄庆德，郑畅，等．烤籽温度对压榨亚麻籽油品质的影响［J］．中国油脂，2011，36（6）：28－31．

杨金娥，黄庆德，周琦，等．冷榨和热榨亚麻籽油挥发性成分比较［J］．中国油料作物学报，2013，35（3）：
　321－325．

杨万荣，薄天岳．高抗萎蔫病胡麻品种资源的筛选利用及抗病性遗传浅析［J］．华北农学报，1994，9（s1）：
　100－104．

杨学．亚麻派斯莫病发生特点及防治技术研究［J］．中国麻业科学，2004，26（4）：170－172．

杨学，关凤芝，李柱刚，等．亚麻种质创新的研究现状［J］．黑龙江农业科学，2011（3）：8－11．

杨学，李柱刚，关凤芝，等．亚麻白粉病发生规律研究［J］．中国麻业科学，2007，29（2）：86－89．

杨学，赵云，关凤芝，等．亚麻品系 9801－1 对白粉病的抗性遗传分析［J］．植物病理学报，2008，38（6）：
　656－658．

姚虹，马建军．不同种植方式对胡麻产量构成因素的影响［J］．安徽农业科学，2011，39（30）：18460－18462．

伊六喜，包宝音巴图，高凤云，等．亚麻（Linum usitatissimum L.）染色体核型分析［J］．内蒙古农业科技，2014
　（6）：9－10．

伊六喜，萨如拉，张辉，等．胡麻种子产量与主要农艺性状的多重分析［J］．安徽农业科学，2018，46（6）：33－36．

伊六喜，斯钦巴特尔，冯小慧，等．胡麻木酚素含量的全基因组关联分析［J］．分子植物育种，2020，18（3）：765－771．

伊六喜，斯钦巴特尔，高凤云，等．内蒙古胡麻地方品种资源遗传多样性分析［J］．作物杂志，2018，34（6）：
　53－57．

伊六喜，斯钦巴特尔，侯建华，等．亚麻花蕾发育中 MS2-F 基因的原位杂交［J］．中国麻业科学，2016，38（6）：
　263－267．

伊六喜，斯钦巴特尔，贾霄云，等．胡麻种质资源、育种及遗传研究进展［J］．中国麻业科学，2017，39（2）：81－87．

伊六喜，斯钦巴特尔，张辉，等．雄性不育和可育亚麻的生殖期形态学与细胞学比较［J］．内蒙古农业科技，2011
　（6）：21－25．

伊六喜，斯钦巴特尔，张辉，等．胡麻核心种质资源表型变异及 SRAP 分析［J］．中国油料作物学报．2017，39

（6）：794-804.

伊六喜，斯钦巴特尔，张辉，等.胡麻种质资源遗传多样性及亲缘关系的 SRAP 分析［J］.西北植物学报，2017，37
（10）：1941-1950.

于文静，陈信波，邱财生，等.利用 SSR 标记分析亚麻栽培种的遗传多样性［J］.湖北农业科学，2010，49（11）：
2632-2635.

余红，牛树君，胡冠芳，等.播种密度对胡麻田杂草发生及胡麻产量的影响［J］.安徽农业科学，2016，44（27）：
240-241.

苑琳，刘姗姗，路福平，等.胡麻专化型尖孢镰刀菌 ISSR-PCR 最佳反应体系的建立［J］.生物技术通报，2011
（7）：205-209.

苑琳，刘姗姗，路福平，等.尖孢镰刀菌胡麻专化型（*Fusarium oxysporum f. sp. lini*）ISSR 标记聚类分析［J］.中
国油料作物学报，2012，34（2）：193-200.

岳德成，史广亮，韩菊红，等.全膜双垄沟播玉米田覆盖化学除草地膜对后茬亚麻生长发育的影响［J］.作物杂志，
2016（6）：148-153.

张炳炎.燕麦敌一号防除亚麻田菟丝子［J］.植物保护，1983，9（5）：33.

张炳炎.野麦畏与燕麦敌防除亚麻田欧洲菟丝子的研究［J］.杂草学报，1990，4（4）：39-42.

张辉，陈鸿山，王宜林.显性核不育亚麻的雄性不育性研究［J］.北京农业大学学报，1993（s4）：144-146.

张辉，丁维，王宜林，等.显性核不育亚麻在育种上的应用研究初报［J］.华北农学报，1996，11（2）：38-42.

张辉，贾霄云，高凤云，等.胡麻［M］.北京：中国农业科学技术出版社，2021.

张辉，贾霄云，任龙梅，等.丰产、优质、抗病油用亚麻品种"轮选一号"的选育［J］.中国麻业科学，2012，34
（2）：57-59，80.

张辉，贾霄云，任龙梅，等.亚麻加工专用品种内亚六号的选育［J］.农业科技通讯，2012（5）：194-196.

张辉，贾霄云，任龙梅，等.优质、高产、抗病胡麻新品种"轮选2号"的选育及其应用［J］.内蒙古农业科技，
2012（1）：105-106，134.

张辉，贾霄云，张立华，等.我国油用亚麻产业现状及发展对策［J］.内蒙古农业科技，2009（4）：6-8.

张辉，曲文祥，李书田.内蒙古特色作物［M］.北京：中国农业科学技术出版社，2010.

张辉，斯钦巴特尔，亢鲁毅，等.显性核不育亚麻种质资源聚类分析及核心种质库的建立［J］.华北农学报，2012，
27（4）：118-122.

张辉，张慧敏，丁维，等.核不育亚麻不育性与标记性状的遗传观察［J］.华北农学报，1997，12（3）：73-76.

张建平，党占海.亚麻品种资源的聚类分析及评价［J］.中国油料作物学报，2004，26（3）：24-28.

张立华，张辉，贾霄云，等.内蒙古胡麻加工企业现状及分析［J］.内蒙古农业科技，2010（1）：25-26.

张丽丽，百苇，米君，等.栽培亚麻×野生亚麻种间杂交种的真实性鉴定［J］.华北农学报，2012，27（s1）：57-60.

张丽丽，刘晶晶，乔海明，等.从俄罗斯引进亚麻种质资源的农艺性状评价［J］.中国油料作物学报，2017，39
（5）：698-703.

张丽丽，米君，李世芳，等.胡麻种间杂交种主要农艺性状与产量的关系研究［J］.河北农业科学，2014（3）：76-
78，88.

张倩，姜恭好，杨学，等.利用 SSR 标记分析 17 个亚麻品种的遗传关系［J］.中国农学通报，2014，30（21）：
211-216.

张炜，曹秀霞，杨崇庆，等.旱地胡麻主要农艺性状综合评价［J］.宁夏农林科技，2017，58（3）：7-9.

张泽生，张兰，徐慧，等.亚麻粕中亚麻胶提取与纯化［J］.食品研究与开发，2010，31（9）：234-237.

张志铭，刘信义，陈书龙，等.亚麻枯萎病菌鉴定［J］.河北农业大学学报，1994，17（2）：40-41.

张志强，冯双青，王宁峰，等.胡麻籽油超临界 CO_2 萃取条件的优化［J］.青海大学学报（自然科学版），2008，26
（3）：55-56，68.

赵峰，胡冠芳，牛树君，等.除草剂苗期茎叶喷雾防除胡麻田阔叶杂草与大面积应用示范［J］.安徽农业科学，
2018，46（2）：115-119.

赵峰，胡冠芳，牛树君，等.胡麻苗期阔叶杂草藜高效防除药剂田间筛选［J］.中国麻业科学，2018，40（3）：
131-136.

赵峰，牛树君，胡冠芳，等．杂草伴生时间对胡麻产量的影响［J］．安徽农业科学，2016，44（27）：147，150.

赵利，党占海，李毅．甘肃胡麻地方种质资源品质特性研究［J］．西北植物学报，2006，26（12）：2453-2457.

赵利，党占海，李毅，等．亚麻籽的保健功能和开发利用［J］．中国油脂，2006，31（3）：71-74.

赵利，党占海，张建平，等．甘肃胡麻地方品种种质资源品质分析［J］．中国油料作物学报，2006，28（3）：282-286.

赵利，党占海，张建平，等．不同类型胡麻品种资源品质特性及其相关性研究［J］．干旱地区农业研究，2008，26（5）：6-9，16.

赵利，胡冠芳，王利民，等．兰州地区胡麻田杂草消长规律及群落生态位研究［J］．草业学报，2010，19（6）：18-24.

赵利，牛俊义，李长江，等．地肤水浸提液对胡麻化感效应的研究［J］．草业学报，2010，19（2）：190-195.

赵伟，党占海．胡麻产业技术［M］．兰州：兰州大学出版社，2015.

赵志兰．胡麻高产栽培技术研究：以晋北地区为例［J］．山西农经，2019（7）：114-115.

郑殿升，杨庆文，刘旭，等．中国作物种质资源多样性［J］．植物遗传资源学报，2011，12（4）：497-500，506.

中国农业百科全书总编辑委员会农业工程卷编辑委员会，中国农业百科全书编辑部．中国农业百科全书：农业工程卷［M］．北京：农业出版社，1994.

中国农业科学院油料作物研究所．一种含亚麻籽油的洗面膏及其制备方法：201010547965.4［P］．2011-04-06.

中国农业科学院油料作物研究所．一种具有缓解视疲劳作用的保健食品及其制备方法：201010117213.4［P］．2010-07-07.

中国农业科学院植物保护研究所，中国植物保护学会．中国农作物病虫害：上册：第3版［M］．北京：中国农业出版社，2015：1682-1684.

中国农业年鉴编辑委员会．中国农业年鉴［M］．北京：中国农业出版社，1980-2012.

周宇，张辉，贾霄云，等．油用亚麻新品种"内亚十号"的选育［J］．中国麻业科学，2018，40（2）：53-55.

周宇，张辉，叶春雷，等．甘肃省胡麻白粉病发生规律研究［J］．中国麻业科学，2015，37（1）：26-29.

朱钦龙．胡麻籽的开发与应用［J］．广东饲料，2002（5）：13-14.

Chandrawati，Maurya R，Singh P K，et al. Diversity analysis in Indian genotypes of linseed (*Linum usitatissimum* L.) using AFLP markers［J］. Gene，2014，549（1）：171-178.

Cloutier S，Ragupathy R，Miranda E，et al. Integrated consensus genetic and physical maps of flax (*Linum usitatissimum* L.)［J］. Theoretical and Applied Genetics，2012，125（8）：1783-1795.

Cloutier S，Ragupathy R，Niu Z，et al. SSR-based linkage map of flax (*Linum usitatissimum* L.) and mapping of QTLs underlying fatty acid composition traits［J］. Molecular Breeding，2011，28（4）：437-451.

Colhoun J，Muskett A E. 'Pasmo' disease of flax［J］. Nature，1943，151：223-224.

Diederichsen A，Fu Y B. Phenotypic and Molecular (RAPD) Differentiation of Four Infraspecific Groups of Cultivated Flax (*Linum usitatissimum* L. subsp. *usitatissimum*)［J］. Genetic Resources and Crop Evolution，2006，53：77-90.

El-Nasr T H S A，Mahfouze H A. Genetic Variability of Golden Flax (*Linum usitatissimum* L.) Using RAPD Markers［J］. World Applied Sciences Journal，2013，26（7）：851-856.

Flor H H. Inheritance of reaction to rust in flax［J］. Journal of Agricultural Research，1947，74（9-10）：241-262.

Flor H H. Inheritance of smooth-spore-wall and pathogenicity in *Melampsora lini*［J］. Phytopathology，1965，55（7）：724-727.

Flor H H. The complementary genic systems in flax and flax rust［J］. Advances in Genetics，1956，8：29-54.

Henry A W. Inheritance of immunity from flax rust［J］. Phytopathology，1930，20（9）：707-721.

Huang X，Wei X，Sang T，et al. Genome-wide association studies of 14 agronomic traits in rice landraces［J］. Nature Genetics，2010，42（11）：961-967.

Huang X，Zhao Y，Wei X，et al. Genome-wide association study of flowering time and grain yield traits in a worldwide collection of rice germplasm［J］. Nature Genetics，2011，44（1）：32-39.

Kale S M，Pardeshi V C，Kadoo N Y，et al. Development of genomic simple sequence repeat markers for linseed using next-generation sequencing technology［J］. Molecular Breeding，2012，30：597-606.

Röbbelen G，Downey R K，AShri A. 世界油料作物［M］. 孙万仓，党占海，安贤惠，等，译. 兰州：兰州大学出版社，1991.

Rachinskaya O A，Lemesh V A，Muravenko O V，et al. Genetic polymorphism of flax *Linum usitatissimum* based on the use of molecular cytogenetic markers［J］. Russian Journal of Genetics，2011，47：56 - 65.

Ragupathy R，Rathinavelu R，Cloutier S. Physical mapping and BAC - end sequence analysis provide initial insights into the flax (*Linum usitatissimum* L.) genome［J］. BMC Genomics，2011，12：217.

Schewe L C，Sawhney V K，Davis A R. Ontogeny of floral organs in flax (*Linum usitatissimum*；Linaceae)［J］. American Journal of Botany，2011，98（7）：1077 - 1085.

Soto - Cerda B J，Duguid S，Booker H，et al. Association mapping of seed quality traits using the Canadian flax (*Linum usitatissimum* L.) core collection［J］. Theoretical and applied genetics，2014，127（4）：881 - 896.

Spielmeyer W，Green A，Bittisnich D，et al. Identification of quantitative trait loci contributing to Fusarium wilt resistance on an AFLP linkage map of flax (*Linum usitatissimum* L.)［J］. Theoretical and Applied Genetics，1998，97（4）：633 - 641.

Yi L，Gao F，Siqin B，et al. Construction of an SNP - based high density linkage map for flax (*Linum usitatissimum* L.) using specific length amplified fragment sequencing (SLAF - seq) technology［J］. Plos One，2017，12（12）：e0189785.

Yuan L，Mi N，Liu S，et al. Genetic diversity and structure of the *Fusarium oxysporum* f. sp. *lini* populations on linseed (*Linum usitatissimum*) in China［J］. Phytoparasitica，2013，41：391 - 401.

图书在版编目（CIP）数据

亚麻种质资源创新与利用 / 伊六喜等主编. -- 北京：
中国农业出版社，2024. 6. -- ISBN 978-7-109-32117-5

Ⅰ. S563. 224

中国国家版本馆 CIP 数据核字第 2024YU7857 号

中国农业出版社出版

地址：北京市朝阳区麦子店街 18 号楼

邮编：100125

策划编辑：王丽萍　　责任编辑：王陈路

版式设计：王　怡　　责任校对：吴丽婷

印刷：中农印务有限公司

版次：2024 年 6 月第 1 版

印次：2024 年 6 月北京第 1 次印刷

发行：新华书店北京发行所

开本：889mm×1194mm　1/16

印张：17.25　　插页：1

字数：520 千字

定价：158.00 元